Web 开发与设计

深入理解现代 JavaScript

[美] T. J. 克罗德(T. J. Crowder)　著
赵　永　卢贤泼　译

清華大學出版社
北　京

图书在版编目(CIP)数据

深入理解现代 JavaScript / (美)T. J. 克罗德(T. J. Crowder) 著；赵永，卢贤泼译. —北京：清华大学出版社，2022.3(2023.5 重印)

(Web 开发与设计)

书名原文：JavaScript: The New Toys

ISBN 978-7-302-60211-8

I. ①深…　II. ①T…　②赵…　③卢…　III. ① JAVA 语言—程序设计　IV. ①TP312.8

中国版本图书馆 CIP 数据核字(2022)第 033306 号

责任编辑：王　军
装帧设计：孔祥峰
责任校对：成凤进
责任印制：朱雨萌

出版发行：清华大学出版社

网　　址：http://www.tup.com.cn，http://www.wqbook.com
地　　址：北京清华大学学研大厦 A 座　　邮　　编：100084
社 总 机：010-83470000　　邮　　购：010-62786544
投稿与读者服务：010-62776969，c-service@tup.tsinghua.edu.cn
质 量 反 馈：010-62772015，zhiliang@tup.tsinghua.edu.cn

印 装 者：大厂回族自治县彩虹印刷有限公司
经　　销：全国新华书店
开　　本：170mm×240mm　　印　　张：32　　字　　数：903 千字
版　　次：2022 年 4 月第 1 版　　印　　次：2023 年 5 月第 2 次印刷
定　　价：128.00 元

产品编号：086657-01

译 者 序

回想起来，我对 Web 技术的接触源于 10 年前观看的一场电影——《社交网络》。电影中的“Facemesh”网站由于有趣的创意和交互而在一夜之间风靡校园，令哈佛大学的服务器几近崩溃，这让我深受触动。JavaScript 就在那时闯入了我的世界。

JavaScript 是一门快速变化的语言，它于 1995 年面世，至今已有 26 年的历史，但真正得到广泛的应用是在 2009 年 12 月第 5 版(ES5)发布之后。JavaScript 最初只能用来在网页上编写简单交互的脚本，但现在已经可应用于服务端开发、嵌入式开发、桌面应用程序、机器学习、操作系统等领域。总之，你能想到的场景，JavaScript 都可以实现(阿特伍德定律)。非常幸运，我亲身经历了 JavaScript 蓬勃发展的这 10 年。

本书作者 T. J. Crowder 结合自己多年的 JavaScript 开发经验，将理论和实践很好地结合起来。本书不仅让读者了解过去几年中 JavaScript 增加的新特性，还给出了丰富的示例来呈现这些特性的实际应用，给读者以启发和引导。本书覆盖了 ES2015~ES2020 中所有的新特性，也介绍了 ES.next 中的部分新特性。这是一本非常棒的工具书，值得你经常翻阅。本书基本涵盖了开发人员在日常开发过程中可能涉及的所有 JavaScript 特性。相信你阅读完本书后，会更加熟悉 JavaScript 的功能与特性。其实，本书每个章节的内容都非常丰富并可以单独成书，尤其是第 16 章(共享内存)。在控制篇幅的同时，作者力求在介绍每个特性时做到深入浅出、通俗易懂。

对于译者而言，翻译一本书的过程既是再次学习的过程，也是循着作者的思路提出问题、分析问题、解决问题的思维过程。在本书翻译过程中，我力图把作者的意图真实地呈现给读者，让读者也能感受到作者在本书中所展现的思维。

除本书署名译者外，参与本书翻译的还有王金全等人，感谢他们的辛勤付出。同时要感谢清华大学出版社给予我们这样一个难得的机会，以及在本书翻译过程中给予的指导和帮助。

赵永

2021 年 10 月于北京

作 者 简 介

T. J. Crowder 是一位拥有三十年专业经验的软件工程师，在他的职业生涯中，至少有一半时间是在使用 JavaScript 从事开发工作。他经营着 Farsight Software 公司—— 英国的一家软件咨询和产品公司。作为 Stack Overflow 的十大贡献者之一和 JavaScript 标签的顶级贡献者，他喜欢用所学知识帮助他人解决技术挑战。他不仅授人以鱼，而且授人以渔。

T. J.十几岁时就开始在加利福尼亚编程，使用 BASIC 和汇编语言捣鼓 Apple II、Sinclair ZX-80 和 ZX-81。多年后，他找到了第一份与计算机相关的工作，在一家为法庭书记员提供 PC(DOS)产品的公司担任技术支持。在做技术支持期间，他通过办公室里的 TurboC 手册自学了 C 语言，对公司未记录的压缩二进制文件格式进行了逆向工程，并在业余时间利用这些知识为产品创建了一个备受欢迎的功能(公司很快就发布了该功能)。不久之后，开发部门接纳了他，并在接下来的几年里给了他机会、资源和责任，使他成长为一名程序员，并最终成为开发部门的首席工程师。他创建了各种产品，包括他们的第一个 Windows 产品。

来到下一家公司后，他承担起专业服务和开发人员教育的工作，为客户现场定制公司的企业产品(使用 VB6、JavaScript 和 HTML)，并为客户的开发人员提供培训；最后他还制作了培训课程。从美国搬到伦敦后，他重新担任了直接的开发者角色，在这期间他提高了自己的软件设计能力、SQL、Java 和 JavaScript 技能，然后开始独立承包项目。

从那时起，他主要为各种公司和组织(北约机构、英国地方政府机构和各种私营公司)进行闭源远程开发工作，主要使用 JavaScript、SQL、C#和 TypeScript(最近)。对开源社区的热爱使他先后加入了当年的 PrototypeJS 邮件列表、Stack Overflow，以及现在的各种平台。

T. J.是英裔美国人，在美国出生并长大，现在与妻子和儿子住在英格兰中部的一个村庄。

技术编辑简介

Chaim Krause 是一位专业的计算机程序员，拥有超过三十年的开发经验。早在 1995 年，他就担任过 ISP 的首席技术支持工程师，在 Borland 公司担任 Delphi 的高级开发支持工程师，并在硅谷工作了十多年，担任过各种职务，包括技术支持工程师和开发支持工程师。他目前是美国陆军司令部和总参谋部学院的军事模拟专家，致力于开发用于训练演习的严肃游戏等项目。他还制作了多个 Linux 主题的视频培训课程，并为二十多本书籍担任技术审稿人。

技术校对简介

Marcia K. Wilbur 是一位在半导体领域提供咨询服务的技术传播者，专注于工业物联网(Industrial IoT，IIoT)和 AI。Marcia 拥有计算机科学、技术传播和信息技术学位。作为 Copper Linux 用户组的主席，她积极协助领导 West Side Linux + Pi 的创客社区以及 regular Raspberry Pi、Beaglebone、Banana Pi/Pro 和 ESP8266 的 East Valley 创客社区，涉及的项目包括家庭自动化、游戏机、监控、网络、多媒体以及其他“有趣的事物”。

致　谢

“我写了一本书”并不是一个准确的说法。

当然，书中所有未引用的文字都是我写的。但如果没有下面提及的这些人，本书根本不会顺利面世：那些给我提供支持、观点和鼓励的人；那些审阅草稿，帮助取其精华、去其糟粕的人；那些多年来在各种论坛上提问题的人(是他们让我有机会展示我所获得的浅薄知识)；那些直接或间接提供资源来回答我问题的人；那些帮助我推敲文字，提高我文字技巧的人。

总之，我应该感谢很多人。这是我撰写的第一本正式的书，我几乎犯了所有可能犯的错误。我要感谢下面这些人，他们已经尽可能多地帮我发现并纠正了书中的错误。

特别感谢妻子 Wendy 对我的支持，感谢她自愿给予我无尽的力量和鼓励，感谢她在我偏离主题时把我引回来(正如 James Taylor 的歌词里所说的)。

感谢我的儿子 James，他忍受了长时间没有父亲陪伴的苦恼。

感谢我的母亲 Virginia 和父亲 Norman，他们引导我爱上了语言、学习、阅读和写作，这些都是持续一生的礼物。

感谢我最好的朋友 Jock，他一直耐心地为我提供意见并给予我很多的鼓励。而且，是他首先让我对编程产生了兴趣。

感谢 Wiley & Sons 的所有编辑和审稿人。虽然作为作者的我犯了很多大大小小的错误，Jim Minatel 和 Pete Gaughan 仍然支持和维护这个项目；David Clark 和 Chaim Krause 对本书进行了编辑和技术审查；Kim Cofer 进行了出色的文字编辑，并在语法、句法和清晰度方面提供了帮助；Nancy Bell 对本书进行了校对。也感谢制作部门的设计师和排版人员，以及我没有提到名字的，在各个方面给这个项目提供支持的那些人。

感谢 Andreas Bergmaier 帮助我保持技术细节的正确性，Andreas 敏锐的眼光和深刻的理解在整本书中都有很大的帮助。

感谢来自 Igalia 的 TC39 成员 Daniel Ehrenberg，他帮助我更好地理解 TC39 的工作方式，并善意地帮助我审查和完善第 1 章。他温和的纠正、投入和洞察力极大地改进了这一章。

感谢来自 Mozilla 的 TC39 成员 Lars T. Hansen(JavaScript 共享内存和 Atomics 提案的共同作者)，他帮助确保了第 16 章的细节和范围的正确性。他渊博的知识和观点让我们受益匪浅。

最后，感谢你，亲爱的读者，感谢你对我的努力给予时间和关注。希望本书对你有帮助。

前　　言

如果你是 JavaScript(或 TypeScript)开发人员，并且想了解在过去几年中被添加到 JavaScript 的最新特性，以及如何在语言不断发展的过程中掌握新动态，那么本书适用于你。只要你努力寻找，并对你信任的网站持谨慎态度，就几乎可以在网上找到本书中的所有内容；本书提供了所有的技术细节，同时告诉你如何跟踪不断发生的变化。

本书内容

下面是每一章的内容概览。

第 1 章，ES2015~ES2020 及后续版本的新特性——首先介绍 JavaScript 世界中的各种角色和一些重要的术语；然后描述“新特性”在本书中的定义，以及将新特性添加到 JavaScript 的流程，包括这个流程是如何管理的，由谁管理，以及如何跟踪和参与这一流程；最后介绍一些在旧环境中使用新特性所需的工具(或在当前环境中使用最新特性所需的工具)。

第 2 章，块级作用域声明：let 和 const——涵盖新的声明关键字 let 和 const 以及它们支持的新作用域，深入介绍循环中的作用域，重点说明 for 循环中作用域的处理。

第 3 章，函数的新特性——涵盖与函数有关的各种新特性：箭头函数、默认参数值、“rest”参数、name 属性和其他的语法改进。

第 4 章，类——涵盖新的 class 特性：基本概念、子类、super、创建内置对象(如 Array 和 Error)的子类，以及 new.target 特性。私有字段和其他处于提案流程中的特性将在第 18 章介绍。

第 5 章，对象的新特性——涵盖可计算属性名、属性的简写语法、获取和设置对象的原型、新的 Symbol 类型以及它与对象的关系、方法语法、属性顺序、属性的展开语法，以及大量新的对象方法。

第 6 章，可迭代对象、迭代器、for-of 循环、可迭代对象的展开语法和生成器——涵盖迭代(一种强大的用于集合和列表的新工具)，以及生成器(一种强大的与函数交互的新方式)。

第 7 章，解构——涵盖解构这一重要的新语法，以及如何使用它从对象、数组和其他可迭代对象中提取数据，该章包含默认值、嵌套提取等语法。

第 8 章，Promise——深入研究这个用于处理异步过程的重要新工具。

第 9 章，异步函数、迭代器和生成器——详细介绍新的 async/await 语法(它允许你在异步代码中使用熟悉的逻辑流结构)，以及异步迭代器和生成器的工作方式，还有新的 for-await-of 循环。

第 10 章，模板字面量、标签函数和新的字符串特性——描述模板字面量语法、标签函数和许多新的字符串特性，如更好的 Unicode 支持、常见方法的更新以及很多新方法。

第 11 章，新数组特性、类型化数组——涵盖很多新的数组方法、各种已有方法的更新、类型化数组(如 Int32Array)以及与类型化数组数据交互的高级特性。

第 12 章，Map 和 Set——介绍所有新的有键集合 Map 和 Set，以及这些集合的“弱”版本 WeakMap 和 WeakSet。

第 13 章，模块——深入了解这个令人兴奋且强大的代码组织方式。

第 14 章，反射和代理——涵盖 Reflect 和 Proxy 对象的强大动态元编程特性以及它们之间的关系。

第 15 章，正则表达式更新——描述过去几年正则表达式出现的所有更新，如新的标志、命名捕获组、反向预查和新的 Unicode 特性。

第 16 章，共享内存——涵盖 JavaScript 程序中有关跨线程共享内存的复杂而棘手的方面，其中包括 SharedArrayBuffer 和 Atomics 对象、基本概念和陷阱注释。

第 17 章，其他特性——涵盖很多不适合放到其他章节的新特性：BigInt、新的整数字面量语法(二进制、新的八进制)、省略 catch 绑定的异常、新的 Math 方法、取幂运算符、Math 对象的扩展、尾递归优化、空值合并、可选链，以及出于兼容性原因而定义的“规范附录 B”(仅浏览器)特性。

第 18 章，即将推出的类特性——描述在提案流程中处于阶段 3 的类的增强特性：公有字段声明、私有字段和私有方法。

第 19 章，展望未来——最后，描述目前正在进行的一些改进：顶层 await、WeakRef 和清理回调、正则表达式匹配索引、Atomics.asyncWait、一些新的语法特性、旧的正则表达式特性，以及各种即将推出的标准库扩展。

附录，出色的特性及对应的章(向 J. K. Rowling 致歉)——提供新特性的列表，并指出每个特性所属的章节。这些列表包括：按字母顺序排列的特性，新的基础知识，新的语法、关键字、运算符、循环等，新的字面量形式，标准库的扩展和更新，以及其他特性。

本书读者对象

本书的读者应该：

- 至少对 JavaScript 有基本的了解。
- 想了解过去几年中增加的新特性。

这不是一本为专家编写的学术书籍，而是一本面向 JavaScript 开发人员的实用性书籍。

几乎所有拿起本书的人都知道书中的一些内容，但几乎没有人拿起这本书时就已经知道了所有内容。也许你已经清楚 let 和 const 的基础知识，但是还没有完全掌握 async 函数。也许 Promise 对你来说已经是旧语法了，但你在一些现代代码中看到了一些不认识的语法。你可以在本书中找到 ES2015~ES2020(及后续版本)的所有新特性。

如何使用本书

建议先阅读第 1 章。第 1 章定义了本书其余部分使用的很多术语。如果跳过第 1 章，你很可能会在阅读本书时遇到困难。

之后，你可以选择按顺序阅读各章，或者跳着阅读。

我以这样的顺序安排各章内容是有原因的，而且每个章节都与前面章节息息相关。例如，第 8 章介绍的 Promise，对于理解第 9 章中的 async 函数很重要。当然，建议你按照我安排的顺序阅读本书。不过我敢肯定，你是一个有自己想法的聪明人，如果你不按照顺序阅读，也没关系。

建议你阅读(或者至少略读)所有的章节(第 16 章可能除外，稍后再谈这个问题)。即使你认为自己已了解某个特性，也可能不知道或者只是认为自己知道书中的一些内容。例如，也许你打算跳过第 2 章，因为你已经知道关于 let 和 const 的所有知识。你甚至知道为什么下面的代码创建了 10 个不同的变量 i：

```
for (let i = 0; i < 10; ++i) { /*...*/
    setTimeout(() => console.log(i));
}
```

还有，如果像这样使用：

```
let a = "ay";
var b = "bee";
```

为什么会在全局作用域创建 window.b 属性，却没有创建 window.a 属性？即使这些你都清楚，我也建议你略读第 2 章，以确保你掌握所有内容。

第 16 章有点特殊：它是关于如何在线程之间共享内存的。大多数 JavaScript 开发人员都不需要在线程之间共享内存。但有些开发人员需要，这也是第 16 章存在的原因；而大多数人不需要，如果你属于这一类，则可跳过该章；如果你认为自己在将来某个时候需要共享内存，可再回到第 16 章中学习它，这没关系。

此外，运行本书的示例，用它们进行试验，祝你编程愉快。

本书代码下载

你可以通过网址 https://thenewtoys.dev/bookcode 或 https://www.wiley.com/go/javascript-newtoys 下载各章的示例和代码清单，也可通过扫描封底的二维码下载。

目　　录

第 1 章 ES2015~ES2020 及后续版本的新特性

本章内容

- 名称、定义和术语
- JavaScript 的版本说明(ES6？ES2020？)
- “新特性”说明
- JavaScript 新特性的推动流程
- 用于下一代 JavaScript 的工具

本章代码下载

可通过网址 https://thenewtoys.dev/bookcode 或 http://www.wiley.com/go/javascript- newtoys 下载本章的代码。

在过去的几年中，JavaScript 发生了很大的变化。

如果你在 21 世纪初是一个活跃的 JavaScript 开发者，那么也许会认为 JavaScript 是一门停滞不前的语言，这情有可原。在第 3 版规范于 1999 年 12 月发布之后，开发者等了整整 10 年才等到下一版规范。从表面看，似乎确实什么也没有发生。事实上，很多工作都在进行，只是没有被纳入官方规范和多个 JavaScript 引擎中。我们可以花一整章(甚至整本书)的篇幅介绍在 JavaScript 发展过程中扮演重要角色的不同组织做了哪些工作，以及为什么在很长一段时间内，他们对 JavaScript 的发展方向无法达成共识，但我们不会那么做。关键是，经过大量谈判之后，他们最终于 2008 年 7 月在奥斯陆举行的一次重要会议上达成了共识。Brendan Eich(JavaScript 的创建者)后来将那次共识称为 Harmony，这为 2009 年 12 月的第 5 版规范(第 4 版从未完成)铺平了道路，并为持续的进步奠定了基础。

而我的这本书，就是从这个版本开始的。

本章将概述自 2009 年以来 JavaScript 的新特性(本书其余部分将详细介绍这些新特性)。你将了解谁负责推动 JavaScript 的发展、推动的流程，以及下一代的新特性。如果你愿意，可参与进来。本章也会介绍可用来编写现代 JavaScript 的工具，但你必须适配还不支持新特性的环境。

1.1 名称、定义和术语

在谈论 JavaScript 前，本节将首先定义一些名称和常用术语。

1.1.1 Ecma? ECMAScript? TC39?

所谓的 JavaScript 是指由负责多个计算标准的标准组织 Ecma International[1]制定的 ECMAScript 标准化。ECMAScript 的标准是 ECMA-262。负责该标准的人是 TC39 技术委员会(Ecma International 的 Technical Committee 39)的成员，负责“通用、跨平台、与供应商无关的编程语言 ECMAScript 的标准化，这包括语言的语法、语义，以及支持该语言的库和补充技术”[2]。他们也管理其他标准，如 JSON 语法规范(ECMA-404)，尤其是 ECMAScript 国际化 API 规范(ECMA-402)。

在本书和习惯用语中，JavaScript 就是 ECMAScript，反之亦然。有时，特别是在没有统一规范的 10 年间，JavaScript 被用来特指 Mozilla 开发的一门语言(其中有一些功能从未纳入 ECMAScript 规范，或在此之前进行了显著的更改)，但是自从 Harmony 出现之后，这种用法已经日渐过时了。

1.1.2 ES6? ES7? ES2015? ES2020?

这么多的缩写可能会让人困惑，因为其中有些是版本号，而有些是年份，人们对此愈发迷惑不解了。本节将说明这些缩写的含义以及为什么有两种类型。

直到第 5 版，TC39 才通过版本号提及规范的各个版本。第 5 版规范的全称是：

```
Standard ECMA-262
5th Edition / December 2009
ECMAScript Language Specification
```

因为“ECMAScript 5th Edition”有点拗口，所以它自然而然地被说成“ES5”。从 2015 年第 6 版开始，TC39 采用了持续改进的流程，其中，规范是一个长期维护的编辑草案[3]，每年都有快照(随后会详细介绍)。同时，他们在语言名称中加入了年份，如下所示：

```
Standard ECMA-262
6th Edition / June 2015
ECMAScript® 2015 Language Specification
```

因此，ECMAScript 第 6 版标准(“ES6”)定义了 ECMAScript 2015，简称“ES2015”。在 ES2015 发布之前，人们普遍采用 ES6 的说法且一直持续至今(遗憾的是，它经常被不准确地使用，不仅指 ES2015 的特性，还指 ES2016、ES2017 等之后版本的特性)。

这就解释了为什么有两种类型的缩写：一种使用版本号(ES6、ES7 等)的方式，一种使用年份的方式(ES2015、ES2016 等)。具体使用哪种方式，取决于你。ES6 指的是 ES2015(或有时被错误地称为 ES2015+)，ES7 指的是 ES2016，ES8 指的是 ES2017，以此类推，直到 ES11(在本书发布时)，它指的是 ES2020。你还会看到“ESnext”或“ES.next”之类的缩写，它们有时用于指即将到来的特性。

在本书中，ES5 及以前的版本采用版本号的表示方式，ES2015 及后续版本采用年份的表示方式。这在业界已经日益达成了共识。

---

1 前身为欧洲计算机制造商协会(European Computer Manufacturer's Association，ECMA)，但现在该组织的名称中只有 Ecma 中的 E 大写。

2 http://www.ecma-international.org/memento/TC39.htm。

3 https://tc39.es/ecma262/。

总之，虽然本书在介绍某个特性的时候通常会说明具体版本，但请不要太在意一些事实，比如：Array.prototype.includes 来自 ES2016，而 Object.values 来自 ES2017。更重要的是：你的目标环境支持什么特性，以及在不支持某个特性时是选择避免使用，还是通过编译或 polyfill 使用。(稍后在 1.4 节“旧环境中使用新特性”会有更多关于编译和 polyfill 的内容。)

1.1.3 JavaScript “引擎”、浏览器及其他

本书将使用“JavaScript 引擎”一词代指运行 JavaScript 代码的软件。JavaScript 引擎必须具备以下几种能力：

- 解析 JavaScript；
- 可解释 JavaScript 或将其编译为机器码(或都支持)；
- 运行结果符合规范中的描述。

JavaScript 引擎有时也被称为虚拟机，或简称为 VM。

当然，JavaScript 引擎通常位于 Web 浏览器中：

- Google 的 Chrome 浏览器使用其 V8 引擎(Chromium、Opera 和微软 Edge 的 v79 及后续版本也使用该引擎)，但不在 iOS 上使用(稍后会详细介绍)。
- 苹果公司的 Safari 浏览器(用于 Mac OS 和 iOS)使用其 JavaScriptCore 引擎。
- Mozilla 的 Firefox 使用其 SpiderMonkey 引擎，但不在 iOS 上使用。
- 微软的 IE 浏览器使用其 JScript 引擎，该引擎已逐渐过时，仅能获得安全修复。
- 微软 Edge v44 及更早的版本(“旧 Edge”)使用微软的 Chakra 引擎。2020 年 1 月，Edge v79 发布，该版本基于 Chromium 项目并使用了 V8 引擎，但不在 iOS 上使用(版本号从 44 跃升到 79，以便与 Chromium 保持一致)。Chakra 仍被用于使用微软 WebView 控件的各种产品，例如微软 Office 的 JavaScript 插件，尽管它可能在某个阶段被取代。(以 Chromium Edge 作为引擎的 WebView2 在 2020 年初处于开发者预览版。)

在苹果公司的 iPad 和 iPhone 的 iOS 操作系统上运行的 Chrome、Firefox、Edge 和其他浏览器目前无法使用自己的 JavaScript 引擎，因为要编译并运行 JavaScript(而不仅仅是对其进行解释)，它们必须分配可执行内存，而只有苹果公司自己的 iOS 应用程序可以这样做，其他供应商的应用程序则无权执行此操作。因此，尽管 Chrome 和 Firefox(及其他)在台式机和 Android 上使用自己的引擎，但在 iOS 上使用苹果的 JavaScriptCore。至少目前是这样；V8 团队在 2019 年为 V8 添加了“仅解释器”模式，这意味着 Chrome 和其他使用 V8 的公司可在 iOS 上使用该模式，因为它不必使用可执行内存。本书中的“Chrome 支持”或“Firefox 支持”分别指的是使用 V8 或 SpiderMonkey 的非 iOS 版本。

JavaScript 引擎还被用于桌面应用程序(Electron[1]、React Native[2] 和其他)、Web 服务器和其他类型的服务器(通常使用 Node.js[3])、非 Web 应用程序、嵌入式应用程序——几乎无处不在。

1.2 什么是“新特性”

在本书中，“新特性”是指在 ES2015~ES2020 中添加到 JavaScript 的特性(包含一部分即将到来的特性)。在这 6 次更新中，JavaScript 有了很大的进步。下面给出了一个总体概述(规范附录 A 有一个更完整的更新列表)。你可能不熟悉列表中的部分术语，不必担心，你将在本书的学习过程中了解它们。

1 https://www.electronjs.org/。

2 https://reactnative.dev/。

3 https://nodejs.org/。

- 块作用域(let，const)：变量作用域更小，对 for 循环中作用域的巧妙处理，值不能改变的“变量”(const)。
- “箭头”函数：轻量、简洁的函数，在回调函数场景特别有用，因为箭头函数对 this 进行了封装，而不是在调用时设置 this 值。
- 函数参数的改进：默认值、参数解构、“rest”参数、尾后逗号。
- 可迭代对象：为创建和消费可迭代对象(如数组和字符串)定义了清晰的语义，语言中的迭代结构(for-of、for-await-of)，用于生成可迭代序列(包括异步序列)的生成器函数。
- “展开”语法：将数组(或其他可迭代对象)条目展开到新的数组中，将对象属性展开到新的对象中，将可迭代对象的条目展开成函数离散参数，特别适合用于函数式编程或其他使用不可改变的结构的地方。
- “rest”语法：把一个对象的“剩余”属性、一个可迭代对象的“剩余”值或一个函数的“剩余”参数合成一个对象或数组。
- 其他语法改进：调用函数时允许在参数列表中使用尾后逗号；在 catch 中省略未使用的标识符；新的八进制字面量；二进制字面量；数字字面量中的分隔符；等等。
- 解构：用比对象和数组字面量语法更简洁的方式从数组/对象中选值。
- 类：创建构造函数和相关原型对象的明显更简单的声明式语法，同时保留了 JavaScript 固有的原型本质。
- 异步编程的改进：Promise、async 函数和 await；显著地减少了“回调地狱”。
- 对象字面量的改进：可计算属性名、属性的简写语法、方法语法、属性定义后的尾后逗号。
- 模板字面量：创建有动态内容的字符串的一种简单、声明式的语法，也可用于创建更强大的标签模板函数。
- 类型化数组：为使用本地 API(以及更多能力)而建立的底层真正的数组。
- 共享内存：在 JavaScript 线程(包括线程间协调原语)之间真正共享内存的能力。
- Unicode 字符串的改进：Unicode 码点转义序列，支持获取码点，而不是代码单元。
- 正则表达式的改进：反向预查，命名捕获组，匹配索引，Unicode 属性转义，Unicode 不区分大小写。
- Map：键/值对集合，其中键不一定是字符串。
- Set：语义清晰的唯一值的集合。
- WeakMap、WeakSet 和 WeakRef：仅持有对象的弱引用的内置对象(允许对象被当作垃圾收集)。
- 标准库扩展：Object、Array、Array.prototype、String、String.prototype、Math 等的新方法。
- 动态元编程的支持：Proxy 和 Reflect。
- Symbol：保证唯一的值(对唯一的属性名特别有用)。
- BigInt：任意精度的整数。
- 还有许多其他的特性。

所有这些新特性，尤其是新语法，可能会让人不知所措和焦虑。不用担心！除非你已经准备好并有实际需求，否则没必要采用新特性。TC39 坚持的主要原则之一是“别毁坏 Web”(Don’t break the web)。这意味着 JavaScript 必须保持“Web 兼容”，也就是与现在已经存在的大量代码兼容[1]。如果你不需要或不喜欢一个新特性，则不必使用它。你使用对应旧语法编写的代码将始终有效。但在很多情况下，你可能会发现你完全有理由使用新特性，尤其是新的语法功能：它们使一些东西的编写和理解变得更简单，更不容易出错，或者在 Proxy 和 WeakMap/WeakSet、共享内存和其他情况下，它们使一些之前

1 委员会也关注与 Web 没有直接关系的重要 JavaScript 代码。

难以实现的功能成为可能。

由于篇幅原因，本书仅涵盖 JavaScript 规范 ECMA-262 中的新特性。但是 ECMA-402 (ECMAScript 国际化 API 规范)中也有一些令人兴奋的新特性，非常值得一读。你可在本书的网站上找到有关 ECMA-402 的部分，网址是 https://thenewtoys.dev/internationalization。

1.3 新特性的推动流程

本节将介绍由谁负责推动 JavaScript 的发展，他们用什么流程来推动，以及如何跟踪和参与这个流程。

1.3.1 谁负责

前面介绍过，TC39 技术委员会负责创建和发布 ECMAScript 标准的更新规范。该委员会的成员包括：JavaScript 开发者、框架作者、大型网站作者/维护人员、编程语言研究人员、所有主要 JavaScript 引擎的代表、有影响力的 JavaScript 编程人员以及其他与 JavaScript 的成功与未来有关的人。他们有定期的会议，历史上每年召开 6 次会议，每次持续 3 天。如果想以成员身份参加会议，你所在的组织需要加入 Ecma[1]。开发者需求、实现复杂度、安全问题、向后兼容性以及许多其他的设计输入都是复杂问题，TC39 会综合考虑这些问题，为 JavaScript 社区设计出有用的新特性。

为确保委员会是社区的一部分而不脱离社区，TC39 在 GitHub 上创建了 ecma262 仓库[2]，其中有最新的规范(可在 https://tc39.es/ecma262/上查看)；它还创建了一个提案仓库[3]，用于维护需要通过 TC39 流程(下一节介绍)的提案。一些成员还活跃在 TC39 论坛小组[4]中。TC39 会议的记录和相关材料(幻灯片等)都会发布在 https://github.com/tc39/notes 上。

你可访问 https://tc39.es/，了解更多关于 TC39 以及如何参与的信息；还可在 https://github.com/tc39/how-we-work 上了解更多关于 TC39 工作方式的信息。

1.3.2 流程

TC39 在 2013 年 11 月通过了一个定义明确的流程，并在 2014 年 1 月首次公布。该流程有多个阶段，TC39 使提案经历这些阶段(从阶段 0 到阶段 4)。每个阶段都有明确的预期，并明确指出从一个阶段进入下一个阶段的标准。一旦一个提案符合进入下一阶段的标准，委员会就会以协商一致的方式决定是否将其向前推进。

流程文档[5]本身值得一读，但简单而言，共有以下这些阶段。

- 阶段 0——Strawperson：任何觉得自己的想法值得考虑的人都可将它写下来，然后提出来。这几乎不能被称为一个阶段，因为想法可能随时变化。如果提出建议的人不是 TC39 成员，则需要注册为非成员贡献者[6](任何人都可这样做)。最终，只有一部分提案会被列入 TC39 的提案仓库中，而有些则不会，通常只有那些获得委员会成员支持的提案才能进入提案仓库。

1 https://ecma-international.org/memento/join.htm。

2 https://github.com/tc39/ecma262。

3 https://github.com/tc39/proposals。

4 https://es.discourse.group/。

5 https://tc39.es/process-document/。

6 https://tc39.es/agreements/contributor/。

如果这一阶段的提案引起了足够的关注，TC39 的成员可能会把它加入 TC39 会议的议程中，以讨论并考虑是否使其进入阶段 1。

- 阶段 1——Proposal：如果一个提案被提交给委员会，且委员会一致认为应进一步调查，他们就会将其转入阶段 1，并指定一名评委来指导整个流程。如果该提案尚无 GitHub 仓库，则需要由发起人、评委或其他感兴趣的第三方创建一个。然后，社区成员(无论是否在委员会中)将进一步讨论和补充该想法，研究其他语言或环境中类似的技术，细化范围，找出通用解决方案，并充实这个想法。这一步的结果可能是，该提案收益比偏低，不值得继续推进；或者该想法需要分解并添加到其他提案中；等等。但是，如果该提案有价值，相关人员(可能随着时间的推移人员会发生变化)将把一些初步的规范语言、API 和语义草案一并提交给 TC39，以便他们考虑是否进入阶段 2。
- 阶段 2——Draft：准备就绪后，相关人员将在 TC39 会议上提交阶段 1 的提案，审议是否进入阶段 2。这意味着 TC39 要就该提案是否继续进行达成共识，并期望该提案最终被纳入规范。在这个阶段，社区会完善精确的语法、语义、API 等并使用正式的规范语言详细描述解决方案。通常，相关人员会在这个阶段创建 polyfill 或 Babel 插件，以便实际试用。提案可能会在阶段 2 停留一段时间，因为需要解决一些细节问题。
- 阶段 3——Candidate：一旦团队确定了提案的最终草案形式并为其创建了正式的规范语言，评委就可将其提交到阶段 3。这意味着 TC39 会就该提案是否已准备好在 JavaScript 引擎中实现这一问题寻求共识。在这个阶段，提案本身几乎是稳定的。此时的更改将仅限于对该提案实现的反馈，例如在实现过程中发现的极端情况、Web 兼容性问题或实现复杂度。
- 阶段 4——Finished：至此，该特性已完成，可被添加到编辑草案中，网址是 https://tc39.es/ecma262/。要到达这个最后阶段，该特性必须在 TC39 的 test262 测试套件[1]中进行验收测试；且至少要有两个通过测试的兼容实现(例如，Chrome Canary 的 V8 和 Firefox Nightly 的 SpiderMonkey，或 Firefox 的 SpiderMonkey 版本和 Safari 技术预览版的 JavaScriptCore 等)。满足这些条件后，该特性的开发团队将发送 PR(pull request)到 ecma262 仓库，并将规范的变化纳入编辑草案，ECMAScript 审校组将接受该 PR。至此，提案便进入阶段 4 了。

这就是提案成为 JavaScript 的一部分所要经历的流程，但并不是每个更改都是一个提案。相关人员在 TC39 会议上针对规范的 PR 达成的共识可实现较小的更改。例如，Date.prototype.toString 的输出在 ES2017 和 ES2018 之间发生的变化(请参见第 17 章)，就是相关人员对 PR(而不是经历不同阶段的提案)达成共识的结果。通常这些更改是编辑草案的更改，或者是 JavaScript 引擎已实现但未包含在规范中的更改，也可能是规范要求的并被 TC39 认为可取而且做到了“Web 兼容”(不会破坏大量现有代码)的改动，例如 ES2019 中的更改，它使 Array.prototype.sort 成为稳定的排序(请参见第 11 章)。如果你想了解哪些更改计划或者已经以这种方式进行，请查看 https://github.com/tc39/ecma262 仓库(同样，对于 ECMA-402 的更改，请查看 https://github.com/tc39/ecma402)中的“needs consensus”标签。要找到已完成的变更，请查看“has consensus”“editorial change”和“normative change”标签。在某些时候，这些以“needs consensus”为标签的更改可能会采用更正式的流程，但目前你可通过这种方式查看它们。

1.3.3 参与

如果你看到一个感兴趣的提案，想参与其中，那么你应该何时参与？参与的流程应该是怎样的？

1 https://github.com/tc39/test262。

重要的是尽早参与。提案进入阶段 3 后，相关人员通常仅考虑基于实现过程的重大问题。参与的最佳时机在阶段 0、阶段 1 和阶段 2。在这几个阶段，你可根据自己的经验提供见解，帮助定义语义，使用 Babel 之类的工具尝试提议的内容等。这并不是说你在阶段 3 的提案中起不到什么作用(有时候有一些任务，比如确定规范文本或者帮忙编写开发者文档)，只是要注意，在阶段 3 提出的修改建议通常没什么用，除非你是在 JavaScript 引擎中实现此提案的人之一。

如果你已经找到了一个你想参与的提案，该怎么办？这取决于你，但这里有一些建议。

- **充分调研。**请仔细阅读提案的说明(TC39 提案列表链接的 README.md)和其他相关文档。如果其中提到了现有技术(如另一种语言中的类似特性)，则应仔细阅读那项现有技术。如果有最初的规范文档，请阅读它(该指南可能会有帮助：https://timothygu.me/es-howto/)。请确保你提供的意见是有根据的。
- **试用该特性！**即使你还不能使用它，也可以写一些推测性代码(你无法运行，但可以思考的代码)来评估该提案在多大程度上能解决它计划要解决的问题。如果有相应的 Babel 插件，可尝试编写并运行代码。查看该特性的执行结果并提供反馈。
- **寻找你可以参与的方式。**除了建议和反馈之外，还有很多方法可让你参与到提案的改进中。例如，你可以寻找那些已达成共识，但没有人有时间去解决的问题(研究已存在的技术，更新说明文档和规范文档)。如果你愿意，可以做这些事情。你可通过 GitHub 的 issue 讨论提案，从而与提案作者协调。

参与过程中，请尊重每个人，并保持友好、耐心、包容和体贴的心态。要注意措辞。与其表现出反对、轻视或阻挠的态度，不如善待他人并表现出合作精神，这样，你更有可能产生影响。请注意，TC39 的会议和用于制定提案的线上空间均受《行为准则》[1]约束。请将不当行为提交给 TC39 的行为准则委员会(见链接文档)。

1.3.4　跟上新特性的步伐

事实上，你不必紧跟 JavaScript 的新特性，因为如前所述，之前的语法不会消失。但是，如果你正在阅读本书，那么我猜你一定想跟上新特性的步伐。

在阅读前面有关 TC39 流程的内容时，你可能感到困惑：该流程保证了新特性在被添加到规范中之前就能使用。然而，2009 年问世的 ES5 和 2015 年问世的 ES2015 描述的大部分特性在当时的任何 JavaScript 引擎中都不存在。如果规范的确定在新特性出来之后，那如何才能紧跟新的特性呢？下面给出了一些方法。

- 关注 GitHub 上的提案仓库(https://github.com/tc39/proposals)。如果提案进入阶段 3，则可能会在一两年内被添加到规范中。即使是处于阶段 2 的特性，最后也有可能被添加到规范中，不过任何特性都可能在任何阶段被 TC39 拒绝。
- 阅读发布在 https://github.com/tc39/notes 上的 TC39 的会议记录。
- 参加 TC39 论坛小组(https://es.discourse.group/)[2]。
- 注意下一节中讨论的工具的使用情况。

站点 https://thenewtoys.dev 将持续更新即将出现的新特性，敬请关注。

1 https://tc39.es/code-of-conduct/。

2 讨论小组在很大程度上取代了非正式讨论邮件列表。该列表仍然存在，但 TC39 的许多代表建议避免使用。

1.4 旧环境中使用新特性

如果仅学习本书中涵盖的特性，你不必担心如何处理不支持这些特性的环境。当前最新版本的Chrome、Firefox、Safari、Edge 桌面浏览器以及 Node.js 几乎支持本书的所有内容(第 18 和 19 章除外)。我们使用其中之一运行代码即可。

使用 Node.js 运行示例

默认情况下，当你使用 Node.js 运行脚本时，如下所示：

```
node script.js
```

代码在模块作用域(而不是全局作用域)内运行。本书中一些示例的演示仅在全局作用域内生效，因此当你以这种方式运行代码时，它们将不起作用。

对于这些示例，请使用浏览器运行代码，或使用 Node.js 的交互式解释器(REPL)。要使用 REPL，不必为 node 命令的运行参数指定脚本文件，而是使用<运算符将脚本文件重定向到其中(这在 UNIX/Linux/Mac OS 系统和 Windows 上均有效)。

```
node < script.js
```

在此要提醒的是，需要在全局作用域内运行示例时再执行此操作。

不过，在某个阶段，你可能想在不支持新特性的环境中使用它们。例如，大多数 JavaScript 开发工作仍基于 Web 浏览器，不同浏览器中的 JavaScript 引擎对新特性的支持情况不同(Internet Explorer 甚至不支持本书讨论的任何新特性[1]，但目前它仍然占据了一部分全球市场份额，尤其是在政府和大型公司内部网中)。

当 ES5 发布时，确实存在这个问题，因为只有很少一部分新特性在当时发布的 JavaScript 引擎中得以支持。但是 ES5 的大多数特性都是新的标准库特性，而在语法上没有显著的更改，因此可使用 es5-shim.js[2]、core-js[3]、es-shims[4]等各种项目来 polyfill(引入一个额外的脚本来提供缺少的对象/函数)。不过，在 2010—2015 年的 ES2015 开发过程中，很明显，要做好新语法的开发工作，就必须具备新语法的实际开发经验，但是 JavaScript 的实现尚没有支持新语法，这显然是自相矛盾的。

工具制造者解决了这个问题！他们创建了 Traceur[5]和 Babel[6](以前被称为 6to5)等工具，这些工具以使用新语法的源代码作为输入，将其转换为使用旧语法的代码，然后输出旧语法风格的代码(还可选择使用 polyfills 和其他运行时支持方法)。类似地，TypeScript[7]在规范完成之前就支持 ES2015 的主要部分。这些工具使你可以编写新语法风格的代码，但在将其交付到旧环境之前需要将其转换为旧语法风格的代码。这种转换过程被称为“编译”或“转译”。这最初是为了方便对 ES2015 计划中的 JavaScript 改进进行反馈，但即使在 ES2015 出来以后，如果你计划在不支持新特性的环境中运行新语法风格的代码，它也是一种编写新风格代码的有用方法。

---

1 至少支持不充分，它有一个不完整的 let 和 const 版本。

2 https://github.com/es-shims/es5-shim。

3 https://github.com/zloirock/core-js。

4 https://github.com/es-shims/。

5 https://github.com/google/traceur-compiler。

6 http://babeljs.io/。

7 http://typescriptlang.org/。

在我撰写本书时，Traceur 已经销声匿迹了，但 Babel 却被全球很大一部分的 JavaScript 开发者所使用。Babel 几乎对 TC39 流程中的所有特性都进行了转换，甚至包括那些处于阶段 1 的特性，这些特性在进入下一个流程前可能会有明显的变化(因此，使用这些特性时需要自担风险。阶段 3 以上的特性要相对安全些)。选择你想要使用的转换插件，使用这些特性编写代码，Babel 会生成可在不支持这些特性的环境中使用的代码。

用 Babel 编译的示例

本节将简单介绍如何通过 Babel 将使用 ES2015 特性(箭头函数)的代码编译成可在 IE11 上运行的兼容 ES5 的代码。但这只是一个例子，你也可轻松地通过 Babel 将使用阶段 3 特性的代码转换为兼容 ES2020 的代码，而这些特性尚未出现在任何已发布的 JavaScript 引擎中。Babel 甚至还支持那些根本不在 TC39 流程中的特性转换，例如 JSX[1](在某些 JavaScript 框架中使用，主要是 React[2])。富有冒险精神的人可编写自己的转换插件，只用于他们的项目！

安装 Babel 前，你需要有 Node.js 和 npm(Node Package Manager)。如果你尚未在系统上安装它们，请执行以下任一操作。

(1) 在官网 https://nodejs.org/上查找适合你系统的安装程序/软件包并安装。

(2) 使用 NVM(Node Version Manager)，该工具提供了一种方便的方法来安装多个 Node 版本并在它们之间进行切换：https://github.com/nvm-sh/nvm。

npm 与 Node.js 捆绑在一起，因此不必单独安装它。

安装完成后，请执行以下操作。

(1) 为此示例创建一个目录(例如，在你的主目录下创建 example 目录)。

(2) 打开命令提示符/终端窗口并切换到刚才创建的目录。

(3) 使用 npm 创建 package.json 文件，输入：

```
npm init
```

然后按回车键。npm 会问一系列问题，根据实际情况回答对应的问题(或者只按回车键来回答所有问题)。完成后，它会在你的 example 目录下写入 package.json 文件。

(4) 下一步，安装 Babel(访问 https://babeljs.io/docs/setup/#installation，然后单击 CLI 按钮；可在这个网页上查看是否有更新)。输入：

```
npm install --save-dev @babel/core @babel/cli
```

然后按回车键。npm 将下载 Babel、命令行接口及其所有依赖项并将它们安装到示例项目中。(你可能会收到与 fsevents 模块相关的警告或一些 deprecation 警告，这没有关系。)

(5) 现在，你可通过直接输入 Babel 来使用它，但是我们可在 package.json 文件中添加一个 npm 脚本命令来简化对它的使用。用你最喜欢的编辑器打开 package.json 文件。如果没有顶层的 script 字段，请创建一个。(当前最新版本的 npm 会包含一个有 test 命令的 script 字段，打印一段错误信息。)在 script 字段中，添加以下设置：

```
"build": "babel src -d lib"
```

现在 package.json 文件的内容应该如代码清单 1-1 所示。在你的文件中，script 字段中可能还有一

1 https://facebook.github.io/jsx/。

2 https://reactjs.org/。

个 test 命令，这没关系。脚本也可能有不同的许可证，我总是将默认值改为 MIT。最后务必保存该文件。

代码清单 1-1　示例 package.json—— package.json

```
{
    "name": "example",
    "version": "1.0.0",
    "description": "",
    "main": "index.js",
    "scripts": {
       "build": "babel src -d lib"
    },
    "author": "",
    "license": "MIT",
    "devDependencies": {
      "@babel/cli": "^7.2.3",
      "@babel/core": "^7.2.2"
    }
}
```

(6) Babel 是高度模块化的。尽管我们已经安装了它，但还没有告诉它做任何事情。在此示例中，我们将使用它的一个预设，通过安装和配置该预设来告诉它将 ES2015 代码转换为 ES5 代码。要安装这个预设，请键入：

```
npm install --save-dev babel-preset-env
```

然后按回车键。在下一步中，我们将对其进行配置。

(7) 现在，需要为 Babel 创建一个配置文件.babelrc(注意前面的点号)。使用以下内容创建该文件(或使用章节下载中的文件)：

```
{
  "presets": [
    [
      "env",
      {
        "targets": {
          "ie": "11"
        }
      }
    ]
  ]
}
```

该配置告诉 Babel 使用其 env 预设，Babel 文档将其描述为“. . . a smart preset that allows you to use the latest JavaScript without needing to micromanage which syntax transforms . . . are needed by your target environment(s).(……一个智能预设，它允许你使用最新的 JavaScript 特性而不必单独管理需要语法转换的目标环境……)”。在这个配置中，如将目标设置为"ie":"11"，将告知 env 预设，你的目标环境是 IE11，这适用于下面的示例。在实际使用中，你需要根据自己的情况查看 env 预设[1]的文档或其他预设或插件的文档。

至此，本示例的 Babel 配置已经完成了。现在创建一些代码进行编译。在 example 目录中创建一

1 https://babeljs.io/docs/en/babel-preset-env#docsNav。

个名为 src 的子目录，并在其中创建一个名为 index.js 的文件，其内容如代码清单 1-2 所示。在此过程的最后，我将向你展示文件树最终的列表，因此，如果你不太确定文件是否创建在正确的目录下，请不必过于担心。只需要创建文件，如果它的位置不对，将其移到正确的位置即可。

代码清单 1-2　编译 ES2015 示例的输入——index.js

```
var obj = {
    rex: /\d/,
    checkArray: function(array) {
        return array.some(entry => this.rex.test(entry));
    }
};
console.log(obj.checkArray(["no", "digits", "in", "this", "array"])); // false
console.log(obj.checkArray(["this", "array", "has", "1", "digit"])); // true
```

代码清单 1-2 仅使用了 ES2015+的一项特性——箭头函数，即 some 函数调用中的 entry => this.rex.test (entry)——上面的代码中加粗显示的部分(是的，这确实是一个函数)。第 3 章将介绍该函数。如你所见，它通过简短、不完整的形式提供了一种定义函数的简洁方式，并且像封装变量一样对 this 进行了封装(而不是以调用它们的方式进行 this 设置)。当调用 obj.checkArray(...)时，即使在 some 回调方法中，该回调中的 this 变量指的也是 obj 对象，因此 this.rex 指的是 obj 对象的 rex 属性。如果这里的回调采用的是传统函数，那就不是这样了。

此时，example 目录的内容应如下所示：

```
example/
+-- node_modules/
|   +-- (various directories and files)
+-- src/
|   +-- index.js
+-- .babelrc
+-- package.json
+-- package-lock.json
```

准备好进行编译！请输入：

```
npm run build
```

然后按回车键。Babel 将进行它的工作，为你创建 lib 输出目录，并将 ES5 版本的 index.js 写入其中。最终的 lib / index.js 文件如代码清单 1-3 所示。

代码清单 1-3　编译 ES2015 示例的输出——index-transpiled-to-es5.js

```
"use strict";

var obj = {
  rex: /\d/,
  checkArray: function checkArray(array) {
    var _this = this;

    return array.some(function (entry) {
      return _this.rex.test(entry);
    });
  }
```

```
};
console.log(obj.checkArray(["no", "digits", "in", "this", "array"])); // false

console.log(obj.checkArray(["this", "array", "has", "1", "digit"])); // true
```

如果将 src / index.js(代码清单 1-2)与 lib / index.js(代码清单 1-3)进行比较，你会发现其中只有几处变化(空格除外)。首先，Babel 在编译后的文件顶部添加了"use strict";指令(回想一下，严格模式是 ES5 中添加的一个特性，它修改一些由于各种原因而存在问题的行为)。这是 Babel 的默认设置，但如果你的代码依赖于宽松模式，也可将其关闭。

但有趣的地方在于它重写箭头函数的方式。它在 checkArray 中创建了一个名为_this 的变量，将其值设置为 this，然后以传统函数作为 some 函数的回调；在函数中它用_this 代替 this。这与前面对箭头函数的描述相吻合—— 像封装变量一样对 this 进行了封装。Babel 只是以 ES5 环境可理解的方式实现了这一点。

显然，这只是一个很小的示例，但是它说明了如何在旧环境中使用新特性，并让你了解了在项目中需要这样做时可能使用的一个工具。无论是使用 Gulp[1]、Grunt[2]、Webpack[3]、Browserify[4]、Rollup[5]，还是其他任何工具，都可将 Babel 集成到你的构建系统中；https://babeljs.io/docs/setup/#installation 的安装页面提供了所有主要工具的说明。

1.5 本章小结

在过去的几年中，尤其是从 2015 年开始，JavaScript 发生了巨大的变化，未来它将继续变化。但是，不必担心所有新特性带来的学习负担。JavaScript 将始终保持向后兼容性，因此，除非你准备好并有需要，否则不必采用新特性。

新特性涉及的范围很广，涵盖小的调整(如允许函数调用参数列表中的尾后逗号和标准库中新的便捷方法)以及大的改进，如声明式类语法(第 4 章)、异步函数(第 9 章)和模块(第 13 章)。

最终负责推动 JavaScript 向前发展的是 TC39 技术委员会(Ecma International 的 Technical Committee 39)，该委员会的成员包括：JavaScript 开发者、编程语言研究人员、库和大型网站作者，主要 JavaScript 引擎的代表以及其他与 JavaScript 的成功与未来相关的人。但是任何人都可参与其中。

新特性的设计过程是公开和开放的。你可通过 GitHub 仓库、已发布的会议记录以及 TC39 论坛组来关注进度并获取最新消息。另外，本书的网站 https://thenewtoys.dev 将继续更新本书中没有覆盖的新特性。

本书介绍的大部分特性都已被 Chrome、Firefox、Safari 和 Edge 等主流浏览器中的 JavaScript 引擎以及非浏览器环境(如 Node.js、Electron、React Native 等)的引擎支持。

可通过 JavaScript-to-JavaScript 编译(也被称为“转译”)支持 Internet Explorer 等旧环境，使用可集成到构建系统中的工具(如 Babel)将新风格的代码转换为旧风格的代码。某些特性(如第 14 章介绍的 Proxy 对象)无法以这种方式得到完全支持，但大部分是可以的。

希望本章为你了解新特性打下了基础。

接下来的章节将介绍新特性！

---

1 https://gulpjs.com/。
2 https://gruntjs.com/。
3 https://webpack.js.org/。
4 http://browserify.org/。
5 https://rollupjs.org/。

第2章 块级作用域声明：let和const

本章内容

- let和const的介绍
- “块级作用域”的定义及示例
- 覆盖和提升：暂时性死区
- 使用const定义不应改变的变量
- 创建不在全局对象上的全局变量
- 在循环中使用块级作用域

本章代码下载

可通过网址 https://thenewtoys.dev/bookcode 或 http://www.wiley.com/go/javascript- newtoys 下载本章的代码。

本章将介绍两种新的变量声明方式——let和const，以及它们可以解决的问题。在本章中，你将看到一些情况下使用var声明变量会带来的一些问题，并学习如何使用let和const解决这些问题；还将看到let和const如何提供真正的块级作用域，并防止因变量重复声明或在变量初始化之前就使用变量而引起的混乱。你会发现，块级作用域意味着你可以使用let来避免传统的“循环中的闭包”问题，而且可用const创建常量(值不会改变的“变量”)。你还将了解let和const如何避免在已经负担过重的全局对象上创建更多属性。简而言之，你将了解为什么开发人员需要let和const这两个新的变量声明，以及为什么var在现代JavaScript编程中不再占有一席之地。

2.1 let和const的介绍

像var一样，let用于声明变量，如下所示：

```
let x = 2;
x += 40;
console.log(x); // 42
```

任何能够使用var声明的地方都可使用let声明。和使用var时一样，不必在let声明中进行初始值设定；如果不设定初始值，则变量的值默认为undefined：

```
let a;
console.log(a); // undefined
```

let 和 var 的相似之处先讲到这里。除去这些基本的相似点，var 和 let 的行为是大不相同的。稍后将详细阐述它们之间的区别；下面介绍 const。

const 用于声明常量：

```
const value = Math.random();
console.log(value < 0.5 ? "Heads" : "Tails");
```

常量和变量一样，只不过它们的值不能改变。正因如此，const 声明时需要进行初始值的设定。常量没有默认值。除了创建的是常量(而不是变量)，并需要在创建时设定初始值之外，const 与 let 一样。你将在本章中看到，const 也比你预期的要有用得多。

2.2 真正的块级作用域

var 声明会跳出块级作用域。如果在块内使用 var 声明一个变量，那么你不仅可在该块内的作用域访问该变量，还可在块外面的作用域访问它：

```
function jumpOut(){
    var a = [1, 2, 3];
    for (var i = 0; i < a.length; ++i){
        var value = a[i];
        console.log(value);
    }
    console.log("Outside loop " + value); // Why can we use 'value' here?
}
jumpOut();
```

jumpOut 函数的开发者可能不希望 value 在循环外被访问到，但实际并非如此(i 变量也是如此)。为什么这是个问题？有几个原因。首先，考虑到可维护性，应将变量的作用域设置得尽可能小，它们应该只在被需要时存在。其次，当代码的书写意图和实际效果不同时，会产生错误和维护性问题。

let 和 const 通过真正的块级作用域来解决这个问题：用 let 和 const 声明的变量只存在于声明时所在的块。下面是一个使用 let 的例子：

```
function stayContained(){
   var a = [1, 2, 3];
   for (var i = 0; i < a.length; ++i){
      let value = a[i];
      console.log(value);
   }
   console.log("Outside loop" + value); // ReferenceError: 'value' is not defined
}
stayContained();
```

现在，value 的作用域仅限于它所在的块。你无法在函数的其余部分访问它。它仅存在于需要它的地方，而且书写意图与实际效果相符。

(在 stayContained 函数中，对于其他变量声明，我没有将 var 改为 let。这只是为了强调，我们有必要改变 value 的声明方式。当然，你也可改变其他变量的声明方式。)

2.3 重复声明将抛出错误

var 关键字允许重复声明。你可以使用 var 多次声明同一个变量。例如：

```
function redundantRepetition(){
    var x = "alpha";
    console.log(x);
    // ...lots of code here...
    var x = "bravo";
    console.log(x);
    // ...lots of code here...
    return x;
}
redundantRepetition();
```

这段代码在语法上是完全正确的。事实上，这段代码不止一次地声明了 x，但都被 JavaScript 引擎忽略了，它创建了一个在整个函数中都能使用的 x 变量。但是，就像前面 jumpOut 函数块里的 var 声明一样，这段代码的书写意图和实际效果是不一致的。重新声明一个已经声明过的变量的行为可能会产生错误。在这个例子中，redundantRepetition 函数原来的开发者很可能没有写中间的部分，函数应该返回"alpha"；但是后面有其他人在中间加了些代码，没有意识到变量 x 已经声明了。

像很多事情一样，良好的编程实践(保持函数简短)、lint 工具和好的 IDE 都有助于避免出现这样的代码，但现在 JavaScript 本身就可以避免这种问题——如用 let 和 const 声明变量，能使同一作用域内的重复声明抛出错误：

```
function redundantRepetition(){
    let x = "alpha";
    console.log(x);
    // ...lots of code here...
    let x = "bravo"; // SyntaxError: Identifier 'x' has already been declared
    console.log(x);
    // ...lots of code here...
    return x;
}
redundantRepetition();
```

这也是最好的一种错误：主动的错误。解析代码时就抛出错误，而不是等到后面调用 redundantRepetition 时才告诉你这个问题。

2.4 提升和暂时性死区

众所周知，用 var 声明变量的做法会使声明被提升。也就是说，使用 var 时，可在声明一个变量之前使用该变量：

```
function example(){
    console.log(answer);
    answer = 42;
    console.log(answer);
    var answer = 67;
}
example();
```

运行 example 函数，输出结果如下：

```
undefined
42
```

在变量被声明之前，我们已经愉快地使用了它。但是 var 声明似乎被移到了函数的顶部。而且，只有声明被移动了，初始化表达式部分(var answer = 67 中 = 6 7 的部分)并没有被移动。

发生这种情况的原因是：在进入 example 函数时，JavaScript 引擎会在逐行执行代码之前扫描函数，处理 var 声明并创建必要的变量，它会把声明“提升”到函数的顶部。执行此操作时，它将使用默认值 undefined 初始化其声明的变量。但是同样，代码的书写意图与实际效果不一致，这意味着其中可能存在着错误。看起来，第一行代码想使用函数所在作用域(甚至可能是全局作用域)中的 answer 变量，但却使用了局部作用域中的 answer 变量(由于变量提升的作用)。我们还可发现，开发者打算在创建 answer 时，将初始值设置为 67。

如果用 let 和 const 声明变量，那么只有在逐步执行的代码处理了变量声明之后才能使用该变量。

```
function boringOldLinearTime(){
    answer = 42;          // ReferenceError: 'answer' is not defined
    console.log(answer);
    let answer;
}
boringOldLinearTime();
```

从表面上看，let 声明并没有像 var 声明那样被提升到函数的顶部。但这是一个普遍的误解：let 和 const 声明也被提升了，只是以不同的方式被提升。

如前所述，代码可能试图赋值给函数所在作用域中的 answer 变量。让我们看看这种情况：

```
let answer;                    // The outer 'answer'
function hoisting(){
    answer = 42;               // ReferenceError: 'answer' is not defined
    console.log(answer);
    let answer;                // The inner 'answer'
}
hoisting();
```

如果代码执行到末尾的 let answer;语句时才可访问内部的 answer 变量，那么函数的起始部分，即 answer = 42;所在的地方，使用的难道不应该是外部的 answer 变量？

确实可以这么设计，但是这样会让人非常困惑。如果一个标识符在同一个作用域中前后表示不一致，则会产生错误。

相反，let 和 const 使用一种名为“暂时性死区(Temporal Dead Zone，TDZ)”的概念，它指的是代码执行过程中的一段时间，在此期间无法使用标识符，也不能引用外层作用域中的变量。JavaScript 引擎会在代码中查找 let 和 const 声明(和 var 声明一样)，并在开始逐行执行代码之前处理它们。但是，引擎没有让 answer 成为可访问的变量并将初始值设置为 undefined，而是将它标记为“尚未初始化”：

```
let answer;                 // The outer 'answer'
function notInitializedYet(){
                            //  Reserve 'answer' here
    answer = 42;            // ReferenceError: 'answer' is not defined
    console.log(answer);
    let answer;             // The inner 'answer'
}
```

```
notInitializedYet();
```

当程序的执行进入有变量声明的作用域时，TDZ 便开始了，一直持续到运行变量声明(可能会有初始化表达式)时。在上面的例子中，内部的 answer 变量存在于 notInitializedYet 函数的开头(TDZ 开始的地方)，并在声明所在的地方(TDZ 结束的地方)被初始化。所以 let 和 const 声明仍然会被提升，只是提升的方式和 var 声明不同。

重要的是，要理解 TDZ 是暂时性的(与时间相关)，而非空间性的(与空间/位置相关)。它并非指一个作用域顶部不能使用标识符的部分，而是指不能使用标识符的一段时间。不妨运行代码清单 2-1 的代码。

代码清单 2-1　TDZ 的暂时性的示例——tdz-is-temporal.js

```
function temporalExample(){
    const f = ()=> {
        console.log(value);
    };
    let value = 42;
    f();
}
temporalExample();
```

如果 TDZ 是与空间相关的，假设它是 temporalExample 函数顶部的一个不能使用 value 变量的块，那这段代码将无法运行。但 TDZ 是暂时性的，当函数 f 使用 value 时，value 已经声明，所以此处没有问题。如果调换该函数的最后两行，即将 f();移到 let value = 42;的上面，那么代码将运行失败，因为 f 尝试在 value 初始化之前使用它。(试试看！)

块和函数一样，也存在 TDZ：

```
function blockExample(str){
    let p = "prefix";                  // The outer 'p' declaration
    if (str){
        p = p.toUpperCase();           // ReferenceError: 'p' is not defined
        str = str.toUpperCase();
        let p = str.indexOf("X");      // The inner 'p' declaration
        if (p != -1){
            str = str.substring(0, p);
        }
    }
    return p + str;
}
```

不能在块内的第一行使用 p。因为尽管它在函数中已经声明，但块内有一个覆盖声明取得了 p 标识符的所有权。因此，这个标识符只能引用新的内部 p，而且必须在 let 声明之后。这有助于确定代码正在使用的是哪个 p，以避免混淆。

2.5　一种新的全局变量

当你在全局作用域使用 var 声明变量时，它会创建一个全局变量。在 ES5 以及更早的版本中，所有全局变量都是全局对象的属性。但 ES2015 改变了这一点：现在 JavaScript 有传统的用 var 创建的全局变量(也是全局对象的属性)，也有新式的全局变量(不是全局对象的属性)。如在全局作用域中使用 let 和 const 声明变量，则会创建这种新式的全局变量。

访问全局对象

你一定记得前面有一个全局对象，可通过 this 在全局作用域中访问它，或者通过环境为它定义的全局变量(如浏览器上的 window 或 self，或者 Node.js 上的 global)来访问。在某些环境中，比如在浏览器中，它并不是真正的全局对象，而是全局对象的一种外观(facade)模式，但这已经很接近了。

下面是一个使用 var 创建全局变量的例子，这个全局变量也是全局对象的一个属性。注意，必须在全局作用域中运行此示例。如果你使用 Node.js 或者 jsFiddle.net，记住务必在全局作用域中运行，如第 1 章所述，而不是在模块或函数作用域中运行。

```
var answer = 42;
console.log("answer == " + answer);
console.log("this.answer == " + this.answer);
console.log("has property? " + ("answer" in this));
```

运行上面的代码，将看到：

```
answer == 42
this.answer == 42
has property? true
```

现在用 let 试一下(在一个新窗口)：

```
let answer = 42;
console.log("answer == " + answer);
console.log("this.answer == " + this.answer);
console.log("has property? " + ("answer" in this));
```

这一次，将得到：

```
answer == 42
this.answer == undefined
has property? false
```

注意，answer 不再是全局对象上的一个属性了。

const 也是如此：它创建了一个全局变量，但这个全局变量并不是全局对象的属性。

虽然这些全局变量不是全局对象的属性，但你仍然可在任何地方访问它们。所以这并不意味着你不必避免使用全局变量。既然如此，为什么不让它们成为全局对象的属性呢？你能想出一些理由吗？

至少有以下几个原因：

- 在最常见的环境——浏览器中，全局对象的属性已经严重超载了。不仅所有用 var 声明的全局变量都在它上面，还有所有带 id 的元素、大部分带 name 的元素，以及很多其他的“自动创建的全局变量”。这实在是太多了。遏止这种趋势的做法是有益的。
- 这使得人们更难从其他代码中使用它们。要使用以 let 或 const 声明的全局变量，就必须知道它的名字，而不能通过查看全局对象中的属性名称来发现它。考虑到隐私的话，这样做也并没有多大作用。如果你想要隐私，就不要创建全局变量。但这样做可稍微减少一些信息的泄露。
- 这使 JavaScript 引擎可优化访问它们(尤其是用 const 声明的常量)的方式，而这种优化无法应用于全局对象的属性。

说到自动创建的全局变量，用 let 或 const(或 class)声明的全局变量会覆盖自动创建的全局变量(也就是说，它将自动创建的全局变量隐藏掉了，let 或 const 声明的全局变量“赢了”)。用 var 声明的全局变量在所有情况下都不会覆盖自动创建的全局变量。举一个典型的例子，假设要在 Web 浏览器上使用一个名为 name 的全局变量。在浏览器上，全局对象是页面的 Window 对象，它有一个名为 name 的属性，该属性不能用 var 声明的全局变量覆盖，其值始终为字符串：

```
// On a browser at global scope
var name = 42;
console.log(typeof name); // "string"
```

但是，使用 let 或 const 声明的全局变量将成功地覆盖它，或者任何其他自动创建的全局/window 属性：

```
// On a browser at global scope
let name = 42;
console.log(typeof name); // "number"
```

但重要的是，将使用 let 和 const 声明的变量与全局对象解耦的做法只是语言发展方向的一部分，语言将不再依赖全局对象—— 后续章节，特别是第 13 章(模块)，将进一步探讨这一点。

2.6　const：JavaScript 的常量

前面已经介绍了 const 和 let 的一些相同之处，本节将深入介绍 const。

2.6.1　const 基础

如你所知，const 用于创建常量：

```
const answer = 42;
console.log(answer); // 42
```

这与用 let 创建变量的代码非常相似：有相同的作用域规则、暂时性死区等。不过，你不能将新值赋给常量，但可为变量分配新值。

当你试图将新值赋给常量时，会发生什么？什么会是最有用的？

是的—— 你会得到一个错误提示：

```
const answer = 42;
console.log(answer);    // 42
answer = 67;            // TypeError: invalid assignment to const 'answer'
```

注意：

错误提示的内容因实现而异，但这会是一个 TypeError。在我撰写本书时，至少有一个实现会输出一条有趣且矛盾的提示：TypeError: Assignment to constant variable。

乍一看，const 似乎仅用于避免代码中出现“魔法数字”，例如当用户发起一个任务时，在显示繁忙信息之前，你可能会在代码中使用标准延迟：

```
const BUSY_DISPLAY_DELAY = 300; // milliseconds
```

但 const 的作用远不止于此。虽然我们经常需要更改变量的值，但也经常不改变它们的值，仅用它们来保存不变的信息。

下面看一个真实的例子：代码清单 2-2 中有一个简单的循环，用于向有特定类名的 div 添加文本。这里直接使用了变量。

代码清单 2-2 ES5 版本的 div 更新循环——element-loop-es5.js

```
var list, n, element, text;
list = document.querySelectorAll("div.foo");
for (n = 0; n < list.length; ++n){
    element = list[n];
    text = element.classList.contains("bar")? " [bar]" : "[not bar]";
    element.appendChild(document.createTextNode(text));
}
```

代码中有 4 个变量。如果你仔细观察，会发现其中有一个和另外 3 个不一样。你能发现有什么不同吗？

有一个变量的值永远不变：list。其他的(n、element 和 text)实际上是变量，但 list 是一个常量。

接下来将介绍 const 的更多方面；之后，再回来讨论这段代码。但同时请深入思考一下，根据目前所了解的情况，如何将 let 和 const 应用到这段代码中(不删除任何标识符)。

2.6.2 常量引用的对象仍然是可变的

务必记住常量不能改变的是什么：常量的值。如果这个值是一个对象的引用，这并不意味着这个对象是不可变的(状态不能被改变)，它仍然是可变的(仍然可被改变)。这只意味着你不能让常量指向另一个对象(因为这会改变常量的值)。

让我们探讨一下：

```
const obj = {
    value: "before"
};
console.log(obj.value);    // "before"
```

到目前为止，你已经在常量中引用了一个对象。在内存中，可看到如图 2-1 所示的内容。

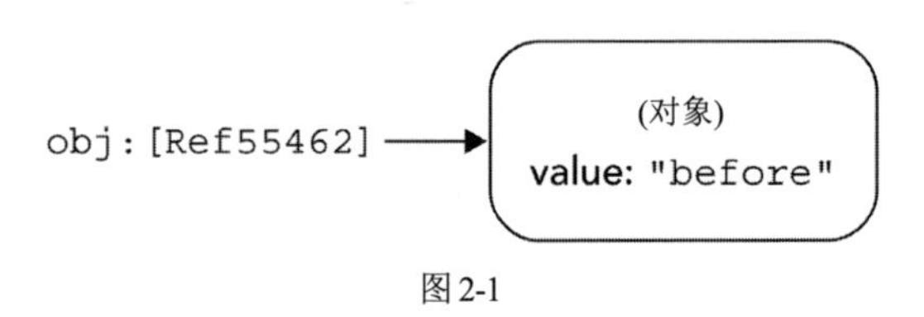

图 2-1

常量 obj 并不直接包含对象，它包含一个对对象的引用(图 2-1 中显示为“Ref55462”，当然，这只是概念上的，你永远也看不到对象引用的实际值)。因此，如果改变对象的状态：

```
obj.value = "after";
console.log(obj.value);        // "after"
```

obj 常量的值并没有改变，它仍然是对同一对象(“Ref55462”)的引用。只是对象的状态被更新了，所以它的 value 属性存储了一个不同的值；见图 2-2。

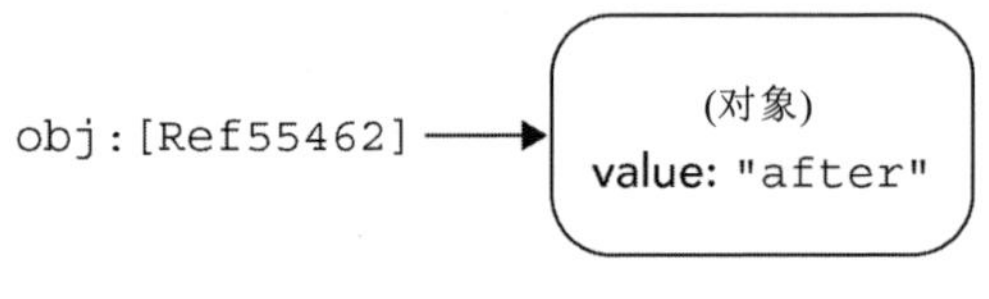

图 2-2

const 的作用是防止你改变 obj 的实际值，让它指向另一个对象，或者将它设置为 null 或其他完全不同的类型：

```
obj = {}; // TypeError: invalid assignment to const 'obj'
```

下面是一个实际示例，该函数将带有给定 HTML 的段落添加到父元素上：

```
function addParagraph(parent, html){
    const p = document.createElement("p");
    p.innerHTML = html;
    parent.appendChild(p);
    return p;
}
```

因为代码只改变了段落的状态(通过设置其 innerHTML 属性)，而没有改变 p 所指向的段落，所以可将 p 声明为常量。

2.7　循环中的块级作用域

在本章前面部分，你已经了解了块级作用域。从表面上看，这很简单——在块内用 let 或 const 声明的变量只能在该块内访问：

```
function anotherBlockExample(str){
    if (str){
        let index = str.indexOf("X"); // 'index' only exists within the block
        if (index != -1){
            str = str.substring(0, index);
        }
    }
    // Can't use 'index' here, it's out of scope
    return str;
}
anotherBlockExample();
```

但如果这是一个循环内的块呢？所有的循环迭代都使用同一个变量吗？是否为每个迭代创建了单独的变量？在循环中创建的闭包是如何表现的？

JavaScript 块级作用域的设计者做了一个聪明的设计：每个循环迭代都有自己的块变量，正如对同一函数的不同调用都有自己的局部变量一样。这意味着块级作用域可用来解决经典的“循环中的闭包”问题。

2.7.1　“循环中的闭包”问题

你可能对“循环中的闭包”问题很熟悉，尽管问题的叫法可能不同；运行代码清单 2-3 中的代码，在实战中看一下这个问题。

代码清单 2-3　循环中的闭包问题—— closures-in-loops-problem.js

```
function closuresInLoopsProblem(){
    for (var counter = 1; counter <= 3; ++counter){
        setTimeout(function(){
            console.log(counter);
        }, 10);
    }
```

```
}
closuresInLoopsProblem();
```

(setTimeout 可能具有能帮助我们解决这个问题的一些特性，但此处不予考虑，这里可以是任何异步操作。)

你可能以为这段代码会输出 1、2、3，但它却输出了 4、4、4。原因是直到循环结束时，计时器的回调才会运行。当它们调用回调时，counter 的值是 4，因为它是用 var 声明的，所以 counter 在整个 closuresInLoopsProblem 函数中定义。3 个计时器的回调都引用了同一个 counter 变量，因此它们得到的值都是 4。

在 ES5 以及更早的版本中，通常的解决方法是：引入另一个函数并将 counter 作为参数传给它，然后在 console.log 中用这个参数代替 counter。开发者经常使用内联匿名函数(inline anonymous function)这么做，如代码清单 2-4 所示。

代码清单 2-4　循环中的闭包，标准的 ES5 解决方案——closures-in-loops-es5.js

```
function closuresInLoopsES5(){
    for (var counter = 1; counter <= 3; ++counter){
        (function(value){          // The beginning of the anonymous function
            setTimeout(function(){
                console.log(value);
            }, 10);
        })(counter);               // The end of it, and the call to it
    }
}
closuresInLoopsES5();
```

当你运行时，它将输出预期的 1、2、3，因为计时器回调函数使用的是 value，而不是 counter，并且匿名包装函数的每一次调用都会有自己的 value 参数，作为自由变量供计时器回调函数引用。因为没有其他地方改变这些 value 参数，所以回调函数会输出预期的值 (1、2 和 3)。

不过，得益于 ES2015 提供的 let 声明，你可以更简单地解决这个问题：只需要将 var 改为 let。运行代码清单 2-5 所示的代码。

代码清单 2-5　循环中的闭包，用 let 解决——closures-in-loops-with-let.js

```
function closuresInLoopsWithLet(){
    for (let counter = 1; counter <= 3; ++counter){
        setTimeout(function(){
            console.log(counter);
        }, 10);
    }
}
closuresInLoopsWithLet();
```

运行以上代码，也可得到预期的结果：1、2、3。一个小小的改变，带来了巨大的影响。但是它的工作方式是怎样的？计时器的回调函数是否仍然引用了 counter 变量？为什么这些回调函数会得到不同的值？

匿名函数的调用创建了多个 value 参数，作为自由变量供计时器回调函数引用，同样，代码清单 2-5 中的循环也创建了多个 counter 变量(每个循环迭代创建一个)，供循环中的计时器回调函数引用。所以每个迭代都有自己的 counter 变量。

为了理解这一点，我们需要更仔细地研究 JavaScript 中变量(和常量)的工作方式。这也将有助于你学习后面的一些章节。

2.7.2　绑定：变量、常量以及其他标识符的工作方式

在本章的前面几节中，你已经了解到 const 声明的常量在作用域、可保存的值的类型等方面与 let 声明的变量一样。这是有原因的。本质上，变量和常量是一个东西，规范称之为绑定(在 let 和 const 的情况下，称为标识符绑定)：标识符和值的存储之间的链接。当你创建变量时，例如：

```
let x = 42;
```

你为名为 x 的标识符创建了一个绑定，并将值 42 存储在该绑定的存储槽中。在上面的示例中，它是一个可变的绑定(其值可改变的绑定)。当创建常量时，你将创建一个不可变的绑定(其值不能改变的绑定)。

标识符绑定有名称和值。这听起来是不是很熟悉？它们是不是有点像对象的属性？和对象的属性一样，它们也位于容器中，此处称之为环境对象[1]。例如，运行以下代码：

```
let a = 1;
const b = 2;
```

这段代码运行的上下文的环境对象将如图 2-3 所示。

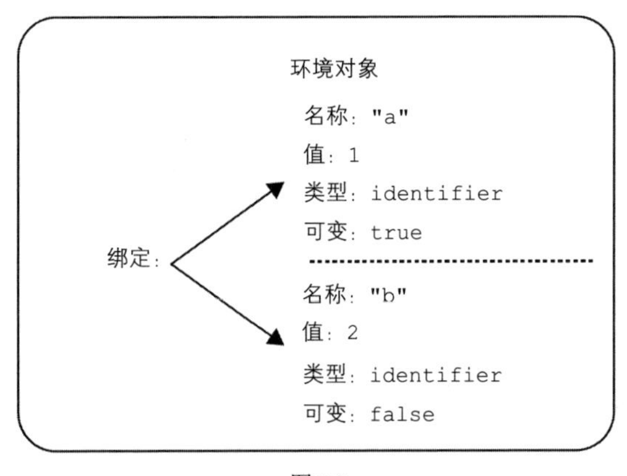

图 2-3

为了处理嵌套的作用域，环境对象以链的形式链接在一起，每个对象都有一个链接指向“外部”的环境对象。

如果代码需要的标识符不在当前环境对象中，它就会沿着指向外部环境对象的链接来查找它。如果必要的话，它会一直沿着链接遍历，直至遍历到全局环境对象——这就是全局变量的查找方式。

外部环境对象的设置方式有很多。例如，当代码执行到一个包含块级作用域标识符的块内时，该块的环境对象以包含该块的代码的环境对象作为块的外部环境对象。当函数被调用时，调用的环境对象以创建函数的环境对象(该环境对象保存在函数上，规范将其称为函数的[[Environment]]内部插槽)作为其外部环境对象。这就是闭包的工作原理。

例如，思考下面这段代码(假设在全局作用域中运行)：

```
let x = 1;
function example(){
    const y = 2;
```

1 此处的“环境对象”在规范中被划分为词法环境和它包含的环境记录。这种划分在这里并不重要。

```
    return function(){
        let z = 3;
        console.log(z, y, x);
    };
}
const f = example();
f();
```

在 f()调用中，当代码执行到 console.log 这一行时，环境对象链如图 2-4 所示。

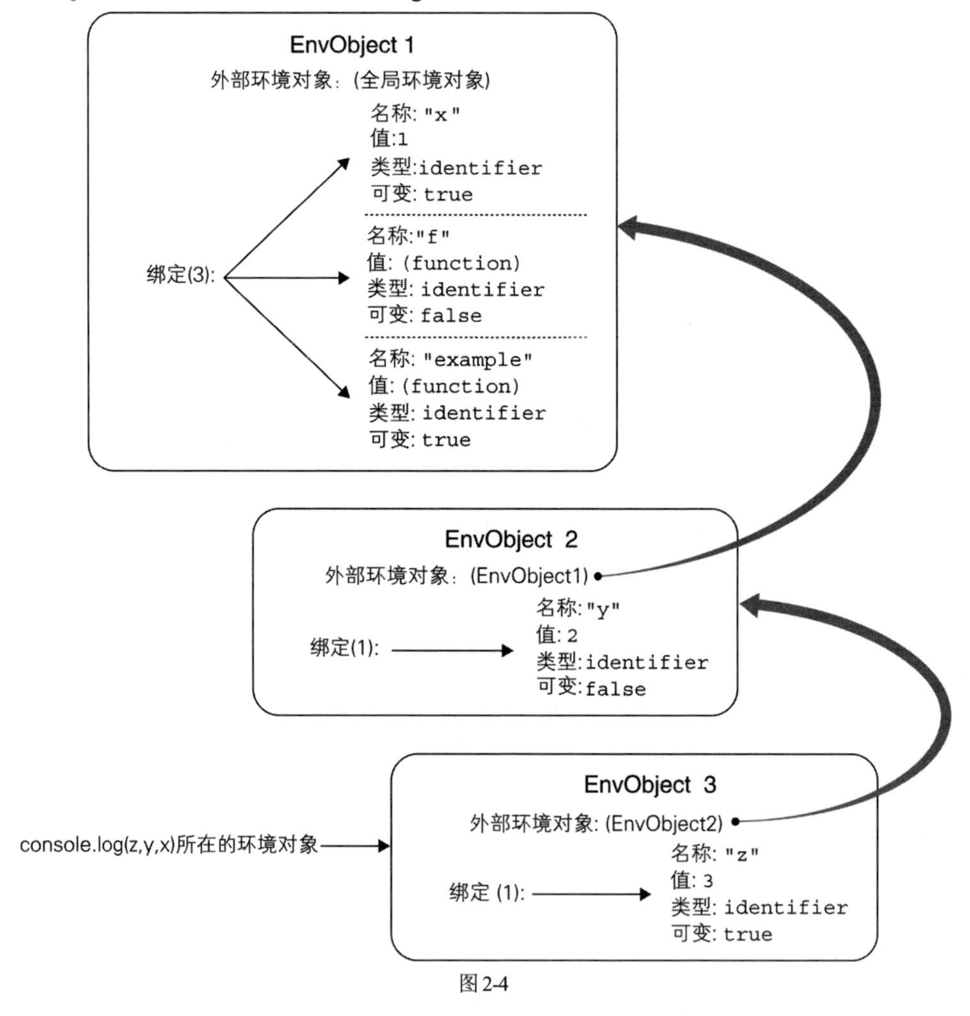

图 2-4

下面深入研究此环境对象链。

(1) JavaScript 引擎创建全局环境对象(EnvObject1)，并向其中添加绑定 x、f 和 example。

(2) 创建 example 函数，将 example 函数保存的环境链接设置为当前环境对象(全局环境对象 EnvObject1)，并将 example 绑定的值设置为该函数。

(3) 运行 let x = 1;这一行，将 x 设置为 1。

(4) 运行 const f = example();这一行：

① 为调用创建一个新的环境对象(EnvObject2)，将其外部环境对象设置为 example 保存的环境对

象(EnvObject1)。

② 在此环境对象中创建一个名为 y 的绑定。

③ 运行 const y = 2;这一行，将 y 设置为 2。

④ 创建函数，把该函数保存的环境链接设置为当前环境对象(EnvObject2，即调用 example 函数时创建的环境对象)。

⑤ 返回函数。

⑥ 将函数分配给 f。

(5) 最后，引擎运行 f();这一行，调用 f 所指的函数：

① 为调用创建一个新的环境对象(EnvObject3)，将其外部环境对象设置为函数保存的环境对象(EnvObject2，即前面调用 example 函数时创建的环境对象)，并在 EnvObject3 上创建 z 绑定。

② 将 z 设置为 3。

③ 运行 console.log 这一行。

在 console.log 这行，引擎在当前环境对象中找到了 z，但必须到外部环境对象(调用 example 函数时创建的环境对象)中去找 y，并且必须到两层外去找 x。

但这些对我们理解 closuresInLoopsWithLet 有什么帮助？让我们再看看该函数，参见代码清单 2-6。

代码清单 2-6　循环中的闭包，用 let 解决(再次)——closures-in-loops-with-let.js

```
function closuresInLoopsWithLet(){
    for (let counter = 1; counter <= 3; ++counter){
        setTimeout(function(){
            console.log(counter);
        }, 10);
    }
}
closuresInLoopsWithLet();
```

执行 for 循环时，JavaScript 引擎为每个循环迭代创建一个新的环境对象，每个环境对象各有其独立的 counter 变量，所以每个计时器回调函数引用的都是不同的 counter 变量。下面详细描述了 JavaScript 引擎对该循环的处理。

(1) 为调用创建一个环境对象，此处将其命名为 CallEnvObject。

(2) 将 CallEnvObject 的外部环境对象引用设置为 closuresInLoopsWithLet 函数上保存的环境对象(即函数创建时所在的环境对象，本示例中为全局环境对象)。

(3) 开始处理 for 循环，记住在 for 循环的初始化部分用 let 声明的变量列表；本示例中只有一个 counter 变量，但可以有更多。

(4) 为循环的初始化部分创建一个新的环境对象，以 CallEnvObject 作为它的外部环境对象，并为 counter 创建一个值为 1 的绑定。

(5) 为第一个迭代创建一个新的环境对象(LoopEnvObject1)，以 CallEnvObject 作为它的外部环境对象。

(6) 引用步骤(3)中的列表，在 LoopEnvObject1 上为 counter 创建一个绑定，将其值设置为 1(初始化部分的环境对象中的值)。

(7) 将 LoopEnvObject1 设置为当前的环境对象。

(8) 因为 counter<=3 返回真，所以创建第一个计时器函数(此处称之为 timerFunction1)来执行循环体，并以 LoopEnvObject1 作为其保存的环境对象。

(9) 调用 setTimeout，将对 timerFunction1 的引用传入其中。

此时，内存中的内容如图 2-5 所示。

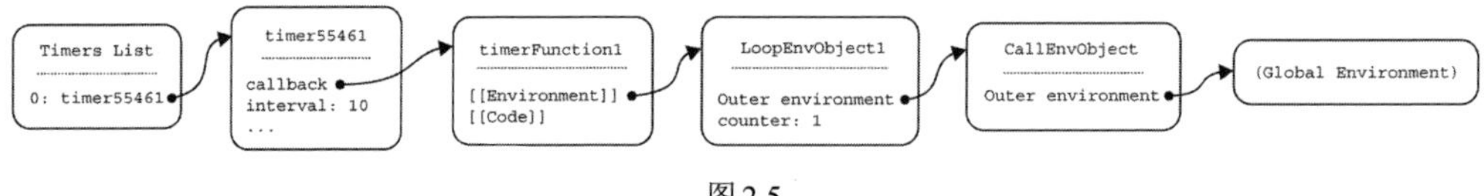

图 2-5

现在，JavaScript 引擎准备进入下一个循环迭代。

(10) 创建一个新的环境对象(LoopEnvObject2)，以 CallEnvObject 作为其外部环境对象。

(11) 使用步骤(3)中的绑定列表，在 LoopEnvObject2 上为 counter 创建一个绑定，并将其值设置为 LoopEnvObject1 上 counter 的当前值(在这里是 1)。

(12) 将 LoopEnvObject2 设置为当前的环境对象。

(13) 执行 for 循环中的“递增”部分：++counter。它递增的 counter 变量是当前环境对象 LoopEnvObject2 中的 counter。之前的值是 1，递增后变成 2。

(14) 继续执行 for 循环：因为判定条件返回真，所以创建第二个计时器函数(timerFunction2)来执行循环体，以 LoopEnvObject2 作为其保存的环境对象，以便计时器函数引用 LoopEnvObject2 中的信息。

(15) 调用 setTimeout，将对 timerFunction2 的引用传入其中。

如你所见，这两个计时器函数分别引用了不同的环境对象上的不同 counter 副本。第一个函数的 counter 是 1，第二个函数的 counter 是 2。此时，内存中的内容如图 2-6 所示。

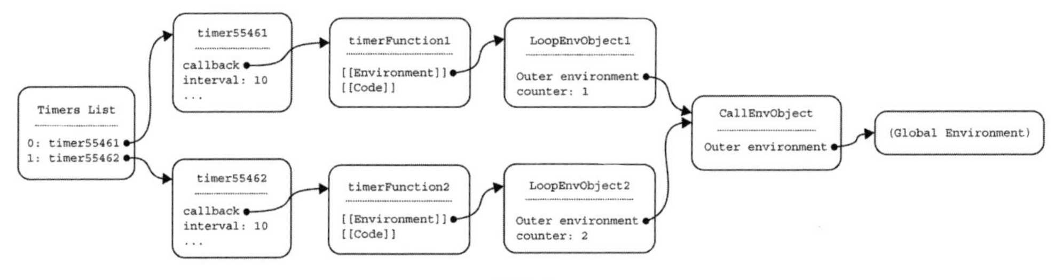

图 2-6

当第三个(即最后一个)循环迭代完成时，最终内存中会出现如图 2-7 所示的内容。

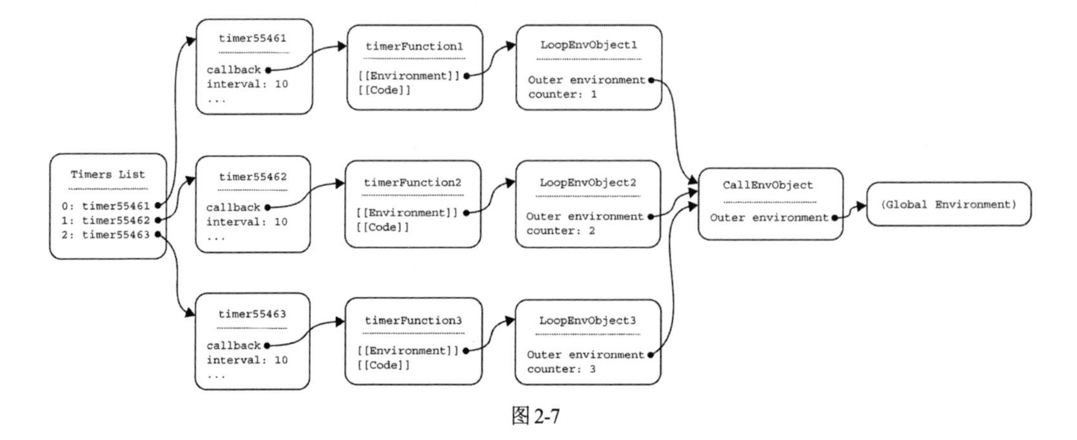

图 2-7

当计时器调用计时器函数时，因为每个计时器都使用单独的环境对象，且每个对象都有自己的 counter 副本，所以输出的是 1、2、3，而不是使用 var 声明时输出的 4、4、4。使用 var 声明时，所有函数都共享同一个环境对象和变量。

简而言之，循环中块级作用域的机制与 ES5 匿名函数的解决方案完全一样：给每个计时器函数一个不同的环境对象，引用各自的绑定(let 解决方案中的 counter，ES5 解决方案中的 value)的副本。但在循环中使用块级作用域的方法更有效，因为该方法不需要使用单独的函数和函数调用。

当然，有时你可能想要旧的输出。在那种情况下，在循环之前声明变量即可(这和使用 var 声明时一样)。

在前面的介绍中，for 循环特有的行为仅在于：它对 for 循环的初始化部分用 let 声明的变量进行跟踪，并将这些绑定的值从一个环境对象复制到下一个环境对象。但并不是说只有 for 循环中的块才有它自己的环境对象，while 和 do-while 循环中的块也有自己的环境对象。接下来看看这两个循环。

2.7.3　while 和 do-while 循环

while 和 do-while 循环中的块也有自己的环境对象。因为它们没有 for 循环的初始化表达式，所以它们不会复制初始表达式中声明的绑定的值，但是与每个循环迭代相关联的块仍然有自己的环境对象。下面实际查看一下这种循环。运行代码清单 2-7。

代码清单 2-7　while 循环中的闭包——closures-in-while-loops.js

```
function closuresInWhileLoops(){
   let outside = 1;
   while (outside <= 3){
       let inside = outside;
       setTimeout(function(){
           console.log("inside = " + inside + ", outside = " + outside);
       }, 10);
       ++outside;
   }
}
closuresInWhileLoops();
```

运行 closuresInWhileLoops 时，控制台的输出是：

```
inside = 1, outside = 4
inside = 2, outside = 4
inside = 3, outside = 4
```

所有的计时器函数都引用了同一个 outside 变量(因为它是在循环外声明的)，但是它们又引用了各自的 inside 变量，见图 2-8。

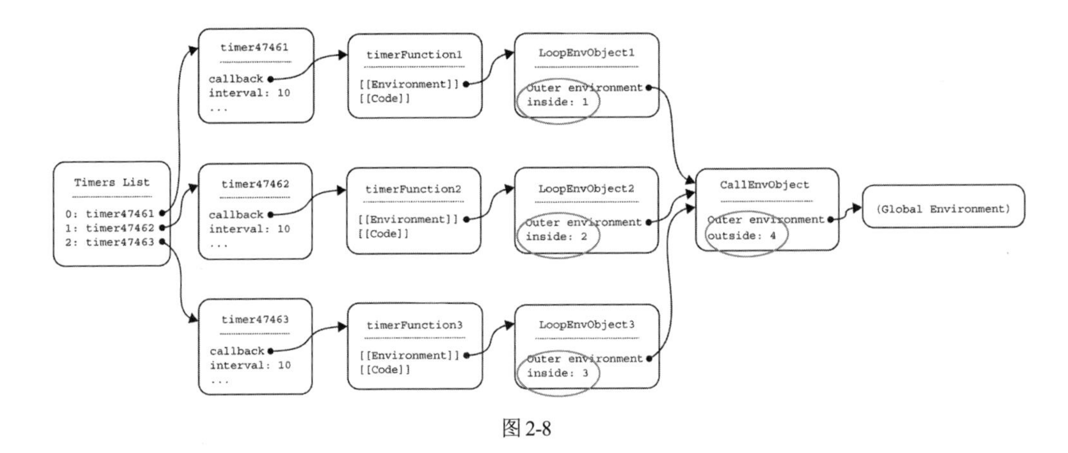

图 2-8

2.7.4 性能影响

考虑到循环中的块级作用域的工作方式，你可能会想："等等，如果在循环中使用块级作用域变量，就必须创建一个新的环境对象来保存它们，并建立一个链，而且(对于 for 循环)要将迭代绑定值从一个循环迭代复制到下一个循环迭代，这不会减慢循环吗？"

对此，有以下两种回答：

(1) 你也许不在意由此带来的速度减慢问题。记住，过早的优化是不成熟的。当你遇到实际的性能问题时，再来担心。

(2) 速度有没有减慢，因情况而异。如果 JavaScript 引擎没有优化差异，那肯定会增加开销，而且有时候(包括上述循环中的闭包示例)它无法优化差异。在其他时候，如果我们没有创建闭包，或者引擎可确定闭包没有使用按循环迭代的变量，那么引擎很可能可以优化差异。现代引擎做了大量的优化。当 ES2015 刚提出 let 时，如果你将 let 用作循环变量，则 Chrome 的 V8 引擎运行 for 循环的速度明显比使用 var 时慢。V8 的工程师找到优化的方法后，这种速度差异就随之消失了(对于没有创建闭包的情况)。

如果在循环中遇到实际的性能问题，不必在每个循环迭代中为变量创建单独的副本，只需要将它们移到包含循环的作用域内：

```
let n;
for (n = 0; n < aReallyReallyBigNumber; ++n){
   // ...
}
```

或者，如果不希望变量在该作用域内，可将整个循环封装在一个匿名块中，并在该块中声明该变量：

```
function wrappingInAnonymousBlock(){
   // ...some unrelated code...

   // Now we've identified a performance/memory problem with the per-iteration
   // initialization of 'n', so we use an anonymous block to have just one 'n'
   {
      let n;
      for (n = 0; n < aReallyReallyBigNumber; ++n){
         //…
      }
   }
```

```
    // ...more unrelated code...
}
wrappingInAnonymousBlock();
```

2.7.5　循环块中的 const

前面介绍关于 const 的内容时展示了一个简单的 div 更新循环(代码清单 2-8 中将再次展示)，其中的一个变量(list)实际上从未改变，当时我让你思考如何将 let 和 const 应用到这段代码中(不删除任何标识符)。

代码清单 2-8　ES5 版本的 div 更新循环——element-loop-es5.js

```
var list, n, element, text;
list = document.querySelectorAll("div.foo");
for (n = 0; n < list.length; ++n){
   element = list[n];
   text = element.classList.contains("bar")? " [bar]" : "[not bar]";
   element.appendChild(document.createTextNode(text));
}
```

你想出了类似于代码清单 2-9 的修改方法吗？

代码清单 2-9　ES2015 版本的 div 更新循环——element-loop-es2015.js

```
const list = document.querySelectorAll("div.foo");
for (let n = 0; n < list.length; ++n){
   const element = list[n];
   const text = element.classList.contains("bar")? "[bar]" : "[not bar]";
   element.appendChild(document.createTextNode(text));
}
```

当时，你可能没有想到要把 element 和 text 移到 for 循环块中，或者即使你想到了，也可能会用 let(而不是 const)声明它们。但是它们在循环中的值永远不会改变，当然变量在每个循环迭代中都有自己的副本，所以它们是其作用域内的常量，我们可用 const 声明它们，从而说明我们只是想使用它们，而不是修改它们。

你不必仅仅因为你不改变某个东西就用 const 来声明它。是否将某物声明为常量，是一个有关编码风格的问题，你的团队应该就此展开讨论并达成一致意见(使用 const，或者不使用 const，或者根据个人偏好来决定是否使用)。在开发过程中使用 const 的做法能够带来一些实际的好处(如果你试图改变某个同事使用 const 声明的内容，那么你会得到一个早期的错误。然后要么故意改变声明，要么不改变该常量的值)。不过你的团队可能正在使用完整的测试套件，这些测试套件也会发现这个错误(尽管有点晚)。

2.7.6　for-in 循环中的 const

除了包含 4 个部分(初始化、判定、递增、循环体)的普通 for 循环外，JavaScript 还有其他类型的 for 循环：for-in、for-of 和 for-await-of(第 6 章将介绍 for-of，第 9 章将介绍 for-await-of)。下面简单介绍一个典型的 for-in 循环：

```
var obj = {a: 1, b: 2};
for (var key in obj){
```

```
    console.log(key + ": " + obj[key]);
}
```

如果要在 ES2015+中编写上面的代码，你会使用 let 还是 const 来声明 key？

你可以使用任何一个。与 while 一样，具有词法声明的 for-in 循环在每个循环迭代中都有一个单独的环境对象。由于循环体中的代码不会改变 key，如果你愿意，可使用 const 来声明：

```
const obj = {a: 1, b: 2};
for (const key in obj){
    console.log(key + ": " + obj[key]);
}
```

2.8 旧习换新

下面列举一些旧的代码编写方式，并教你用新的方式替代它们。

2.8.1 用 const 或 let 替代 var

旧习惯：使用 var。

新习惯：使用 const 或 let。var 唯一的使用情况是旧代码，例如，假设有一个顶层的对象。

```
var MyApp = MyApp || {};
```

在一个页面上可能加载几个脚本，并分别写入 MyApp 对象的不同部分，而这些操作已经被模块取代了(见第 13 章)。

如果使用 const 声明你不打算改变的“变量”，你可能会发现自己使用 const 的次数比原来想象的要多得多，特别是对于对象引用，这并不意味着你不能改变对象的状态，这仅意味着你不能改变常量所指向的对象。如果你在编写有大量对象的代码(这在 JavaScript 中几乎是不可避免的)，而你最终实际使用的变量却非常少，你可能会感到吃惊。

2.8.2 缩小变量的作用域

旧习惯：在函数的顶部列出 var 声明的变量，因为无论如何 var 声明都会被提升到顶部。

新习惯：在合理的情况下，在最小作用域内使用 let 和 const。这提高了代码的可维护性。

2.8.3 用块级作用域替代匿名函数

旧习惯：使用匿名函数解决循环中的闭包问题。

```
for (var n = 0; n < 3; ++n){
   (function(value){
      setTimeout(function(){
          console.log(value);
      }, 10);
   })(n);
}
```

新习惯：使用块级作用域替代匿名函数。

```
for (let n = 0; n < 3; ++n){
   setTimeout(function(){
      console.log(n);
```

```
    }, 10);
}
```

代码更加清晰，也更易于阅读。

也就是说，在没有充分理由的情况下，不要用块级作用域替代命名良好的、可重复使用的函数：

```
// If it's already like this, with a reusable named function, no need
// to move the function code into the loop
function delayedLog(msg, delay){
    setTimeout(function(){
        console.log(msg);
    }, delay);
}
// ...later...
for (let n = 0; n < 3; ++n){
    delayedLog(n, 10);
}
```

块级作用域并不能代替那些已经高度优化过的函数，但它是一个有用的工具，可消除令人困惑的匿名函数。

如果在全局作用域内运用函数作用域来避免全局变量的使用，你甚至可以用块(或模块，第 13 章将介绍)来替代它们。块级作用域不一定非得是 if 或 for 这样的流控制语句，它们可以是独立的，因此，函数作用域可以只是一个块：

```
{                                // Scoping block
        let answer = 42;         // 'answer' is local to the block, not global
        console.log(answer);
}
```

第3章 函数的新特性

本章内容

- 箭头函数和 this、super 等词法
- 默认参数值
- “rest”参数
- 参数列表和函数调用中的尾后逗号
- 函数的 name 属性
- 语句块中的函数声明

本章代码下载

可通过网址 https://thenewtoys.dev/bookcode 或 https://www.wiley.com/go/javascript-newtoys 下载本章的代码。

本章将介绍函数在现代 JavaScript 中很多令人兴奋的新特性，比如：箭头函数——一种新的轻量、简洁的函数形式，能够解决许多与回调相关的问题；默认参数值，可简化代码并为开发工具提供更好的支持；“rest” 参数，能够提供由命名参数之后的剩余参数组成的数组对象；函数新的 name 属性官方规范及其多种设置方式；以及函数声明在流程控制块中的工作原理。

以下与函数有关的三部分内容，将在后面的章节中介绍：

- 解构参数将在第 7 章介绍。
- 生成器函数将在第 6 章介绍。
- async 函数将在第 9 章介绍。

形参和实参

在编程中，有两个密切相关且经常互用的术语：形参和实参。一个函数会声明并使用形参。在调用该函数时，形参的具体值被称为实参。一个简单的示例如下：

```
function foo(bar) {
   console.log(bar * 6);
}
foo(7);
```

上面的 foo 函数声明并使用了形参 bar。代码中使用实参 7 调用了 foo 函数。

3.1 箭头函数和 this、super 等词法

ES2015 在 JavaScript 中添加了箭头函数。箭头函数解决了一大类问题，尤其是与回调相关的问题：确保函数内部的 this 和外部的 this 是一样的。此外，箭头函数还比使用 function 关键字创建的传统函数更轻量、更简洁(有时要简洁得多)。

下面的小节首先介绍箭头函数的语法，然后进一步探讨 this 和箭头函数在处理方式方面不同于传统函数的其他地方。

3.1.1 箭头函数语法

箭头函数有两种形式：一种是具有简写体的形式(通常被称为简写箭头函数)，另一种是具有标准函数体的形式(此处称其为冗长箭头函数或常规箭头函数，尽管它们仍然不如传统函数那么冗长)。下面先来看看简写形式。

假设你想过滤一个数组，只保留值小于 30 的条目。你可能会通过使用 Array.prototype.filter 并传入一个回调函数来实现。在 ES5 中，实现代码如下所示：

```
var array = [42, 67, 3, 23, 14];
var filtered = array.filter(function(entry){
    return entry < 30;
});
console.log(filtered); // [3, 23, 14]
```

这是回调的常见用例：一个回调函数需要做一些简单的事情并返回一个值。箭头函数则提供了一种非常简洁的方式：

```
const array = [42, 67, 3, 23, 14];
const filtered = array.filter(entry => entry < 30);
console.log(filtered); // [3, 23, 14]
```

如果把它和之前习惯的传统函数进行比较，你会发现它几乎不像是一个函数! 别担心，你很快就会习惯。

正如上例所示，一个箭头函数的简写形式实际上只包括它所接受的参数的名称，然后用一个箭头(=>)告诉解析器这是一个箭头函数，之后用一个表达式定义它的返回值。就是这么简单！没有 function 关键字，没有定义函数体的大括号，没有 return 关键字；只有参数、箭头和表达式。

如果想让一个箭头函数接收多个参数，则需要用括号将其参数列表括起来，以表明它们都是箭头函数的参数。例如，如果想对数组进行排序(而不是过滤)，可这样做：

```
const array = [42, 67, 3, 23, 14];
array.sort((a, b)=> a - b);
console.log(array); // [3, 14, 23, 42, 67]
```

请注意参数周围的括号。想一想为什么上面的语法中必须有它们？

设想如果没有它们，会是什么样子：

```
array.sort(a, b => a - b);
```

发现问题了吗？我们正向 sort 方法传递两个参数：一个变量 a，一个箭头函数 b => a - b。所以如果有多个参数，括号是必需的。(如果想保持一致，即使只有一个参数，也可以总是带上括号。)

当不需要接收任何参数时，比如在定时器回调中，也可使用括号——留空即可：

```
setTimeout(()=> console.log("timer fired"), 200);
```

虽然简写箭头函数在编写时经常不换行，但这并不是简写语法的硬性要求；如果要在 array.sort 回调中进行复杂的计算，也可将代码单独放一行。

```
const array = [42, 67, 3, 23, 14];
array.sort((a, b)=>
   a % 2 ? b % 2 ? a - b : -1 : b % 2 ? 1 : a - b
);
console.log(array); // [3, 23, 67, 14, 42]
```

以上代码把数组分成两组：先是奇数，然后是偶数。函数体在箭头函数的简写形式中仍然是一个非常重要的单一(复杂的)表达式。

但如果箭头函数中需要使用多个语句，而不是只包含一个表达式，我们该如何做呢？你也许会想，如果把上面的复杂表达式拆开，那么 sort 的调用会更清晰(当然，我也认为会更清晰)。为此，可使用函数体形式(或者称之为常规形式)，在箭头后面使用大括号提供一个函数体：

```
const array = [42, 67, 3, 23, 14];
array.sort((a, b)=> {
   const aIsOdd = a % 2;
   const bIsOdd = b % 2;
   if (aIsOdd){
      return bIsOdd ? a - b : -1;
   }
   return bIsOdd ? 1 : a - b;
});
console.log(array); // [3, 23, 67, 14, 42]
```

该回调与前面的回调起着完全相同的作用，但该回调使用了多个简单的语句，而不是一个复杂的表达式。

对于以上常规形式的箭头函数，需要注意如下两点：

- 箭头后面紧跟着一个左大括号。这将告诉解析器，代码中使用的是常规形式的箭头函数，其中函数体就像传统函数一样，在大括号内。
- 和传统函数一样使用 return 返回一个值。如果不使用 return，箭头函数将和传统函数一样不显式提供返回值，调用它时将返回 undefined 值。

如前所述，简写箭头函数不一定要写成一行，同理，常规箭头函数也不一定要写成多行。通常情况下，你可自行决定在何处换行。

警告：逗号运算符和箭头函数

箭头函数的简写形式需要在=>之后放一个表达式，因此一些程序员习惯于使用逗号运算符，这样，当他们只需要在函数中做两三件事时，就不必使用常规形式了。回顾一下，逗号运算符是 JavaScript 中比较奇怪的运算符之一：它计算其左操作数，丢弃结果，然后计算其右操作数，并以该值作为结果。例如：

```
function returnSecond(a, b) {
   return a, b;
```

```
}
console.log(returnSecond(1, 2)); // 2
```

return a, b;语句的结果是 b 的值。

这与箭头函数有什么关系呢？逗号表达式可让你在简写形式的表达式中做多件事情，左操作数可包含具有副作用的表达式。例如，你有一个由 handler 组成的数组，该数组的每个条目都封装了一些 item，你想将 handler 传入 unregister 函数中，从而转换每个 item，然后将其传入 register 函数中并记录结果。在传统函数中可这样做:

```
handlers = handlers.map(function(handler) {
   unregister(handler);
   return register(handler.item);
});
```

如果使用一个常规箭头函数，可将上面的代码简写为:

```
handlers = handlers.map(handler => {
   unregister(handler);
   return register(handler.item);
});
```

但有些程序员会用一个简写箭头函数替代常规箭头函数，他们使用(或滥用)逗号操作符:

```
handlers = handlers.map(handler =>
   (unregister(handler), register(handler.item))
);
```

此时必须在逗号表达式周围(通常都在一行)加上括号(否则解析器会认为你向 handlers.map 传递了两个参数，而不是一个)，所以它比常规形式短的唯一原因是，它不必写 return 关键字。

无论你认为这种用法是巧妙地使用了逗号操作符，还是在滥用逗号操作符，都需要知道一点：你很可能在其他人写的代码中看到这种用法。

对于箭头函数的简写形式，有一个需要注意的“陷阱”：简写箭头函数使用对象字面量返回一个对象。

假设你有一个字符串数组，想要将其转化为一个以字符串作为其 name 属性的对象的数组。这听起来似乎可用 Array 的 map 方法和一个简写箭头函数来实现:

```
const a = ["Joe", "Mohammed", "María"];
const b = a.map(name => {name: name});        // Doesn't work
console.log(b);
```

但是当你尝试运行上面的代码时，你得到的数组包含一堆 undefined，而不是对象(或者会出现语法错误，这取决于你创建的对象)。出了什么问题呢？

问题在于，开头的大括号告诉 JavaScript 解析器，你使用的是常规形式，而不是简写形式，所以它将这个大括号用作主体的开始，然后将内容(name：name)用作常规箭头函数的主体，就像下面这个传统函数一样:

```
const a = ["Joe", "Mohammed", "María"];
const b = a.map(function(name){                // Doesn't work
   name: name
});
console.log(b);
```

由于函数没有返回任何值(因为解析器认为你使用的是常规形式)，调用它后，返回的值是 undefined 值，因此，你最后得到的是一个所含元素全部是 undefined 值的数组。函数体并没有语法错误(在这个例子中)，因为它看起来像一个标记语句(还记得标记语句吗？它与嵌套循环一起使用时可中断外部循环)，后面是一个独立的变量引用。这种语法是有效的，但它没有任何作用。

正确的做法是用小括号将对象字面量括起来，这样解析器就不会读到箭头后面的大括号，并知道你使用的是简写形式：

```
const a = ["Joe", "Mohammed", "María"];
const b = a.map(name => ({name: name}));        // Works
console.log(b);
```

当然，也可用常规形式和 return。编写时使用你觉得最清晰的方式即可。

顺便提一下：第 5 章将介绍如何使用简写属性以进一步缩短对 map 方法的调用中对象字面量的代码。

3.1.2　箭头函数和 this 词法

到目前为止，如你所见，箭头函数可让代码更加简洁。仅就其本身而言，这很有用，但这不是它们的主要能力。它们的优势在于，与传统函数不同，箭头函数没有自己的 this。相反，箭头函数会引用它们被创建时所在上下文中的 this，就像引用自由变量一样。

为什么这会有用呢？下面介绍一个熟悉的问题：假设你在一个对象方法中写代码时，想使用一个回调，但希望该回调中的 this 能够引用该对象。这对于传统函数而言是无法实现的，因为传统函数有自己的 this(由它们的调用方式决定)。正因为如此，我们通常会采用一种变通的方法——使用一个回调函数可引用的自由变量，正如下面这段 ES5 代码所示：

```
Thingy.prototype.delayedPrepAndShow = function(){
   var self = this;
   this.showTimer = setTimeout(function(){
       self.prep();
       self.show();
   }, this.showDelay);
};
```

现在回调中使用的是变量 self，而不是 this，所以，即使回调有其不同值的 this，也没有关系。

因为箭头函数没有自己的 this，它们会引用外部的 this，就像 ES5 示例引用自由变量 self 一样，所以可将该回调重写成一个不需要 self 变量的箭头函数。

```
Thingy.prototype.delayedPrepAndShow = function(){
   this.showTimer = setTimeout(()=> {
       this.prep();
       this.show();
   }, this.showDelay);
};
```

重写后的代码简单多了(第 4 章将介绍一种创建该方法的新方式，而不必给 Thingy.prototype 属性赋值)。

this 不是箭头函数唯一引用的内容。它还引用 arguments(自动生成的伪数组，内含函数收到的所有参数)，以及第 4 章将要介绍的 super 和 new.target。

3.1.3 箭头函数不能被用作构造函数

箭头函数没有自己的this，因此它们不能被用作构造函数。也就是说，它们不能和new一起使用：

```
const Doomed = ()=> { };
const d = new Doomed(); // TypeError: Doomed is not a constructor
```

要知道，构造函数的主要目的是填充新构造的对象，而新构造的对象是通过this传递给函数的。如果函数没有自己的this，就不能对新对象设置属性，它作为构造函数也就没有意义。规范已明确禁止将箭头函数用作构造函数。

禁止这种用法后，箭头函数会比传统函数更轻量，因为它们不需要prototype属性，也不必绑定一个对象。你可能还记得，当把一个函数用作构造函数时，所创建的新对象的原型是通过函数的prototype属性赋值的：

```
function Thingy(){
}
var t = new Thingy();
console.log(Object.getPrototypeOf(t)=== Thingy.prototype); // true
```

JavaScript 引擎无法提前知道你是否会把传统函数用作构造函数，因此它必须在你创建的每个传统函数上添加prototype属性和一个供它引用的对象(当然，这是一个可优化的点)。

但箭头函数不能成为构造函数，因此它们没有prototype属性：

```
function traditional(){
}
const arrow = ()=> {
};
console.log("prototype" in traditional); // true
console.log("prototype" in arrow);       // false
```

不过，箭头函数并不是现代JavaScript中与函数相关的唯一新特性。

3.2 默认参数值

从ES2015开始，可为参数提供默认值。在ES5和更早的版本中，必须通过代码来实现，如下所示：

```
function animate(type, duration) {
   if (duration === undefined) { // (Or any of several similar checks)
      duration = 300;
   }
   // ...do the work...
}
```

现在可用声明的方式来实现：

```
function animate(type, duration = 300) {
   // ...do the work...
}
```

这种方式更简洁，也让工具更便于提供支持。

调用函数时，如果参数的值是undefined，默认值就会生效。如果调用函数时完全不输入参数，则参数的值是 undefined。如果将 undefined 设置为参数值，它的值(当然)也是 undefined。无论哪种情况，函数都会使用默认值。

下面通过示例说明这一点，运行代码清单 3-1 的代码。

代码清单 3-1　默认参数——basic-default-parameters.js

```
function animate(type, duration = 300) {
   console.log(type + ", " + duration);
}
animate("fadeout");                  // "fadeout, 300"
animate("fadeout", undefined);       // "fadeout, 300" (again)
animate("fadeout", 200);             // "fadeout, 200"
```

处理默认值的代码被 JavaScript 引擎高效地插入函数的开头，但如后面的内容所示，该代码其实在自己的作用域中。

在这个示例中，如果愿意，可为 type 和 duration 提供默认值：

```
function animate(type = "fadeout", duration = 300){
     // ...do the work...
}
```

而且与其他一些语言不同，JavaScript 允许你只为 type 提供默认值，而不为 duration 提供。

```
function animate(type = "fadeout", duration){
     // ...do the work...
}
```

上面的代码看起来有点奇怪(难免有些怪异)，但事实上，如果参数值是 undefined，函数就会使用默认值。这通常是因为代码中没有给出参数，但也可能是因为显式地给出了 undefined。运行代码清单 3-2 中的代码。

代码清单 3-2　给第一个参数设定默认值——default-first-parameter.js

```
function animate(type = "fadeout", duration) {
   console.log(type + ", " + duration);
}
animate("fadeout", 300);    // "fadeout, 300"
animate(undefined, 300);    // "fadeout, 300" (again)
animate("fadein", 300);     // "fadein, 300"
animate();                  // "fadeout, undefined"
```

3.2.1　默认值是表达式

参数默认值可以是一个表达式，而不一定只是一个字面量值。默认值甚至可调用一个函数。默认值表达式的值在调用函数时计算，而不是在定义函数时计算，而且只有在该函数的特定调用需要时才会计算默认值表达式的值。

例如，假设你想为每种类型的动画使用不同的持续时间，并且有一个函数可提供给定动画类型的默认持续时间，可像下面这样编写 animate 函数：

```
function animate(type, duration = getDefaultDuration(type)){
   // ...do the work...
}
```

除非需要，否则代码不会调用 getDefaultDuration。这和以下执行方式基本一样：

```
function animate(type, duration){
   if (duration === undefined){
      duration = getDefaultDuration(type);
   }
   // ...do the work...
}
```

其中，主要区别在于作用域，这一点稍后再讨论。

在这个例子中，duration 的默认值使用了 type 参数。这没有问题，因为 type 在 duration 之前。如果 type 在 duration 之后，而且某个特定的调用依赖 duration 的默认值，则会出现 ReferenceError：

```
function animate(duration = getDefaultDuration(type), type){
   // ...do the work...
}
animate(undefined, "dissolve"); // ReferenceError: type is not define
```

这就好比你试图在 let 声明之前访问一个用 let 声明的变量的值，相关内容请参阅第 2 章。从 JavaScript 引擎的角度来看，animate 函数如下所示(同样，区别在于作用域)：

```
function animate() {
   let duration = /*...get the value of argument 0...*/;
   if (duration === undefined) {
      duration = getDefaultDuration(type);
   }
   let type = /*...get the value of argument 1...*/;
   // ...do the work...
}
```

如果你调用 animate 时没有传入 duration，计算默认值的代码则会尝试使用处于暂时性死区(TDZ)中的 type，所以会报错。

简单的规则：默认值可使用排列在其前面的参数，但不能使用排列在其后面的参数。

3.2.2 默认值在自己的作用域中被计算

如你所知，默认值可引用其他参数(只要这些参数在列表中的默认值之前)，同时它们可引用属于外部作用域的内容(比如前面例子中的 getDefaultDuration 函数)。但它们不能引用任何定义在函数体中的内容，包括被变量提升的内容。下面运行代码清单 3-3。

代码清单 3-3 默认值不能引用函数体内的内容——default-access-body.js

```
function example(value = x){
   var x = 42;
   console.log(value);
}
example(); // ReferenceError: x is not defined
```

上面的代码使用了 var，因为其中没有暂时性死区，它被提升到了声明它的作用域的顶部。但是默认值表达式还是不能使用它。原因是，默认值是在自己的作用域中被计算的，它存在于包含函数的作用域和函数内部的作用域之间(见图 3-1)。默认值的处理似乎发生在另一个包含了原有函数的函数中，如下所示：

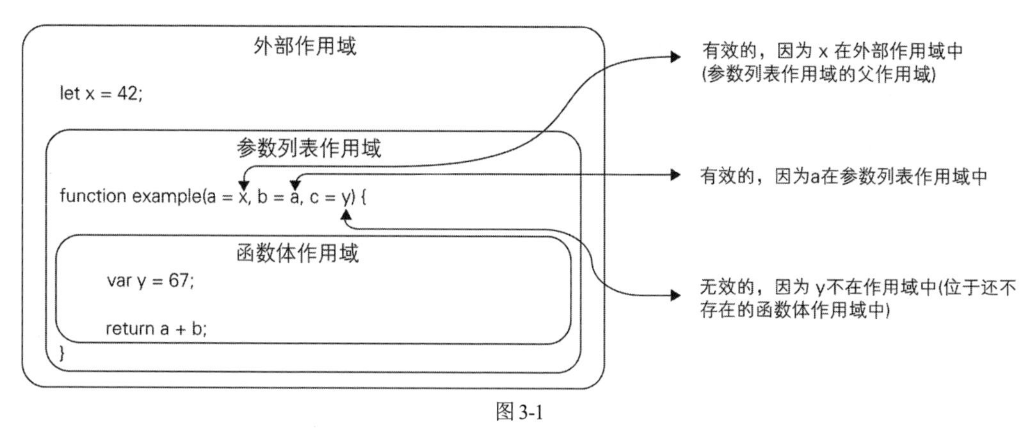

图 3-1

```
function example(value){
   if (value === undefined){
      value = x;
   }
   const exampleImplementation = ()=> {
      var x = 42;
      console.log(value);
   };
   return exampleImplementation();
}
example(); // ReferenceError: x is not defined
```

当然，这不是实际的做法，但在概念上已非常接近。

幸运的是，观察函数与其参数列表，你会发现这几块在视觉上是独立的(参数列表与函数体是分开的)，所以不难理解参数列表为什么有它自己的作用域。

"非简单"参数列表和可变的严格模式

如果一个参数列表只是一个纯粹的参数列表，且没有默认值或后面将介绍的 ES2015+参数特性，则称之为"简单"参数列表。如果一个参数列表使用了任何一个新特性，它就被称为"非简单"参数列表。(很有创意，是吗？)

你可能想不到，一个具有非简单参数列表的函数不能有"use strict";指令:

```
function example(answer = 42) {
   "use strict";  // SyntaxError: Illegal 'use strict' directive
                  // in function with non-simple parameter list
   console.log(answer);
}
```

为什么会出现这种错误呢？因为如果该函数是在松散模式下定义的，这个指令就会在函数内部启用严格模式。这样做存在的问题是，一个非简单的形参列表实际会涉及一些自动化的处理(如使用默认值)。如果一个函数是以松散模式定义的，但函数以"use strict";开头，那么形参列表中的代码应该是严格模式还是松散模式？想一想下面这个例子:

```
function example(callback = o => { with (o) { return answer; } }) {
   "use strict";
   console.log(callback({answer: 42}));
}
```

上面的代码是否存在语法错误(严格模式下不允许使用 with)？参数列表是严格模式还是松散模式？

为了避免这个问题引起的混乱，规范不允许在函数中这样做。此外，为了避免解析的复杂性，即使函数是在严格模式的上下文中定义的，如果它有一个非简单的参数列表，它仍然不能有"use strict";指令。它只能从上下文继承该指令。

3.2.3 默认值不会增加函数的 arity

一个函数的 arity 通常被定义为它的形参的数量，在 JavaScript 中，可通过函数的 length 属性获得该值：

```
function none(){
}
console.log(none.length); // 0
function one(a){
}
console.log(one.length);  // 1
function two(a, b){
}
console.log(two.length); // 2
```

在 JavaScript 中计算 arity 时，具有默认值的形参不会被计算在内，事实上，它们还会阻止其他后续形参被计算在内。

```
function stillOne(a, b = 42){
}
console.log(stillOne.length);      // 1
function oneYetAgain(a, b = 42, c){
}
console.log(oneYetAgain.length);   // 1
```

stillOne 函数的结果很简单：它有一个无默认值的形参和一个有默认值的形参，因此其 arity 为 1。oneYetAgain 函数的结果比较有趣，虽然其形参 c 没有明确的默认值，但因为它前面的形参 b 有，所以不计入 arity。

3.3 “rest”参数

通常情况下，当编写函数时，你知道该函数需要什么参数，并且每次调用时它都需要相同数量的参数。但有些函数需要接收不同数量的参数。例如，在 Object.assign 被添加到 ES2015 之前，许多 JavaScript 程序员的工具包中都包含一个接收目标对象和一个或多个源对象的 extend 函数，该函数将源对象的属性复制到目标对象上。在 ES5 和更早的版本中，使用伪数组 arguments 访问这些参数，如下所示：

```
function extend(target){
   var n, source;
   for (n = 1; n < arguments.length; ++n){
      source = arguments[n];
      Object.keys(source).forEach(function(key){
         target[key] = source[key];
```

```
        });
    }
    return target;
}
var obj = extend({}, {a: 1}, {b: 2});
console.log(obj); // {a: 1, b: 2}
```

但是 arguments 存在如下这些问题：

- 在松散模式下，它与形参的链接方式会引起性能问题(但可通过使用严格模式来解决)。
- 它包含所有的参数，这意味着索引需要跳过和前面相同的参数，因此这个 extends 例子的循环以 n = 1(而不是 n = 0)开始，我们想要跳过 target 形参的实参。
- 它是类数组，但不是数组，所以它没有 forEach 或 Map 这样的数组特性。
- 箭头函数没有自己的 arguments 对象。
- 主观上说，它的名字很模糊，没有体现出这些参数在函数中的具体含义。

ES2015 为这些问题提供了一个解决方案："rest" 参数。如果你在声明最后一个形参时在其前面使用省略号(...)，JavaScript 引擎就会收集从这一点开始的所有参数("剩余"参数)，并将它们当作一个数组对象放入该参数中。

如果使用"rest"参数更新前面的 extend 函数，那么，因为"rest"参数的值是一个数组对象，所以可使用 forEach(或 for-of，第 6 章将介绍)取代 for：

```
function extend(target, ...sources){
    sources.forEach(source => {
        Object.keys(source).forEach(key => {
            target[key] = source[key];
        });
    });
    return target;
}
const obj = extend({}, {a: 1}, {b: 2});
console.log(obj); // {a: 1, b: 2}
```

再者，extend 自身也可以是一个箭头函数，因为它不再需要 arguments 伪数组：

```
const extend = (target, ...sources)=> {
    sources.forEach(source => {
        Object.keys(source).forEach(key => {
            target[key] = source[key];
        });
    });
    return target;
};
const obj = extend({}, {a: 1}, {b: 2});
console.log(obj); // {a: 1, b: 2}
```

但是，如果我们根本没有为"rest"参数提供任何参数，会怎么样呢？也就是说，如果我们调用 extend 函数时只有一个参数、一个目标对象，而完全没有源对象(虽然这样做很奇怪)，会怎么样呢？你认为 sources 的值是多少呢？

你可能从 extend 函数的实现中推断出了答案：你得到的是一个空数组，因此代码不需要校验 sources 来确定它是不是一个数组。在这种情况下，这个特性的设计者本可让 sources 包含 undefined，但为了一致性，他们选择了空数组。

请注意，...不是一个运算符，虽然你会听到人们称它为"rest 运算符"，但它只是"语法"或"符号”(在这个例子中，为“rest”参数语法/符号)。你将在第 5 章了解更多关于...的信息，以及它不是运算符(也不能成为运算符)的原因。

3.4 参数列表和函数调用中的尾后逗号

有些风格的代码会将函数的参数分成多行排列，这可能是为了容纳描述参数之类的行注释：

```
function example(
   question,   // (string)The question, must end with a question mark
   answer      // (string)The answer, must end with appropriate punctuation
){
   // ...
}
```

同样，在调用函数时，有时让每个实参单独占一行，这是有用的，特别是当实参是一个很长的表达式时：

```
example(
   "Do you like building software?",
   "Big time!"
);
```

这两种情况下，随着代码库的迭代，你需要在函数中添加第三个参数。在添加形参/实参的新行时，必须在前一行加上逗号：

```
function example(
   question,   // (string) The question, must end with a question mark
   answer,     // (string) The answer, must end with appropriate punctuation
   required    // (boolean) Coerced if necessary (so default is false)
) {
   // ...
}
example(
   "Do you like building software?",
   "Big time!",
   true
);
```

忘记添加逗号的错误行为很常见，而之所以需要这样做，是因为你添加逗号以后，和代码修改不相关的行也会出现在变更之中(例如，在提交的对比中)。

ES2017 支持在形参和实参列表的末尾添加一个尾后逗号。从 ES2017 开始，可按如下方式编写前面介绍的带有两个形参的 example 函数：

```
function example(
   question, // (string)The question, must end with a question mark
   answer, // (string)The answer, must end with appropriate punctuation
){
   // ...
}
```

然后按如下方式调用它：

```
example(
   "Do you like building software?",
```

```
    "Big time!",
);
```

这纯粹是语法上的改变，并没有改变其他任何东西。此处并没有第三个未命名的参数或类似的东西。带有 question 和 answer 这两个参数的 example 函数仍然只有这两个参数；它的 arity，如其 length 属性所示，仍然是 2。

以后添加第三个参数时，只需要添加新的行，不必更改现有的行：

```
function example(
    question,  // (string)The question, must end with a question mark
    answer,    // (string)The answer, must end with appropriate punctuation
    required,  // (boolean)Coerced if necessary (so default is false)
){
    // ...
}
example(
    "Do you like building software?",
    "Big time!",
    true,
);
```

3.5 函数的 name 属性

ES2015 终于对函数的 name 属性进行了标准化(多年来，它在一些 JavaScript 引擎中一直是一个非标准的扩展)，并且以一种非常有趣和有效的方式进行了标准化，这使过去的许多匿名函数不再是匿名函数，并伴随着其他的影响。

函数显性获得 name 的方式是：通过函数声明(declaration)或命名函数表达式来获得。

```
// Declaration
function foo() {
}
console.log(foo.name); // "foo"
// Named function expression
const f = function bar() {
};
console.log(f.name); // "bar"
```

使用 name 属性是为了方便传达信息，特别是当我们查看错误时，name 属性在调用堆栈中非常有用。

有趣的是，即便使用匿名函数表达式，也可给函数添加 name。例如，如果将表达式的结果赋值给一个常量或变量：

```
let foo = function() {
};
console.log(foo.name); // "foo"
```

这不是 JavaScript 引擎的魔法。至于具体在何时何地设置 name，规范中有明确和详细的规定。

不管你是在赋值函数时声明变量，还是后来才赋值函数，这些都不重要，重要的是你何时创建函数：

```
let foo;
foo = function(){
```

```
};
console.log(foo.name); // "foo"
```

箭头函数表达式的行为和匿名函数表达式的一样：

```
let foo = ()=> {
};
console.log(foo.name); // "foo"
```

除了通过变量/常量赋值，在其他很多地方，函数的名称还可由上下文决定。

例如，在一个对象字面量中，如果将匿名函数表达式的结果赋值给一个属性，函数就会得到该属性的名称。

```
const obj = {
   foo: function(){
   }
};
console.log(obj.foo.name); // "foo"
```

(如果使用第 5 章将要介绍的方法语法，该示例也是有效的。)

甚至当函数被用作参数默认值时，该示例也是有效的：

```
(function(callback = function(){ }){
   console.log(callback.name); // "callback"
})();
```

然而，有一种操作(也许令人诧异)并没有设置函数的名称——赋值给一个现有对象的属性。例如：

```
const obj = {};
obj.foo = function(){
};
console.log(obj.foo.name); // "" - there's no name
```

为什么不能这样做？TC39 认为这种特定的用法暴露了过多信息。假设应用缓存中的一些函数以与用户相关的一些私密信息作为 key，同时需要将这些函数暴露给外部代码使用。如果创建函数的方法如下所示：

```
cache[getUserSecret(user)] = function(){};
```

在向第三方代码提供该函数时，设置函数 name 的操作会泄露 getUserSecret(user)的值。所以 TC39 委员会在设置函数 name 时有意略去了这个特殊的操作。

3.6 在语句块中声明函数

多年来，语句块中的函数声明并没有被规范所涵盖，但也没有被禁止。JavaScript 引擎可将它们当作“允许的扩展”来处理。从 ES2015 开始，语句块中的函数声明已成为规范的一部分。它们有标准的规则，也有只适用于浏览器松散模式的“传统 Web 语义”。

首先，我们来看看语句块中的函数声明是什么：

```
function simple(){
   if (someCondition){
      function doSomething(){
      }
```

```
        setInterval(doSomething, 1000);
    }
}
simple();
```

上面的语句块内包含一个函数声明(不是函数表达式)。不过函数声明会被提升到所有分步执行的代码之前来处理。那么语句块中的函数声明到底意味着什么呢?

因为规范中没有指定此语法(将函数声明放在语句块中)，但也没有禁止，所以 JavaScript 引擎厂商可自由地在他们的引擎中为该语法定义其含义，这就导致了不同的引擎表现不一致的问题。这种情况在之前的简单函数中并不会出现特别大的问题，但考虑下面这个示例:

```
function branching(num){
    console.log(num);
    if (num < 0.5){
        function doSomething(){
            console.log("true");
        }
    } else {
        function doSomething(){
            console.log("false");
        }
    }
    doSomething();
}
branching(Math.random());
```

在 ES5 中，至少有三种处理方案。

第一种方案(也是最直接的方案)是，把它当成语法错误。

第二种方案是，把它当作真正的函数表达式来处理，如下所示:

```
function branching(num){
    console.log(num);
    var doSomething;
    if (num < 0.5){
        doSomething = function doSomething(){
            console.log("true");
        };
    } else {
        doSomething = function doSomething(){
            console.log("false");
        };
    }
    doSomething();
}
branching(Math.random());
```

最终代码会按照期望根据随机数输出"true"或"false"，这很可能是作者的本意。

第三种方案是把它当作同一个作用域中多个被提升的声明:

```
function branching(num){
    function doSomething(){
        console.log("true");
    }
    function doSomething(){
        console.log("false");
```

```
    }
    console.log(num);
    if (Math.random()< 0.5){
    } else {
    }
    doSomething();
}
branching(Math.random());
```

代码会一直输出"false"，因为当你在同一个作用域中重复声明时(可以这样做)，代码会取最后一个。这可能不是作者的本意(在这个特定的例子中)，但更符合事实：函数声明被提升了，而不是作为分步代码的一部分被处理。

那么，JavaScript 引擎厂商会采用哪种处理方案呢？

以上三种处理方案都有可能会被采用。

有些引擎(个别例外，大部分都是小众的)选择了第一种方案，有些选择了第二种，还有一些选择了第三种，非常混乱。

TC39 在定义块中函数声明的语义时，面临着一项非常困难的任务：在不使重要代码失效的前提下，确定一些合理的和一致的东西。因此，他们做了两件事：

- 与 ES2015 的其他部分一样，定义了标准语义。
- 仅为 Web 浏览器松散模式的代码定义了“传统 Web 语义(legacy web semantics)”。

3.6.1 在语句块中声明函数：标准语义

最简单的处理方式是使用标准语义，在严格模式下(即使是在 Web 浏览器中)，标准语义始终有效。建议使用严格模式，以免不小心写出依赖传统语义的代码。在标准语义下，函数声明实际上被转换为函数表达式，赋值给被提升到语句块顶部的 let 变量(所以其作用域是其所在的语句块)。下面以前面的 branching 函数为例，增加一些日志输出以观察这个提升过程：

```
"use strict";
function branching(num){
    console.log(num);
    if (num < 0.5){
        console.log("true branch, typeof doSomething = " + typeof doSomething);
        function doSomething(){
            console.log("true");
        }
    } else {
        console.log("false branch, typeof doSomething = " + typeof doSomething);
        function doSomething(){
            console.log("false");
        }
    }
    doSomething();
}
branching(Math.random());
```

在严格模式下，JavaScript 引擎会以如下方式处理以上代码：

```
"use strict";
function branching(num){
    console.log(num);
    if (num < 0.5){
```

```
        let doSomething = function doSomething(){
            console.log("true");
        };
        console.log("true branch, typeof doSomething = " + typeof doSomething);
    } else {
        let doSomething = function doSomething(){
            console.log("false");
        };
        console.log("false branch, typeof doSomething = " + typeof doSomething);
    }
    doSomething();
}
branching(Math.random());
```

注意每个函数声明在语句块中如何被有效地提升到高于 console.log 调用的地方。

当然，如果你运行上面的代码，它会失败，因为最后的 doSomething 不是函数顶层作用域中声明的标识符，每个语句块中的 doSomething 都是块级作用域。所以，下面修改一下例子，让其可以运行，并运行它，见代码清单 3-4。

代码清单 3-4　语句块中的函数声明：严格模式——func-decl-block-strict.js

```
"use strict";
function branching(num){
    let f;
    console.log(num);
    if (num < 0.5){
        console.log("true branch, typeof doSomething = " + typeof doSomething);
        f = doSomething;
        function doSomething(){
            console.log("true");
        }
    } else {
        console.log("false branch, typeof doSomething = " + typeof doSomething);
        f = doSomething;
        function doSomething(){
            console.log("false");
        }
    }
    f();
}
branching(Math.random());
```

现在，当你运行它时，f 最终会指向一个函数或另一个函数，并输出"true"或"false"。虽然 doSomething 的赋值在声明的上方，但因为函数提升的存在，所以 doSomething 被赋值给 f 时仍然能够引用到具体的函数。

3.6.2　在语句块中声明函数：传统 Web 语义

在浏览器松散模式下，引擎将使用 Annex B 定义的传统 Web 语义(有些引擎甚至在浏览器之外也遵循此语义)。规范指出，当不把语句块中的函数声明当作语法错误来处理时，引擎的不同处理方式意味着只有那些被各种 JavaScript 引擎以相同方式处理的场景才是可依赖的。这类场景包括以下 3 种：

- 一个函数被声明，并且只在一个语句块中被引用。

- 一个函数被声明，并可在单个语句块中使用，同时可被非同一语句块中的一个内部函数定义引用。
- 一个函数被声明，并可在单个语句块中使用，同时可在后续语句块中被引用。

本章中使用的 branching 函数并不符合这 3 种场景中的任何一种，因为它在 2 个不同的语句块中有 2 个同名的函数声明，且在这些语句块之后的代码中引用了该名称。但如果你有传统松散模式下的代码，且符合这 3 种情况之一，那么它应该能跨浏览器运行。这并不意味着你应该编写依赖于传统 Web 语义的新代码。相反，应该编写只依赖于标准语义的代码(可使用严格模式来确保无误)。

传统语义与标准语义大同小异。除了在块内为块中声明的函数设置 let 变量外，在包含函数的作用域内(如果不是在函数内部，则是在全局作用域)，传统语义还为其设置了一个 var 变量。与语句块中的 let 不同，var 的赋值并没有被提升到语句块的顶部，而是在代码执行函数声明时才完成。这看起来有点奇怪，但这是为了在标准化之前，与各大引擎都支持的第 2 种场景相符。

同样，branching 的例子并不符合传统语义要解决的常见问题，但传统语义确实明确了当前的处理方式(而在旧的引擎中可能不这样处理)：因为函数作用域中有一个类 var 的 doSomething 变量，所以可最后调用 doSomething。下面再看一下这个示例，该示例中未使用"use strict";指令，并且在函数声明前后都输出了日志，加载并运行代码清单 3-5。

代码清单 3-5　在语句块中声明函数：Web 兼容性——func-decl-block-web-compat.js

```
function branching(num){
   console.log("num = " + num + ", typeof doSomething = " + typeof doSomething);
   if (num < 0.5){
       console.log("true branch, typeof doSomething = " + typeof doSomething);
       function doSomething(){
           console.log("true");
       }
       console.log("end of true block");
   } else {
       console.log("false branch, typeof doSomething = " + typeof doSomething);
       function doSomething(){
           console.log("false");
       }
       console.log("end of false block");
   }
   doSomething();
}
branching(Math.random());
```

如你所见，这一次示例末尾的 doSomething 并没有超出作用域。在松散模式下，JavaScript 引擎的处理方式实际上如下所示(varDoSomething 和 letDoSomething 都是指 doSomething)：

```
function branching(num){
   var varDoSomething;
   console.log("num = " + num + ", typeof doSomething = " + typeof varDoSomething);
   if (num < 0.5){
       let letDoSomething = function doSomething(){
           console.log("true");
       };
       console.log("true branch, typeof doSomething = " + typeof letDoSomething);
       varDoSomething = letDoSomething; // where the declaration was
       console.log("end of true block");
```

```
        } else {
        let letDoSomething = function doSomething(){
            console.log("false");
        };
        console.log("false branch, typeof doSomething = " + typeof letDoSomething);
        varDoSomething = letDoSomething; // where the declaration was
        console.log("end of false block");
    }
    varDoSomething();
}
branching(Math.random());
```

因为函数被赋值给了函数级作用域的 var 变量，所以该函数在语句块的外部也是可访问的。但代码仍然只在其各自的语句块中进行函数声明提升。

不过，再次提醒，新的代码不应再依赖这些传统语义，而应一致使用严格模式。

3.7　旧习换新

有了这些函数的新特性后，我们可更新很多旧习惯。

3.7.1　使用箭头函数替代各种访问 this 值的变通方式

旧习惯：为了在回调中访问上下文的 this，使用多种变通的方式，如下所示。

- 使用变量，比如 var self = this;。
- 使用 Function.prototype.bind。
- 在支持的函数中，使用 thisArg 形参。

示例：

```
// Using a variable
var self = this;
this.entries.forEach(function(entry) {
    if (entry.matches(str)) {
        self.appendEntry(entry);
    }
});

// Using Function.prototype.bind
this.entries.forEach(function(entry) {
    if (entry.matches(str)) {
        this.appendEntry(entry);
    }
}.bind(this));

// Using 'thisArg'
this.entries.forEach(function(entry) {
    if (entry.matches(str)) {
        this.appendEntry(entry);
    }
}, this);
```

新习惯：使用箭头函数。

```
this.entries.forEach(entry => {
```

```
    if (entry.matches(str)){
        this.appendEntry(entry);
    }
});
```

3.7.2 在不使用 this 或 arguments 时，回调函数使用箭头函数

旧习惯：不使用 this 或 arguments 时，回调函数会使用传统函数(因为别无选择)。

```
someArray.sort(function(a, b){
    return a - b;
});
```

新习惯：如果回调函数没有使用 this 或者 arguments，则使用箭头函数。箭头函数更加轻量、简洁。

```
someArray.sort((a, b)=> a - b);
```

大多数数组的回调(如 sort、forEach、Map、reduce 等的回调)、字符串 replace 的回调、Promise 的创建和决议的回调(第 8 章将介绍 Promise)，以及许多其他的回调通常都可以是箭头函数。

3.7.3 考虑在更多地方使用箭头函数

旧习惯：在所有地方都使用传统函数，因为别无选择。

新习惯：即使此处不是回调，也考虑一下是否适合使用箭头函数。这主要是一个风格问题。例如，看看下面这个函数，它依据一个输入字符串生成一个首字母大写的字符串。

```
function initialCap(str){
    return str.charAt(0).toUpperCase()+ str.substring(1);
}
```

对比箭头函数的版本：

```
const initialCap = str =>
    str.charAt(0).toUpperCase()+ str.substring(1);
```

理论上讲，箭头函数不存在传统函数的弊端。另外，可像示例中这样使用 const 来避免标识符被重新赋值的问题(也可使用 let)。

当然，传统函数是不会消失的。变量提升有时十分有用，有些人喜欢用 function 关键字来标记函数。假设你追求简短，那么以下这种情况值得注意，虽然

```
let x = ()=> { /*...*/ };
```

略长于

```
function x(){ /*...*/ }
```

但是

```
let x=()=>{ /*...*/ };
```

略短。

具体选择主要取决于你(和团队)的风格偏好。

3.7.4　当调用者需要控制 this 的值时，不要使用箭头函数

旧习惯：当 this 的值由调用者控制时，需要将传统函数用作回调函数，这很重要。

新习惯：保持原来的做法。

有时候，必须由调用者设置 this 的值。例如，在使用 jQuery 的浏览器代码中，你经常希望 jQuery 能够在回调中控制 this 的值。又如，当代码调用你用 addEventListener 挂载的 DOM 事件的回调时，this 会被设置为对应的元素(尽管可用事件对象的 currentTarget 属性代替)。再如，当你定义对象之间共享的对象方法(例如，都在原型链上)时，必须允许调用者设置 this 的值。

因此，虽然切换到箭头函数的做法在某些情况下是有用的，但有时你也需要使用古老的传统函数(或第 4 章和第 5 章将要介绍的方法语法)。

3.7.5　使用参数默认值，而不是代码实现

旧习惯：在函数内部通过编码为形参提供默认值。

```
function doSomething(delay){
   if (delay === undefined){
      delay = 300;
   }
   // ...
}
```

新习惯：尽可能使用形参默认值。

```
function doSomething(delay = 300){
   // ...
}
```

3.7.6　使用“rest”参数替代 arguments 关键字

旧习惯：在接受不同数量实参的函数中使用 arguments 伪数组。

新习惯：使用“rest”参数。

3.7.7　如有必要，考虑使用尾后逗号

旧习惯：形参列表和函数调用中不包含尾后逗号(因为不允许)。

```
function example(
   question,      // (string)The question, must end with a question mark
   answer         // (string)The answer, must end with appropriate punctuation
){
   // ...
}
// ...
example(
   "Do you like building software?",
   "Big time!"
);
```

新习惯：根据你/你的团队的风格，考虑使用尾后逗号。随着代码的增长，添加更多的形参/实参

时，不需要改变曾定义最后一个形参或实参的代码行。

```
function example(
   question, // (string)The question, must end with a question mark
   answer,   // (string)The answer, must end with appropriate punctuation
){
   // ...
}
// ...
example(
   "Do you like building software?",
   "Big time!",
);
```

不过，这取决于代码的风格。

第4章 类

本章内容

- 类的概念
- 介绍新的类语法
- 对比新语法和旧语法
- 创建子类
- 继承(原型和静态)方法和属性
- 访问被继承的方法和属性
- 内置对象的子类
- 可计算方法名
- 移除 Object.prototype
- new.target 的概念和用法
- 更多内容(见第 18 章)

本章代码下载

可通过网址 https://thenewtoys.dev/bookcode 或 https://www.wiley.com/go/javascript-newtoys 下载本章的代码。

本章将介绍如何使用类语法创建 JavaScript 构造函数(constructor)和相关的原型对象。我们将对比新旧语法，注意，它们仍然是 JavaScript 中经典的原型继承，我们还将探讨新语法的强大功能和简单性。你将了解如何创建子类，包括内置对象(甚至包括那些在 ES5 和更早的版本中不能被子类化的对象，如 Array 和 Error)的子类、super 的工作原理，以及 new.target 的作用和使用方法。

本章不涉及 ES2020 和 ES2021 中即将出现的特性，如公共类字段、私有类字段和私有方法。关于这些内容，请参见第 18 章。

4.1 类的概念

在研究新语法之前，我们先来讨论以下两个问题：JavaScript 实际上没有类，是吗？它只是用原型来模拟类，对吗？

上面的是普遍的看法，因为大家把 Java 或 C#等基于类的语言提供的类与计算机科学术语中类的一般概念混淆了。但是，类不只是这些语言提供的主流固定结构。从更广的意义上讲，一种语言要有类，就必须提供两种能力：封装(将数据和方法捆绑在一起[1])和继承。“拥有类”与“基于类”不同，拥有类仅意味着该语言支持封装和继承。原型语言可以(而且确实)有类，并且在 JavaScript 出现之前就已经存在了；它们用来提供第二种能力(继承)的机制是原型对象。

你会发现 JavaScript 一直是最典型的面向对象的语言之一。至少从 ECMAScript 1 开始，它确实可用类似类的方式实现一些功能。有些看法可能会学究式地认为，在 ES5 添加 Object.create 以直接支持继承之前，JavaScript 中没有计算机科学意义上的类(尽管可用一个辅助函数来模拟 Object.create)。还有人可能会认为，甚至连 ES5 也不能算有类，因为它缺乏声明性的构造和引用超类方法的简单方法。

不过，以上争论都可以停止了。因为从 ES2015 开始，以上反对意见都平息了：JavaScript 中包含类了。

下面介绍现代 JavaScript 中类的工作方式。在此过程中，我们将对比新语法与旧的 ES5 以及更早的语法。

4.2 介绍新的类语法

代码清单 4-1 展示了一个基础的类的例子：一个用 RGB 表示颜色的类。(代码清单中省略了一些方法体的代码，因为这里的目的只是展示整体语法。方法的代码在下载的文件中，你可以运行它。后续内容也将展示相关代码。)

代码清单 4-1 使用类语法的基类——basic-class.js

```
class Color {
    constructor(r = 0, g = 0, b = 0) {
        this.r = r;
        this.g = g;
        this.b = b;
    }

    get rgb() {
        return "rgb(" + this.r + ", " + this.g + ", " + this.b + ")";
    }

    set rgb(value) {
        // ...code shown later...
    }

    toString() {
        return this.rgb;
    }

    static fromCSS(css) {
        // ...code shown later...
    }
}
```

1 封装(encapsulation)也可指数据隐藏(私有属性等)，但这不是语言拥有“类”的必要条件。然而，JavaScript 已通过闭包和 WeakMap(第 12 章将介绍)以及私有字段(第 18 章将介绍)的方式提供了数据隐藏的能力。

```
let c = new Color(30, 144, 255);
console.log(String(c));       // "rgb(30, 144, 255)"
c = Color.fromCSS("00A");
console.log(String(c));       // "rgb(0, 0, 170)"
```

以上代码定义的类包含：

- 一个构造函数。
- 三个数据属性(r、g 和 b)。
- 一个访问器属性(rgb)。
- 一个原型方法(toString，这些方法有时也被称为实例方法，因为我们通常通过实例来访问它们，但原型方法的称谓更准确；一个真正的实例方法应只存在于实例上，而不能从原型上继承)。
- 一个静态方法(fromCSS，这些方法有时也被称为类方法)。

下面分块构建这个类。

首先是类自身的定义，如你所见，这是一个新结构。与定义函数一样，可用声明或表达式来定义类。

```
// Class declaration
class Color {
}

// Anonymous class expression
let Color = class {
};

// Named class expression
let C = class Color {
};
```

此处先介绍类的声明，后面再讨论表达式。

类声明并非按照函数声明的方式被提升，而是按照 let 和 const 声明的方式被提升(或半提升)，包括第 2 章介绍的暂时性死区(Temporal Dead Zone)：只有标识符被提升，而初始化没有被提升。同 let 和 const 一样，如果你在全局作用域声明类，类的标识符就是全局的，但它不是全局对象上的属性。

4.2.1 添加构造函数

在上面的代码中，类只有一个默认构造函数，因为我们还没有提供一个显式的构造函数；后面将更详细地介绍这一点。现在，让我们在类中添加一个实际有用的构造函数。构造函数在 constructor 定义中的代码，如下所示：

```
class Color {
   constructor(r = 0, g = 0, b = 0) {
      this.r = r;
      this.g = g;
      this.b = b;
   }
}
```

上面的代码定义了与类的标识符 Color 相关联的函数。注意语法：此处没有在任何地方使用关键字 function，只有名称 constructor、一个左小括号、参数列表(在本例中为 r、g 和 b)、一个右小括号、定义构造函数体的大括号，以及大括号中的构造函数代码。在实际的代码中，你可能会验证 r、g 和 b

的值；本例中，为了保持代码的简洁性，未提及这一点。

注意：
constructor 定义的结尾大括号后面没有分号。类主体中的构造函数和方法的定义与声明相似，它们后面也没有分号(不过即使存在分号，也是可以容忍的；类语法对分号作了特别的允许，以免让这个容易犯的错误成为语法错误)。

在 ES5 和更早的版本中，你可能会以如下方式定义该构造函数：

```
// Older (~ES5) near-equivalent
function Color(r, g, b) {
   // ...
}
```

但类声明不会像函数声明那样被提升，因此这些代码并不完全等同，它更像是一个给变量赋值的函数表达式：

```
// Older (~ES5) near-equivalent
var Color = function Color(r, g, b) {
   // ...
};
```

这里需要注意的是，使用类语法时，要把类的结构当成一个整体并在其中单独写构造函数的定义；而在旧语法中，只需要定义一个函数(至于它是一个函数还是一个类的构造函数，取决于你使用这个函数的方式)。新的语法允许你在同一个容器中声明式地定义类的不同部分：类的构造。

如前所述，是否提供一个显式构造函数，是可选的；Color 类即使没有构造函数也是完全有效的(只不过没有设置它的 x、y 和 z 属性)。如果你不提供一个构造函数，JavaScript 引擎就会创建一个不做任何事情的构造函数，就好像类中有如下代码：

```
constructor(){
}
```

(后面你将了解到，它会在子类中做一些事情。)

构造函数是一个函数，但你只能把它的调用当作对象创建过程中的一部分：必须使用 new(直接或间接地在子类上使用 new)，或调用 Reflect.construct(第 14 章将介绍)来执行构造函数。如果不创建对象就调用它，代码会报错：

```
Color(); // TypeError: Class constructor Color cannot
         // be invoked without 'new'
```

这解决了旧语法没有解决的很多 bug。在旧语法中，一个本应是构造函数的函数也可在不使用 new 的情况下被调用，因而导致了极度混乱的结果(也可通过臃肿的代码来规避此问题)。

下面把这段“臃肿的代码”添加到 ES5 Color 的例子中，使你(在某种程度上)不能通过除 new 以外的方式调用它：

```
// Older (~ES5) near-equivalent
var Color = function Color(r, g, b) {
   if (!(this instanceof Color)) {
      throw new TypeError(
         "Class constructor Color cannot be invoked without 'new'"
      );
```

```
    }
    // ...
};
```

这实际上并没有迫使它的调用成为对象构造过程的一部分(在一个已经存在的对象上，可通过 Color.call 或 Color.apply 进行调用)，但它至少进行了一次尝试。

可见，即使在一个最小的类中，使用新语法也能带来健壮性方面的优势，同时减少模板代码。

即使类周围的代码不是严格模式，类中的代码也总是处于严格模式。因此，如果要真正完整地实现 ES5 的例子，必须将所有代码都封装在一个使用严格模式的局部函数中。但此处假设我们的代码已经处于严格模式，以免让 ES5 的例子进一步复杂化。

4.2.2　添加实例属性

在类的新实例上设置属性的标准方法是在构造函数中为它们赋值(起码现在是这样)，就像在 ES5 中一样：

```
class Color {
    constructor(r = 0, g = 0, b = 0){
        this.r = r;
        this.g = g;
        this.b = b;
    }
}
```

因为这些属性是通过基本赋值创建的，所以它们是可配置、可写入、可枚举的。

当然，除了从参数中获取的属性，属性并非只能来自构造函数的参数，你可直接使用字面量或者其他变量。例如，如果想让所有的 Color 实例初始都是黑色，可不使用 r、g 和 b 参数，而是把 r、g 和 b 属性的初始值都设为 0：

```
class Color {
    constructor(){
        this.r = 0;
        this.g = 0;
        this.b = 0;
    }
}
```

注意：

在第 18 章中，你将了解一个可能在 ES2020 或 ES2021 中出现，但已通过转译被广泛使用的特性——类的公共字段(属性)声明。

4.2.3　添加原型方法

下面的代码在类的原型对象上添加了一个方法，使得所有实例都可访问该方法：

```
class Color {
    constructor(r = 0, g = 0, b = 0){
        this.r = r;
        this.g = g;
        this.b = b;
    }
    toString(){
```

```
        return "rgb(" + this.r + ", " + this.g + ", " + this.b + ")";
    }
}
```

注意，构造函数和 toString 的定义之间没有逗号，如果它们在一个对象字面量中，则会有逗号。类的定义和对象字面量有所不同，不能用逗号分隔类的各个部分(如果这样做，会出现语法错误)。

之前的方法语法将类的原型方法放在了 Color.prototype 对象上，所以类的实例会从它们的原型中继承对应的方法：

```
const c = new Color(30, 144, 255);
console.log(c.toString());          // "rgb(30, 144, 255)"
```

对比新的语法和 ES5 中添加原型函数的典型方式：

```
// Older (~ES5) near-equivalent
Color.prototype.toString = function toString() {
    return "rgb(" + this.r + ", " + this.g + ", " + this.b + ")";
};
```

新的语法，即 ES2015 的方法语法，更加声明式和简洁。它还特别将函数标记为方法，这使得方法可使用简单函数所不具备的功能(比如 super，随后将介绍)。新语法还使方法变得不可枚举，这对于原型上的方法来说是一个合理的默认行为，而前面的 ES5 版本并非如此。如想在 ES5 代码中使方法不可枚举，则不能使用赋值，而必须使用 Object.defineProperty 来定义它。

从定义上说，方法不是构造函数，所以 JavaScript 引擎不会给它加上 prototype 属性和关联对象：

```
class Color {
    // …
    toString(){
        // ...
    }
}
const c = new Color(30, 144, 255);
console.log(typeof c.toString.prototype); // "undefined"
```

因为方法不是构造函数，所以试图通过 new 调用它们的行为会导致错误。

相比之下，在 ES5 中，对于引擎来说，所有函数都可能被用作构造函数，因此必须给它们添加一个与对象关联的 prototype 属性：

```
// Older (~ES5) near-equivalent
var Color = function Color(r, g, b) {
    // ...
};
Color.prototype.toString = function toString() {
    // ...
};
var c = new Color(30, 144, 255);
console.log(typeof c.toString.prototype); // "object"
```

因此理论上，方法语法比旧的函数语法更节省内存。但实际上，即使在 ES5 的方法中，JavaScript 引擎也能优化掉不需要的 prototype 属性，这不足为奇。

4.2.4 添加静态方法

到目前为止，在构建 Color 类示例的过程中，你已经看到了一个构造函数、几个实例属性和一个原型方法。下面添加一个附加在 Color 自身而不是原型上的静态方法：

```
class Color {
   // ...

   static fromCSS(css){
      const match = /^#?([0-9a-f]{3}|[0-9a-f]{6});?$/i.exec(css);
      if (!match){
         throw new Error("Invalid CSS code: " + css);
      }
      let vals = match[1];
      if (vals.length === 3){
         vals = vals[0] + vals[0] + vals[1] + vals[1] + vals[2] + vals[2];
      }
      return new this(
         parseInt(vals.substring(0, 2), 16),
         parseInt(vals.substring(2, 4), 16),
         parseInt(vals.substring(4, 6), 16)
      );
   }
}
```

注意：

这个特殊的静态方法(fromCSS)创建并返回一个新的类实例。显然，不是所有的静态方法都能实现这一点，但这个方法能够实现。在这个例子中，它通过调用 new this(/*......*/)来实现，因为当你调用 Color.fromCSS(/*......*/)时，调用中的 this 会被设置为被访问的属性所在的对象(本例中为 Color)，所以 new this(/*......*/)与 new Color(/*......*/)是一样的。稍后在关于子类的小节中，你会了解到一种可在合适的情况下使用的替代方法。

static 关键字告诉 JavaScript 引擎将方法放在 Color 类上，而不是放在 Color.prototype 上。可直接通过 Color 调用该方法：

```
const c = Color.fromCSS("#1E90FF");
console.log(c.toString());          // "rgb(30, 144, 255)"
```

之前在 ES5 中，可通过将属性赋值到 Color 函数上来实现此目的：

```
Color.fromCSS = function fromCSS(css){
   // ...
};
```

和使用原型方法一样，使用方法语法意味着，fromCSS 不会像 ES5 的版本那样包含一个和对象关联的 prototype 属性，而且不能作为构造函数被调用。

4.3 添加访问器属性

下面为 Color 类添加一个访问器属性(accessor property)。访问器属性是包含 getter 方法和/或 setter

方法的属性。对于 Color 类，此处提供一个以标准 rgb(r,g,b)字符串的形式获取颜色的 rgb 属性，并使用该属性更新 toString 方法，而不是让 toString 自行创建字符串：

```
class Color {
  // ...

  get rgb(){
      return "rgb(" + this.r + ", " + this.g + ", " + this.b + ")";
  }

  toString(){
      return this.rgb;
  }
}
let c = new Color(30, 144, 255);
console.log(c.rgb);          // "rgb(30, 144, 255)"
```

如你所见，以上方式和在 ES5 的对象字面量中定义访问器的方式类似。在结果方面有一个微小的区别：在类的结构中，访问器属性是不可枚举的，这对于定义在原型上的属性是合理的，而定义在对象字面量中的访问器属性是可枚举的。

到目前为止，Color 的 rgb 访问器是只读的(一个没有 setter 的 getter)。如果想添加一个 setter，则需要定义一个 set 方法。

```
class Color {
  // ...

  get rgb(){
      return "rgb(" + this.r + ", " + this.g + ", " + this.b + ")";
  }

  set rgb(value){
      let s = String(value);
      let match = /^rgb\((\d{1,3}),(\d{1,3}),(\d{1,3})\)$/i.exec(
          s.replace(/\s/g, "")
      );
      if (!match){
          throw new Error("Invalid rgb color string '" + s + "'");
      }
      this.r = parseInt(match[1], 10);
      this.g = parseInt(match[2], 10);
      this.b = parseInt(match[3], 10);
  }

  // ...
}
```

现在可设置和读取 rgb 了：

```
let c = new Color();
console.log(c.rgb);         // "rgb(0, 0, 0)"
c.rgb = "rgb(30, 144, 255)";
console.log(c.r);           // 30
console.log(c.g);           // 144
console.log(c.b);           // 255
console.log(c.rgb);         // "rgb(30, 144, 255)"
```

如果想在ES5中定义一个访问器并把它添加到现有对象的prototype属性(而不是用一个新的对象替换该对象)，则有点困难：

```
// Older (~ES5) near-equivalent
Object.defineProperty(Color.prototype, "rgb", {
    get: function() {
        return "rgb(" + this.r + ", " + this.g + ", " + this.b + ")";
    },
    set: function(value) {
        // ...
    },
    configurable: true
});
```

也可定义静态访问器属性，尽管其使用场景可能会很少。在定义访问器前添加static即可：

```
class StaticAccessorExample {
    static get cappedClassName(){
        return this.name.toUpperCase();
    }
}
console.log(StaticAccessorExample.cappedClassName); // STATICACCESSOREXAMPLE
```

可计算方法名

有时，你希望创建的方法是在运行时确定名称的，而不是在代码中给定的。你将在第 5 章中了解到这一点，这在使用Symbol时尤为重要。在ES5中，使用中括号属性访问器语法就可轻松做到这一点：

```
// Older (~ES5) example
var name = "foo" + Math.floor(Math.random() * 1000);
SomeClass.prototype[name] = function() {
    // ...
};
```

在ES2015中，可在方法语法中采用类似的做法：

```
let name = "foo" + Math.floor(Math.random()* 1000);
class SomeClass {
    [name](){
        // ...
    }
}
```

注意，方法名周围的中括号和它们在属性访问器中的用法相同：

- 可在其中放入任意表达式。
- 表达式在类定义被计算时计算。
- 如果结果不是字符串或Symbol(见第 5 章)，它将被转换为一个字符串。
- 结果被用作方法名。

静态方法和访问器属性方法也可以有可计算的名称。下面给出了一个静态方法的示例，它从乘法表达式的结果中获取名称：

```
class Guide {
```

```
    static [6 * 7](){
        console.log("Life, the Universe, and Everything");
    }
}
Guide["42"](); // "Life, the Universe, and Everything"
```

4.4 对比新语法和旧语法

本章已经介绍了一些新旧语法的异同，下面对比一下 ES2015 语法中的一个完整的 Color 类定义与近似等价的 ES5 版本。比较代码清单 4-2 和代码清单 4-3。

代码清单 4-2 使用类语法的完整基类——full-basic-class.js

```
class Color {
    constructor(r = 0, g = 0, b = 0) {
        this.r = r;
        this.g = g;
        this.b = b;
    }

    get rgb() {
        return "rgb(" + this.r + ", " + this.g + ", " + this.b + ")";
    }

    set rgb(value) {
        let s = String(value);
        let match = /^rgb\((\d{1,3}),(\d{1,3}),(\d{1,3})\)$/i.exec(
        s.replace(/\s/g, "")
    );
    if (!match) {
        throw new Error("Invalid rgb color string '" + s + "'");
    }
    this.r = parseInt(match[1], 10);
    this.g = parseInt(match[2], 10);
    this.b = parseInt(match[3], 10);
}

toString() {
    return this.rgb;
}

static fromCSS(css) {
    const match = /^#?([0-9a-f]{3}|[0-9a-f]{6});?$/i.exec(css);
    if (!match) {
        throw new Error("Invalid CSS code: " + css);
    }
    let vals = match[1];
    if (vals.length === 3) {
        vals = vals[0] + vals[0] + vals[1] + vals[1] + vals[2] + vals[2];
    }
    return new this(
        parseInt(vals.substring(0, 2), 16),
        parseInt(vals.substring(2, 4), 16),
        parseInt(vals.substring(4, 6), 16)
```

```
        );
    }
}

// Usage
let c = new Color(30, 144, 255);
console.log(String(c));        // "rgb(30, 144, 255)"
c = Color.fromCSS("00A");
console.log(String(c));        // "rgb(0, 0, 170)"
```

代码清单 4-3 使用旧语法的完整基类——full-basic-class-old-style.js

```
"use strict";
var Color = function Color(r, g, b) {
    if (!(this instanceof Color)) {
        throw new TypeError(
            "Class constructor Color cannot be invoked without 'new'"
        );
    }
    this.r = r || 0;
    this.g = g || 0;
    this.b = b || 0;
};
    Object.defineProperty(Color.prototype, "rgb", {
        get: function() {
            return "rgb(" + this.r + ", " + this.g + ", " + this.b + ")";
        },
        set: function(value) {
            var s = String(value);
            var match = /^rgb\((\d{1,3}),(\d{1,3}),(\d{1,3})\)$/i.exec(
                s.replace(/\s/g, "")
            );
            if (!match) {
                throw new Error("Invalid rgb color string '" + s + "'");
            }
            this.r = parseInt(match[1], 10);
            this.g = parseInt(match[2], 10);
            this.b = parseInt(match[3], 10);
        },
        configurable: true
    });

    Color.prototype.toString = function() {
        return this.rgb;
    };
    Color.fromCSS = function(css) {
        var match = /^#?([0-9a-f]{3}|[0-9a-f]{6});?$/i.exec(css);
        if (!match) {
            throw new Error("Invalid CSS code: " + css);
        }
        var vals = match[1];
        if (vals.length === 3) {
            vals = vals[0] + vals[0] + vals[1] + vals[1] + vals[2] + vals[2];
        }
        return new this(
            parseInt(vals.substring(0, 2), 16),
```

```
            parseInt(vals.substring(2, 4), 16),
            parseInt(vals.substring(4, 6), 16)
        );
    };

    // Usage
    var c = new Color(30, 144, 255);
    console.log(String(c));     // "rgb(30, 144, 255)"
    c = Color.fromCSS("00A");
    console.log(String(c));     // "rgb(0, 0, 170)"
```

4.5 创建子类

即使在基类中，新的语法也是有用的，不过它的价值真正体现在子类中。在 ES5 中，为构造函数设置继承的代码就已经相当复杂了，而且容易出错；在子类中使用方法的 super 时更是如此。有了类语法，所有这些复杂性都将不复存在。

下面创建一个包含透明度属性的 Color 的子类，并将它命名为 ColorWithAlpha[1]：

```
class ColorWithAlpha extends Color {
}
```

以上便是创建一个子类时必须做的事情。你可以(也很可能)做更多的事情，但创建子类时必须做的事情只有这些。以上代码包含如下内容：

- 创建 ColorWithAlpha 子类的构造函数。
- 将 ColorWithAlpha 的原型设置为 Color(超类的构造函数)，以便我们从 ColorWithAlpha 访问 Color 上的所有静态属性/方法(后面还会再讨论这一点；一个函数拥有 Function.prototype 以外的原型，这看上去可能有点特殊)。
- 创建子类的原型对象 ColorWithAlpha.prototype。
- 将 Color.prototype 设置为该对象的原型，这样，通过 new ColorWithAlpha 创建的对象就会继承超类的属性和方法。

图 4-1 给出了 Color/ColorWithAlpha 的关系图。请注意两条平行的继承线：一条是构造函数的继承线(ColorWithAlpha→Color→Function.prototype→Object.prototype)，另一条是由这些对象的构造函数创建的平行的继承线(ColorWithAlpha.prototype→Color.prototype→Object.prototype)。

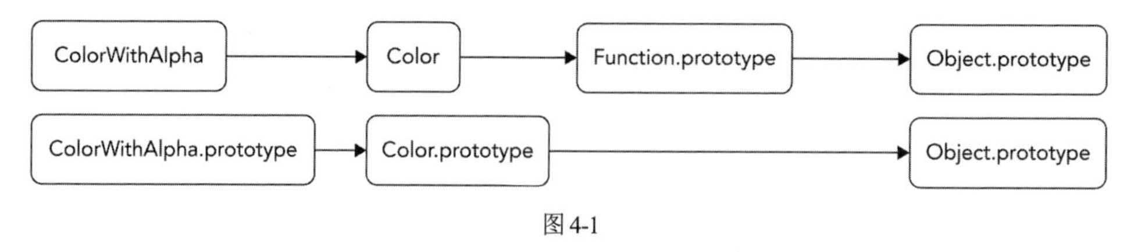

图 4-1

运行代码清单 4-4，可以看到，仅通过这个简单的声明就创建了基本的子类。

---

1 为什么是“alpha”？ColorWithAlpha 将使用 RGBA。在 RGBA 中，A 代表“alpha”，指的是存储/传输不透明度信息的“alpha 通道”。

代码清单 4-4 具有基本子类的类——class-and-basic-subclass.js

```
class Color {
    constructor(r = 0, g = 0, b = 0) {
        this.r = r;
        this.g = g;
        this.b = b;
    }

    get rgb() {
        return "rgb(" + this.r + ", " + this.g + ", " + this.b + ")";
    }
    set rgb(value) {
        let s = String(value);
        let match = /^rgb\((\d{1,3}),(\d{1,3}),(\d{1,3})\)$/i.exec(
            s.replace(/\s/g, "")
        );
        if (!match) {
            throw new Error("Invalid rgb color string '" + s + "'");
        }
        this.r = parseInt(match[1], 10);
        this.g = parseInt(match[2], 10);
        this.b = parseInt(match[3], 10);
    }

    toString() {
        return this.rgb;
    }

    static fromCSS(css) {
        const match = /^#?([0-9a-f]{3}|[0-9a-f]{6});?$/i.exec(css);
        if (!match) {
            throw new Error("Invalid CSS code: " + css);
        }
        let vals = match[1];
        if (vals.length === 3) {
            vals = vals[0] + vals[0] + vals[1] + vals[1] + vals[2] + vals[2];
        }
        return new this(
            parseInt(vals.substring(0, 2), 16),
            parseInt(vals.substring(2, 4), 16),
            parseInt(vals.substring(4, 6), 16)
        );
    }
}

class ColorWithAlpha extends Color {
}

// Usage:
const c = new ColorWithAlpha(30, 144, 255);
console.log(String(c)); // "rgb(30, 144, 255)"
```

注意，尽管 ColorWithAlpha 中没有显式定义的构造函数，但还是可用它来构造一个颜色值。这是因为 JavaScript 引擎提供了一个默认构造函数。该引擎为基类提供的默认行为是“什么都不做”，它为子类提供的默认行为则是调用超类的构造函数，并传入收到的所有参数。(你可能听说过子类继承构造函数的说法，但事实上不是这样；引擎创建了一个单独的函数来调用超类的构造函数。)这是一个非常有用的默认行为，这意味着在很多情况下，不需要在子类中提供一个显式的构造函数。

注意：

如果你用过 Java 或 C#或类似的语言，就会发现 JavaScript 的默认构造函数和 Java 或 C#编译器所提供的构造函数有很大区别。在 Java 和 C#(以及许多相关语言)中，默认构造函数不接受任何参数，在调用超类的构造函数时不传入参数。

```
// Java
Subclass() {
   super();
}
// C#
Subclass() : base() {
}
```

但在 JavaScript 中，子类的默认构造函数接受任何数量的参数，并将它们全部传递给超类的构造函数。

```
// JavaScript
constructor(/*...any number of parameters here...*/) {
   super(/*...all are passed to super here...*/);
}
```

(下一节将介绍 super。)

JavaScript 不会像 Java 和 C#那样使用函数重载和函数签名，这是 JavaScript 自然发展的结果。Java 或 C#中可以有多个“重载”构造函数，每个构造函数接受不同数量或类型的参数。而 JavaScript 中只有一个构造函数，不同的参数列表都在构造函数中处理。默认将收到的所有参数(而不是空参数)传递给超类的构造函数的行为更加合理，因此，如果不需要改变构造函数，子类完全可以不使用构造函数。

为了说明新语法的工作原理，下面给出了子类的定义：

```
class ColorWithAlpha extends Color {
}
```

现将该定义与 ES5 语法中的近似等价实现进行对比：

```
// Older (~ES5) near-equivalent
var ColorWithAlpha = function ColorWithAlpha() {
   Color.apply(this, arguments);
};
ColorWithAlpha.prototype = Object.create(Color.prototype);
ColorWithAlpha.prototype.constructor = ColorWithAlpha;
```

仅仅为了建立一个子类，ES5 使用了相当多有可能出错的模板代码，而且 Color 的静态属性和方法无法在 ColorWithAlpha 上使用。这虽然不是非常糟糕，但不是显式的，而且很容易导致错误。新语法更清晰，更具有声明性，提供了更多的功能，而且更容易使用。

不过，如果我们不让子类做一些与超类不同的事情，那就没有必要创建一个子类了。下面为 ColorWithAlpha 添加一些功能，为此你需要了解 super。

4.6　关键字 super

在很多情况下，为了给 ColorWithAlpha 添加功能，我们需要了解一个新的关键字：super。在构造函数和方法中，可使用 super 引用超类的相关内容。有两种方法可以使用它。

- super()：在子类构造函数中，把 super 当作一个函数来调用，创建对象并让其执行超类的初始化流程。
- super.property 和 super.method()：通过 super(而不是 this)访问超类的原型属性和方法。(当然，可使用点符号 super.property，或者使用括号符号 super["property"]。)

接下来的两节将详细介绍 super 的用法。

注意：
super 并非只能在类中使用。第 5 章将介绍如何在由对象字面量(而不是 new)创建的对象的方法中使用 super。

4.6.1　编写子类构造函数

ColorWithAlpha 需要一个 Color 中没有的属性：不透明度。下面使用一个名为 a(“alpha”)的属性来存储它。a 属性的值的范围为 0~1(包含 0 和 1)；例如，0.7 意味着该颜色是 70%不透明的(30%透明)。

ColorWithAlpha 需要接受第 4 个构造参数，因此它不能直接使用默认构造函数，而需要有自己的构造函数：

```
class ColorWithAlpha extends Color {
   constructor(r = 0, g = 0, b = 0, a = 1){
      super(r, g, b);
      this.a = a;
   }
}
```

ColorWithAlpha 首先调用 super，传入参数 r、g 和 b。这将创建对象并让 Color 对该对象进行初始化。在 ES5 中，构造函数如下所示：

```
// Older (~ES5) near-equivalent
var ColorWithAlpha = function ColorWithAlpha(r, g, b, a) {
   Color.call(this, r, g, b);
   this.a = a;
};
```

Color.call(this, r, g, b)几乎等同于 super(r, g, b)。但二者有一个重要的区别：在 ES5 中，对象在 ColorWithAlpha 的首行代码运行之前就已创建。如果你愿意，也可把其中的两行反过来(但这是一种糟糕的做法)：

```
var ColorWithAlpha = function ColorWithAlpha(r, g, b, a) {
   this.a = a; // Works even though it's before the call to Color
   Color.call(this, r, g, b);
};
```

而 class 并非如此。在 ColorWithAlpha 的代码执行之前，对象尚未得以创建。如果你试图使用 this，则会得到一个错误。你只能在创建对象后使用 this，而在调用 super 之前，不会创建对象。尝试运行代码清单 4-5 中的代码。

代码清单 4-5 在 super 之前访问 this—— accessing-this-before-super.js

```
class Color {
   constructor(r = 0, g = 0, b = 0) {
      this.r = r;
      this.g = g;
      this.b = b;
   }
}

class ColorWithAlpha extends Color {
   constructor(r = 0, g = 0, b = 0, a = 1) {
      this.a = a;                   // ERROR HERE
      super(r, g, b);
   }
}

// Usage:
const c = new ColorWithAlpha(30, 144, 255, 0.5);
```

不同的 JavaScript 引擎得到的具体错误会有所不同。下面列出了一些例子。

- ReferenceError: Must call super constructor in derived class before accessing 'this' or returning from derived constructor
- ReferenceError: must call super constructor before using |this| in ColorWithAlpha class constructor
- ReferenceError: this is not defined

这个限制旨在确保被构造的对象的初始化是从基类开始的。在调用 super 之前，可在构造函数中使用代码，但是在创建对象以及超类初始化实例之前，不能使用 this 和所有实例维度的内容。

你不仅不能在调用 super 之前使用 this，而且必须在子类构造函数中合适的地方调用 super。如果你不这样做，构造函数返回时就会报错。最后，果不其然，当你试图调用 super 两次时，代码也会报错：当对象已经存在时，你不能再次创建它!

4.6.2 继承和访问超类原型的属性和方法

有时，子类会重写一个方法的定义，并提供自己的方法，而不使用从超类继承的方法。例如，ColorWithAlpha 应该有自己的 toString，它使用包含属性 a 的 rgba 符号。

```
class ColorWithAlpha extends Color {
   // ...

   toString(){
      return "rgba(" + this.r + ", " +
                       this.g + ", " +
                       this.b + ", " +
                       this.a + ")";
   }
}
```

现在，当你在 ColorWithAlpha 实例上调用 toString 时，将使用以上定义，而不是 Color 中的定义。

但有时，子类方法需要调用超类方法(作为其实现的一部分)。显然，此处不能使用 this.methodName()，因为这只是在调用它自身；你需要访问上一层。要做到这一点，需要通过

super.methodName()来调用超类的方法。

下面在 Color 中增加一个计算颜色亮度(光亮度)的 brightness 方法。

```
class Color {
   // ...

   brightness(){
      return Math.sqrt(
         (this.r * this.r * 0.299)+
         (this.g * this.g * 0.587)+
         (this.b * this.b * 0.114)
      );
   }
}
```

此处不考虑数学上的细节(这只是亮度的一个定义，还有其他的定义)，因为人眼对红、绿、蓝的亮度感知不同，这些常数会随颜色的不同而做出调整。

brightness 的定义对 Color 有效，但对 ColorWithAlpha 无效，因为 ColorWithAlpha 需要考虑它的不透明度：至少它需要根据它的透明度来调暗它的亮度，因为背景色会部分地显示出来。理想的情况下，它需要知道后面的背景色是什么，以便把背景色的亮度也考虑进来。所以 ColorWithAlpha 需要实现自己的 brightness，如下所示：

```
class ColorWithAlpha extends Color {
   // ...
   brightness(bgColor){
      let result = super.brightness()* this.a;
      if (bgColor && this.a !== 1){
         result = (result + (bgColor.brightness()* (1 - this.a)))/ 2;
      }
      return result;
   }
}
```

以上代码使用 Color 的 brightness 来获取其颜色的基本亮度(super.brightness())，然后加入不透明度。如果你传入一个背景色，且当前的颜色并非完全不透明，它就会考虑背景色的亮度。代码清单 4-6 显示了目前为止，Color、ColorWithAlpha 以及一些使用 brightness 的例子的完整代码。运行该代码，或者在调试器中分步执行，就能重现所有的这些行为。

代码清单 4-6　通过 super 使用超类的方法——using-superclass-method.js

```
class Color {
   constructor(r = 0, g = 0, b = 0) {
      this.r = r;
      this.g = g;
      this.b = b;
   }

   get rgb() {
      return "rgb(" + this.r + ", " + this.g + ", " + this.b + ")";
   }

   set rgb(value) {
```

```
        let s = String(value);
        let match = /^rgb\((\d{1,3}),(\d{1,3}),(\d{1,3})\)$/i.exec(
            s.replace(/\s/g, "")
        );
        if (!match) {
            throw new Error("Invalid rgb color string '" + s + "'");
        }
        this.r = parseInt(match[1], 10);
        this.g = parseInt(match[2], 10);
        this.b = parseInt(match[3], 10);
    }

    toString() {
        return this.rgb;
    }

    brightness() {
        return Math.sqrt(
            (this.r * this.r * 0.299) +
            (this.g * this.g * 0.587) +
            (this.b * this.b * 0.114)
        );
    }
    static fromCSS(css) {
        const match = /^#?([0-9a-f]{3}|[0-9a-f]{6});?$/i.exec(css);
        if (!match) {
            throw new Error("Invalid CSS code: " + css);
        }
        let vals = match[1];
        if (vals.length === 3) {
            vals = vals[0] + vals[0] + vals[1] + vals[1] + vals[2] + vals[2];
        }
        return new this(
            parseInt(vals.substring(0, 2), 16),
            parseInt(vals.substring(2, 4), 16),
            parseInt(vals.substring(4, 6), 16)
        );
    }
}

class ColorWithAlpha extends Color {
    constructor(r = 0, g = 0, b = 0, a = 1) {
        super(r, g, b);
        this.a = a;
    }

    brightness(bgColor) {
        let result = super.brightness() * this.a;
        if (bgColor && this.a !== 1) {
            result = (result + (bgColor.brightness() * (1 - this.a))) / 2;
        }
        return result;
    }

    toString() {
        return "rgba(" + this.r + ", " +
```

```
                    this.g + ", " +
                    this.b + ", " +
                    this.a + ")";
    }
}

// Start with dark gray, full opacity
const ca = new ColorWithAlpha(169, 169, 169);
console.log(String(ca));                // "rgba(169, 169, 169, 1)"
console.log(ca.brightness());           // 169
// Make it half-transparent
ca.a = 0.5;
console.log(String(ca));                // "rgba(169, 169, 169, 0.5)"
console.log(ca.brightness());           // 84.5
// Brightness when over a blue background
const blue = new ColorWithAlpha(0, 0, 255);
console.log(ca.brightness(blue));       // 63.774477345571015
```

下面看看在 ES5 中如何定义该 brightness 方法：

```
// Older (~ES5) near-equivalent
ColorWithAlpha.prototype.brightness = function brightness(bgColor) {
   var result = Color.prototype.brightness.call(this) * this.a;
   if (bgColor && this.a !== 1) {
      result = (result + (bgColor.brightness() * (1 - this.a))) / 2;
   }
   return result;
};
```

代码中高亮的那一行(对超类 brightness 的调用)可以有多种写法。

上面的调用方式显式地引用了 Color(超类)，这并不是好的做法，因为重构时父类可能会被修改。另一种选择是在 ColorWithAlpha.prototype 上使用 Object.getPrototypeOf：

```
var superproto = Object.getPrototypeOf(ColorWithAlpha.prototype);
var result = superproto.brightness.call(this)* this.a;
```

或者使用 Object.getPrototypeOf 两次：

```
var superproto = Object.getPrototypeOf(Object.getPrototypeOf(this));
var result = superproto.brightness.call(this)* this.a;
```

以上写法都比较繁杂，而且都必须用 call 来管理 this。在 ES2015+中，通过 super 可更好地处理以上情形。

super 语法不局限于方法，你也可用它来访问原型上的非方法属性。但是，类的原型对象上有非方法属性的情况比较罕见，因此直接(不通过实例)访问这些属性的做法也是罕见的。

4.6.3　继承静态方法

前面介绍了如何在类中创建静态方法。在 JavaScript 中，静态方法是由子类继承的。运行代码清单 4-7，它将演示如何在 ColorWithAlpha 上使用 fromCSS(在 Color 中定义)。

代码清单 4-7 通过子类访问静态方法——accessing-static-method-through-subclass.js

```
class Color {
    // ...same as Listing 4-6...
}

class ColorWithAlpha extends Color {
    // ...same as Listing 4-6...
}

const ca = ColorWithAlpha.fromCSS("#1E90FF");
console.log(String(ca));                    // "rgba(30, 144, 255, 1)"
console.log(ca.constructor.name);           // "ColorWithAlpha"
console.log(ca instanceof ColorWithAlpha);  // true
```

注意在 ColorWithAlpha 上调用 fromCSS 的方式。记住，结果是一个 ColorWithAlpha 实例，而不是一个 Color 实例。下面介绍其工作原理。

本节的开头在介绍子类时，提到使用 extends 语句时会创建两个继承链：一个是构造函数自身的继承链，另一个是构造函数的原型对象的继承链，见图 4-2(前面图 4-1 的副本)。

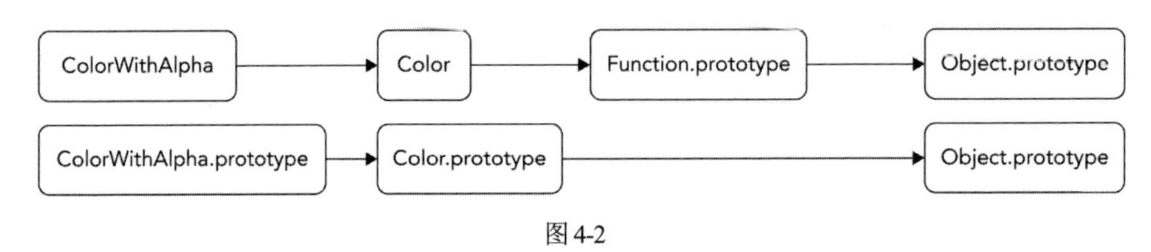

图 4-2

构造函数继承链是 ES2015 中的一个新概念。直到 ES5，仍然没有标准的方法能够使 Function.prototype 之外的其他对象成为 JavaScript 函数的原型。而让子类的构造函数以超类构造函数作为其原型，并由此继承其属性和方法，这样的做法是非常合理的。

但是，既然 fromCSS 是在 Color 中定义的，为什么 fromCSS 创建的是 ColorWithAlpha 对象而不是 Color 对象呢？前面非常简略地提到过其原因。下面再来看看 Color 是如何定义 fromCSS 的：

```
class Color {
    // ...

    static fromCSS(css) {
        const match = /^#?([0-9a-f]{3}|[0-9a-f]{6});?$/i.exec(css);
        if (!match) {
            throw new Error("Invalid CSS code: " + css);
        }
        let vals = match[1];
        if (vals.length === 3) {
            vals = vals[0] + vals[0] + vals[1] + vals[1] + vals[2] + vals[2];
        }
        return new this(
            parseInt(vals.substring(0, 2), 16),
            parseInt(vals.substring(2, 4), 16),
            parseInt(vals.substring(4, 6), 16)
        );
    }
}
```

关键点在于它使用 new this(而不是 new Color)来创建对象。如果你在 Color 上调用 fromCSS，调用中的 this 就是 Color；但是如果你在 ColorWithAlpha 上调用它，调用中的 this 则是 ColorWithAlpha，也就是被 new this 调用的构造函数。试着把下载的 accessing-static-method-through-subclass.js 文件复制一份，并使用 new Color 替代 new this。

4.6.4　静态方法中的 super

子类的构造函数实际上继承自超类的构造函数，因此可在子类的静态方法中使用 super 来引用超类。假设你想通过 fromCSS 的第二个参数设置 ColorWithAlpha 的不透明度，如代码清单 4-8 所示。至于具体的实现，只需要在调用 super.fromCSS 之后，将不透明度添加到结果的对象中。

代码清单 4-8　在静态方法中使用 super——super-in-static-method.js

```
class Color {
   // ...same as Listing 4-6...
}

class ColorWithAlpha extends Color {
   constructor(r = 0, g = 0, b = 0, a = 1) {
       super(r, g, b);
       this.a = a;
   }

   brightness(bgColor) {
       let result = super.brightness() * this.a;
       if (bgColor && this.a !== 1) {
           result = (result + (bgColor.brightness() * (1 - this.a))) / 2;
       }
       return result;
   }

   toString() {
       return "rgba(" + this.r + ", " +
                        this.g + ", " +
                        this.b + ", " +
                        this.a + ")";
   }

   static fromCSS(css, a = 1) {
       const result = super.fromCSS(css);
       result.a = a;
       return result;
   }
}

const ca = ColorWithAlpha.fromCSS("#1E90FF", 0.5);
console.log(String(ca)); // "rgba(30, 144, 255, 0.5)"
```

4.6.5　返回新实例的方法

本节将介绍从类的方法中创建新实例的模式，既包括 Color.fromCSS 这样的静态方法，又包括数组上的 slice 和 map 这样的实例方法。

前面介绍了静态方法创建类实例的一种模式：Color.fromCSS。它使用 new this(/*...*)来创建新实例。这个方法的确不错。当调用 Color.fromCSS 时，会得到一个 Color 实例。当调用 ColorWithAlpha.fromCSS 时，会得到一个 ColorWithAlpha 实例。这就是我们通常期望的行为。在实例方法中，我们使用的是 this.constructor，而不是 this，因为 this.constructor 通常指的是对象的构造函数。例如，下面有一个 Color 的方法，它返回的是原先一半亮度的颜色。

```
halfBright(){
   const ctor = this.constructor || Color;
   return new ctor(
      Math.round(this.r / 2),
      Math.round(this.g / 2),
      Math.round(this.b / 2)
   );
}
```

但是假设你想创建一个 Color 的子类，让 fromCSS 和 halfBright 返回一个 Color 实例，此处对 fromCSS 的运用有点奇怪，但我们暂时忽略它。在当前 fromCSS 和 halfBright 的实现中，你必须覆盖它们并显式地使用 Color，如下面的代码所示：

```
class ColorSubclass extends Color {
   static fromCSS(css){
      return Color.fromCSS(css);
   }
   halfBright(){
      return new Color(
         Math.round(this.r / 2),
         Math.round(this.g / 2),
         Math.round(this.b / 2)
      );
   }
}
```

这对于只有一个甚或两个方法的情况都是可以的。但是如果 Color 有多个其他的操作来创建新实例，而你想让这些操作都创建 Color，而不是 ColorSubclass 实例，需要怎么做呢？你必须重写所有的操作。这可能会变得混乱。(想想所有创建新数组的数组方法，比如 slice 和 map，如果你不想要默认行为，那么很难在数组子类中覆盖所有这些方法。)

如果想让大多数创建新实例的方法以易于子类重写的方式使用相同的构造函数，可用一个更好的替代方法：Symbol.species。

我们还没有介绍 Symbol(详见第 5 章)。目前，你需要知道的是，它们是一种新的基本类型，可被用作属性的键(就像字符串一样，但它们不是字符串)，还有一些“内置”的 Symbol 函数的属性，包括这里将要用到的 Symbol.species。

Symbol.species 是一种特殊模式的一部分，该模式旨在让子类能够控制需要创建“特定”类新实例的方法的行为。在基类(本例中的 Color)中，不同于之前使用 this 或 this.constructor 的构造函数的方式，使用 species 模式的方法通过在 this/this.constructor 上查找 Symbol.species 属性来确定要使用的构造函数。如果结果是空的或未定义的，类就会定义其使用的默认值来替代 null 或 undefined。在 fromCSS 中，代码如下所示：

```
static fromCSS(css){
   // ...
   let ctor = this[Symbol.species];
   if (ctor === null || ctor === undefined){
       ctor = Color;
   }
   return new ctor(/*...*/);
}
```

因为null和undefined都是虚值(falsy)，而构造函数的定义不会是虚值，所以此处可简化一下：

```
static fromCSS(css){
   // ...
   const ctor = this && this[Symbol.species] || Color;
   return new ctor(/*...*/);
}
```

(稍后会说明为什么以上代码显式地以Color作为备选，而不是使用this。)

注意，以上代码具有一定的防御性，校验 this 是否为真值(truthy)。(因为类代码是严格模式，而this可以是任何值，包括undefined。)

不过，对于一个静态方法来说，这样做可能有点奇怪(这取决于你的使用场景)。下面介绍在原型方法halfBright中的做法：

```
halfBright(){
   const ctor = this && this.constructor &&
                this.constructor[Symbol.species] || Color;
   return new ctor (
       Math.round(this.r / 2),
       Math.round(this.g / 2),
       Math.round(this.b / 2)
   );
}
```

(第 19 章将介绍可选链操作符，它可将 halfBright 中的第一条语句简化为：const ctor = this?.constructor?.[Symbol.species] || Color;。)

当使用Symbol.species模式时，基类以一种巧妙的方式定义该属性——通过一个访问器返回this：

```
class Color {
   static get [Symbol.species](){
       return this;
   }
   // ...
}
```

因此，如果子类没有重写Symbol.species属性，就会像类使用new this(/*......*/)一样使用方法被调用时的构造函数(Color或ColorWithAlpha，视情况而定)。但如果子类重写了Symbol.species属性，则会使用重写后的构造函数。

将以上片段整理在一起：

```
class Color {
   static get [Symbol.species](){
       return this;
   }
```

```
    static fromCSS(css){
        const ctor = this && this[Symbol.species] || Color;
        return new ctor(/*...*/);
    }

    halfBright(){
        const ctor = this && this.constructor &&
                     this.constructor[Symbol.species] || Color;
        return new ctor(/*...*/);
    }

    // ...
}
```

使用这种模式的标准库对象只将该模式用于原型和实例方法，而不用于静态方法。这是因为此处没有充足的理由在静态方法中使用该模式，而这样做最终会使你得到奇怪的甚至是误导性的代码，比如，ColorWithAlpha.fromCSS 返回一个 Color 实例，而不是 ColorWithAlpha 实例。代码清单 4-9 展示了一个简单的综合例子，该示例更加贴近标准库使用 species 模式的思路。

代码清单 4-9　使用 Symbol.species——using-Symbol-species.js

```
class Base {
    constructor(data) {
        this.data = data;
    }

    static get [Symbol.species]() {
        return this;
    }

    static create(data) {
        // Doesn't use `Symbol.species`
        const ctor = this || Base;
        return new ctor(data);
    }

    clone() {
        // Uses `Symbol.species`
        const ctor = this && this.constructor &&
                     this.constructor[Symbol.species] || Base;
        return new ctor(this.data);
    }
}
// Sub1 uses the default behavior, which is often what you want
class Sub1 extends Base {
}
// Sub2 makes any method that respects the pattern use Base instead of Sub2
class Sub2 extends Base {
    static get [Symbol.species]() {
        return Base;
    }
}

const a = Base.create(1);
console.log(a.constructor.name);        // "Base"
```

```
const aclone = a.clone();
console.log(aclone.constructor.name);    // "Base"

const b = Sub1.create(2);
console.log(b.constructor.name);         // "Sub1"
const bclone = b.clone();
console.log(bclone.constructor.name);    // "Sub1"

const c = Sub2.create(3);
console.log(c.constructor.name);         // "Sub2"
const d = new Sub2(4);
console.log(d.constructor.name);         // "Sub2"
console.log(d.data);                     // 4
const dclone = d.clone();
console.log(dclone.constructor.name);    // "Base"
console.log(dclone.data);                // 4
```

注意，此处在Sub1上调用create时创建了一个Sub1实例，在该实例上调用clone时也创建了一个Sub1实例；在Sub2上调用create时创建了一个Sub2实例，但在Sub2实例上调用clone时创建了一个Base实例。

下面来看看为什么在之前的示例(前面例子中的Base和Color)中，如果Symbol.species属性的值为null或undefined，我们就要使用显式的默认值。内置类(比如Array)也是如此。内置类本可将this(在静态方法中)或this.constructor(在原型方法中)用作默认值，但通过使用显式默认值，它为子类的子类提供了一种使用原始默认值(而不是当前子类构造函数)的方法。以前面例子中的Base为例，如下面的代码所示：

```
class Sub extends Base {
}

class SubSub1 extends Sub {
}

class SubSub2 extends Sub {
   static get [Symbol.species](){
       return null;
   }
}

const x = new SubSub1(1).clone();
console.log(x.constructor.name); // "SubSub1"

const y = new SubSub2(2).clone();
console.log(y.constructor.name); // "Base", not "SubSub2" or "Sub"
```

SubSub2的clone方法使用了来自Base(而不是子类)的默认值。不妨使用下载的explicit-constructor-default.js尝试一下。

4.6.6 内置对象的子类

在ES5中，一些内置的构造函数(如Error和Array)无法创建真正的子类；这一点在ES2015中得到了修正。借助class创建内置对象子类的方法，和创建其他子类的方法一样(也可不用class语法，而是通过Reflect.construct创建子类；详见第14章)。下面来看一个数组的例子。代码清单4-10演示了一个非常简单的Elements类，该类扩展了一个带有style方法的Array，该方法可为数组中的DOM元素设置样式信息。尝试在一个至少包含 3 个 div 元素的页面中运行它(可使用下载文件中的subclassingarray.html)。

代码清单 4-10 创建 Array 的子类——subclassing-array.js

```
class Elements extends Array {
   select(source) {
      if (source) {
         if (typeof source === "string") {
            const list = document.querySelectorAll(source);
            list.forEach(element => this.push(element));
         } else {
            this.push(source);
         }
      }
      return this;
   }

   style(props) {
      this.forEach(element => {
         for (const name in props) {
            element.style[name] = props[name];
         }
      });
      return this;
   }
}

// Usage
new Elements()
   .select("div")
   .style({color: "green"})
   .slice(1)
   .style({border: "1px solid red"});
```

结尾部分的“Usage”代码：

- 创建 Array 的子类——Elements 的实例。
- 使用它的 select 方法将页面上的所有 div 元素添加到实例中(使用数组的 push 方法添加)。
- 将这些元素设置为绿色的文字样式。
- 使用数组的 slice 方法创建一个新的 Elements 实例，只取第 2 个和第 3 个 div 元素。
- 使用 style 方法为这些 div 元素添加红色的边框。

(注意，此处使用 slice 创建了一个新的 Elements 实例，而不只是一个新的 Array。这是因为 Array 使用了上一节介绍的 Symbol.species 模式，而 Elements 并没有重写这个默认行为。)

当然，Elements 只是一个例子。在实际的实现中，你可能会将选择器传入 Elements 构造函数中，而不是在之后单独调用 select 来填充实例。如果要用健壮的方式实现这一点，需要使用一个未被详细介绍的特性(第 6 章中的可迭代对象的展开语法)。如果想了解该特性，比如 for-of(第 6 章)、Object.entry(第 5 章)和解构(第 7 章)，请参考下载文件中的 subclassing-array-using-later-chapter-features.js。

4.6.7　super 的使用

在 ES2015 之前，JavaScript 中方法(method)这个术语的使用是比较随意的，它指的是任何赋值给对象属性的函数(或者可能只是使用了 this 的函数)。从 ES2015 开始，虽然这在非正式的情况下仍然很常见，但现在真正的方法和赋值给属性的函数之间是有区别的：真正的方法中的代码可访问 super；赋值给属性的传统函数中的代码则不能。下面用代码清单 4-11 来验证这一点：通读并尝试运行它。

代码清单 4-11　方法和函数——method-vs-function.js

```
class SuperClass {
   test(){
       return "SuperClass's test";
   }
}
class SubClass extends SuperClass {
   test1(){
       return "SubClass's test1: " + super.test();
   }
}
SubClass.prototype.test2 = function(){
   return "SubClass's test2: " + super.test();         // ERROR HERE
};

const obj = new SubClass();
obj.test1();
obj.test2();
```

JavaScript 引擎会拒绝解析以上代码，并指出代码清单中被标记的行有非预期的 super。但为什么不解析呢？

因为方法会连接到创建它们的对象上，但赋值给属性的传统函数则不会。当被用于 super.foo 这样的属性查找运算符中时，super 依赖所在函数中的一个名为[[HomeObject]]的内部字段。JavaScript 引擎从方法的[[HomeObject]]字段中获取对象，得到它的原型，然后在该原型对象上查找方法属性，如下面的伪代码所示：

```
// Pseudocode
let method = (the running method);
let homeObject = method.[[HomeObject]];
let proto = Object.getPrototypeOf(homeObject);
let value = proto.foo;
```

“但是，请等等，”你说道，“为什么 super 会关心方法的定义在何处呢？它只是指向 this 的原型，对吗？或者 this 原型的原型？”

不，这是不对的。如想了解其原因，请参考代码清单 4-12 中的三层结构。

代码清单 4-12　三层结构——three-layer-hierarchy.js

```
class Base {
   test() {
       return "Base test";
   }
}
```

```
class Sub extends Base {
   test() {
      return "Sub test > " + super.test();
   }
}
class SubSub extends Sub {
   test() {
      return "SubSub test > " + super.test();
   }
}

// Usage:
const obj = new SubSub();
console.log(obj.test()); // SubSub test > Sub test > Base test
```

当你创建该 obj 实例时，它的原型链如图 4-3 所示。

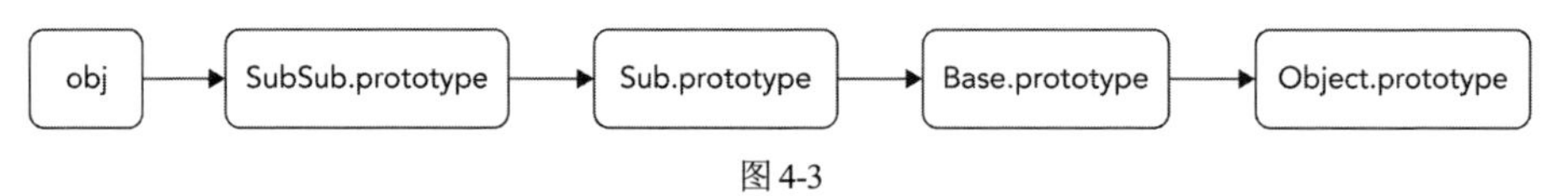

图 4-3

此处假设 super 是以 this 为基础的，因为 this 被用在原型方法中，所以 super 需要访问 this 的原型的原型。当你调用 obj.test 时，this 等同于 obj。当它使用 super.test()时，获取原型的原型的过程为：obj 的原型是 SubSub.prototype，SubSub.prototype 的原型是 Sub.prototype，所以 super 从 Sub.prototype 中得到 test；到目前为止一切都正常。然后，super 调用 Sub.prototype 的 test，将 this 设置为 obj。同时在代码中，Sub.prototype.test 还调用了 super.test()。此时，JavaScript 引擎陷入了困境。它不能做同样的事情(它从 SubSub 到 Sub 所做的事情)，因为 this 仍然是 obj，所以 this 原型的原型还是 Sub.prototype，最终它会回到同一个地方。浏览并运行代码清单 4-13 中的代码，最终代码会抛出一个堆栈溢出错误，因为 Sub.prototype.test 一直在调用它自己。

代码清单 4-13　错误的三层继承——broken-three-layer-hierarchy.js

```
function getFakeSuper(o) {
   return Object.getPrototypeOf(Object.getPrototypeOf(o));
}
class Base {
   test() {
      console.log("Base's test");
      return "Base test";
   }
}
class Sub extends Base {
   test() {
      console.log("Sub's test");
      return "Sub test > " + getFakeSuper(this).test.call(this);
   }
}
class SubSub extends Sub {
   test() {
      console.log("SubSub's test");
      return "SubSub test > " + getFakeSuper(this).test.call(this);
```

```
    }
}

// Usage:
const obj = new SubSub();
console.log(obj.test()); // "SubSub's test", then "Sub's test" repeatedly
                         // until a stack overflow error occurs
```

基于此，方法需要有一个字段来说明它们是在什么对象(它们的[[HomeObject]])上定义的，这样JavaScript引擎就可获得这个对象，然后通过它的原型来访问对应super的test。参照图4-4来看下面的解释：在obj.test内，为了运行super.test()，JavaScript引擎会访问obj.test上的[[HomeObject]]，也就是SubSub.prototype，然后获得该对象的原型(Sub.prototype)，并调用其test方法。为了处理Sub.prototype.test中的super.test()，引擎从Sub.prototype.test上获取[[HomeObject]]，得到它的原型，也就是Base.prototype，然后调用其test方法。

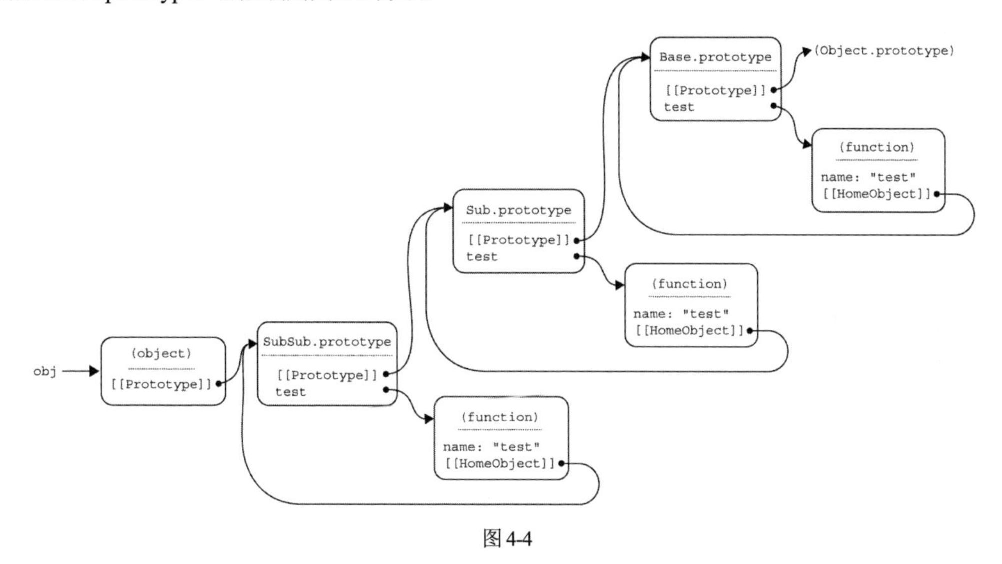

图4-4

这会产生一个重要的影响：将方法从一个对象复制到另一个对象(熟悉的"mixin"模式——将带有工具函数的对象复制到多个原型中)的操作并不会改变方法的[[HomeObject]]。如果你在一个mixin方法中使用super，它将继续使用它原来对象的原型，而不是接受复制方法的对象的原型。这可能会在方法的原始对象和接受复制方法的对象之间产生微妙的串扰。如果你是故意这样做的(使用mixin原始父对象的特性)，那没问题；但如果你在一个mixin方法中使用super，并期望它在新对象的结构中运行，那么它会成为一个bug。

在ES2015开发的某个阶段，曾经有一个函数可用来改变方法的[[HomeObject]](特别是在启用mixin时)，但它在规范完成之前被放弃了，而且还没有被添加回来。所以至少从目前来看，如果使用传统的函数来定义mixin，则要么不使用super，要么期望它在原来的(而不是新的)上下文中运行。

4.7 移除Object.prototype

默认情况下，基类其实也是Object的子类：它的实例继承自Object.prototype。这也是基类获得默认的toString、hasOwnProperty和其他类似方法的原因。也就是说，下面两个类实际上是一样的。

```
class A {
    constructor(){
    }
}

class B extends Object {
    constructor(){
        super();
    }
}
```

(一个小小的区别是：A 的原型是 Function.prototype，但 B 的原型是 Object。不过 A.prototype 和 B.prototype 的原型都是 Object.prototype。)

但这里假定你不想让类的实例继承 Object.prototype。也就是说，不想让它们拥有默认的 toString、hasOwnProperty 等。虽然此目的非常少见，但可用 extends null 来实现它。

```
class X extends null {
}
const o = new X();
console.log(o.toString); // undefined
console.log(Object.getPrototypeOf(X.prototype)=== null); // true
```

extends null 告诉 JavaScript 引擎将 null 用作 X.prototype 对象的原型，而不是像通常那样使用 Object.prototype。

虽然该功能的意图一直很明确，但在 ES2015 和后续规范中，与 extends null 相关的具体技术细节存在一些小问题，给实现带来了一些麻烦。因此，截至目前，extends null 还不能在大多数主流 JavaScript 引擎中运行(执行 new X 时会失败)。如果你的用例中需要使用 extends null，那么一定要在目标环境中进行测试。(但无论如何你总会这么做，对吧？)

4.8 new.target

可通过如下两种方式调用函数和构造函数：

- 直接调用(尽管通过 class 语法创建的构造函数不允许)。
- 作为创建对象的一部分(通过 new、super 或 Reflect.construct，详见第 14 章)。

有时，你必须知道函数的调用方式。也许你想让一个类成为抽象类(创建的实例必须是子类的一部分)，或者是最终(final)类(不允许创建子类)。也许你想让一个函数根据它被调用的方式(是通过 new 调用还是直接调用)来改变它的功能。

在这些情况下，可使用 new.target 来确认函数的调用方式。如果函数是被直接调用的(不是通过 new)，new.target 的值将是 undefined：

```
function example(){
    console.log(new.target);
}
example(); // undefined
```

如果当前函数是 new 操作符的直接目标，则 new.target 指的是当前函数：

```
class Base {
    constructor() {
        console.log(new.target.name);
```

```
    }
}
new Base(); // "Base"
```

如果当前函数是通过 super 调用的，那么 new.target 是指 new 的对象的子类构造函数：

```
class Base {
    constructor() {
        console.log(new.target.name);
    }
}

class Sub extends Base {
    // (This is exactly what the default constructor would be, but I've included
    // it for clarity, to explicitly show the `super()` call.)
    constructor() {
        super();
    }
}

new Sub(); // "Sub"
```

(第 14 章将介绍其他使用 Reflect.construct 的方法。)

基于这一点，下面将其用于本节中提到的所有三种场景：抽象类、最终类和函数。它根据不同的情形(是作为构造函数还是作为函数被调用)而做不同的事情。

代码清单 4-14 定义了一个名为 Shape 的抽象类和两个子类——Triangle 和 Rectangle。抽象类是一个不能被直接实例化的类，它只能通过子类实例化。如果在构造函数中 new.target === Shape 为 true，Shape 就会抛出一个错误，从而使其成为抽象类，因为这意味着它是通过(或相当于)new Shape 来创建的。例如在实例化 Triangle 时，new.target 是 Triangle，而不是 Shape，所以构造函数不会抛出错误。

代码清单 4-14 抽象类——abstract-class.js

```
class Shape {
    constructor(color) {
        if (new.target === Shape) {
            throw new Error("Shape can't be directly instantiated");
        }
        this.color = color;
    }
    toString() {
        return "[" + this.constructor.name + ", sides = " +
               this.sides + ", color = " + this.color + "]";
    }
}
class Triangle extends Shape {
    get sides() {
        return 3;
    }
}
class Rectangle extends Shape {
    get sides() {
        return 4;
    }
}
```

```
const t = new Triangle("orange");
console.log(String(t)); // "[Triangle, sides = 3, color = orange]"

const r = new Rectangle("blue");
console.log(String(r)); // "[Rectangle, sides = 4, color = blue]"

const s = new Shape("red"); // Error: "Shape can't be directly instantiated"
```

(不过，即使有了校验，仍然可创建一个直接将 Shape.prototype 用作其原型的对象，因为除了通过调用 Shape 之外，也可使用 Object.create 来创建该对象。但这样做的前提是必须主动绕过 Shape 界定的使用方式。)

最终(final)类则相反，它不允许创建子类的实例。代码清单 4-15 通过反转 Shape 校验来实现：如果 new.target 不等于类自身的构造函数，它便会抛出一个错误。当你尝试创建 InvalidThingy 的实例时，会得到一个错误(遗憾的是，目前还不能进一步前置这个错误，即在计算 InvalidThingy 类定义时抛出，而不是在后续使用 new InvalidThingy 时抛出)。

代码清单 4-15 最终类——final-class.js

```
class Thingy {
   constructor(){
      if (new.target !== Thingy){
         throw new Error("Thingy subclasses aren't supported.");
      }
   }
}
class InvalidThingy extends Thingy {
}

console.log("Creating Thingy...");
const t = new Thingy(); // works
console.log("Creating InvalidThingy...");
const i = new InvalidThingy(); // Error: "Thingy subclasses aren't supported."
```

(和 Shape 的例子一样，通过使用 Object.create，我们仍然可以创建具有继承自 Thingy.prototype 的原型的对象，这些对象在某种程度上是子类对象，但前提同样是必须主动绕过 Thingy。)

最后，代码清单 4-16 定义了一个函数，根据不同情形(是作为函数被调用还是通过 new 调用)做不同的事情；注意，此处只能用传统函数来实现，因为通过 class 定义的构造函数只能用于对象构造，其他情况下不能被调用。下面的例子在检测到它尚未通过(或相当于)new 被调用时，将其转换为使用 new 的调用方式。

代码清单 4-16 随调用方式变化的函数——function-or-constructor.js

```
const TwoWays = function TwoWays() {
   if (!new.target) {
      console.log("Called directly; using 'new' instead");
      return new TwoWays();
   }
   console.log("Called via 'new'");
};
console.log("With new:");
let t1 = new TwoWays();
```

```
// "Called via 'new'"

console.log("Without new:");
let t2 = TwoWays();
// "Called directly; using 'new' instead"
// "Called via 'new'"
```

4.9 类声明与类表达式

和函数一样，类可被用作声明或表达式。同样和函数相似，类究竟是声明还是表达式，取决于它所在的上下文：如果它出现在声明或表达式有效的地方，它就是声明；如果它出现在只有表达式有效的地方，它就是表达式。

```
// Declaration
class Class1 {
}

// Anonymous class expression
let Color = class {
};

// Named class expression
let C = class Color {
};
```

4.9.1 类声明

类声明与函数声明的工作原理非常相似，但有重要的区别。

同函数声明一样，类声明：

- 将类的名称添加到当前作用域中。
- 结尾的大括号后面不需要加分号。(因为 JavaScript 会忽略不必要的分号，你可以试着放一个，但对于声明它是多余的。)

同函数声明不一样，类声明：

- 没有变量提升，只有半变量提升。在整个作用域中保留标识符，但初始化要在代码逐步执行到声明所在位置时才进行。
- 存在暂时性死区(Temproal Dead Zone)。
- 如果要在全局作用域中使用类名属性，则不要在全局对象上创建该属性，而应创建非全局对象属性的全局变量。

最后这几点对你来说可能似曾相识。因为它们和第 2 章介绍的 let 和 const 的规则是一样的。这些规则也适用于类声明。

代码清单 4-17 演示了类声明的各种形态。(代码清单 4-17 中的代码必须在全局作用域下运行，以演示全局作用域下类声明的表现。记住，不能用 Node.js 常规的方式运行；必须使用浏览器或在 Node.js 的 REPL 环境中运行。参见第 1 章。)

代码清单 4-17　类声明——class-declarations.js

```
// Trying to use `TheClass` here would result in a ReferenceError
// because of the Temporal Dead Zone

let name = "foo" + Math.floor(Math.random() * 1000);

// The declaration
class TheClass {
    // Since the declaration is processed as part of the
    // step-by-step code, we can use `name` here and know that
    // it will have the value we assigned it above
    [name]() {
        console.log("This is the method " + name);
    }
} // <== No semicolon expected here

// A global was created
console.log(typeof TheClass);         // "function"

// But no property on the global object
console.log(typeof this.TheClass);    // "undefined"
```

4.9.2　类表达式

类表达式的工作原理与函数表达式非常相似：

- 它们都有命名和匿名两种形式。
- 它们不会将类的名称添加到它们所在的作用域中，但会使类的名称在自身类定义中可用(如果有名称的话)。
- 它们的结果是一个值(类的构造函数)，可被赋值给一个变量或常量，可传入一个函数中，或被忽略。
- JavaScript 引擎将使用与第 3 章中的匿名函数表达式相同的规则，从上下文中推断出用匿名类表达式创建的类的 name 属性值。
- 当被用作赋值的右侧时，它们不会终止赋值表达式；如果类表达式是赋值表达式中的最后一个操作，则应在其后加上分号。大部分情况下，自动分号插入机制(Automatic Semicolon Insertion，ASI)可补全缺失的分号，但并非总是如此。

代码清单 4-18 演示了类表达式的各种形态。

代码清单 4-18　类表达式——class-expressions.js

```
let name = "foo" + Math.floor(Math.random() * 1000);

// The expression
const C = class TheClass {
    [name]() {
        console.log("This is the method " + name +
                    " in the class " + TheClass.name);
        // The class name is in-scope -^
        // within the definition
    }
```

```
}; // <== Semicolon needed here (although ASI will supply it
   // if possible)

// The class's name was not added to this scope
console.log(typeof TheClass);      // "undefined"

// The value of the expression is the class
console.log(typeof C);             // "function"
```

4.10 更多内容

类的定义中还有一些即将推出的特性(可能在 ES2021 中)，如公共类字段(属性)声明、私有字段、私有方法、公共和私有静态字段以及私有静态方法。当前可通过转译(transpilation)使用其中的很多特性。第 18 章将详细介绍这些特性。

4.11 旧习换新

本章的“旧习换新”只有如下一条。

使用类创建构造函数

旧习惯：使用传统的函数语法来创建构造函数。(因为别无选择！)

```
var Color = function Color(r, g, b){
   this.r = r;
   this.g = g;
   this.b = b;
};
Color.prototype.toString = function toString(){
   return "rgb(" + this.r + ", " + this.g + ", " + this.b + ")";
};
console.log(String(new Color(30, 144, 255)));
```

新习惯：使用类替代传统的函数语法。

```
class Color {
   constructor(r, g, b){
       this.r = r;
       this.g = g;
       this.b = b;
   }
   toString(){
       return "rgb(" + this.r + ", " + this.g + ", " + this.b + ")";
   }
};
console.log(String(new Color(30, 144, 255)));
```

这并不意味着你应该在未使用构造函数的场景下使用类；构造函数及其原型属性(在 ES5 和 ES2015+中)只是使用 JavaScript 的原型链继承的一种方式。但如果你确实使用了构造函数，那么需要综合考虑简洁性、表达力和功能性的好处，使用 class 来替代传统语法的做法显然是有益的。

第5章 对象的新特性

本章内容

- 可计算属性名
- 属性的简写语法
- 获取和设置对象原型
- 浏览器环境中的__proto__属性
- 对象方法的简写语法，以及类之外的 super
- Symbol
- 多种新对象工具类方法
- Symbol.toPrimitive
- 属性的顺序
- 属性的扩展语法

本章代码下载

可通过网址 https://thenewtoys.dev/bookcode 或 https://www.wiley.com/go/javascript-newtoys 下载本章的代码。

本章将介绍 ES2015+对象的新特性，这些特性有助于减少重复代码，使代码更简洁，而在这之前，这些功能是难以实现的。

5.1 可计算属性名

在 ES5 中，如果想要创建一个属性名为变量的对象，就必须先创建这个对象，然后为该对象添加属性，这样的操作是分离式的，如下所示：

```
var name = "answer";
var obj = {};
obj[name] = 42;
console.log(obj); // {answer: 42}
```

上面的代码有些不够优雅，所以 ES2015 添加了可计算属性名(computed property name)，该特性在属性定义阶段使用中括号([])，该符号和上述代码中的中括号一样。

```
var name = "answer";
var obj = {
    [name]: 42
};
console.log(obj); // {answer: 42}
```

注意：
上述代码之所以使用 var，是为了强调这个特性和 let 是无关的，之后将继续使用 let 和 const。

属性定义阶段的中括号和获取或设置对象属性值时的中括号起着相同的作用。这意味着我们可在中括号内使用任何表达式，表达式的计算结果将会被用作属性名。

```
let prefix = "ans";
let obj = {
  [prefix + "wer"]: 42
};
console.log(obj); // {answer: 42}
```

此例将立即计算表达式(作为对象字面量计算操作的一部分)，同时计算每个属性定义(按照源代码顺序)。为了解释上面的逻辑，请看下面的示例，它和上面的代码作用相同，只是多了额外的临时变量 temp 和 name。

```
let prefix = "ans";
let temp = {};
let name = prefix + "wer";
temp[name] = 42;
let obj = temp;
console.log(obj); // {answer: 42}
```

可通过以下示例来观察运算顺序：

```
let counter = 0;
let obj = {
   [counter++]: counter++,
   [counter++]: counter++
};
console.log(obj);          // {"0": 1, "2": 3}
```

注意，counter 变量的使用和递增顺序应是：首先计算第一个属性的名称(0，当被用作属性名时转换为字符串“0”)，然后得到该属性的值——1，然后计算第二个属性的名称(2，数字 2 将被转换为字符串“2”)，最终得到该属性的值——3。

5.2 属性的简写语法

当你创建一个对象时，属性值来自和属性同名的变量(或者其他作用域内的标识符，比如函数参数)的情况是相当常见的。例如，假设你有一个 getMinMax 函数，该函数被用来寻找一个数组中最大和最小的数值，并返回一个带有 min 和 max 属性的对象。在 ES5 版本中，一个典型的示例如下：

```
function getMinMax(nums) {
```

```
    var min, max;
    // (omitted - find `min` and `max` by looping through `nums`)
    return {min: min, max: max};
}
```

注意，当最后创建对象时，必须指定 min 和 max 两次(一次用于属性名定义，一次用于属性值定义)。

从 ES2015 开始，可使用属性的简写语法。只需要定义标识符一次，即可同时将它用于属性名和属性值。

```
function getMinMax(nums) {
    let min, max;
    // (omitted - find `min` and `max` by looping through `nums`)
    return {min, max};
}
```

当然，仅当属性值来自一个简单的作用域内的标识符(比如变量或者函数参数等)时才可这样使用。如果属性值来自其他表达式的结果，则仍然需要使用 name:expression 这种形式。

5.3 获取和设置对象原型

我们始终可通过构造函数来创建一个继承自指定原型对象的对象。在 ES5 中，可直接通过 Object.create 实现，同时通过 Object.getPrototypeOf 方法来获取对象的原型。ES2015 中新增了对已存在的对象设置原型的方法。虽然这种操作很不常见，但现在是可行的。

5.3.1 Object.setPrototypeOf

设置对象原型的主要方法是使用 Object.setPrototypeOf，该函数接受的参数为要改变原型的对象，以及要指定的原型。示例如下：

```
const p1 = {
    greet: function (){
        console.log("p1 greet, name = " + this.name);
    }
};
const p2 = {
    greet: function (){
        console.log("p2 greet, name = " + this.name);
    }
};
const obj = Object.create(p1);
obj.name = "Joe";
obj.greet(); // p1 greet, name = Joe
Object.setPrototypeOf(obj, p2);
obj.greet(); // p2 greet, name = Joe
```

在上述代码中，obj 最初以 p1 作为它的原型，所以一开始调用 obj.greet()方法时，使用 p1 的 greet 方法，并且输出“p1 greet, name = Joe”。然后代码将 obj 的原型改为 p2，所以第二次调用 obj 的 greet 方法时，使用 p2 的 greet 方法，并输出“p2 greet, name = Joe”。

再次强调一下，改变一个已创建对象的原型的操作是不常见的，这样做很可能会影响对象的性能优化，使获取属性的过程变得更慢。但如果你必须这样操作的话，现在可通过以上标准机制来实现了。

5.3.2 浏览器环境中的__proto__属性

在浏览器环境中，可使用名为__proto__的访问器属性来获取和设置对象的原型，但是不要在新的代码中这样做。在非浏览器环境的 JavaScript 引擎的官方定义中，该方法是不存在的(尽管引擎可自己提供该方法)。

注意：

__proto__方法是一个陈旧的特性，官方将其行为定义为非标准扩展。在新代码中，不应继续使用该方法，而应使用 getPrototypeOf 和 setPrototypeOf。

下面展示了一个使用__proto__方法的示例。其效果与上面使用 Object.setPrototypeOf 的示例是一样的，只是倒数第二行的代码不同。

```
const p1 = {
   greet: function (){
       console.log("p1 greet, name = " + this.name);
   }
};
const p2 = {
   greet: function (){
       console.log("p2 greet, name = " + this.name);
   }
};
const obj = Object.create(p1);
obj.name = "Joe";
obj.greet(); // p1 greet, name = Joe
obj.__proto__ = p2;
obj.greet(); // p2 greet, name = Joe
```

__proto__是一个由 Object.prototype 定义的访问器属性，所以当你调用某对象的__proto__时，该对象必须直接或间接地继承自 Object.prototype。例如，一个通过 Object.create(null)方式创建的对象没有__proto__属性，同时不会被用作任何对象的原型对象。

5.3.3 浏览器环境中的__proto__字面量属性名

__proto__也可用于对象属性的字面量定义，以设置所创建对象的原型。

```
const p = {
   hi(){
       console.log("hi");
   }
};
const obj = {
   __proto__: p
};
obj.hi(); // "hi"
```

这是一种显式定义的语法，而不是__proto__访问器属性的副产品，并且仅在使用字面量定义时生效。此处不能使用可计算属性名，示例如下：

```
const p = {
   hi(){
```

```
        console.log("hi");
    }
};
const name = "__proto__";
const obj = {
    [name]: p
};
obj.hi(); // TypeError: obj.hi is not a function
```

再次强调一下，不要在新代码中使用__proto__。首先使用 Object.create 方法创建一个基于正确原型的对象，然后在必须改变原型的场景下，使用 Object.getPrototypeOf 和 Object.setPrototypeOf 方法来获取或者设置原型。这样，你就不必担心代码是否运行于浏览器环境以及该对象是否继承自 Object.prototype(例如使用访问器属性的场景)了。

5.4　对象方法的简写语法，以及类之外的 super

第 4 章已经介绍了构造类时的方法定义。ES2015 也为对象字面量添加了对象方法的简写语法。以前你会用 function 关键字编写一些冗长的代码，例如：

```
var obj1 = {
    name: "Joe",
    say: function (){
        console.log(this.name);
    }
};
obj1.say(); // "Joe"
```

使用新的方法语法，可编写以下代码：

```
const obj2 = {
    name: "Joe",
    say(){
        console.log(this.name);
    }
};
obj2.say(); // "Joe"
```

这种方式去掉了冒号以及 function 关键字。

方法简写语法不只是在对象字面量中定义函数的简写语法，但大多数情况下，就当它是这样的。与类中的情况一样，方法简写语法与传统的通过 function 进行属性初始化的语法相比，多少有些不同。

(1) 方法没有指向原型对象的 prototype 属性，因此不能被用作构造函数。

(2) 方法包含一个指向定义所在对象的链接，该对象被称为宿主对象(home object)。比如下面的例子：在 obj1 上使用传统的 function 函数定义，通过 say 属性建立从对象到函数的链接，如图 5-1 所示。而使用对象方法的简写语法的示例则建立了双向链接：通过 say 属性建立了从对象 obj2 到函数的链接，并通过[[HomeObject]] (第 4 章介绍过该字段)建立了从函数到其宿主对象的链接，如图 5-2 所示。

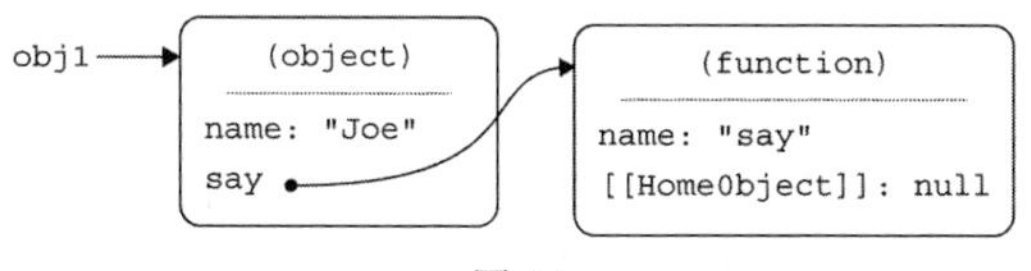

图 5-1

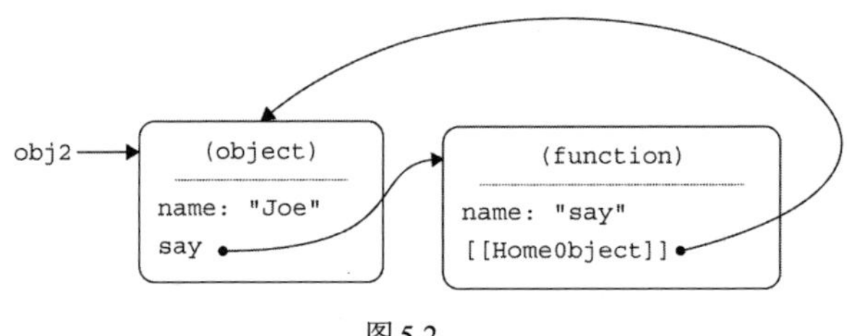

图 5-2

我们建立从对象方法到其宿主对象的链接的目的是在方法中使用 super 关键字。例如，假设你想要创建一个对象，其 toString 函数使用其原型上的 toString 方法，但是字符要全部变成大写。在 ES5 中，必须显式地调用原型上的方法，如下所示：

```
var obj = {
   toString: function (){
       return Object.prototype.toString.call(this).toUpperCase();
   }
};
console.log(obj.toString()); // "[OBJECT OBJECT]"
```

而在 ES2015+中，可使用对象方法的简写语法以及 super 关键字，如下所示：

```
const obj = {
   toString(){
       return super.toString().toUpperCase();
   }
};
console.log(obj.toString()); // "[OBJECT OBJECT]"
```

对象方法的名称不一定要使用字面量标识符。作为属性键，它可以是一个字符串(使用单引号或者双引号)，或者使用可计算属性名。

```
const s = "ple";
const obj = {
   "biz-baz"() {       // String literal method name
       console.log("Ran biz-baz");
   },
   ["exam" + s]() {    // Computed method name
       console.log("Ran example");
   }
};
obj["biz-baz"]();    // "Ran biz-baz"
obj.example();       // "Ran example"
```

最初，对象方法中的 super 关键字看上去是非常受限的，因为它是通过对象字面量创建的，对象的原型是 Object.prototype。但如前所述，在 ES2015+中，可在创建对象后改变其原型，在浏览器中可使用__proto__将对象的最初原型设置为 Object.prototype 之外的其他对象(尽管在新代码中不建议这样做)。super 方法的实现机制保证你即便那样做，也会得到预期的效果。

```
const obj = {
   toString(){
       return super.toString().toUpperCase();
   }
};
```

```
Object.setPrototypeOf(obj, {
    toString(){
        return "a different string";
    }
});
console.log(obj.toString());  // "A DIFFERENT STRING"
```

这就是[[HomeObject]]发挥作用的地方。JavaScript 引擎借助[[HomeObject]]来处理 super 上的属性引用(比如 super.toString)，简单来讲，应是这样的：

(1) 获取当前函数的[[HomeObject]]内部插槽值。在上面的例子中，是指 obj 对象。

(2) 获取对象当前的原型(运行 super.toString 时，而不是创建函数时)。

(3) 查找并使用原型对象的属性。

当这个示例调用 obj.toString()时，代码已经改变了 obj 对象引用的原型，所以此处调用的是新原型的 toString 方法，而不是一开始定义的原型的 toString 方法。

理论上，无论方法是否使用了 super 关键字，[[HomeObject]]链接都存在。但事实上，如果你不使用 super 关键字，JavaScript 引擎会尽可能地优化链接(所以尽量不要使用 eval 之类的语法，这样会限制引擎对于方法的优化)。

5.5 Symbol

对于 ES5 以及更早的版本，对象的属性名(键)一直是字符串类型(一些属性甚至经常被写成数字，比如数组的索引)。到 ES2015，相关规则发生了一些变化：属性名现在可以是字符串(String)或者 Symbol 类型。

Symbol 是一种与众不同的原始数据类型。这是因为其设计初衷和特性是不同的。尽管 Symbol 的使用方式不限于充当对象属性，但本书之所以将其纳入对象这一章，是因为 Symbol 通常被用于对象中。

属性名还是属性键

哪种称呼是正确的：属性名还是属性键？答案是都可以。官方的定义如下：

“属性是由键/值对来定义的。一个属性的键的类型可以是一个 ECMAScript 字符串值或者 Symbol 值。所有的字符串和 Symbol 值，包括空字符串，都是有效的属性键。一个属性的名称则是一个属性的字符串类型的键。”

所以理论上，如果这个属性名可以是字符串或者 Symbol 类型，就称之为属性键；如果属性名只能是字符串，就称之为属性名。但十分常见的是，(甚至官方的定义本身)在谈到一个“名为 P”的属性时，这个 P 可能是一个字符串，也可能是一个 Symbol。本章随后将介绍在 ES5 中定义的一个 Object.keys 方法，该方法包含字符串类型，但是不含 Symbol(如果 ES2015 中包含 Symbol 的话，也许 Object.keys 会被定义为 Object.name，或者包含 Symbol 类型)。所以没必要过于纠结是使用属性名还是属性键，人们在适当的时候经常使用属性名，但是根据目前的官方定义，应该使用属性键。

5.5.1 定义 Symbol 的原因

本章随后将展示如何创建及使用 Symbol，但是首先思考这样一个问题：为什么在定义属性名时必须保证键值的唯一性？

保证键值唯一性的做法是十分有用的(从 GUID 的普遍应用也能看出)，但是 JavaScript 中增加 Symbol 的关键原因在于，它使人们能在 ES2015 中添加一些新特性，而这在之前的版本中是难以实现的。一些新特性需要在对象上寻找并使用新属性(如果它们存在的话)。如果键仍然是字符串，这些新特性将无法向后兼容。

例如，Object.prototype 上的 toString 函数以"[object XYZ]"的格式创建了一个字符串。对于内置构造函数创建的对象(比如 Date)，XYZ 将会是构造函数的名称(比如"[object Date]" "[Object Array]"等)。但是在 ES2015 以前，对于通过自定义的构造函数创建的对象(或者是简单对象)，这个字符串将是"[object Object]"。

在 ES2015 中，TC39 提案希望通过定义一个特定的对象属性，使开发者能够定义调用 toString 方法时的输出值。问题是，没有一个安全的字符串可以用作该属性名，因为任何字符串属性名都有可能已被用于开发环境中以实现某种功能，所以这样可能破坏现有的代码。但同时，他们不能使用构造函数的名称，因为这也可能会对现有代码造成破坏，比如一些依赖"[object Object]"来进行判断的场景，所以新特性只能有选择性地进行添加。

Symbol 的出现解决了该问题。Object.toString 通过 Symbol(而不是字符串)来识别属性。这意味着它不会和在 ES2015(那时还不存在 Symbol)之前定义的对象上已存在的任何属性发生冲突。下面展示了该属性的一个实例：

```
class Example1 {
}
class Example2 {
   get [Symbol.toStringTag](){
       return "Example2";
   }
}
console.log(new Example1().toString()); // "[object Object]"
console.log(new Example2().toString()); // "[object Example2]"
```

Symbol.toStringTag 的值已经由内置的 Symbol 进行了预定义[1]。它就是 Object.prototype.toString 方法寻找的值：过去在 ES5 中，该方法返回"[object Object]"，在 ES2015+中，该方法则会寻找 Symbol.toStringTag 属性并判断其值是否为字符串，toString 使用该值来替换"[object XYZ]"字符串中的 XYZ 部分；如果该属性不存在，该方法则会像以前一样返回 Object。在上面的示例中，new Example1().toString()返回了"[object Object]"，因为该对象上不存在带有对应 Symbol 名称的属性。但是 new Example2().toString()返回了"[object Example2]"，因为该对象上存在相应的属性(继承自 Example 的原型)并且其值为"Example2"。

toStringTag 通常被用在类中，比如上面的示例，但是它也可用于简单对象。如果你倾向于使用除构造函数外的其他类型的对象工厂，它将十分有用。

```
// Direct usage
const obj1 = {
   [Symbol.toStringTag]: "Nifty"
};
console.log(obj1.toString());   // "[object Nifty]"
// Via a prototype
const p = {
   [Symbol.toStringTag]: "Spiffy"
};
const obj2 = Object.create(p);
console.log(obj2.toString());   // "[object Spiffy]"
```

1 本章后面会介绍有关内置的 Symbol 的更多内容。

本章现已详细解释了使用 Symbol 的原因，接下来介绍如何使用它。

5.5.2　创建和使用 Symbol

通过调用 Symbol 方法，我们可得到一个全新且唯一的 Symbol 值。但 Symbol 方法并不是构造函数，请记住，Symbol 是原始数据类型，所以不需要使用 new。一旦你定义了自己的 Symbol，就可在创建对象时通过可计算属性名的方式将其添加到对象上，或者在创建对象后通过中括号的方式使用。

```
const mySymbol = Symbol();
const obj = {
   [mySymbol]: 6              // Computed property name
};
const anotherSymbol = Symbol();
obj[anotherSymbol] = 7;       // Brackets notation
console.log(obj[mySymbol]);   // 6
console.log(obj[anotherSymbol]); // 7
```

为了方便调试，可在创建 Symbol 时添加描述，可通过给 Symbol 传入一个字符串来实现这一点。

```
const mySymbol = Symbol("my symbol");
console.log(mySymbol); // Symbol(my symbol)
```

在 console.log 支持展示 Symbol 的环境下，上述代码中 mySymbol 的 console.log 会输出"Symbol(my symbol)"，这是由 Symbol 的 toString 方法返回的字符串。

从 ES2019 开始，可通过 Symbol 的 description 属性来查看有关 Symbol 的描述：

```
const mySymbol = Symbol("my symbol");
console.log(mySymbol.description); // "my symbol"
```

description 字段只是单纯的描述，没有其他的含义(随后你将看到 Symbol.for 中的描述可用于其他目的)。描述并不是 Symbol 的值，并且两个不同的 Symbol 可有同样的描述，但仍然是两个不同的 Symbol 值：

```
const a = Symbol("my symbol");
console.log(a);          // Symbol(my symbol)
const b = Symbol("my symbol");
console.log(b);          // Symbol(my symbol)
console.log(a === b);    // false
const obj = {
   [a]: 6,
   [b]: 7,
};
console.log(obj[a]);   // 6
console.log(obj[b]);   // 7
```

通过 Symbol(而不是字符串)定义的属性，不会被包含在 for-in 循环或者由 Object.keys 返回的数组中，即便它们是可枚举属性(在 Object.keys 中，还要求是自身[1]属性)。

5.5.3　Symbol 并不用于私有属性

一个常见的误区是：Symbol 是用于私有属性的。比如以下代码：

1 对象可继承属性，也可有自己的属性。自身属性是指对象上直接存在的属性，而不是继承的属性。

```
const everUpward = (()=> {
   const count = Symbol("count");
   return {
      [count]: 0,
      increment(){
         return ++this[count];
      },
      get(){
         return this[count];
      },
   };
})();
console.log(everUpward.get());           // 0
everUpward.increment();
console.log(everUpward.get());           // 1
console.log(everUpward["count"]);        // undefined
console.log(everUpward[Symbol("count")]); // undefined
```

如果没有权限访问保存在 count 中的 Symbol，就不能获取该属性，对吧？毕竟这不是 count 属性，并且 count 常量对于声明它的函数而言是私有的。

不，保存在 count 中的 Symbol 并不是私有的(尽管引用它的常量是私有的)。这是因为 Symbol 是可发现的(discoverable)。比如，通过相应的 Object.getOwnPropertySymbols 方法，你可获取对象上的 Symbol。因为它们是可发现的，所以 Symbol 不为属性提供任何私有特性。这可能有一点晦涩，特别是当你没有它们的描述值时，但这不是私有的。真正的私有属性将会通过完全不同的机制(参见第 18 章)在 ES2020 或者后续版本中引入，你也可使用 WeakMap(参见第 12 章)来真正地保存对象的私有信息。

为什么会产生这种误区呢？这也许与 Symbol 被添加到 JavaScript 的过程有关：Symbol 是作为私有 Name 对象(private Name object)被提出来的，并且最初确实是应当用于实现对象私有属性的一种机制。但是之后，它改变了名称，变成了原始数据类型，并且人们不再将它们用作私有属性，而是用作确保唯一值的标识符，这种用法后来被证明是十分有用的，所以 Symbol 被保留了下来。

5.5.4 全局 Symbol

当你调用 Symbol 方法来创建 Symbol 时，只有你自己的代码知道它，除非你让其他代码也可访问它(比如，将其用作一个对象的属性键)。

这通常可以满足需求，但是(对于某些库的作者来说)复杂度有可能提升，尤其是当你需要跨领域使用 Symbol 时。

领域(realm)是指包含一些代码的整体容器，由一个全局环境、该环境的内置对象(比如 Array、Object、Date 等)、被加载到该环境中的所有代码以及一些状态值等组成。如果你在一个浏览器环境中，代码所在的领域是指引入该代码的页面的窗口对象以及该窗口对象中所有相关的内容。

你的代码不仅能访问自己的领域，也可能访问其他领域。一个子窗口拥有和父窗口不同的领域，Web worker 也拥有和创建它的领域不同的自有领域。但是多数情况下，这些领域的代码能在不同领域之间传递对象。这不是问题，但是如果两个领域的代码需要共享一个由 Symbol 定义的属性，那么 Symbol 也需要被共享。这就是全局 Symbol 发挥作用的地方。

比如，假设你正在编写一个名为 BarkCounter 的类，并且 BarkCounter 使用 Symbol 来存储对象信息。观察代码清单 5-1 中这个相当愚蠢的示例。

代码清单 5-1　一个愚蠢的 BarkCounter 类，version 1——barkcounter-version-1.js

```
const BarkCounter = (()=> {
   const barks = Symbol("nifty-barks");

   return class BarkCounter {
      constructor(other = null){
         this[barks] = other && barks in other ? other[barks] : 0;
      }
      bark(){
         return ++this[barks];
      }

      showBarks(label){
         console.log(label + ": Barks = " + this[barks]);
      }
   };
})();
```

BarkCounter 类的实例计算你调用 bark 方法的次数(前面说过这是愚蠢的)。当 bark 方法被调用时，这些实例会增加计数并返回新值。它们将 bark 方法被调用的次数保存在一个以 Symbol 类型的常量 barks 作为键的属性上。如果把一个也以该 Symbol 为属性键的对象传递给 BarkCounter 的构造函数，就会复制该实例的 barks 的已有计数，否则将从 0 开始计数。可通过 showBarks 在控制台中显示 barks 的计数，但是不能获取 barks 的计数值。

BarkCounter 类的调用如下所示：

```
const b1 = new BarkCounter();
b1.bark();
b1.bark();
b1.showBarks("b1");      // b1: Barks = 2
const b2 = new BarkCounter(b1);
b2.showBarks("b2");      // b2: Barks = 2
```

如你所见，代码成功地将 barks 的计数从 b1 复制到了 b2。这是因为代码在创建 b2 时，将 b1 传递给了创建它的同一个 BarkCounter 构造函数，所以当代码寻找 b1 的 barks 计数时，使用了同一个 Symbol。

下面来看一个跨领域的示例：通过在一个主窗口和 iframe 中使用 BarkCounter，将主窗口的 BarkCounter 的实例传递给 iframe。参考代码清单 5-2 和代码清单 5-3。

代码清单 5-2　使用 BarkCounter 跨领域：Main, version 1——barkcounter-main-1.html

```
<!doctype html>
<html>
<head>
<meta charset="UTF-8">
<title>BarkCounter Across Realms - Main - Version 1</title>
</head>
<body>
<script src="barkcounter-version-1.js"></script>
<script>
var barkCounterFrame = document.createElement("iframe");
barkCounterFrame.addEventListener("load", function (){
```

```
    const b1 = new BarkCounter();
    b1.bark();
    b1.bark();
    b1.showBarks("main");         // main: Barks = 2
    barkCounterFrame.contentWindow.useBarkCounter(b1);
});
barkCounterFrame.src = "barkcounter-frame-1.html";
document.body.appendChild(barkCounterFrame);
</script>
</body>
</html>
```

代码清单 5-3 使用 BarkCounter 跨领域：Frame, version 1——barkcounter-frame-1.html

```
<!doctype html>
<html>
<head>
<meta charset="UTF-8">
<title>BarkCounter Across Realms - Frame - Version 1</title>
</head>
<body>
<script src="barkcounter-version-1.js"></script>
<script>
function useBarkCounter(b1){
    b1.showBarks("frame-b1");
    const b2 = new BarkCounter(b1);
    b2.showBarks("frame-b2");
}
</script>
</body>
</html>
```

barkcounter-main-1.html 加载了一个 iframe，加载完毕后创建了一个 BarkCounter(b1)实例，并将该实例传递给 iframe 中的一个名为 useBarkCounter 的全局函数。主窗口和 iframe 是不同的领域。

barkcounter-frame-1.html 的 useBarckCounter 方法接受 BarkCounter 的实例，并且像之前的代码实例那样，将该实例传入 BarkCounter 的构造函数，试图将 b1 的 barks 计数复制到新的实例。

把这些文件和 barkcounter-version-1.js 一同放到本地的 Web 服务器上，然后在浏览器中打开开发者工具控制台并加载 barkcounter-main-1.html。其输出如下所示：

```
main: Barks = 2
frame-b1: Barks = 2
frame-b2: Barks = 0
```

barks 属性未被复制(如果复制了，最后一行的输出应该是 2，而不是 0)，这是为什么呢？

问题在于主窗口中加载的 BarkCounter 的副本和 iframe 窗口中加载的 BarkCounter 的副本是分离的，它们分别创建了自己的 barks Symbol。从定义上讲，这些 Symbol 是不相等的，所以当 BackCounter 的构造函数试图获取 b1 的 barks 计数时，它无法获取，只能以 0 作为其起始计数。

理想情况下，BarkCounter 的所有副本应该共享同一个 Symbol，以用于 barks。可将 Symbol 和 b1 一起从主窗口传递给 iframe 实现，但是很快问题又变复杂了。这种情况下，可遍历 b1 的属性，然后查看目标对象是否包含以对应指定描述的 Symbol 来命名的属性，但是这不适用于所有情况(尤其是 Symbol 没有描述，或者不同的 Symbol 有相同描述的情况)。

现在，不妨用 Symbol.for 方法取代 Symbol 方法，然后传入一个字符串作参数，可将 Symbol 放入全局的 Symbol 注册表，对 BarkCounter 的代码作出微小的变动，将下面这行代码：

```
const barks = Symbol("nifty-barks");
```

修改为：

```
const barks = Symbol.for("nifty-barks");
```

Symbol.for 会检查全局注册表上是否有已提供的键对应的 Symbol：如果有，则返回该 Symbol；如果没有，则会创建一个新的 Symbol(以该键作为其描述)，并将其加入注册表，然后返回新的 Symbol。

相关文件的修改可参考“-2”的版本(barkcounter-version-2.js、barkcounter-main-2.html 和 barkcounter-frame-2.html)。将这些文件加载到本地服务器并且在浏览器中运行，会得到以下结果：

```
main: Barks = 2
frame-b1: Barks = 2
frame-b2: Barks = 2
```

BarkCounter 的副本使用了同一个全局的 Symbol：主窗口调用 Symbol.for 方法创建 Symbol 并且进行注册，iframe 中的文件通过 Symbol.for 方法获取已注册的 Symbol。所以此处成功地把 barks 计数从 b1 复制到了 b2，因为两个 BarkCounter 构造函数使用了同一个 Symbol 来定义属性。

与使用全局变量时一样，当你有其他选择时，应尽量避免使用全局 Symbol，而仅在正确的场景下使用。如果确实需要使用，务必使用唯一的名称，以免该名称和其他用例或者未来版本的规范可能定义的名称发生冲突。

第 6 章介绍迭代器和可迭代变量时将展示全局 Symbol 的一种特别灵活的用法。

关于全局 Symbol 的最后一点：如果想知道一个 Symbol 是否在全局的 Symbol 注册表中以及它使用的键是什么，可使用 Symbol.keyFor。

```
const s = Symbol.for("my-nifty-symbol");
const key = Symbol.keyFor(s);
console.log(key); // "my-nifty-symbol"
```

如果全局注册表中不存在该 Symbol，该方法会返回 undefined。

5.5.5　内置的 Symbol 值

JavaScript 中定义了一些内置的 Symbol，以实现各种不同的操作。可通过 Symbol 方法的属性访问这些 Symbol。第 4 章已经介绍了其中的一个属性(Symbol.species)，本章前面的小节也提到了一个属性(Symbol.toStringTag)。下面列出了 ES2015~ES2018(ES2019 中没有新增，ES2020 中似乎也不会新增)中所有内置的 Symbol 以及它们所出现的章节：

- Symbol.asyncIterator (第 9 章)
- Symbol.hasInstance (第 17 章)
- Symbol.isConcatSpreadable (第 17 章)
- Symbol.iterator (第 6 章)
- Symbol.match (第 10 章)
- Symbol.replace (第 10 章)
- Symbol.search (第 10 章)
- Symbol.species (第 4 章)

- Symbol.split (第 10 章)
- Symbol.toPrimitive (第 5 章)
- Symbol.toStringTag (第 5 章)
- Symbol.unscopables (第 17 章)

截至目前，所有内置的 Symbol 都是全局的(所以它们是跨领域的)，不过，规范为未来某些不是全局 Symbol 的情况预留了可能性。

5.6 对象的新增方法

ES2015 和 ES2017 为对象的构造函数添加了一些新方法。下面将详细介绍这些方法。

5.6.1 Object.assign

Object.assign 是 JavaScript 通用版本的“extend”函数，能够将属性从一个或多个源对象复制到一个新的目标对象。假设有一个用来向用户呈现消息弹窗的函数，该函数支持以下配置项：title、text、icon、className 以及 buttons，它们中的每一个(甚至整个配置项对象)都是可选项[1]。这些可选项的数量相当多。可将这些配置项都用作函数的参数，但是这样会带来一些问题：

- 当编写调用函数的代码时，必须记住这些参数的顺序(尽管 IDE 可能帮助你)。
- 如果大部分参数都是可选项，函数代码需要判断调用者提供了哪些选项，同时忽略了哪些选项，这将提升代码的复杂度。
- 如果其中一些参数的数据类型是相同的(在该示例中，绝大多数配置项都是字符串类型)，而函数代码需要判断调用者提供了哪些参数，那么这不仅太复杂，而且几乎不可能实现。

尽管可使用第 3 章介绍的函数默认参数值向需要使用默认值的选项传递 undefined，但这样做并不方便。

这种情况下，通常使用一个对象，将配置项作为其属性，而不是使用分离的参数。为了使其中一些属性变成可选项，常用的方法是复制传入的对象，然后使之和默认的对象融合。在 ES5 中，代码并不借助其他辅助函数，而是采用如下实现方式，这看起来相当冗长：

```
function showDialog(opts) {
   var options = {};
   var optionName;
   var hasOwn = Object.prototype.hasOwnProperty;
   for (optionName in defaultOptions) {
      if (hasOwn.call(defaultOptions, optionName)) {
         options[optionName] = defaultOptions[optionName];
      }
   }
   if (opts) { // remember that `opts` is optional
      for (optionName in opts) {
         if (hasOwn.call(opts, optionName)) {
            options[optionName] = opts[optionName];
         }
      }
   }
   // (Use `options.title`, `options.text`, etc.)
}
```

1 在真实场景中，text 很可能是必选项，但是这里假设它也是可选项。

这样的代码十分常见并且很复杂，所以很多工具类库(比如 jQuery、Underscore、Lodash 等)都提供了“extend”函数，该函数现已成为 JavaScript 中的语法。传统的“extend”函数接受一个目标对象以及任意数量的源对象，将自身的、可枚举的属性从源对象复制到目标对象上，然后以目标对象作为返回值。

Object.assign 方法也实现了同样的功能。下面展示了一个 showDialog 函数，它使用的是 Object.assign 方法，而不是内联代码(并且将 var 替换为 const，尽管这不是必要的)：

```
function showDialog(opts) {
   const options = Object.assign({}, defaultOptions, opts);
   // (Use `options.title`, `options.text`, etc.)
}
```

代码看起来更简洁了！该示例创建了一个空对象并将其用作第一个参数(目标对象)，紧随其后的是要复制的源对象，然后将返回的目标对象保存在 options 变量中。

Object.assign 在运行时是按照从左到右的顺序来对源对象(上例中的 defaultOptions 和 opts)进行运算的，所以当源对象具有相同的属性时，看起来似乎是最后一个源对象“获胜”了。(这是因为它的属性值覆盖了前面的属性值。)这意味着最后返回的配置项对象将会复制 opts 中存在的配置项，对于 opts 中不存在的配置项，则使用 defaultOptions 中的默认值。

Object.assign 跳过了值为 null 或者 undefined 的参数，所以 showDialog 代码不必处理调用者未提供 opts 对象的情况。

和其他“extend”函数一样，Object.assign 也仅从源对象上复制自身的、可枚举的属性(不包含继承属性以及不可枚举的属性)，然后返回目标对象，就像上面复杂的示例代码中的循环那样。然而，通过该方法复制的对象既包括 Symbol 定义的属性，也包括字符串定义的属性，之前的 for-in 循环示例则有所不同(for-in 循环仅在字符串定义的对象属性间遍历)。

在第 7 章，你将学习用于解决该问题的一种不同的方法——参数解构。本章后面的部分还会介绍 ES2018 中的属性扩展，该扩展看起来很像 Object.assign，但却不能替代它(稍后会讲解原因)。

5.6.2 Object.is

ES2015 的 Object.is 方法根据规范对“相同值”定义的抽象操作来比较两个值。“相同值”的机制类似于===(严格等于)，除了以下两点：

- NaN 等于自身(NaN === NaN 是 false)。
- 正 0(+0)和负 0(-0)是不相等的(+0 === -0 是 true)。

所以输出结果如下：

```
console.log(Object.is(+0, -0));   // false
console.log(Object.is(NaN, NaN)); // true
```

其余的行为则和严格等于(===)完全一致。

5.6.3 Object.values

ES5 增加了 Object.keys 方法，该方法可返回一个由对象自身的、可枚举的字符串类型(不包含 Symbol)的属性键组成的数组。ES2017 增加了 Object.values 方法，与 Object.keys 对应，该方法返回这些属性值的数组。

```
const obj = {
```

```
    a: 1,
    b: 2,
    c: 3
};
console.log(Object.values(obj)); // [1, 2, 3]
```

继承的属性、不可枚举的属性以及由 Symbol 定义的属性的值是不包含在内的。

5.6.4 Object.entries

ES2017 同时新增了 Object.entries 方法，该方法可遍历自身的、可枚举的字符串类型的属性，并返回一个[name, value]结构的数组：

```
const obj = {
    a: 1,
    b: 2,
    c: 3
};
console.log(Object.entries(obj)); // [["a", 1], ["b", 2], ["c", 3]]
```

Object.entries 功能强大，和以下特性结合时功能尤为强大：第 6 章即将介绍的 for-of 循环、第 7 章即将介绍的解构以及下面即将介绍的 Object.fromEntries。

5.6.5 Object.fromEntries

Object.fromEntries 是 ES2019 中新增的一个工具类方法，它接受一个由键/值对组成的列表(任意可迭代对象)，然后根据该列表创建一个对象：

```
const obj = Object.fromEntries([
    ["a", 1],
    ["b", 2],
    ["c", 3]
]);
console.log(obj);
// => {a: 1, b: 2, c: 3}
```

fromEntries 与 Object.entries 相对应。它也可将 Map 类型(见第 12 章)转换为对象，因为 Map.prototype.entries 返回的列表恰好是 Object.fromEntries 所需要的参数。

5.6.6 Object.getOwnPropertySymbols

ES2015 的 Object.getOwnPropertySymbols 与 ES5 中的 Object.getOwnPropertyNames 相对应，但顾名思义，它返回的是一个对象自身的 Symbol 类型的属性键数组(而 Object.getOwnPropertyNames 返回的是字符串类型的属性键数组)。

5.6.7 Object.getOwnPropertyDescriptors

ES2017 新增的 Object.getOwnPropertyDescriptors 方法返回一个对象，该对象拥有原对象自身的全部属性(包括不可枚举的属性和 Symbol 类型的属性)。

该方法的一个使用场景是：通过 Object.defineProperties 将返回的对象传递给另一个对象，从而把相关的定义复制到目标对象上。

```
const s = Symbol("example");
const o1 = {
   // A property named with a Symbol
   [s]: "one",
   // An accessor property
   get example() {
      return this[s];
   },
   set example(value) {
      this[s] = value;
   },
   // A data property
   data: "value"
};
// A non-enumerable property
Object.defineProperty(o1, "nonEnum", {
   value: 42,
   writable: true,
   configurable: true
});
// Copy those properties to a new object
const descriptors = Object.getOwnPropertyDescriptors(o1);
const o2 = Object.defineProperties({}, descriptors);
console.log(o2.example);    // "one"
o2.example = "updated";
console.log(o2[s]);         // "updated", the accessor property wrote to the [s] prop
console.log(o2.nonEnum);    // 42
console.log(o2.data);       // "value"
```

在相同的场景下，Object.assign 并不复制访问器属性，而是复制该方法被调用时访问器返回的值。同时，Object.assign 不能复制不可枚举的属性。

5.7 Symbol.toPrimitive

Symbol.toPrimitve 提供了一种全新的更为强大的方式，以将对象转换为原始值。

首先，介绍一下相关背景。众所周知，JavaScript 在各种不同的上下文中可能有数据类型转换(显式/隐式)，包括从对象到原始值的转换。类型转换操作可能倾向于将数据类型转换为数字或者字符串(或者没有倾向)。比如，在 n – obj(obj 是一个对象类型)中，JavaScript 倾向于将 obj 转换为数字，以用于减法计算。但是在 n + obj 的情况下，类型转换操作没有倾向于数字或字符串类型。其他的一些情况，比如 String(obj)或者 someString.indexOf(obj)，则倾向于将数据类型转换为字符串。用规范的术语来讲，在将数据转换为原始类型的操作中，是转换成数字、字符串，还是没有倾向，应该有一种暗示。

对于开发者自定义的对象来说，传统上有两种实现方案，一种是 toString 方法(用于倾向使用字符串的场景)，另一种是 valueOf(用于其他场景，包括倾向于数字类型或者没有倾向的场景)。这看起来似乎很好，但是这意味着不能区分倾向于使用数字和没有倾向的场景，它们使用了同一个 valueOf 方法。

Symbol.toPrimitive 解决了这个问题。如果你的对象拥有一个用 Symbol.toPrimitive 定义的方法(不管是自身的还是继承的)，那么转换操作将使用该方法，而不是 toString 或者 valueOf。更好的是，该方法以操作倾向于转换的类型(即暗示)作为参数：number(数字)、string(字符串)或者 default(没有倾向)。假设有以下对象：

```
const obj = {
   [Symbol.toPrimitive](hint){
      const result = hint === "string" ? "str" : 42;
      console.log("hint = " + hint + ", returning " + JSON.stringify(result));
      return result;
   }
};
```

如果使用加号运算符，意味着此处没有倾向，将以 default 参数调用 Symbol.toPrimitive：

```
console.log("foo" + obj);
// hint = default, returning 42
// foo42
```

不管另一半的运算变量是字符串、数字还是其他类型，都将使用默认值：

```
console.log(2 + obj);
// hint = default,returning 42
// 44
```

但如果使用减号运算符(-)，则暗示为数字类型：

```
console.log(2 - obj);
// hint = number,returning 42
// -40
```

当你期望将数据转换为字符串类型时，毫无疑问，暗示为字符串类型：

```
console.log(String(obj));
// hint = string, returning "str"
// str
console.log("this is a string".indexOf(obj));
// hint = string, returning "str"
// 10 (the index of "str" in "this is a string")
```

该方法必须返回一个原始值，否则会报错。返回值不一定要与暗示匹配。暗示仅仅是一个暗示而已，比如当暗示是字符串类型时，你仍然可返回数字类型；或者当暗示是数字类型时，可返回布尔类型。

Symbol.toPrimitive 在处理 Date 类型的对象时会展现出强大的功能。直到 ES2015，对象内部的 ToPrimitive 操作(将数据转换为原始值)，在判断是调用 valueOf 方法还是 toString 方法(称作[[DefaultValue]])时，对 Date 对象的处理是不同的：对于常规对象，如果没有暗示类型，默认返回的是数字类型；但是对于 Date 对象，默认返回的则是字符串类型。因此，当调用加号运算符时，Date 对象返回字符串类型，调用减号运算符时则返回数字类型。如果没有 Symbol.toPrimitive，就不可能在开发者自定义的对象中实现该行为。

如果对象没有 Symbol.toPrimitive 方法，不必担心，为了保持完整性，ES 规范有效地定义了以下内容：

```
[Symbol.toPrimitive](hint){
   let methods = hint === "string"
      ? ["toString", "valueOf"]
      : ["valueOf", "toString"];
   for (const methodName of methods){
      const method = this[methodName];
      if (typeof method === "function"){
```

```
            const result = method.call(this);
            if (result === null || typeof result !== "object"){
                return result;
            }
        }
    }
    throw new TypeError();
}
```

5.8 属性顺序

曾经有这样一个众所周知的观点：对象的属性是没有顺序的。

但是人们期望对象的属性是有顺序的，特别是属性名为 1、7、10 之类的数字时，就像数组中的那样。(这些属性名是字符串类型的，参见下面的“数组的奥秘”。)开发者几乎都希望按数字顺序访问数组，甚至在使用对象迭代机制(如 for-in 循环)时，按顺序访问属性。早期的 JavaScript 引擎赋予了属性展示的顺序，之后的引擎复制了这一行为(尽管通常有细微的差别)，并且人们很依赖这个特性。

数组的奥秘

JavaScript 的标准数组中存在一些奥秘：正如规范中定义的那样，它们不是传统意义上的占用连续且大小相同的内存块所构成的数组(JavaScript 现在确实支持这样的数组，即类型数组，详见第 11 章)。它们实际上是继承自 Array.prototype 的对象，但是与传统对象不同，根据规范定义，它们有 length 属性，且有字符串类型的键来充当数组的索引(数组索引[1]是完全由整数组成的属性键，当它们被转换为数字类型时，值的范围是 $0 \leqslant value < 2^{32} - 1$)。除此之外，数组和其他对象并无差别。当然，JavaScript 引擎会尽可能地优化这些数组，在很多情况下，会将它们转换为真正的数组，但是它们会被定义为对象，这将产生一系列的影响，比如，当你对数组调用 for-in 循环时，输出的键都是字符串类型的。

因为人们一直期待甚至依赖属性顺序这一特性，并且 JavaScript 引擎已经实现了两种相似的(但是不同的)顺序，所以，为了使相关规范更加明确，ES2015 为属性的顺序制定了标准，但是只针对某些特定的操作，并且只限于自身的属性(不包含继承的属性)，它们的顺序如下：

- 首先，字符串类型的键，如果是整数索引，就按数字顺序排序。整数索引是指该字符串全是整数，并且转换为数字类型后，其范围是 $0 \leqslant value < 2^{53} - 1$。这和数组索引(参见上面的“数组的奥秘”)有些许不同，数组索引的最大值更小一些。
- 其次，其他字符串类型的键，按照对象属性的创建顺序排序。
- 最后，Symbol 类型的键，按照对象属性的创建顺序排序。

在 ES2015~ES2019，属性顺序(不只是自身属性的顺序)没有应用到 for-in 循环，以及 Object.keys、Object.values、Object.entries 返回的数组上。因此，JavaScript 引擎不必修改这些已有操作返回的顺序，使用这些函数的开发者也不用担心新的改动会破坏已有的代码。新的属性顺序被应用在许多其他的方法上，比如 ES5 的 Object.getOwnPropertyNames 和 JSON.stringify 以及 ES2015 的 Object.getOwnPropertySymbols 和 Reflect.ownKeys。但是在 ES2020，for-in 循环和之前提到的方法都增加了属性顺序，除非对象或者它的原型是一个 Proxy(详见第 14 章)、一个类型数组或者类似的数据(详见第 11 章)、一个模块的命名空间对象(详见第 13 章)，或者由运行环境提供的“特异”对象(比如 DOM 元素)。

1 参见 https://tc39.github.io/ecma262/#sec-object-type。

大多数情况下，尽管规范已经明确了对象的属性顺序，但是不建议你依赖对象的属性顺序。该顺序是不稳定的，比如，假设有一个函数，在一个对象上添加了两个属性：

```
function example(obj){
   obj.answer = 42;
   obj.question = "Life, the Universe, and Everything";
   return obj;
}
```

如果用没有 answer 或者 question 属性的参数对象调用该函数，比如这样：

```
const obj = example({});
```

那么可以确定该调用应该先返回 answer，然后返回 question，因为这是代码为对象添加属性时的顺序。

但是假设你向该函数传递一个已经具有 question 属性的对象：

```
const obj = example({question: "What's the meaning of life?"});
```

现在的顺序应是先返回 question，然后返回 answer，这是因为参数对象先添加的是 question 属性(示例中的代码仅更新了属性的值，但并没有创建属性)。

5.9　属性扩展语法

有时，你可能需要创建一个新对象，并希望它具有另一个对象的全部属性，或许还要更新其中的一些属性值。在编写“不可变”方法时，常常需要实现这样的功能：不修改原对象的值，而是创建一个合并了改动属性值的新对象。

在 ES2018 之前，如果实现上述功能，需要显式地指定要复制的属性，或者写一个 for-in 循环或类似的操作，又或者使用一些辅助类函数，比如前面提到的通用“extend”函数，当然，也可使用 JavaScript 自带的 Object.assign 方法。在 ES2018+中，可使用属性扩展语法替代上面这些方法。

下面看一下本章前面提到的 Object.assign 的一个示例：

```
function showDialog(opts){
   const options = Object.assign({}, defaultOptions, opts);
   // (Use `options.title`, `options.text`, etc.)
}
```

ES2018 提供了一种不必调用函数的语法：在一个对象字面量中，可在任意表达式前使用省略号(...)来将表达式的结果自身的、可枚举的属性扩展到新的对象中[1]。下面是一个使用属性扩展语法的 showDialog 示例：

```
function showDialog(opts){
   const options = { ...defaultOptions, ...opts };
   // (Use `options.title`, `options.text`, etc.)
}
```

上面的示例创建了一个新对象，并向它填充了来自 defaultOptions 的属性，以及来自 opts 的属性。在对象字面量中，依然按照代码的顺序(从上到下，从左到右)来处理属性。所以，如果 defaultOptions

1 如果表达式的结果是一个原始值，那么该值会在扩展运算前被强制转换为对象，比如一个字符串值会被强制转换为字符串对象。

和 opts 有同名属性的话，来自 opts 的属性值会覆盖前面的值。

属性扩展语法仅对对象字面量有效。其效果很像 Object.assign：如果源对象的属性(省略号后面的表达式的结果)是 null 或者 undefined，属性扩展运算不执行任何操作(这并不是错误)，并且属性扩展运算仅使用对象自身的、可枚举的属性，不包括从原型继承的或者不可枚举的属性。

乍一看，似乎任何地方都可用属性扩展语法替换 Object.assign，但是 Object.assign 仍然有其意义：它可修改一个已有的对象，但是扩展运算只能用于新建对象。

注意：

...可能被认为是运算符，但它并不是，也不能被用作运算符。运算符类似于函数：它拥有运算数(类似于函数的参数)并且有单一的运算结果(类似于函数的返回值)。但是“运算结果”不能表明“在对象上创建这些属性”。所以省略号是一种基础的语法或者标记，但不是运算符。就像 while 循环中的小括号一样：()并不是分组运算符，而是 while 循环语法的一部分。这点区别很重要，因为运算符可用在任何需要表达式的地方，但是...只能被用在特定的地方(只能用于属性扩展运算，且仅限于对象字面量中)。

5.10 旧习换新

以上新的语法特性和辅助类方法有助于我们更新一些旧的语法习惯。

5.10.1 创建对象时对动态变量使用可计算属性名

旧习惯：先创建对象，然后创建属性，属性名在运行时才能确定。

```
let name = "answer";
let obj = {};
obj[name] = 42;
console.log(obj[name]); // 42
```

新习惯：使用可计算属性名。

```
let name = "answer";
let obj = {
   [name]: 42
};
console.log(obj[name]); // 42
```

5.10.2 从同名变量初始化对象时，使用简写语法

旧习惯：即使属性值来自作用域内的同名标识符(比如变量)，也要在对象中声明属性值的名称。

```
function getMinMax(){
   let min, max;
   // ...
   return { min: min, max: max };
}
```

新习惯：使用简写语法。

```
function getMinMax(){
   let min, max;
   // ...
```

```
    return { min, max };
}
```

5.10.3 使用 Object.assign 替代自定义的扩展方法或者显式复制所有属性

旧习惯：使用一个自定义的扩展(或者类似功能的)方法，或者很费力地通过循环将一个对象自身的可枚举的所有属性复制到另一个对象上。

新习惯：使用 Object.assign。

5.10.4 基于已有对象创建新对象时，使用属性扩展语法

旧习惯：基于已有对象创建新对象时，使用自定义扩展方法或者 Object.assign。

```
const s1 = {a: 1, b: 2};
const s2 = {a: "updated", c: 3};
const dest = Object.assign({}, s1, s2);
console.log(dest); // {"a": "updated", "b": 2, "c": 3}
```

新习惯：使用属性扩展语法。

```
const s1 = {a: 1, b: 2};
const s2 = {a: "updated", c: 3};
const dest = {...s1, ...s2};
console.log(dest); // {"a": "updated", "b": 2, "c": 3}
```

5.10.5 使用 Symbol 避免属性名冲突

旧习惯：将晦涩的字符串用作属性名以避免超出了控制范围的名称冲突。

新习惯：使用 Symbol 来定义。

5.10.6 使用 Object.getPrototypeOf/setPrototypeOf 替代__proto__

旧习惯：使用之前非标准化的__proto__来获取或者设置对象的原型。

新习惯：使用标准方法 Object.getPrototypeOf 和 Object.setPrototypeOf(尽管现在__proto__也被浏览器标准化了)。

5.10.7 使用对象方法的简写语法来定义对象中的方法

旧习惯：将函数定义为对象的一个属性，并将它用作对象的方法。

```
const obj = {
    example: function(){
        // ...
    }
};
```

新习惯：使用对象方法的简写语法。

```
const obj = {
    example(){
        // ...
    }
};
```

请记住，如果你使用了 super 关键字，方法会与它的原始对象建立链接，所以如果你将方法复制到另一个对象，它会继续以原始对象作为其原型，而不会以当前的对象作为原型。如果不使用 super 关键字(也不使用 eval 关键字)，一个良好的 JavaScript 引擎会自动优化方法与原始对象的链接。

第6章 可迭代对象、迭代器、for-of 循环、可迭代对象的展开语法和生成器

本章内容

- 迭代器和可迭代对象
- for-of 循环
- 可迭代对象的展开语法
- 生成器和生成器函数

本章代码下载

可通过网址 https://thenewtoys.dev/bookcode 或 https://www.wiley.com/go/javascript-newtoys 下载本章的代码。

在 ES2015 中，JavaScript 新增了一个特性：广义迭代——普遍存在于很多语言中的经典“for each”语法。本章将介绍迭代器和可迭代对象，并教你如何创建和使用它们，还会介绍 JavaScript 中新增的功能强大的生成器，它使得迭代器的创建更加简易，并进一步发展了这个概念，实现了双向传值。

6.1 迭代器、可迭代对象、for-of 循环，以及可迭代对象的展开语法

本节将介绍 JavaScript 新增的迭代器和可迭代对象、使迭代器易于使用的 for-of 循环以及方便的可迭代对象的展开语法(...)。

6.1.1 迭代器和可迭代对象

许多语言都有类似于“for each”的语法结构，用于遍历数组、列表或其他集合对象的内容。多年来，JavaScript 只有 for-in 循环，但是该工具并不通用(仅用于遍历对象的属性)。新增的迭代器和可迭代对象“接口”(参阅注释)以及使用它们的语言结构改变了这一现状。

注释：

从 ES2015 起，规范中首次提到“接口”(指代码接口)。因为 JavaScript 不是强类型的，所以“接口”纯粹是一种惯例。规范定义：“……接口是指一组属性键，其相关值符合特定的规范。任何提供了接口规范所描述的所有属性的对象都可实现该接口。一个接口并不是由一个单独的对象来表示的。任何接口都可能由多个对象来实现。单个对象也可能实现多个接口。”

迭代器是一个具有 next 方法的对象。每当你调用 next 方法时，它都会返回它所表示的序列的下一个值(如果有的话)，以及一个表示是否执行完毕的标志。

可迭代对象是指能够通过标准方法获取迭代器以遍历其内容的对象。在 JavaScript 标准库中，所有列表或集合类型的对象都是可迭代对象—— 数组、字符串、类型化数组(详见第 11 章)、Map(详见第 12 章)以及 Set(详见第 12 章)。默认情况下，普通对象是不可迭代的。

下面介绍一下相关的基础知识。

6.1.2 for-of 循环：隐式地使用迭代器

虽然我们可直接获取和使用迭代器，但间接使用的做法更常见，比如通过新增的 for-of 循环来使用。for-of 循环从可迭代对象中获取迭代器并使用迭代器来遍历可迭代对象的内容。

注意：

for-of 循环并不是隐式使用迭代器的唯一方式。有几个新特性也可隐式地使用它，包括：可迭代对象的展开语法(本章稍后会介绍)、解构(详见第 7 章)、Promise.all(详见第 8 章)、Array.from(详见第 11 章)，以及 Map 和 Set(详见第 12 章)。

数组是可迭代对象，所以下面看一下如何用 for-of 循环来遍历数组：

```
const a = ["a", "b", "c"];
for (const value of a){
   console.log(value);
}
// =>
// "a"
// "b"
// "c"
```

运行以上代码，控制台会输出 a，然后是 b，最后是 c。原理上，for-of 语句从数组中获取迭代器，然后用它来遍历数组，使得你可通过 value 在循环体中访问每一个值。

注意，for-of 循环和 for-in 循环是不同的。如果在数组上使用 for-in，会得到 0，然后是 1，最后是 2，即数组条目的属性名。而 for-of 提供的则是数组条目的值，正如数组的迭代器定义的那样。这也意味着 for-of 循环将仅提供数组条目的值，而不包含任何可能添加到数组上的其他属性的值(因为数组也是对象)。对比下面的示例：

```
const a = ["a", "b", "c"];
a.extra = "extra property";
for (const value of a){
   console.log(value);
}
// The above produces "a", "b", and "c"
```

```
for (const key in a){
   console.log(key);
}
// The above produces "0", "1", "2", and "extra"
```

你是否注意到了示例代码中的 const value？第 2 章介绍过，在 for 循环中使用 let 来声明变量时，会在每个循环迭代中创建一个新变量。在 for-of 或 for-in 循环中，情况也是如此。但是在 for-of/for-in 中，由于变量的值不会被循环语句修改[1]，如果你愿意，可用 const 来声明它。(也可使用 let 和 var，但要注意 var 的作用域问题。如果想在循环体中改变变量的值，请使用 let。)

for-of 非常方便，你会经常使用它。但是正因为它帮你做了所有事情，所以不能帮助你充分理解迭代器的细节。比如它是如何获得迭代器的？它又是如何使用迭代器的？接下来进一步探讨一下……

6.1.3　显式地使用迭代器

假设你想要显式地使用迭代器，可能会编写如下代码：

```
const a = ["a", "b", "c"];
const it = a[Symbol.iterator]();      // Step 1
let result = it.next();               // Step 2
while (!result.done){                 // Step 3-a
   console.log(result.value);         // Step 3-b
   result = it.next();                // Step 3-c
}
```

下面介绍其中的每个步骤。

第一步：从数组中获取迭代器。可迭代对象为此提供了一个方法 —— 名为 Symbol.iterator 的内置 Symbol 值(第 5 章介绍过一些内置的 Symbol 值)。可调用该方法来获取迭代器：

```
const it = a[Symbol.iterator]();
```

第二步：调用迭代器的 next 方法获取结果对象。结果对象是一个实现 IteratorResult 接口的对象，也就是说，该对象有一个 done 属性(表示迭代器是否完成了迭代)，还有一个 value 属性(包含当前迭代的值)。

```
let result = it.next();
```

第三步：按以下步骤执行循环。①当结果对象中的 done 属性是 false 时(或者至少是虚值[2])，②使用结果对象的 value 属性，③再次调用 next 方法。

```
while (!result.done){               // Step 3-a
   console.log(result.value);       // Step 3-b
   result = it.next();              // Step 3-c
}
```

注意：

用于迭代的 Symbol 值(Symbol.iterator 以及第 9 章将要介绍的另一个)是全局 Symbol(详见第 5 章)，所以迭代可跨领域工作。

---

1 你可能还记得，在 for 循环中，控制变量在循环迭代中被修改了：特别是在第二次迭代的开始。参见第 2 章中的“循环中的块级作用域”，特别是“绑定：变量、常量以及其他标识符的工作方式”一节中的详细步骤。

2 当用作布尔运算时，虚值通常被认为是 false。虚值包含 0、NaN、“”、undefined、null，当然还有 false；其他所有的值都是真值(浏览器上还有 document.all，第 17 章将介绍它奇怪的虚值行为)。

你可能已注意到，在两个地方调用 result = it.next()的编码方法为代码的维护带来了麻烦。因此，在可能的情况下，应尽量使用 for-of 或其他自动解析迭代器的结构。但是也可在 while 循环的条件表达式中进行如下调用：

```
const a = ["a", "b", "c"];
const it = a[Symbol.iterator]();
let result;
while (!(result = it.next()).done){
   console.log(result.value);
}
```

现在只有一个地方调用 result = it.next()了。

尽管此处将结果对象定义为具有 done 属性和 value 属性的对象，但是当 done 属性值为 false 时，done 是可以省略的；当 value 属性值为 undefined 时，value 也是可以省略的。

以上就是使用迭代器的基本步骤。

6.1.4 提前停止迭代

当使用迭代器时，可能由于某种原因而需要提前停止迭代。例如，如果在迭代器的序列中搜索某个值，你可能会在找到对应值时停止搜索。但是，如果只是停止调用 next 方法，迭代器并不知道你已经完成了工作。它有可能继续持有本该释放的资源。不管怎么样，它最终会在垃圾回收时释放这些资源(除非它们是垃圾回收无法处理的)，但是迭代器有一种更为主动的停止方式：用一个名为 return 的可选方法。它会告诉迭代器工作已完成，并将正常情况下只有序列运行结束时才释放的资源释放出去。

该方法是可选的，因此需要先判断它是否存在，然后再调用。下面给出了一个例子：

```
const a = ["a", "b", "c", "d"];
const it = a[Symbol.iterator]();
let result;
while (!(result = it.next()).done){
   if (result.value === "c"){
       if (it.return){
           it.return();
       }
       break;
   }
}
```

第 17 章将介绍可选链语法，通过使用它，可编写更简洁的代码。与其使用 if，不如直接写 it.return?.();这样的代码。更多相关信息，请参见第 17 章。

规范要求 return 方法必须返回一个结果对象(类似于 next 方法)，这个结果对象“通常”包含一个值为 true 的 done 属性，并且，如果你向 return 传递一个参数，那么结果对象的 value 属性“通常”是那个参数的值，但规范也表示这个要求并不是强制性的(稍后展示不符合要求的用法)。因此，你可能不能依赖这两种行为。JavaScript 运行时本身提供的迭代器如果包含 return 语句，则会遵循以上规则，但你不能指望第三方库的迭代器也是这样的。

也许你想知道当使用 for-of 循环时，该如何在迭代器上调用 return 方法，因为这种情况没有对迭代器的显式引用。

```
const a = ["a", "b", "c", "d"];
for (const value of a){
```

```
    if (value === "c"){
        if (???.return){
            ???.return();
        }
        break;
    }
}
```

答案是：不必这样做，因为 for-of 会在未完成遍历就退出循环的情况下自动执行 return 方法(即通过使用 break 或返回、抛出错误)。因此根本不用担心这个问题。

```
const a = ["a", "b", "c", "d"];
for (const value of a){
    if (value === "c"){
        break; // This is just fine; it calls the iterator's `return`
    }
}
```

还有一个可选方法：throw。我们通常不会在简单迭代器上使用该方法，并且 for-of 循环也不会调用它(即便从 for-of 循环体中抛出一个错误)。本章后面介绍生成器函数时会讨论 throw 方法。

6.1.5　迭代器的原型对象

所有由 JavaScript 运行时提供的迭代器对象都继承自一个原型对象，为你获得的迭代器对象提供相应的 next 方法。例如，数组迭代器继承自数组迭代器的原型对象，该对象为数组提供了相应的 next 方法。该数组迭代器原型在规范中被称为%ArrayIteratorPrototype%。此外，字符串迭代器继承自%StringIteratorPrototype%，Map(详见第 12 章)迭代器继承自%MapIteratorPrototype%，等等。

注意：
在标准运行时中，没有公开定义的全局变量或属性可提供对迭代器原型对象的直接引用，但是你可通过调用 Object.getPrototypeOf 方法轻松获得你想要的迭代器原型对象的引用，比如数组类型迭代器的原型对象。

所有这些迭代器原型都有一个底层的原型对象，在规范中这个对象被非常灵活地称为%IteratorPrototype%。它只定义了一个属性，并且该属性看起来有点奇怪，因为它不是迭代器接口的一部分。它定义了一个返回 this 的 Symbol.iterator 方法，如下所示：

```
const iteratorPrototype = { // (This name is conceptual, not actual)
    [Symbol.iterator](){
        return this;
    }
};
```

你可能会想："等等，那不是用于可迭代对象的方法吗？为什么会用在迭代器上？"

答案是：迭代器也是可迭代对象。这样做使你可将迭代器传递给 for-of 循环或者其他期望输入可迭代对象的语法结构。例如，如果你想遍历一个数组中除第一个条目外的所有条目，且不采用通过 slice 方法来获取数组子集的方式，可以这么做：

```
const a = ["one", "two", "three", "four"];
const it = a[Symbol.iterator]();
it.next();
```

```
for (const value of it){
   console.log(value);
}
// =>
// "two"
// "three"
// "four"
```

本章后面的“可迭代的迭代器”一节将会对此做详细的介绍，但此处有必要先解释一下%IteratorPrototype%提供的看起来有些奇怪的方法。

我们通常不需要关心这些原型对象。但至少在两种情况下，可能需要访问这些原型：

(1) 向迭代器添加功能。

(2) 手动实现一个迭代器(见下一节)，虽然通常不会这样做。

第二种情况将会在下一节中介绍。现在先看一下第一种情况：向迭代器添加功能。

在此之前，请注意，关于修改内置对象原型的常见注意事项通常涵盖以下几点：

① 确保添加的任何属性/方法都是不可枚举的。

② 确保它们的名称不会与未来可能添加的新特性相冲突，可考虑使用 Symbol。

③ 在绝大多数情况下，库代码(不是应用程序或特定页面的代码)应完全避免对原型的修改。

基于以上信息，下面为所有迭代器(或者至少是继承自%IteratorPrototype%的迭代器)添加一个方法：查找符合条件的第一个条目。该方法类似于数组的 find 方法。此处不会将其命名为 find，因为这会违反注意事项②，所以将其命名为 myFind。正如数组上的 find 方法，myFind 方法接收一个回调函数以及一个可选参数，将可选参数用作调用回调函数时的 this，然后返回第一个使回调函数返回真值的结果对象，如果不存在使回调函数返回真值的结果对象，则返回最后一个结果对象(结果对象的 done 属性为 true)。

要给%IteratorPrototype%添加方法，开发者首先必须获得对它的引用。尽管没有直接引用它的公共全局变量或者属性，但从规范中可知，数组迭代器的原型是%ArrayIteratorPrototype%，而%ArrayIteratorPrototype%的原型是%IteratorPrototype%。因此，可通过创建一个数组来获取数组迭代器，再通过获取数组迭代器原型的原型来获取%IteratorPrototype%：

```
const iteratorPrototype = Object.getPrototypeOf(
   Object.getPrototypeOf([][Symbol.iterator]())
);
```

规范甚至有一个专门阐述这一点的注释。

我们现在已经有了对%IteratorPrototype%的引用，可给它添加方法了。通常情况下，原型上的方法是不可枚举的，但它们是可写和可配置的，所以这里使用 Object.defineProperty。添加的方法本身非常简单：一直调用 next 方法，直到回调函数返回一个真值，或者已遍历完迭代器。

```
Object.defineProperty(iteratorPrototype, "myFind", {
   value(callback, thisArg){
      let result;
      while (!(result = this.next()).done){
          if (callback.call(thisArg, result.value)){
              break;
          }
      }
      return result;
   },
   writable: true,
```

```
    configurable: true
});
```

运行代码清单 6-1 中的代码以查看其运行情况。定义新方法 myFind 后，示例将使用该方法在字符串数组中查找包含字母“e”的条目。

代码清单 6-1　在迭代器中添加 myFind 方法——adding-myFind.js

```
// Adding it
const iteratorPrototype = Object.getPrototypeOf(
    Object.getPrototypeOf([][Symbol.iterator]())
);
Object.defineProperty(iteratorPrototype, "myFind", {
    value(callback, thisArg){
        let result;
        while (!(result = this.next()).done){
            if (callback.call(thisArg, result.value)){
                break;
            }
        }
        return result;
    },
    writable: true,
    configurable: true
});

// Using it
const a = ["one", "two", "three", "four", "five", "six"];
const it = a[Symbol.iterator]();
let result;
while (!(result = it.myFind(v => v.includes("e"))).done){
    console.log("Found: " + result.value);
}
console.log("Done");
```

不过，像 myFind 这样的扩展方法，只有在显式使用迭代器时才有用。后面在介绍生成器函数时，将提供一个更简单的方法来实现以上功能。

6.1.6　使对象可迭代

如前所述，通过调用可迭代对象的 Symbol.iterator 方法，可得到一个迭代器。你也了解到，迭代器对象至少应具有 next 方法，该方法返回“下一个”具有 value 和 done 属性的结果对象。要使一个对象可迭代，只需要提供 Symbol.iterator 方法。

下面用一个普通对象来创建一个伪数组：

```
const a = {
    0: "a",
    1: "b",
    2: "c",
    length: 3
};
```

该对象是不可迭代的，因为默认情况下普通对象是不可迭代的：

```
for (const value of a){ // TypeError: a is not iterable
```

```
    console.log(value);
}
```

为了使其可迭代，需要添加 Symbol.iterator 方法：

```
a[Symbol.iterator] = /* function goes here */;
```

对象不可迭代时的错误提示

目前在大多数 JavaScript 引擎上，当试图在一个应当使用可迭代对象的地方使用不可迭代对象时，会得到一个非常清晰的错误："x is not iterable"或者类似的提示。但是在某些 JavaScript 引擎上，提示则不会这么清晰："undefined is not a function"。之所以出现这样的情况，是因为 JavaScript 引擎没有对该场景进行特殊处理。它会在对象上查找 Symbol.iterator 方法并试图调用，如果对象没有 Symbol.iterator 属性，那么查找的结果将会是 undefined。当你试图将 undefined 当作函数调用时，就会得到上面的错误。值得庆幸的是，现在大多数 JavaScript 引擎都增加了特殊处理，使报错提示更加清晰。

下一步是编写函数，让其返回一个迭代器对象。本章后面将介绍生成器函数，我们大多数时候可能都会使用它来实现迭代器。但是因为生成器函数替你完成了大部分工作，它们隐藏了一些细节，所以我们先手动实现一个迭代器。

第一种方法：像下面这样为前面的伪数组对象实现迭代器。

```
//Take 1
a[Symbol.iterator] = function (){
    let index = 0;
    return {
        next: ()=> {
            if (index < this.length){
                return { value: this[index++], done: false };
            }
            return { value: undefined, done: true };
        }
    };
};
```

(请注意，这里的 next 是一个箭头函数。很重要的一点是，next 应使用 Symbol.iterator 方法被调用时的 this，这样，无论调用的方式如何，this 都指向伪数组。另外，也可使用方法语法，将使用 this 的地方替换为 a，因为本示例中的 next 方法封装了 a。但如果在类上这样做，并且需要访问 length 这样的实例信息，通常只需要对 this 进行封装，所以此处应使用箭头函数。)

上面那种方法没有问题，但是没有让迭代器继承自%IteratorPrototype%，就像从 JavaScript 运行时中获取的所有迭代器那样。所以，如果像之前那样将 myFind 方法添加到%IteratorPrototype%上，这个迭代器就不会有 myFind 这个扩展方法。它也没有继承使迭代器可迭代的相关原型属性。接下来我们让它继承自%IteratorPrototype%。

```
// Take 2
a[Symbol.iterator] = function (){
    let index = 0;
    const itPrototype = Object.getPrototypeOf(
        Object.getPrototypeOf([][Symbol.iterator]())
    );
    const it = Object.assign(Object.create(itPrototype), {
```

```
        next: ()=> {
            if (index < this.length){
                return { value: this[index++], done: false };
            }
            return { value: undefined, done: true };
        }
    });
    return it;
};
```

如果需要频繁地手动编写这些迭代器，那么可能需要一个可重用的函数来完成大部分工作，这样，将 next 方法实现传递给它即可。但同样，此处也可使用生成器函数(接下来很快就会介绍这一部分，真的)。

尝试运行代码清单 6-2 中的代码。

代码清单 6-2　基本的可迭代对象示例——basic-iterable-example.js

```
// Basic iterator example when not using a generator function
const a = {
    0: "a",
    1: "b",
    2: "c",
    length: 3,
    [Symbol.iterator](){
        let index = 0;
        const itPrototype = Object.getPrototypeOf(
            Object.getPrototypeOf([][Symbol.iterator]())
        );
        const it = Object.assign(Object.create(itPrototype), {
            next: ()=> {
                if (index < this.length){
                    return { value: this[index++], done: false };
                }
                return { value: undefined, done: true };
            }
        });
        return it;
    }
};
for (const value of a){
    console.log(value);
}
```

该示例只是针对单一的对象，但我们通常需要将一类对象都定义为可迭代的。典型的方法是将 Symbol.iterator 方法放在这一类对象的原型上。下面是一个使用了第 4 章介绍的 class 语法的示例：一个非常简单的可迭代的 LinkedList 类。参见代码清单 6-3。

代码清单 6-3　类上的迭代器——iterator-on-class.js

```
// Basic iterator example on a class when not using a generator function
class LinkedList {
    constructor(){
        this.head = this.tail = null;
    }
```

```
    add(value){
        const entry = { value, next: null };
        if (!this.tail){
            this.head = this.tail = entry;
        } else {
            this.tail = this.tail.next = entry;
        }
    }
    [Symbol.iterator](){
        let current = this.head;
        const itPrototype = Object.getPrototypeOf(
            Object.getPrototypeOf([][Symbol.iterator]())
        );
        const it = Object.assign(Object.create(itPrototype), {
            next(){
                if (current){
                    const value = current.value;
                    current = current.next;
                    return { value, done: false };
                }
                return { value: undefined, done: true };
            }
        });
        return it;
    }
}

const list = new LinkedList();
list.add("one");
list.add("two");
list.add("three");

for (const value of list){
    console.log(value);
}
```

它与之前的迭代器实现基本相同，只是定义在原型上而非直接定义在对象上。另外，因为 next 方法不使用 this(不同于伪数组的例子，该示例不需要任何实例信息，每个节点都链接到下一个节点)，所以可使用方法语法来定义它，而不是用一个指向箭头函数的属性。

6.1.7 使迭代器可迭代

前面介绍过，从%IteratorPrototype%继承的所有迭代器都是可迭代的，因为%IteratorPrototype%提供了一个 Symbol.iterator 方法，方法体内是 return this——返回当前被调用的迭代器。使迭代器可迭代的原因有很多。

如前所述，你可能想跳过或专门处理一个或者多个条目，然后用 for-of 循环或者其他消费可迭代对象(不是迭代器)的机制来处理其余的条目。

或者假设你不想通过可迭代对象来提供一个迭代器(例如作为一个函数的返回值)。调用者可能想对返回值使用 for-of 循环或者类似的操作。使迭代器变为可迭代对象后，这种操作将变得可行。

下面的示例中，函数返回的迭代器也是可迭代的。迭代器返回了我们传递给函数的 DOM 元素的父元素(然后是父元素的父元素，等等，直到父元素不存在为止)：

```
// Example that doesn't inherit from %IteratorPrototype% (if it did,
```

```
// we wouldn't need to implement the [Symbol.iterator] function)
function parents(element){
   return {
      next(){
         element = element && element.parentNode;
         if (element && element.nodeType === Node.ELEMENT_NODE){
            return { value: element };
         }
         return { done: true };
      },
      // Makes this iterator an iterable
      [Symbol.iterator](){
         return this;
      }
   };
}
```

当然，实际中我们并不会编写这样的函数，因为首先，你可能会使用一个生成器函数来替代它(随后将介绍)，其次，即使不使用生成器函数，你也会让迭代器继承自%IteratorPrototype%，而不是自己实现 Symbol.iterator。但是，不妨用代码清单 6-4 中的页面试一试。然后，试着修改它，使迭代器继承自%IteratorPrototype%，而不是自己实现 Symbol.iterator 方法。

代码清单 6-4　使迭代器可迭代的示例——iterable-iterator-example.html

```
<!doctype html>
<html>
<head>
<meta charset="UTF-8" />
<title>Iterable Iterator Example</title>
</head>
<body>
<div>
   <span>
      <em id="target">Look in the console for the output</em>
   </span>
</div>
<script>

// Not really how you'd write this, but shows how implementing the Symbol.iterator
// method makes it possible to use an iterator with `for-of`
function parents(element){
   return {
      next(){
         element = element && element.parentNode;
         if (element && element.nodeType === Node.ELEMENT_NODE){
            return { value: element };
         }
         return { done: true };
      },
      // Makes this iterator an iterable
      [Symbol.iterator](){
         return this;
      },
   };
}
for (const parent of parents(document.getElementById("target"))){
```

```
    console.log(parent.tagName);
}
</script>
</body>
</html>
```

6.1.8 可迭代对象的展开语法

可迭代对象的展开语法提供了一种消费可迭代对象的方式。当调用函数或者创建数组时，可将其结果对象的 value 值展开为独立的值。(第 5 章介绍了另一种展开 ——属性扩展语法，它与可迭代对象的展开语法相似，但有所不同，并且仅用于对象字面量。)

ES2015 中引入了数组和其他可迭代对象的展开语法。下面看一个例子：在一个数字类型的数组中查找最小值。可编写一个循环来实现，但是，如你所知，Math.min 接受可变数量的参数列表并返回其中的最小值。例如：

```
console.log(Math.min(27, 14, 12, 64)); // 12
```

所以，当把一些独立的数字当作参数传入时，可使用该方法。但如果你有一个数字类型的数组：

```
// ES5
var a = [27, 14, 12, 64];
```

如何使数组中的条目作为独立的参数传入 Math.min 方法呢？ES2015 之前的老方法是使用 Function.prototype.apply。这很冗长，而且看起来很奇怪：

```
// ES5
var a = [27, 14, 12, 64];
console.log(Math.min.apply(Math, a)); // 12
```

不过，通过使用展开语法，可把数组展开为独立的参数：

```
const a = [27, 14, 12, 64];
console.log(Math.min(...a)); // 12
```

如你所见，展开语法使用了省略号(连续的三个点，正如第 3 章介绍的“rest”参数和第 5 章介绍的属性扩展语法)。

可在参数列表的任何地方使用展开语法。例如，如果你有两个独立的数字变量以及一个由数字组成的数组：

```
const num1 = 16;
const num2 = 50;
const a = [27, 14, 12, 64];
```

而你想要获取这些数字中的最小值，可使用以下任何一种方式：

```
console.log(Math.min(num1, num2, ...a)); // Math.min(16, 50, 27, 14, 12, 64)== 12
console.log(Math.min(num1, ...a, num2)); // Math.min(16, 27, 14, 12, 64, 50)== 12
console.log(Math.min(...a, num1, num2)); // Math.min(27, 14, 12, 64, 16, 50)== 12
```

展开语法的位置会改变传递给 Math.min 方法的参数的顺序。碰巧的是，Math.min 方法并不关心参数顺序，但其他接受可变参数列表的函数很可能会关心(例如，数组的 push 方法会按照传入参数的顺序推入数组)。

可迭代对象的展开语法的另一种用法是在数组字面量内展开一个数组(或其他可迭代对象)：

```
const defaultItems = ["a", "b", "c"];
function example(items){
   const allItems = [...items, ...defaultItems];
   console.log(allItems);
}
example([1, 2, 3]); // 1, 2, 3, "a", "b", "c"
```

再次强调一下，顺序很重要。如果你先使用 defaultItems，然后使用 items，将会得到不同的结果：

```
const defaultItems = ["a", "b", "c"];
function example(items){
   const allItems = [...defaultItems, ...items];
   console.log(allItems);
}
example([1, 2, 3]); // "a", "b", "c", 1, 2, 3
```

6.1.9　迭代器、for-of 循环和 DOM

当然，JavaScript 主要用在 Web 浏览器或使用 Web 技术构建的应用程序上。DOM 具有各种集合对象，比如由 querySelectorAll 返回的 NodeList 或者由 getElementsByTagName 和其他旧方法返回的 HTMLCollection。你可能在想："这些对象可使用 for-of 循环吗？它们是可迭代的吗？"

NodeList 可用于最新的现代浏览器(最新的 Chrome、Firefox、Edge 和 Safari)，HTMLCollection 也适用于所有这些浏览器，除了未使用 Chromium 内核的 Edge 版本。WHAT-WG DOM 规范将 NodeList 标记为可迭代，但未将 HTMLCollection 标记为可迭代，所以老版本的 Edge 浏览器和规范保持一致，而其他浏览器将 HTMLCollection 实现为可迭代的，尽管规范中没有定义。

代码清单 6-5 展示了一个遍历由 querySelectorAll 返回的 NodeList 的(简单)示例。

代码清单 6-5　遍历 DOM 集合——looping-dom-collections.html

```
<!doctype html>
<html>
<head>
<meta charset="UTF-8" />
<title>Looping DOM Collections</title>
</head>
<body>
<p>
     Lorem <span class="cap">ipsum</span> dolor sit amet, consectetur
     adipiscing elit, sed do eiusmod <span class="cap">tempor</span> incididunt
     ut <span>labore</span> et dolore <span class="cap">magna</span>
     <span class="other">aliqua</span>.
</p>
<script>
for (const span of document.querySelectorAll("span.cap")){
     span.textContent = span.textContent.toUpperCase();
}
</script>
</body>
</html>
```

现在不必像过去一样将 DOM 集合转换为数组。例如，过去必须将 DOM 集合转换为数组，然后才能使用 forEach 方法；在现代浏览器上，这已经没有必要了，因为这些集合现在也有 forEach 方法了。但是如果你对数组有特殊的需求(也许想要使用一些高级的数组方法)，可使用可迭代对象的展开语法将 DOM 集合转换为数组。例如，以下代码将 NodeList 转换为数组：

```
const niftyLinkArray = [...document.querySelectorAll("div.nifty > a")];
```

如果要将它编译成用于旧浏览器上的代码，可能需要一个 polyfill 来使数组变得可迭代，对于 DOM 集合，也是如此。一般来说，你所使用的编译器至少会为 Array.prototype 的迭代提供 polyfill，甚至还会为 NodeList.prototype 的迭代提供 polyfill。它们可能是可选的，需要你专门启用。如果使用的 polyfill 只处理 Array.prototype 而不包括 DOM 集合，则可将 Array.prototype 的 polyfill 应用到 DOM 集合(Array.prototype.forEach 也可应用到 DOM 集合)。参见代码清单 6-6(它是用 ES5 编写的，所以即便在旧环境下也可被直接使用。可在你使用的任何 polyfill 之后将其集成到 bundle 中)。但首先应仔细检查你所使用的工具是否为你处理了这些问题，一般来说，最好使用推荐的 polyfill，而不是引入自己实现的 polyfill。

代码清单 6-6　将 Array.prototype 的迭代器应用到 DOM 集合—— polyfill-dom-collections.js

```
;(function (){
   if (Object.defineProperty){
      var iterator = typeof Symbol !== "undefined" &&
         Symbol.iterator &&
         Array.prototype[Symbol.iterator];
      var forEach = Array.prototype.forEach;
      var update = function (collection){
         var proto = collection && collection.prototype;
         if (proto){
            if (iterator && !proto[Symbol.iterator]){
               Object.defineProperty(proto, Symbol.iterator, {
                  value: iterator,
                  writable: true,
                  configurable: true
               });
            }
            if (forEach && !proto.forEach){
               Object.defineProperty(proto, "forEach", {
                  value: forEach,
                  writable: true,
                  configurable: true
               });
            }
         }
      };

      if (typeof NodeList !== "undefined"){
         update(NodeList);
      }
      if (typeof HTMLCollection !== "undefined"){
         update(HTMLCollection);
      }
   }
})();
```

6.2 生成器函数

本质上讲，生成器函数似乎是一种可在运行过程中“暂停”的函数，它将生成一个值，选择是否接受一个新的值，然后继续运行——在需要时可不断重复这个过程(如果你愿意，可以是永久)。这使它的功能非常强大，乍一看似乎有些复杂，但事实上它非常简单。

生成器函数其实并没有在运行中暂停。本质上，生成器函数创建并返回生成器对象。生成器对象是迭代器，但是具有双向信息流。迭代器只能生成值，而生成器既可生成值，也可消费值。

我们可手动创建一个生成器对象，但生成器函数提供的语法明显简化了这个过程(正如 for-of 循环简化了使用迭代器的过程)。

6.2.1 仅生成值的基本生成器函数

本节将从一个非常基本的生成器函数入手，该函数仅有一个单向信息流：生成值。如代码清单 6-7 所示。

代码清单 6-7　基本的生成器函数示例——basic-generator-example.js

```
function* simple(){
   for (let n = 1; n <= 3; ++n){
       yield n;
   }
}
for (const value of simple()){
   console.log(value);
}
```

当你运行代码清单 6-7 时，它会在控制台中输出 1、2、3。

(1) 代码调用 simple 函数，得到一个生成器对象，然后把这个对象传给 for-of 循环。

(2) for-of 循环要求生成器对象提供一个迭代器。生成器对象将自己作为迭代器返回。(生成器对象间接继承自%IteratorPrototype%，因此它们有%IteratorPrototype%提供的 Symbol.iterator 方法，方法体内是 return this。)

(3) for-of 循环调用生成器对象的 next 方法，在循环中获取值，然后将这些值传递给 console.log。

上述代码中有一些新的东西。

首先，请注意 function 关键字后面的*。这使得 simple 函数成为了生成器函数。如果你愿意，可在 function 关键字后面和*前面加上空格，这纯粹是代码风格的问题。

其次，注意新的关键字 yield。它标记了生成器函数“暂停”的位置，然后恢复运行。放在它后面的值(如果有的话)是生成器在那里生成的值。所以在代码清单 6-7 中，yield n;语句依次生成了 1、2、3，然后代码运行结束。使用生成器的代码通过 for-of 循环遍历这些值(因为生成器也是迭代器)。

与上下文有关的关键字

JavaScript 中新增的一些特性涉及新的关键字，比如 yield。但是，就像 yield 一样，其中许多新的关键字并非总是 JavaScript 的保留字，它们可能已经在现有的代码中被用作标识符(变量名之类的)。那么，如何能在不破坏现有代码的情况下使它们突然成为关键字呢？

这可通过几种不同的方式来实现，但它们的共同点是：新的关键字仅在不可能出现过该关键字的上下文中才是关键字，在它可能出现过的上下文中，它不是关键字，代码可继续将它用作标识符。

一种方式是只在标识符会导致语法错误的地方定义新的关键字。根据定义，这意味着现存的、可工作的代码不会被新增关键字破坏。(第 9 章将描述这样的例子：async 只在 function 关键字前才是一个关键字，但是在 async 被添加为关键字之前，async function 是一个语法错误，正如 foo function，它仍是一个语法错误。)

另一种方式是只在以前不存在的结构中定义新的关键字：既然以前不存在，现有代码就不可能将其用作标识符。这就是 yield 的实现方式：它只是生成器函数中的关键字，而生成器函数是新的；在你添加生成器函数之前，function*是一个语法错误。在生成器函数之外，yield 可被用作标识符。

6.2.2 使用生成器函数创建迭代器

因为生成器函数创建了生成器，而生成器是迭代器的一种形式，所以可用生成器函数语法来编写自己的迭代器——并且这比之前展示的所有需要基于正确的原型来创建迭代器和实现 next 方法的代码要简单和简洁得多。下面再来看一下之前实现迭代器的例子，见代码清单 6-8(同前面的代码清单 6-2)。

代码清单 6-8 基本的可迭代对象示例(再次)——basic-iterable-example.js

```
// Basic iterator example when not using a generator function
const a = {
   0: "a",
   1: "b",
   2: "c",
   length: 3,
   [Symbol.iterator](){
      let index = 0;
      const itPrototype = Object.getPrototypeOf(
              Object.getPrototypeOf([][Symbol.iterator]())
      );
      const it = Object.assign(Object.create(itPrototype), {
         next: ()=> {
            if (index < this.length){
               return { value: this[index++], done: false };
            }
            return { value: undefined, done: true };
         }
      });
      return it;
   }
};
for (const value of a){
   console.log(value);
}
```

对比上述代码和代码清单 6-9——用生成器函数实现同样的功能。

代码清单 6-9 用生成器实现基本的可迭代对象示例——iterable-using-generator-example.js

```
const a = {
   0: "a",
   1: "b",
```

```
        2: "c",
        length: 3,
        // The next example shows a simpler way to write the next line
        [Symbol.iterator]: function* (){
            for (let index = 0; index < this.length; ++index){
                yield this[index];
            }
        }
    };
    for (const value of a){
        console.log(value);
    }
```

以上代码更简单并且更清晰(前提是要知道 yield 关键字的含义)。生成器函数替你完成了所有繁重的工作，你只需要编写逻辑而不必担心实现细节。

这个示例使用了属性定义语法：

```
[Symbol.iterator]: function*(){
```

但此处也可使用方法语法，因为生成器函数可以是方法。下面介绍这种用法。

6.2.3　生成器函数作为方法

生成器函数可以是方法，它具有方法的所有特性(例如可使用 super 关键字)。前面介绍了一个示例——一个非常简单的可迭代的 LinkedList 类，内含一个手动实现的迭代器。下面使用生成器函数和方法语法重新实现之前的类。参见代码清单 6-10。

代码清单 6-10　用生成器方法创建迭代器的类——generator-method-example.js

```
class LinkedList {
    constructor(){
        this.head = this.tail = null;
    }
    add(value){
        const entry = { value, next: null };
        if (!this.tail){
            this.head = this.tail = entry;
        } else {
            this.tail = this.tail.next = entry;
        }
    }
    *[Symbol.iterator](){
        for (let current = this.head; current; current = current.next){
            yield current.value;
        }
    }
}

const list = new LinkedList();
list.add("one");
list.add("two");
list.add("three");

for (const value of list){
```

```
        console.log(value);
    }
```

请注意生成器方法的声明方式：在方法名称前加上星号(*)，类似于函数名和function关键字之间的星号。(本例中的方法名使用了第4章中介绍的可计算的属性名语法，如果我们不将它定义为Symbol类型的名称，它会更简单。)这和getter和setter方法的声明语法类似，即在get或set所在的位置使用*。而且我们注意到，使用生成器函数创建迭代器的代码比手动实现一个迭代器的代码要简单、清晰、简洁得多。

6.2.4 直接使用生成器

到目前为止，本章已经介绍了如何通过for-of循环消费生成器(类似于迭代器)中的值。同迭代器一样，生成器也可以直接使用，参见代码清单6-11。

代码清单 6-11 直接使用生成器的基本示例——basic-generator-used-directly.js

```
function* simple(){
    for (let n = 1; n <= 3; ++n){
        yield n;
    }
}
const g = simple();
let result;
while (!(result = g.next()).done){
    console.log(result.value);
}
```

上述代码从生成器函数(simple)中获取生成器对象(g)，然后用前面介绍的迭代器的使用方式使用它(因为生成器也是迭代器)。这并不是很令人兴奋，但是当你开始向生成器传递值而不只是从中获取值时，这变得更加有趣了，下一节将介绍相关内容。

6.2.5 用生成器消费值

到目前为止，本章介绍的所有生成器仅生成值，采用的方法是向yield传入操作数。这对于编写迭代器和斐波那契数这样的无限数列确实很有用，但是生成器中另有玄机：它们也可消费值。yield操作符的结果是要传递给生成器的值，也就是生成器可消费的值。

此处不能通过for-of循环来向生成器传递值，所以只能直接使用生成器，并在调用next方法时把你想要传递给生成器的值传入其中。

下面是一个相当简单的示例：对传递给生成器的两个数字进行求和。参见代码清单6-12。

代码清单 6-12 基本的双向生成器——basic-two-way-generator-example.js

```
function* add(){
    console.log("starting");
    const value1 = yield "Please provide value 1";
    console.log("value1 is " + value1);
    const value2 = yield "Please provide value 2";
    console.log("value2 is " + value2);
    return value1 + value2;
}
```

```
let result;
const gen = add();
result = gen.next();     // "starting"
console.log(result);     // {value: "Please provide value 1", done: false}
result = gen.next(35);   // "value1 is 35"
console.log(result);     // {value: "Please provide value 2", done: false}
result = gen.next(7);    // "value2 is 7"
console.log(result);     // {value: 42, done: true}
```

下面详细介绍一下代码清单 6-12。

(1) const gen = add()调用生成器函数，并将其返回的生成器对象存储在 gen 常量中。生成器函数内部的逻辑还没有运行——日志中没有出现"starting"一行。

(2) gen.next()运行生成器的代码，直到遇见第一个 yield。输出"starting"一行，然后第一个 yield 的操作数"Please provide value 1"被执行，并由生成器提供给调用者。

(3) 调用代码在第一个结果对象中接受该值，并将它存储到 result 变量中。

(4) console.log(result)输出第一个 result 值：{value: "Please provide value 1", done: false}。

(5) gen.next(35)将值 35 传递给生成器。

(6) 生成器代码继续运行：值(35)变成了 yield 的结果(即生成器消费了传递给它的值)。代码将该值赋给 value1 并输出，然后生成值"Please provide value 2"。

(7) 调用代码在下一个结果对象上接受该值，并输出新的结果对象：{value: "Please provide value 2", done: false}。

(8) gen.next(7)将值 7 传递给生成器。

(9) 生成器代码继续运行：值(7)变成了 yield 的结果。代码将该值赋给 value2，然后输出该值，并返回 value1 和 value2 的和。

(10) 调用代码接受结果对象，将其保存到 result 中，然后输出。注意，这次 value 的值是数字之和(42)，并且 done 属性为 true，之所以为 true，是因为生成器返回了该值，而非生成了该值。

显然，这个例子非常简单，但是它展示了生成器函数中的逻辑：它看起来似乎“暂停”了，等待使用生成器的代码的下一个输入。

请注意，在该示例中，对 gen.next()的首次调用没有任何参数。实际上，如果你在此处放置一个参数，生成器将永远不会看到它。对 next 的第一次调用把生成器从函数的开头推进到第一个 yield，然后返回带有第一个 yield 生成的值的结果对象。因为生成器函数的代码从 next 方法中接收的值是 yield 的结果，所以代码无法接收第一次调用 next 方法时传递的数值。为了向生成器提供一个初始的输入值，应向生成器函数的参数列表传入一个参数，而不是在第一次调用 next 时传入。(在示例中，如果要一开始就给 add 一个值，应该将值传递给 add，而不是在第一次调用 next 时传入。)

到目前为止，你所看到的这个非常基础的示例没有让生成器的逻辑依赖于传递给它的值，但通常这些值将用于生成器内部的分支。代码清单 6-13 展示了一个这样的示例，在浏览器中运行该示例。

代码清单 6-13　一个非常简单的问答页面——guesser.html

```
<!doctype html>
<html>
<head>
<meta charset="UTF-8" />
<title>Guesser</title>
<style>
.done .hide-when-done {
    display: none;
```

```
}

.running .hide-when-running {
     display: none;
}
</style>
</head>
<body>
<p id="text"> </p>
<input class="hide-when-done" type="button" id="btn-yes" value="Yes" />
<input class="hide-when-done" type="button" id="btn-no" value="No" />
<input class="hide-when-running" type="button" id="btn-again"value="Go Again"/>
<script>
function* guesser(){
   if (yield "Are you employed / self-employed at the moment?"){
       if (yield "Do you work full-time?"){
          return "You're in full-time employment.";
       } else {
          return "You're in part-time employment.";
       }
   } else {
       if (yield "Do you spend time taking care of someone instead of working?" ){
          if (yield "Are you a stay-at-home parent?"){
             return "You're a parent.";
          } else {
            return "You must be a caregiver.";
          }
       } else {
          if (yield "Are you at school / studying?"){
             return "You're a student.";
          } else {
            if (yield "Are you retired?"){
              return "You're a retiree.";
            } else {
              return "You're a layabout! ;-)";
            }
          }
       }
   }
}

function init(){
       const text = document.getElementById("text");
       const btnYes = document.getElementById("btn-yes");
       const btnNo = document.getElementById("btn-no");
       const btnAgain = document.getElementById("btn-again");

       let gen;

       function start(){
          gen = guesser();
          update(gen.next());
          showRunning(true);
       }

       function update(result){
```

```
            text.textContent = result.value;
            if (result.done){
                showRunning(false);
            }
        }
        function showRunning(running){
            const { classList } = document.body;
            classList.remove(running ? "done" : "running");
            classList.add(running ? "running" : "done");
        }

        btnYes.addEventListener("click", ()=> {
            update(gen.next(true));
        });
        btnNo.addEventListener("click", ()=> {
            update(gen.next(false));
        });
        btnAgain.addEventListener("click", start);

        start();
}

init();
</script>
</body>
</html>
```

如上面的代码所示，生成器根据它所消费的值生成了相当多的分支。这是一个状态机，但此处编写它所用的语法和其他 JavaScript 代码中的逻辑流语法相同。

生成器通常会涉及循环，有时甚至是无限循环。代码清单 6-14 展示了一个“持续计算最后三个输入值之和”的生成器。

代码清单 6-14　“计算最后三个输入值之和”的生成器——sum-of-last-three-generator.js

```
function* sumThree(){
    const lastThree = [];
    let sum = 0;
    while (true){
        const value = yield sum;
        lastThree.push(value);
        sum += value;
        if (lastThree.length > 3){
            sum -= lastThree.shift();
        }
    }
}

const it = sumThree();
console.log(it.next().value);  // 0 (there haven't been any values passed in yet)
console.log(it.next(1).value); // 1 (1)
console.log(it.next(7).value); // 8 (1 + 7)
console.log(it.next(4).value); // 12 (1 + 7 + 4)
console.log(it.next(2).value); // 13 (7 + 4 + 2; 1 "fell off")
console.log(it.next(3).value); // 9 (4 + 2 + 3; 7 "fell off")
```

代码清单 6-14 中的生成器会持续跟踪你提供给它的最后三个值，每次被调用，都会返回最后三个值的最新和。当你使用它时，不必亲自跟踪这些值，也不需要担心维护计算总和的值的逻辑(包括在移除某个值时减去相应的值)。只需要向其提供值并使用它生成的总和。

6.2.6 在生成器函数中使用 return

如前所述，当你使用带有返回值的 return 语句时，由生成器函数创建的生成器会做一件有趣的事情：它生成一个包含返回值及 done 属性为 true 的结果对象。下面是一个示例：

```
function* usingReturn(){
     yield 1;
     yield 2;
     return 3;
}
console.log("Using for-of:");
for (const value of usingReturn()){
   console.log(value);
}
// =>
// 1
// 2
console.log("Using the generator directly:");
const g = usingReturn();
let result;
while (!(result = g.next()).done){
   console.log(result);
}
// =>
// {value: 1, done: false}
// {value: 2, done: false}
console.log(result);
// =>
// {value: 3, done: true}
```

这里有几件事情需要注意：

- for-of 循环无法获取 done 属性为 true 的结果对象上的值，正如你在 while 循环中所见，它会检查 done 属性并退出，而不会查看 value 值。
- 最后的 console.log(result)显示了返回值并表明 done 为 true。

生成器仅提供一次返回值。如果在得到了一个 done 属性为 true 的结果对象之后继续调用 next 方法，将会得到 done 属性为 true 以及 value 为 undefined 的结果对象。

6.2.7 yield 运算符的优先级

yield 运算符的优先级非常低。这意味着在进行 yield 操作之前，yield 后面的表达式会尽可能多地被组合在一起。必须意识到这一点，因为不然的话，看起来合理的代码会让你陷入困境。例如，假设你在生成器中消费一个值，并希望在计算中使用该值。下面的代码乍一看似乎是可行的：

```
let a = yield + 2 + 30; // WRONG
```

上述代码确实可以运行，但是结果很诡异：

```
function* example(){
   let a = yield + 2 + 30;    // WRONG
   return a;
```

```
}
const gen = example();
console.log(gen.next());      // {value: 32, done: false}
console.log(gen.next(10));    // {value: 10, done: true}
```

第一次调用只是准备好了生成器(记住，生成器函数中的代码不会看到第一次调用 next 方法时传入的值)。第二次调用的结果是传入的值，结果并没有加上 2 和 30。为什么呢？答案的线索就在第一次调用的结果中，结果对象的 value 属性是 32。

请记住，yield 右边的表达式是它的操作数，该表达式被执行并成为 next 方法的返回值。该行代码实际上是这样运行的：

```
let a = yield (+ 2 + 30);
```

实际上就是以下代码：

```
let a = yield 2 + 30;
```

因为 2 之前的一元运算符+对 2 没有任何作用(2 已经是一个数字)。

如果试图使用乘法而不是加法或减法，则会遇到语法错误：

```
let a = yield * 2 + 30; //ERROR
```

这是因为此处没有一元*运算符。

你可能想直接将 yield 移到最后：

```
let a = 2 + 30 + yield; // ERROR
```

但是 JavaScript 语法不允许这样做(主要是考虑到历史和解析复杂度的因素)。相反，最清晰的方法是将 yield 放入单独的语句中：

```
function* example(){
   let x = yield;
   let a = x + 2 + 30;
   return a;
}
const gen = example();
console.log(gen.next());      // {value: undefined, done: false}
console.log(gen.next(10));    // {value: 42, done: true}
```

但如果你愿意，可在 yield 周围加上小括号，之后就可在表达式中任何有意义的地方使用它：

```
function* example(){
   let a = (yield)+ 2 + 30;
   return a;
}
const gen = example();
console.log(gen.next());       // {value: undefined, done: false}
console.log(gen.next(10));     // {value: 42, done: true}
```

6.2.8　return 和 throw 方法：终止生成器

由生成器函数创建的生成器实现了迭代器接口的两个可选方法，即 return 和 throw。凭借它们，使用生成器的代码实际上可在当前 yield 所在的生成器函数的逻辑中注入一个 return 语句或 throw 语句。

本章前面介绍过，当生成器触发 return 语句时，调用代码会得到一个具备有意义的 value 且 done 属性为 true 的结果对象：

```
function* example(){
   yield 1;
   yield 2;
   return 3;
}
const gen = example();
console.log(gen.next()); // {value: 1, done: false}
console.log(gen.next()); // {value: 2, done: false}
console.log(gen.next()); // {value: 3, done: true}
```

通过使用生成器的 return 方法，调用代码可触发一个实际上并不在生成器函数代码中的 return 语句。运行代码清单 6-15。

代码清单 6-15　在生成器中强制 return——generator-forced-return.js

```
function* example() {
    yield 1;
    yield 2;
    yield 3;
}
const gen = example();
console.log(gen.next());      // {value: 1, done: false}
console.log(gen.return(42)); // {value: 42, done: true}
console.log(gen.next());      // {value: undefined, done: true}
```

对 gen.next()的第一次调用会将生成器推进到第一个 yield 并且生成值 1。然后，调用 gen.return(42)，强制生成器返回 42，好像代码中第一个 yield 所在的地方(调用 return 时被暂停的地方)包含 return 42 一样。为此，函数终止了，所以 yield 2 和 yield 3 语句都将被跳过。因为生成器已经完成，所以接下来所有对 next 的调用只会返回一个结果对象，其中 done 属性为 true，value 属性为 undefined，如代码清单 6-15 中的最后一次调用所示。

throw 方法的工作方式类似：注入 throw 语句而不是 return 语句。运行代码清单 6-16。

代码清单 6-16　在生成器中强制 throw——generator-forced-throw.js

```
function* example() {
    yield 1;
    yield 2;
    yield 3;
}
const gen = example();
console.log(gen.next());                          // {value: 1, done: false}
console.log(gen.throw(new Error("boom"))); // Uncaught Error: boom
console.log(gen.next());                          // (never executed)
```

这就好比在生成器逻辑中，当前 yield 所在的位置包含 throw new Error("boom");语句。

生成器可使用 try/catch/finally 来与注入的 return 和 throw(就像 return 和 throw 语句一样)进行交互。运行代码清单 6-17。

代码清单 6-17　捕获生成器中的强制 throw——generator-catch-forced-throw.js

```
function* example(){
  let n = 0;
  try {
    while (true){
      yield n++;
    }
  } catch (e){
    while (n >= 0){
      yield n--;
    }
  }
}
const gen = example();
console.log(gen.next());                  // {value: 0, done: false}
console.log(gen.next());                  // {value: 1, done: false}
console.log(gen.throw(new Error())); // {value: 2, done: false}
console.log(gen.next());                  // {value: 1, done: false}
console.log(gen.next());                  // {value: 0, done: false}
console.log(gen.next());                  // {value: undefined, done: true}
```

请注意生成器处理 throw 的方式：它将递增计数(在 try 代码块中)切换为递减计数(在 catch 代码块中)。这本身并不是特别有用，并且通常你也不想这样做，除非有特别合适的理由(在编写生成器时，最好通过 gen.next()传递一个值，告诉生成器改变方向)，但是当一个生成器链接到另一个生成器时，它很有用，正如在一个函数中调用另外一个函数时 try/catch 很有用一样。下一节将详细讨论生成器链。

6.2.9　生成生成器或者可迭代对象：yield*

通过使用 yield *，一个生成器可将控制权传递给另一个生成器(或任何可迭代对象)，并在生成器(或可迭代对象)执行完毕后再次获取控制权。运行代码清单 6-18。

代码清单 6-18　yield*示例——yield-star-example.js

```
function* collect(count){
  const data = [];
  if (count < 1 || Math.floor(count) !== count){
     throw new Error("count must be an integer >= 1");
  }
  do {
    let msg = "values needed: " + count;
    data.push(yield msg);
  } while (--count > 0);
  return data;
}

function* outer(){
    // Have `collect` collect two values:
    let data1 = yield* collect(2);
    console.log("data collected by collect(2)=", data1);
    // Have `collect` collect three values:
    let data2 = yield* collect(3);
    console.log("data collected by collect(3)=", data2);
```

```
    // Return an array of results
    return [data1, data2];
}

let g = outer();
let result;
console.log("next got:", g.next());
console.log("next got:", g.next("a"));
console.log("next got:", g.next("b"));
console.log("next got:", g.next("c"));
console.log("next got:", g.next("d"));
console.log("next got:", g.next("e"));
```

运行代码清单 6-18 中的代码，输出结果如下：

```
next got: { value: "values needed: 2", done: false }
next got: { value: "values needed: 1", done: false }
data collected by collect(2)= ["a", "b"]
next got: { value: "values needed: 3", done: false }
next got: { value: "values needed: 2", done: false }
next got: { value: "values needed: 1", done: false }
data collected by collect(3)= ["c", "d", "e"]
next got: { value: [["a", "b"], ["c", "d", "e"]], done: true }
```

通过 yield*，outer 生成器将控制权传递给 collect 生成器，对 outer 生成器的 next 方法的调用会在 collect 生成器上调用 next 方法，在 collect 生成器中生成值并将 outer 生成器消费的值传递给 collect 生成器。比如，outer 中的下面这行代码：

```
let data1 = yield* collect(2);
```

上面的代码大致上(但只是大致上)可翻译为如下代码：

```
// indicative, but not exactly correct
let gen1 = collect(2);
let result, input;
while (!(result = gen1.next(input)).done){
   input = yield result.value;
}
let data1 = result.value;
```

然而，除此之外，JavaScript 运行时还将确保当生成器正在进行 yield*操作时，对 throw 和 return 的调用会通过生成器链传递到最深的生成器/迭代器，并从那里依次向上生效。(而对于前面提到的“indicative”代码，在生成器上对 throw 或 return 的调用不会被传递，它只在调用的生成器中生效。)

代码清单 6-19 展示了一个使用 return 来终止内部生成器及其外部生成器的示例。

代码清单 6-19　向下传递的 return——forwarded-return.js

```
function* inner() {
   try {
       let n = 0;
       while (true) {
           yield "inner " + n++;
       }
   } finally {
       console.log("inner terminated");
```

```
    }
}
function* outer() {
    try {
        yield "outer before";
        yield* inner();
        yield "outer after";
    } finally {
        console.log("outer terminated");
    }
}

const gen = outer();
let result = gen.next();
console.log(result);     // {value: "outer before", done: false}
result = gen.next();
console.log(result);     // {value: "inner 0", done: false}
result = gen.next();
console.log(result);     // {value: "inner 1", done: false}
result = gen.return(42); // "inner terminated"
                         // "outer terminated"
console.log(result);     // {value: 42, done: true}
result = gen.next();
console.log(result);     // {value: undefined, done: true}
```

运行以上代码，注意，当 outer 生成器使用 yield*将控制权传递给 inner 生成器时，在 outer 生成器上对 return 方法的调用会向下传递给 inner 生成器并在那里生效，你会看到 inner 生成器中 finally 代码块内的 console.log 输出。但是它不仅实现了 inner 生成器的返回，也实现了 outer 生成器的返回。就好像 inner 生成器中包含一个 return 42 语句，而 outer 生成器返回 inner 生成器的返回值，每个生成器都在 yield 那里终止。

outer 生成器不必因为你终止了 inner 生成器而暂停生成值。在本章的代码下载中，forwarded-return-with-yield.js 文件和 forwarded-return.js 一样，不过，前者在 console.log("outer terminated");这行之上添加了如下代码：

```
yield "outer finally";
```

运行 forwarded-return-with-yield.js 文件。输出略有不同：

```
const gen = outer();
let result = gen.next();
console.log(result);     // {value: "outer before", done: false}
result = gen.next();
console.log(result);     // {value: "inner 0", done: false}
result = gen.next();
console.log(result);     // {value: "inner 1", done: false}
result = gen.return(42); // "inner terminated"
console.log(result);     // {value: "outer finally", done: false}
result = gen.next();     // "outer terminated"
console.log(result);     // {value: 42, done: true}
```

注意，gen.return 调用没有返回传递给它的值(42)。相反，它返回的是 outer 生成器中由新的 yield 生成的"outer finally"，并且 done 属性仍然是 false。但是后面，在最后的 next 方法调用之后，生成器运行完成，它返回的结果对象的 value 值是 42 并且 done 属性为 true。这看起来可能很奇怪，42 被保留然后返回，但这也是生成器函数外的 finally 代码块的工作方式。比如：

```
function example(){
   try {
      console.log("a");
      return 42;
   } finally {
      console.log("b");
   }
}
const result = example(); // "a"
                          // "b"
console.log(result);      // 42
```

生成器可能返回一个与调用 return 方法时传入的值不同的值。同样，仿佛代码中有一个 return 语句一样。这个非生成器函数的返回结果是什么呢？

```
function foo(){
   try {
      return "a";
   } finally {
      return "b";
   }
}
console.log(foo());
```

是的！它返回"b"，这是因为它用 finally 代码块中的 return 语句覆盖了第一个 return 语句。通常这是一种较糟糕的做法，但这种做法是有可能的。生成器函数也可这么做，包括覆盖注入的 return 值。

```
function* foo(n) {
   try {
      while (true) {
         n = yield n * 2;
      }
   } finally {
      return "override"; // (Generally poor practice)
   }
}
const gen = foo(2);
console.log(gen.next());     // { value: 4, done: false }
console.log(gen.next(3));    // { value: 6, done: false }
console.log(gen.return(4)); // { value: "override", done: true }
```

注意，return 方法返回的结果对象中的 value 是"override"而不是 4。

由于 yield*将这些调用传递给最内层的生成器，代码清单 6-19 中的 inner 生成器也能覆盖注入的 return 值。下面是一个简化的示例：

```
function* inner(){
   try {
      yield "something";
   }
   finally {
      return "override"; // (Generally poor practice)
   }
}
function* outer(){
```

```
    yield* inner();
}
const gen = outer();
let result = gen.next();
console.log(gen.return(42)); // {value: "override", done: true}
```

注意此处对 return 的调用是如何从 outer 生成器传递到 inner 生成器的。这使得 inner 生成器实际上在 yield 这一行触发了返回，但是这个返回被 finally 代码块中的返回值覆盖了。然后，当你在 outer 生成器上调用 return 时，outer 生成器返回 inner 生成器的返回值，尽管 outer 生成器中没有返回语句。

这种情况下，throw 方法的使用变得更易于理解了：就好像最内部的生成器/迭代器使用了 throw 语句一样。所以它自然而然地通过(有效的)调用堆栈向上传递，直到被 try/catch 代码块捕获(或者像前面的示例一样被 finally 代码块中的 return 语句覆盖)：

```
function* inner(){
    try {
        yield "something";
        console.log("inner - done");
    } finally {
        console.log("inner - finally");
    }
}
function* outer(){
    try {
        yield* inner();
        console.log("outer - done");
    } finally {
        console.log("outer - finally");
    }
}
const gen = outer();
let result = gen.next();
result = gen.throw(new Error("boom"));   // inner - finally
                                         // outer - finally
                                         // Uncaught Error: "boom"
```

6.3 旧习换新

基于本章内容，可考虑在编码中作出一些改动，当然这取决于个人的编码风格。

6.3.1 使用消费可迭代对象的结构

旧习惯：使用 for 循环或 forEach 方法来遍历数组。

```
for (let n = 0; n < array.length; ++n){
    console.log(array[n]);
}
// or
array.forEach(entry => console.log(entry));
```

新习惯：当不需要循环体中的索引时，用 for-of 替代 for 循环或 forEach 方法。

```
for (const entry of array){
    console.log(entry);
}
```

不过，for 循环和 forEach 方法仍然有一些使用场景：

(1) 当循环体中需要索引变量[1]时。

(2) 当向 forEach 传递一个已经存在的函数，而不是创建一个新函数时。

6.3.2 使用 DOM 集合的可迭代特性

旧习惯：为了遍历 DOM 集合，将 DOM 集合转换为数组或在 DOM 集合上使用 Array.prototype.forEach.call 方法。

```
Array.prototype.slice.call(document.querySelectorAll("div")).forEach(div => {
    // ...
});
// or
Array.prototype.forEach.call(document.querySelectorAll("div"), div => {
    // ...
});
```

新习惯：确保 DOM 集合在运行环境中是可迭代的(也许需要通过 polyfill)并直接使用其可迭代的能力。

```
for (const div of document.querySelectorAll("div")){
    // ...
}
```

6.3.3 使用可迭代对象和迭代器接口

旧习惯：在用户的集合类型中使用自定义的迭代技术。

新习惯：通过实现 Symbol.iterator 函数和迭代器(也许需要用生成器函数编写)，使集合类型变得可迭代。

6.3.4 在过去用 Function.prototype.apply 的大部分场景中使用可迭代对象的展开语法

旧习惯：用数组为函数提供独立参数时使用 Function.prototype.apply 方法。

```
const array = [23, 42, 17, 27];
console.log(Math.min.apply(Math, array)); // 17
```

新习惯：使用可迭代对象的展开语法。

```
const array = [23, 42, 17, 27];
console.log(Math.min(...array)); // 17
```

6.3.5 使用生成器

旧习惯：编写高度复杂的状态机，可使用代码的流程控制语法更好地建模。

新习惯：在生成器函数中定义逻辑并使用返回的生成器对象。不过，对于那些不能通过代码的流程控制语法建模的状态机，生成器函数可能不是正确的选择。

---

1 第 11 章将介绍新增的数组方法 entries，它结合了第 7 章介绍的可迭代对象的解构方法。如果你愿意，也可在 for-of 循环中使用索引。

第7章 解构

本章内容

- 对象解构
- 数组/可迭代对象的解构
- 解构的默认值
- 参数解构

本章代码下载

可通过网址 https://thenewtoys.dev/bookcode 或 https://www.wiley.com/go/javascript-newtoys 下载本章的代码。

本章将介绍解构，这是一种功能强大的语法，用于从对象和数组中提取值并赋值给变量。本章将介绍如何通过这种新的语法编写更加简洁、清晰的代码，以访问对象和数组的内容。

7.1 概览

解构是指从数据结构中提取对应的内容，本章将探讨如何通过语法来实现。实际上在编程之初，你就已经通过手动的方式进行解构(尽管可能没有将它称为解构)了，比如从对象的属性中提取值并赋值给某个变量。

```
var first = obj.first; // Manual destructuring
```

上述代码通过从 obj 中复制 first 来进行解构(从对象结构中提取 first)。解构语法是 ES2015 中新增的特性并在 ES2018 中得到了进一步扩展，它提供了一种全新的解构方式，更加简洁(尽管这不是必需的)并且功能强大。它提供了默认值、重命名、嵌套以及“rest”语法。它也更加清晰和形象，特别是应用于函数参数时。

7.2 基础的对象解构

新语法提供了一种全新的方式来解构数据，通常可减少重复和不必要的变量。(刚开始看起来可能比较冗长，但请耐心往下看。)对于以下代码：

```
let obj = {first: 1, second: 2};
let a = obj.first;  // Old, manual destructuring
console.log(a);     // 1
```

可用下面的代码来替代：

```
let obj = {first: 1, second: 2};
let {first: a} = obj;      // New destructuring syntax
console.log(a);            // 1
```

解构语法告诉 JavaScript 引擎将 first 属性的值赋给变量 a。从目前来看，这种方式比手动解构的方式更加冗长和难以理解，但是之后你会发现新语法更加简洁和形象。

请注意，解构的匹配模式{first: a}看起来和对象字面量一样。这里是故意这么做的：尽管它们的目的完全相反，但它们的语法完全一致。对象字面量将结构组合在一起，而对象解构模式以同样的方式将它们分开。在对象字面量{first: a}中，first 是要创建的属性名，a 是属性值的来源。在对象解构的模式{first: a}中，情况则是相反的：first 是要读取的属性名，a 是要赋值的目标变量。JavaScript 引擎从上下文中得知当前是在编写对象字面量还是对象解构模式：例如对象字面量不能在赋值运算的左侧，而解构模式不能用在期望输入值的地方，比如赋值运算的右侧。

对象字面量和对象解构模式实际上互为镜像。不妨尝试进行如下操作，你会更加清楚地理解这一事实。

```
let {first: a} = {first: 42};
console.log(a); // 42
```

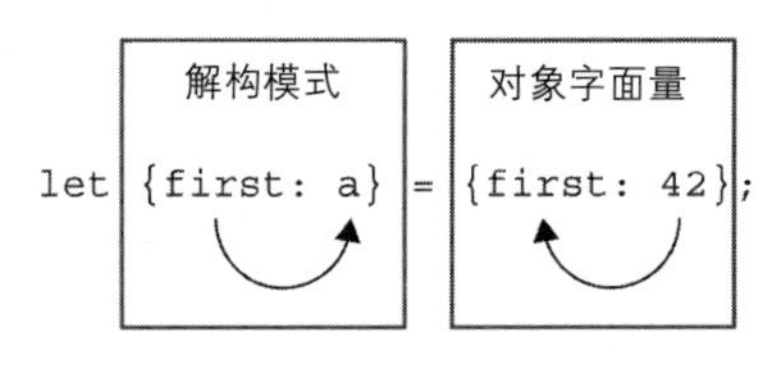

图 7-1

图 7-1 以可视化方式展示了第一行代码的情况。首先，创建对象字面量，新建一个对象并以 42 作为其 first 属性的值，然后对右侧进行赋值操作，同时解构模式读取 first 属性的值并赋给变量 a。

上面的示例使用 let 来声明变量 a。但是解构模式的目标可以是任何能够赋值的变量类型：变量、对象属性和数组等。只要它可以放在赋值运算的左侧，就可进行解构赋值。(这也意味着目标可使用另一种解构模式，详见后面的“嵌套解构”一节。)

下面继续探讨本节开头提供的示例。与手动解构的情况一样，如果对象上没有你想要读取的属性，那么变量将会得到值 undefined：

```
let obj = {first: 1, second: 2};
let {third: c} = obj;
console.log(c); // undefined, obj doesn't have a property called 'third'
```

解构运算就像 let c = obj.third 那样，所以它们的结果是一样的。

将属性的名称用作变量名的做法是十分常见的，因此与其像上面那样重复编码：

```
let obj = {first: 1, second: 2};
let {first: first} = obj;
```

```
console.log(first); // 1
```

不如省略冒号和它后面的名称：

```
let obj = {first: 1, second: 2};
let {first} = obj;
console.log(first); // 1
```

现在代码比前面的等价实现更加简洁了，因为前面旧的方式重复使用名称：

```
let first = obj.first;
```

{first}方式看起来很眼熟，因为这和第 5 章介绍的属性的简写语法正好反向对应：如果那是一个对象字面量，将会创建一个名为 first 的属性并从作用域内的 first 标识符中获得初始值。对象的解构语法再次与对象字面量语法完全一致；JavaScript 引擎处理了两者之间的区别。

因为像这样使用相同名称的做法是十分普遍的，所以从现在起后面的示例都将这样简写。本章后面的内容将会继续对变量使用不同的名称并阐述这样使用的理由。

注意：

此处在变量的示例中使用了 let，但解构不是 let(或 const、var)的特性。怎样(以及在哪里)声明变量并不重要，解构和变量声明是无关的。稍后会介绍更多示例。

当你提取多个属性时，解构开始变得真正强大。

```
const obj = {first: 1, second: 2};
let {first, second} = obj;
console.log(first, second); // 1 2
```

上面的代码和以下代码等价：

```
const obj = {first: 1, second: 2};
let first = obj.first, second = obj.second;
console.log(first, second); // 1 2
```

这就是新语法的清晰、简明之处。通过将{first, second}放在左边并将对象放在右边来提取对象内容，这相当清晰明了(一旦你习惯这样用)。相反，在更冗长的方式中，second 属性被埋没在中间的声明中并且很容易被忽视。在该示例中，它还节省了一些编码/阅读的工作：不必编写 first、second 和 obj 两次(或在阅读代码时读取两次)，只需要读/写一次。

这不仅更加简洁明了，而且有助于减少不必要的临时变量。假设需要调用一个返回对象的函数，并且要从返回的对象中获取两个属性。与其：

```
const obj = getSomeObject();
let first = obj.first;
let second = obj.second;
```

不如这样实现：

```
let {first, second} = getSomeObject();
```

这样就完全不需要定义 obj 变量了。

解构的应用不限于变量/常量的初始化，也可运用在任何赋值运算中(以及在参数列表中，后面的章节将会介绍)。这里有一个小“陷阱”：如果你在 JavaScript 解析器期望输入语句(而不是表达式)的地方进行赋值运算，需要用小括号将赋值运算表达式括起来，否则解析器会将大括号{视为代码块的开头。

```
let first, second;
// ...
{first, second} = getSomeObject();       // SyntaxError: Unexpected token =
({first, second} = getSomeObject());     // Works
```

通过使用小括号，可告诉解析器它正在处理表达式，所以开头的大括号{不会被当作代码块的开头。

解构仅是一个语法糖，用于从旧的等效代码中提取属性。了解了这一点之后，你认为下面的代码将会有怎样的运行结果呢？

```
let {first, second} = undefined;
```

如果不使用语法糖，代码将如下所示：

```
const temp = undefined;
let first = temp.first, second = temp.second;
```

如果你认为这是一个错误，那就对了：确实如此。与往常一样，如果尝试从 undefined(或 null)读取属性，你将得到 TypeError。

与此类似，下面的结果将会是什么？

```
let {first, second} = 42;
```

这不会引起错误，但这个问题有些棘手。想一下不使用语法糖的版本：

```
const temp = 42;
let first = temp.first, second = temp.second;
```

和其他把数字类型当作对象的场景一样，原始类型的数字会被强制转换为数字对象，在上面的示例中，你将从对象中读取 first 和 second 属性。当然，它们是不存在的(除非有人修改了 Number.prototype)，所以 first 和 second 的值是 undefined。(尝试读取 toString 属性，而不是 first 属性，然后输出得到的数据类型。)

7.3 基础的数组(和可迭代对象)的解构

我们也可对数组和可迭代对象进行解构。当然，数组的解构语法使用中括号([ ])，而不是像对象解构那样使用大括号({})。

```
const arr = [1, 2];
const [first, second] = arr;
console.log(first, second); // 1 2
```

如前所述，对象解构与对象字面量的语法完全相同，同样，事实上数组解构与数组字面量使用的语法也完全相同。每个变量获得的值取决于它在匹配模式中的位置。因此，在[first, second]中，first 在索引 0 的位置，所以获得 arr[0]中的值，而 second 在索引 1 的位置，所以获得 arr[1]中的值，如下面的代码所示：

```
const arr = [1, 2];
const first = arr[0], second = arr[1];
```

```
console.log(first, second); // 1 2
```

也可省略一些不想要的元素，注意，在以下代码中，索引为0的位置上没有变量。

```
const arr = [1, 2];
const [, second] = arr;
console.log(second); // 2
```

也可在数组中间留出空位：

```
const arr = [1, 2, 3, 4, 5];
const [, b, , , e] = arr;
console.log(b, e); // 2 5
```

当然，就像与它们互为镜像的数组字面量一样，如果你省略太多的元素，代码的可读性就会降低。(有关替代方法，参见本章后面的“使用不同的名称”一节。)

与对象解构的情况不同，当你进行赋值运算而非初始化时，不需要用小括号将赋值语句中的解构表达式括起来。左侧的中括号[不会像左侧的大括号{那样容易引起歧义，至少在通常情况下不会：

```
const arr = [1, 2];
let first, second;
[first, second] = arr;
console.log(first, second); // 1 2
```

但是，如果你习惯于依赖自动分号补全功能(ASI)而不是显式地编写分号，一定要注意以中括号开头的声明，因为如果没有分号，ASI通常假设它是上一行代码结尾处的表达式的一部分。在上一个示例中，分号是可以省略的，但如果解构前面有一个函数调用，则不可以省略分号：

```
const arr = [1, 2]
let first, second
console.log("ASI hazard")
[first, second] = arr // TypeError: Cannot set property 'undefined' of undefined
console.log(first, second)
```

上面的示例会运行失败，因为解析器会将[first, second]视为属性访问器(内部有逗号表达式)，无论console.log返回什么，它都将设置返回结果的属性，如以下代码所示：

```
console.log("ASI hazard")[first, second] = arr
```

经过一系列运行步骤，代码最终会尝试设置console.log返回的结果对象的属性值。因为console.log返回undefined，而你不能设置undefined的属性，所以上面的示例运行失败。(类似这样的ASI风险不会总是导致代码报错，有时会导致奇怪的bug。但是该示例会报错。)

如果你依赖ASI，你可能已经意识到这种风险并且可能已经习惯在以中括号开头的行首放一个分号，从而解决该问题：

```
const arr = [1, 2]
let first, second
console.log("ASI hazard")
; [first, second] = arr
console.log(first, second)// 1, 2
```

使用数组解构意味着你可能有更多以中括号开头的代码行。

7.4 解构默认值

正如上一节所述，如果对象没有已定义的解构模式中的属性，目标变量得到的值为 undefined(和手动解构的情况一样)：

```
const obj = {first: 1, second: 2};
const {third} = obj;
console.log(third); // undefined
```

在解构时，可指定一个默认值，该值仅在该属性不存在或者属性值为 undefined 时生效：

```
const obj = {first: 1, second: 2};
const {third = 3} = obj;
console.log(third); // 3
```

这和第 3 章中介绍的函数参数默认值是完全一样的：只有当属性取得的值为 undefined(对象没有该属性，或者该属性的值为 undefined)时，默认值才会被计算并使用。和函数参数默认值一样，尽管这看起来和 third = obj.third || 3 方式很像，但是使用默认值时遇到的问题会更少，这是因为解构默认值仅在值为 undefined 时生效，而对其他虚值[1]不生效。

```
const obj = {first: 1, second: 2, third: 0};
const {third = 3} = obj;
console.log(third); // 0, not 3
```

"真值"和"虚值"

"虚值"是指用作布尔值时被强制转换为 false 的所有值，比如 if 条件语句中符合该定义的值。虚值包括 0、""、NaN、null、undefined，当然还有 false。(DOM 的 document.all 也是虚值，详见第 17 章。)所有其他值均为真值。

下面详细看一下解构默认值。运行代码清单 7-1 中的代码。

代码清单 7-1 解构默认值——default-destructuring-value.js

```
function getDefault(val){
   console.log("defaulted to " + val);
   return val;
}
const obj = {first: 1, second: 2, third: 3, fourth: undefined};
const {
   third = getDefault("three"),
   fourth = getDefault("four"),
   fifth = getDefault("five")
} = obj;
// "defaulted to four"
// "defaulted to five"
console.log(third);    // 3
console.log(fourth);   // "four"
```

---

1 第 17 章将要介绍的空值合并运算符会更详细地说明：语句 const third = obj.third ?? 3 仅在左侧操作数值为 undefined 或者 null 时，才会使用右侧的操作数。有关详细信息，请参见第 17 章。这有些相似，但是参数和解构的默认值仅在值为 undefined 时才生效。

```
console.log(fifth);    // "five"
```

注意，此处并没有为 third 变量调用 getDefault 函数，因为 obj 的 third 属性值不是 undefined 值。但这里为 fourth 变量调用了该函数，因为尽管 obj 拥有 fourth 属性，但它的值是 undefined。此处还为 fifth 变量调用了 getDefault 函数，因为 obj 对象根本没有 fifth 属性，所以它实际的值为 undefined。同时注意，此处对 getDefault 函数的调用是按顺序进行的，先是 fourth，然后是 fifth。解构是按照源代码的顺序来执行的。

因为解构是按照源代码的顺序来执行的，所以后面目标的默认值可引用前面的目标值(就像在参数列表中那样)，举例来说，如果你正在从一个对象解构 a、b、c 变量并希望 c 的默认值是 a * 3，可通过声明式的方式来实现：

```
const obj = {a: 10, b: 20};
const {a, b, c = a * 3} = obj;
console.log(c); // 30
```

只可引用代码中较先定义的变量，像下面这样的代码是不生效的：

```
const obj = {a: 10, b: 20};
const {c = a * 3, b, a} = obj; // ReferenceError: a is not defined
console.log(c);
```

思考一下去除语法糖版本的代码，你就可以理解上述情况了，因为 a 还没有被声明：

```
const obj = {a: 10, b: 20};
const c = typeof obj.c === "undefined"
          ? a * 3     // ReferenceError: a is not defined
          : obj.c;
const b = obj.b;
const a = obj.a;
console.log(c);
```

如果变量已经被声明了，则可以使用。下面的代码会输出怎样的结果呢？

```
let a, b, c;
const obj = {a: 10, b: 20};
({c = a * 3, b, a} = obj);
console.log(c);
```

看到输出为 NaN？是的。因为当你计算 c 的默认值时，a 的值为 undefined，而 undefined*3 的结果为 NaN。

7.5 解构匹配模式中的“rest”语法

第 3 章在探讨函数参数列表中的“rest”参数时已经介绍过“rest”语法。我们也可在解构中使用“rest”语法，它们的工作原理是一样的：

```
const a = [1, 2, 3, 4, 5];
const [first, second, ...rest] = a;
console.log(first);       // 1
console.log(second);      // 2
console.log(rest);        // [3, 4, 5]
```

在上述代码中，first 获取了数组中第一个元素的值，second 获取了第二个元素的值，而 rest 获取了一个包含剩余元素的新数组。在匹配模式中，rest 必须位于末尾(正如“rest”参数需要位于函数参数列表的末尾)。

ES2015 提供了数组解构的“rest”语法，ES2018 也添加了适用于对象解构的“rest”语法，和第 5 章中的对象属性扩展运算对应。

```
const obj = {a: 1, b: 2, c: 3, d: 4, e: 5};
const {a, d, ...rest} = obj;
console.log(a);        // 1
console.log(d);        // 4
console.log(rest);     // {b: 2, c: 3, e: 5}
```

“rest”变量获取的新对象由原对象中没有被其他匹配模式所获取的属性组成。在上面的示例中，该对象获取了属性 b、c 和 e，但是没有属性 a 和 d，因为它们已经被模式中较早的部分所获取。和可迭代对象解构的 rest 一样，此处的 rest 仍然需要位于匹配代码的末尾。

7.6 使用不同的名称

除了本章中开头的部分，到目前为止你所看到的所有对象解构都以原属性的名称作为目标变量/常量的名称。下面再来看一个略有改动的较早版本的代码示例：

```
const obj = {first: 1, second: 2};
let {first} = obj;
console.log(first);      // 1
```

假设你有充分的理由不以该属性的名称作为变量名称，例如，假设属性名称不是有效的标识符：

```
const obj = {"my-name": 1};
let {my-name} = obj;      // SyntaxError: Unexpected token -
let {"my-name"} = obj;    // SyntaxError: Unexpected token }
```

属性名称几乎可包含任何内容，但是标识符名称具有相当严格的规则(例如，不能包含破折号)，并且与属性名称不同，标识符没有带引号的格式。

如果采用手动解构的方式，可使用一个不同的名称：

```
const obj = {"my-name": 1};
const myName = obj["my-name"];
console.log(myName);     // 1
```

这种做法也适用于解构，方法是添加显式变量名，而不是使用简写语法。

```
const obj = {"my-name": 1};
const {"my-name": myName} = obj;
console.log(myName);     // 1
```

这和前面手动解构的示例是等效的。请记住，这个语法和对象的初始化语法是一致的，比如可用引号将属性名括起来。

但如果属性名是有效的标识符，而你由于某些原因不想使用该属性名，则不需要引号：

```
const obj = {first: 1};
const {first: myName} = obj;
console.log(myName);     // 1
```

当你从数组提取指定索引的元素时，这也是十分方便的。回想之前在匹配模式中留出空位的示例：

```
const arr = [1, 2, 3, 4, 5];
const [, b, , , e] = arr;
console.log(b, e);      // 2, 5
```

上述代码可以生效，但是如果要跟踪留白的数量(特别是 e 之前的)，代码将变得难以阅读。由于数组也是对象，用对象解构替代数组解构，也许可使代码变得更加清晰：

```
const arr = [1, 2, 3, 4, 5];
const {1: b, 4: e} = arr;
console.log(b, e);      // 2 5
```

由于数字常量是有效的属性名称，但不是有效的标识符(不能将变量命名为 1 或 4)，所以不需要引号，但你需要对它们进行重命名(本例将它们命名为 b 和 e)。

这个使用索引的技巧是有效的，因为数组的索引是属性名，但是这种技巧不适用于通用的可迭代对象，只能用于数组。(如果可迭代对象是有限的，可使用 Array.from 方法来获取一个数组，然后使用该技巧，虽然这有可能太复杂。)

当显式地指定解构目标时，解构的目标值可以是任何可被赋值的变量类型。例如，可以是对象的属性：

```
const source = {example: 42};
const dest = {};
({example: dest.result} = source);
console.log(dest.result);    // 42
```

7.7 可计算属性名

第 5 章介绍了对象字面量中的可计算属性名。由于对象解构使用了和对象字面量一致的语法，所以我们也可在对象解构中使用可计算属性名。

```
let source = {a: "ayy", b: "bee"};
let name = Math.random()< 0.5 ? "a" : "b";
let {[name]: dest} = source;
console.log(dest); // "ayy" half the time, "bee" the other half
```

在上述代码中，name 变量有一半的概率得到值 a，一半的概率得到 b，所以 dest 变量有一半概率得到属性 a 的值，还有一半概率得到属性 b 的值。

7.8 嵌套解构

到目前为止，本章已介绍如何从数组/对象的顶层获取数组元素和对象属性，但是如果在模式中使用嵌套，可进一步发挥解构语法的作用。你可能想不到，但是我们可采用你在对象和数组字面量中创建嵌套的对象/数组的方式创建嵌套解构！谁能想到呢？下面来看一下具体的使用方法。

通过下面的示例回想一下，array 作为解构目标，其值对应属性 a 的值：

```
const obj = {a: [1, 2, 3], b: [4, 5, 6]};
let {a: array} = obj;
console.log(array); // [1, 2, 3]
```

在上述示例中，目标(:后面的部分)是变量或常量等，提取后的值将会被赋给它。到目前为止，你所看到的所有示例都是如此。但是，如果你想将该数组中的前两个元素用作独立的变量，可在其中编写目标变量的模式，以进行数组解构。

```
const obj = {a: [1, 2, 3], b: [4, 5, 6]};
let {a: [first, second]} = obj;
console.log(first, second); // 1 2
```

再次注意，前面在创建一个对象时，使用来自 first 和 second 的值来构建一个数组，从而进行属性初始化，其做法与此处采用的方式完全相同。此处只在等号的另一侧使用该语法，因为我们在进行解构，而非组合。

当然，该语法也适用于对象。

```
const arr = {first: {a: 1, b: 2}, second: {a: 3, b: 4}};
const {first: {a}, second: {b}} = arr;
console.log(a, b); // 1 4
```

上述代码从 first 属性的对象中提取 a 属性，从 second 属性的对象中提取 b 属性。

外层的数据结构也可以是数组，而非对象：

```
const arr = [{a: 1, b: 2}, {a: 3, b: 4}];
const [{a}, {b}] = arr;
console.log(a, b); // 1 4
```

上述代码从数组第一个元素的对象中提取 a 属性，从第二个元素的对象中提取 b 属性。

与对象和数组字面量一样，可用的解构的嵌套层数实际上也是无限的。

7.9 参数解构

解构语法不仅可用于赋值，也可用于函数参数的解构：

```
function example({a, b}){
   console.log(a, b);
}
const o = {a: "ayy", b: "bee", c: "see", d: "dee"};
example(o);             // "ayy" "bee"
example({a: 1, b: 2}); // 1 2
```

注意参数列表中使用的对象解构({a, b})。example 函数接受一个参数并把它解构为两个局部标识符绑定，差不多如下面的代码所示：

```
function example(obj){
   let {a, b} = obj;
   console.log(a, b);
}
```

(这里用“差不多”是因为本例使用了临时参数 obj，而且，如果参数列表包含任何默认值，默认值的处理会在参数作用域中，而并非函数体内。同时，由于历史原因，参数更像使用 var 声明的变量，而不是使用 let 声明的变量。)

被解构的参数不必是第一个参数，也不必是唯一的参数。它可在参数列表的任何位置。

```
function example(first, {a, b}, last){
   console.log(first, a, b, last);
}
 const o = {a: "ayy", b: "bee", c: "see", d: "dee"};
```

```
example("alpha", o, "omega");                    // "alpha" "ayy" "bee" "omega"
example("primero", {a: 1, b: 2}, "ultimo");  // "primero" 1 2 "ultimo"
```

从概念上讲，可将其想象为一个嵌套的大数组解构模式：用中括号将参数列表括起来，从而构成一个数组解构模式，然后是等号，右面是一个 arguments 数组。参见图 7-2。

```
function example( [first, {a, b}, last] = [the arguments] ) {
    console.log(first, a, b, last);
}
```


图 7-2

所以该函数的定义及调用：

```
function example(first, {a, b}, last){
   console.log(first, a, b, last);
}
example(1, {a: 2, b: 3}, 4); // 1 2 3 4
```

其工作原理就像将 arguments 当作数组，然后进行解构赋值：

```
let [first, {a, b}, last] = [1, {a: 2, b: 3}, 4];
console.log(first, a, b, last); // 1 2 3 4
```

当然，此处也可使用可迭代对象的解构：

```
function example([a, b]){
   console.log(a, b);
}
const arr = [1, 2, 3, 4];
example(arr);                // 1, 2
example(["ayy", "bee"]);   // "ayy", "bee"
```

并以相似的方式使用解构默认值：

```
function example({a, b = 2}){
    console.log(a, b);
}
const o = {a: 1};
example(o);        // 1 2
```

由于对象 o 没有 b 属性，b 使用了默认值。如果对象 o 有 b 属性，但其值为 undefined，b 也会使用默认值。

在该示例中，尽管传入的对象 o 中不存在 b 属性，但此处至少传入了对象。如果根本没有传入对象，那会怎样呢？假设使用同一个 example 函数，下面的调用会发生什么呢？

```
example();
```

如果你认为代码会报错，那你答对了，它等效于：

```
let {a, b = 2} = undefined;
```

或者考虑整个参数列表，如下所示：

```
let [{a, b = 2}] = [];
```

此处不能从 undefined 上读取属性，若尝试读取，则会引发 TypeError。

回想第 3 章介绍过的内容，是否有什么方法可处理完全没有传入对象的情况呢？

没错！不用感到意外，答案就是参数默认值：

```
function example({a, b = "prop b def"} = {a: "param def a", b: "param def b"}){
   console.log(a, b);
}
 example();              // "param def a" "param def b"
 example({a: "ayy"});    // "ayy" "prop b def"
```

这可能有些难以理解，下面梳理一下(参见图 7-3)：

- {a, b = "prop b def"}是参数解构模式。
- = "prop b def"是模式中的一部分，用于解构属性 b 的默认值(如果传入的对象没有该属性，或者属性值为 undefined)。
- = {a: "param def a", b: "param def b"}是函数参数默认值(如果没有传入参数，或者该参数值为 undefined)。

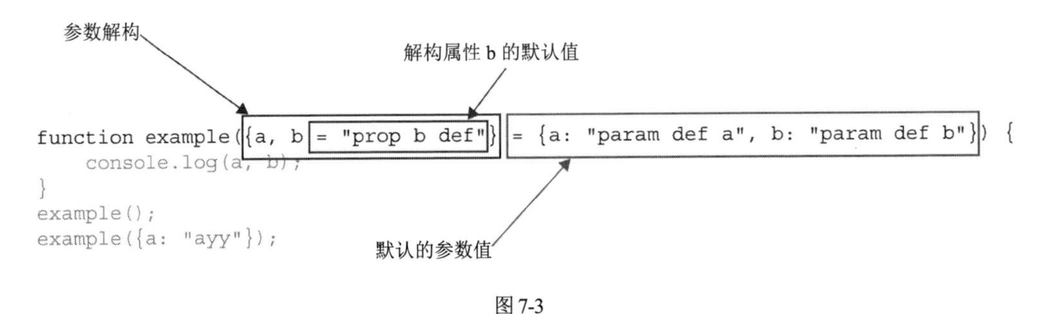

图 7-3

使用上述知识来看一下这两次调用。第一次调用：

```
example();
```

此处没有传入任何参数，所以使用了函数的默认参数值 {a: "param def a", b:"param def b"}。该默认值拥有属性 b，所以解构后的 b 得到的值为"param def b"。

第二次调用：

```
example({a: "ayy"});
```

此处传入了一个没有 b 属性的对象，所以没有使用函数默认参数值(该参数对应的 argument 的值不为 undefined)，但是因为该对象没有 b 属性，所以使用了 b 的默认值并得到了值"b def"。

在处理该示例时，你可能会对函数的默认参数形成一个这样的想法。如果没有，停下来并思考你在本节中学到的内容。(提示：在隐式解构模式中必须对参数进行处理，思考图 7-3。)

想到了吗？这有点复杂，但是如果你无法理解这一点，也不必担心！总而言之：函数的默认参数实际上也是解构默认参数的一种形式。当你调用 example 函数却没有传入任何参数时，example 函数的参数列表实际等效于下面的代码：

```
let [{a, b = "b def"} = {a: "param def a", b: "param def b"}] = [];
console.log(a, b); // "param def a", "param def b"
```

最后，关于参数列表的解构，我们还需要注意一点：在参数列表中使用解构，会使其变为“非简单”参数。正如第 3 章所述，使用“非简单”参数列表的函数不能包含"use strict"声明，如果你想在严格模式中使用该函数，必须保证函数所在的上下文已经处于严格模式。

7.10 循环中的解构

在 JavaScript 中，有一些赋值运算看起来并不像赋值运算。特别是 for-in 和 for-of[1]循环中每次循环开始时对循环变量的赋值。在这两个循环中也可使用解构。在 for-in 循环中使用解构的情形并不多(for-in 循环提供的键总是字符串类型的，而我们通常很少对字符串进行解构——但可以这样做，因为字符串也是可迭代的)，但是在 for-of 循环中，解构则变得非常便于使用。

假设你有一个由对象组成的数组并且想要在遍历该数组时获取对象上的 name 和 value 属性：

```
const arr = [
     {name: "one", value: 1},
     {name: "two", value: 2},
     {name: "forty-two", value: 42}
];
for (const {name, value} of arr){
    console.log("Name: " + name + ", value: " + value);
}
```

或者假设你有一个对象并且想要遍历它自身的(非继承的)属性名和属性值。也许你会考虑使用 for-in 循环：

```
const obj = {a: 1, b: 2, c: 3};
for (const name in obj){
   if (obj.hasOwnProperty(name)){
       const value = obj[name];
       console.log(name + " = " + value);
   }
}
```

或者通过使用 for-of 循环和第 5 章介绍的 Object.entries 方法去除 hasOwnProperty 方法的校验：

```
const obj = {a: 1, b: 2, c: 3};
for (const entry of Object.entries(obj)){
   console.log(entry[0] + " = " + entry[1]);
}
```

但是 entry[0]和 entry[1]不是含义非常明确的名称。通过使用可迭代对象的解构，可使代码更加清晰、直观：

```
const obj = {a: 1, b: 2, c: 3};
for (const [name, value] of Object.entries(obj)){
   console.log(name + " = " + value);
}
```

7.11 旧习换新

实际上，本节可以被称为“在任何合理的地方使用解构”。不过尽管如此，下面是一些合理且具

1 还有 for-await-of，详见第 9 章。

体的用例。

7.11.1 仅从对象获取某些属性时使用解构

旧习惯：从函数中获取一个对象并将其保存在变量中，然后只能使用其中的少量属性。

```
const person = getThePerson();
console.log("The person is " + person.firstName + " " + person.lastName);
```

新习惯：当你随后不需要使用对象本身时，使用解构赋值。

```
const {firstName, lastName} = getThePerson();
console.log("The person is " + firstName + " " + lastName);
```

7.11.2 对可选项对象使用解构

旧习惯：对含有大量可选项的函数使用可选项对象。

新习惯：考虑使用解构赋值。

在解构之前，一个函数接受 5 个可选项，可选项 five 的值基于可选项 first 的值，代码如下所示：

```
  function doSomethingNifty(options){
      options = Object.assign({}, options, {
          // The default options
      one: 1
      two: 2,
      three: 3,
      four: 4

   });
   if (options.five === undefined){
      options.five = options.one * 5;
   }
   console.log("The 'five' option is: " + options.five);
   // ...
}
doSomethingNifty(); // The 'five' option is: 5
```

这种方式会将默认值隐藏在函数代码中，这意味着任何复杂的默认值都必须进行特殊处理而且你每次使用可选项时都必须访问可选项对象的属性。

相反，可将默认的可选项定义为解构的默认值，通过解构默认值来处理 five 属性的默认值，将一个空对象用作函数参数默认值，然后在函数体内直接使用对应变量。

```
function doSomethingNifty({
         one = 1,
         two = 2,
         three = 3,
         four = 4,
         five = one * 5
} = {}){
    console.log("The 'five' option is: " + five);
    // ...
}
doSomethingNifty(); // The 'five' option is: 5
```

第8章 Promise

本章内容

- 创建及使用 Promise
- Promise 和 thenable 对象
- Promise 的模式
- Promise 的反模式

本章代码下载

可通过网址 https://thenewtoys.dev/bookcode 或 https://www.wiley.com/go/javascript-newtoys 下载本章的代码。

本章将介绍 ES2015 的 Promise，它对一次性异步操作的处理方式进行了简化和标准化，减少了“回调地狱”(并为第 9 章将介绍的 ES2018 的 async 函数奠定了基础)。Promise 是一个表示异步操作结果的对象(比如某个 HTTP 请求完成或者某个一次性的定时器触发)。可使用 Promise 来观察异步操作的结果，或者将 Promise 传递给其他代码，以便其他代码观察该结果。在 JavaScript 中，Promise 曾被称为 promise、future 或 deferred 模式。它大量借鉴了现有的技术，特别是 Promises/A+规范[1]以及其他前置工作。

在开始介绍 Promise 之前，先澄清一点：你可能听说过 Promise 已被废弃，因为 ES2018 新增了 async 函数(见第 9 章)。这基本上是不正确的。尽管在 async 函数中使用 Promise 的方式会有所不同，但你仍然需要与它们进行交互，所以对于其工作原理，你仍然需要有扎实的理解。同时，即便是在 async 函数中，也会有很多需要直接使用 Promise 的情况。

8.1 为什么要使用 Promise

Promise 本身并不执行任何操作，它只是一种观察异步操作结果的方式。Promise 并不会使操作变得异步。它只是提供了一种方式，以便人们观察异步操作的完成结果。那么使用它们有什么好处呢？

1 https://promisesaplus.com/。

在 Promise 出现之前，开发者通常使用简单的回调函数观察异步操作结果，但是这存在以下问题：

- 如果合并多个异步操作(串行或者并行)，很快就会导致深度嵌套回调(回调地狱)。
- 回调函数没有标准的报错方式，每个函数或 API 都需要自定义报告错误的方式。虽然有很多种常用的实现方式，但它们彼此之间是不同的，因此，当合并多个库或者模块，或者从一个项目迁移至另一个项目时，操作会变得很困难。
- 没有标准的指示成功/失败的方案意味着没有通用的工具来管理复杂度。
- 将回调函数添加到已完成进程中的操作也没有被标准化。在某些情况下，这意味着回调函数将永远不会被调用；在另一些情况下，它们被同步地调用；在其他情况下，它们则被异步地调用。每次使用回调函数时都需要查询每个 API 的细节，这十分浪费时间并且容易被忘记。因为你记错了细节而引起的 bug 通常是微妙且难以发现的。
- 将多个回调函数添加到一个异步操作的行为是不可能的或者不标准的。

Promise 通过提供简单的、标准化的语法来处理这些问题。本章将会介绍这些语法。同时，本章将通过对比 Promise 和回调函数来解释上述问题。

8.2 Promise 基础

本节首先将介绍 Promise 的基础知识，然后接下来的小节将提供更多关于创建和使用 Promise 的各方面的详细信息。下面来看看若干个相关的术语。

8.2.1 概览

作为一个对象，Promise 具有以下三种可能的状态。

- 待定(pending)：Promise 对象正在进行中/尚未解决/未处理。
- 已成功(fulfilled)：Promise 对象已处理并有一个值。这通常意味着成功。
- 已拒绝(rejected)：Promise 对象已处理并有一个拒绝原因。这通常意味着失败。

Promise 以待定状态为初始状态，并且只能变为已敲定(settled)状态(已成功或已拒绝)一次。一个已敲定的 Promise 不能再变为待定状态。一个已成功的 Promise 也不能变为已拒绝状态，反之亦然。一旦变为已敲定状态，Promise 的状态将不会再改变。

一个处于已成功状态的 Promise 拥有一个成功值(fulfillment value，通常简称为值)；一个处于已拒绝状态的 Promise 则有一个拒绝理由(rejection reason，有时也简称为理由，不过也常被称为错误)。

当你决议(resolve)一个 Promise 时，通常使它返回一个成功值或者使它依赖于另一个 Promise[1]。当你使它依赖于另一个 Promise 时，将“决议”传递给另一个 Promise。这意味着最终原 Promise 可能处于已成功或已拒绝的状态，这取决于另一个 Promise 的结果。

当你拒绝(reject)一个 Promise 时，可通过一个拒绝理由使其变为已拒绝状态。

以错误(error)作为拒绝理由

在本章的代码中，你会注意到所有示例的拒绝理由都是 Error 实例。此处之所以这样做，是因为拒绝一个 Promise 的操作很像 throw 方法。在这两种情况中，Error 提供的堆栈信息很有用。然而这种做法只是一个风格问题，这也是最佳实践。你可将任意值用作拒绝理由，就像在 throw 和 try/catch 语法中可使用任意值一样。

---

1 或者是一个 thenable 对象。本章随后将会介绍 thenable 对象。

你无法直接观察到 Promise 的状态以及成功值/拒绝理由(如果有的话)，只能通过添加 Promise 调用的处理程序来实现。JavaScript Promise 通过如下三种方法来实现处理程序的注册。

- then：添加当 Promise 变为已成功状态时要调用的成功处理程序[1](fulfillment handler)。
- catch：添加当 Promise 变为已拒绝状态时要调用的拒绝处理程序(rejection handler)。
- finally：添加当 Promise 变为已敲定(settled)状态(无论是已成功还是已拒绝)时要调用的 finally 处理程序(在 ES2018 中新增)。

Promise 的关键特性之一是：then、catch 和 finally 会返回一个新的 Promise。这个新的 Promise 和添加上述处理程序的 Promise 相关联：它的状态将会根据原始 Promise 的状态和处理程序的行为变为已成功或已拒绝状态。本章随后会再讨论这个关键点。

8.2.2 示例

代码清单 8-1 是一个关于创建和使用 Promise 的简单示例，它使用 setTimeout 来实现被观察的异步操作。重复地运行该示例，所创建的 Promise 有一半的概率会变为已成功状态，还有一半的概率会变为已拒绝状态。

代码清单 8-1 简单的 Promise 示例——simple-promise-example.js

```
function example(){
   return new Promise((resolve, reject)=> {
       setTimeout(()=> {
           try {
               const succeed = Math.random()< 0.5;
               if (succeed){
                   console.log("resolving with 42 (will fulfill the promise)");
                   resolve(42);
               } else {
                   console.log("rejecting with new Error('failed')");
                   throw new Error("failed");
               }
           } catch (e){
               reject(e);
           }
       }, 100);
   });
}
example()
.then(value => { // fulfillment handler
   console.log("fulfilled with", value);
})
.catch(error => { // rejection handler
   console.error("rejected with", error);
})
.finally(()=> { // finally handler
   console.log("finally");
});
```

上述示例包含如下三部分。

(1) 创建 Promise：由 example 函数完成，创建 Promise 并返回。

(2) 决议或拒绝 Promise：通过 example 函数的定时器回调完成。

1 这是单一参数的版本，也可使用两个参数，本章后面的“拥有两个参数的 then 方法”一节将会介绍。

(3) 使用 Promise：通过调用 example 函数来实现。

example 函数通过向 Promise 构造函数传入一个函数来创建 Promise，被传递给构造函数的函数有一个别致的名称：执行器函数(executor function)。Promise 的构造函数(同步地)调用该执行器函数，并通过传入两个函数为该执行器函数提供参数：resolve 函数和 reject 函数(这些只是惯用的名称。当然，你可使用任何名称作为执行器函数的参数名。有时你会看到 fulfill，而不是 resolve，尽管稍后你会发现这并不是十分正确)。本示例使用 resolve 函数和 reject 函数来决定 Promise 将会发生什么。

- 如果你调用 resolve 函数时使用了另一个 Promise[1]，Promise 将会根据另一个 Promise 变为已决议(resolved)状态(原 Promise 变为已成功还是已拒绝状态，取决于另一个 Promise 的结果)。因此，fulfill 对第一个函数而言并不是一个精确的函数名；当你使用另一个 Promise 调用该函数时，创建的 Promise 并没有立即变为已成功状态，而是将其传递给另一个 Promise，它有可能会变为已拒绝状态。
- 如果你调用 resolve 函数时使用了其他值，Promise 以该值作为已成功状态的值。
- 如果你调用 reject 函数，Promise 将会使用你传递给 reject 函数的理由(通常是一个 Error 对象，但仅是风格问题)变为已拒绝状态。与 resolve 函数不同，如果你传入 Promise，那么 reject 函数不会进行额外处理。reject 函数总是以传入的值作为拒绝理由。

Promise 只能通过 resolve 和 reject 函数来变为已决议状态或者已拒绝状态。如果没有这些函数，你将不能决议或拒绝任何值。它们不能被用作 Promise 对象本身的方法，所以当你将 Promise 对象传递给其他代码时，你知道这些代码只能接收 Promise，但不能决议或拒绝 Promise。

在 example 示例中，example 函数调用了 setTimeout 函数来启动一个异步操作。它必须使用 setTimeout 或者类似的操作，因为 Promise 仅是一种观察异步操作结果的方式(再次说明)，并不会创建异步操作[2]。定时器到期后，example 中的定时器回调函数会根据随机数的结果来决定是调用 resolve 函数还是 reject 函数。

下面来看看 Promise 的使用方式：在该示例中，调用 example 函数的代码使用了链式调用：先是 then 方法，然后是 catch 方法，最后是 finally 方法。这些方法分别连接了一个成功处理程序、一个拒绝处理程序和一个 finally 处理程序。链式调用 Promise 的方法相当常见，本章稍后将介绍这样调用的原因。

反复运行代码清单 8-1 中的代码并观察已成功和已拒绝状态。Promise 成功后，链式调用将以成功值来调用成功处理程序，然后调用 finally 处理程序(不接收任何值)。如果 Promise 被拒绝，链式调用将以拒绝理由调用拒绝处理程序，然后调用 finally 处理程序(仍然不接收任何值)。如果原 Promise 是已成功状态，但是成功处理程序抛出了错误，这也会触发拒绝处理程序(然后触发 finally 程序)；稍后详细介绍这一内容。

成功、拒绝和 finally 处理程序的作用和 try/catch/finally 代码块的一样：

```
try {
   // do something
   // fulfillment handler
} catch (error){
   // rejection handler
} finally {
   // finally handler
}
```

1 再一次注意，此处可以是任何 thenable 对象。下一节将介绍 thenable 对象。

2 这里有一个小警告，本章稍后会介绍。

本章稍后将介绍它们之间的细微区别，特别是有关 finally 语句的细节。但从原理上讲，这是理解成功、拒绝和 finally 处理程序的一种好方法。

我们经常从 API 方法中获取 Promise 或者使用 then、catch 和 finally 方法，相比之下，使用 new Promise 的情况相对较少。所以我们要首先关注如何使用 Promise，然后详细阐述如何创建它们。

8.2.3 Promise 和 thenable 对象

JavaScript 中的 Promise 遵循 ECMAScript 规范所定义的规则，该规则借鉴了很多现有的技术，特别是 Promises/A+规范以及相关的前置工作。JavaScript 的 Promise 是完全符合 Promises/A+规范的，同时有意添加了规范未涵盖的一些特性，比如 catch 和 finally 方法。(Promises/A+规范有意尽量简化规则并且仅定义了 then 方法，因为 catch 和 finally 方法的功能也可通过后面一节将要介绍的双参数版本的 then 方法实现。)

Promises/A+规范定义了 thenable 对象和 Promise 的区别。两者在规范中的定义如下：

- Promise 是一个具有 then 方法且符合 Promises/A+规范的对象或函数。
- thenable 对象是定义了 then 方法的对象或函数。

所以，所有 Promise 都是 thenable 对象，但并非所有的 thenable 对象都是 Promise。一个对象可能定义了名为 then 的方法，但该方法却和 Promise 中的不一致，这个对象就是 thenable 对象，但并不是 Promise。

为什么这一点十分重要呢？互操作性。

有时，Promise 的实现需要知道一个值是用于 Promise 的成功值的简单值，还是一个决议 Promise 的 thenable 对象：如果是这种情况，那么该对象被假设为 thenable 对象，并且 Promise 的实现使用其 then 方法来将 Promise 决议给 thenable 对象。该方案并不完美，因为普通对象也可以有 then 方法并且该方法与 Promise 完全没有关系，但是，当人们在 JavaScript 中添加 Promise 时，这仍是最佳实践，因为这样使当前已有的(并且将会继续存在的)Promise 库能够相互操作而不必让每个实现都更新并添加一些其他特性来将这些库的 Promise 标记为 Promise 对象(例如，这对第 5 章介绍的 Symbol 来说是一个很好的用例，如果有可能，可更新每个库来支持 Symbol)。

到目前为止，本书在之前使用 Promise 的多个地方都添加了脚注来说明该处使用 thenable 会更准确。现在你已经知道了 thenable 对象是什么，本章稍后将在恰当的地方介绍如何使用它。

8.3 使用已存在的 Promise

如你所见，我们通过使用 then、catch 和 finally 注册的处理程序，了解到了 Promise 如何处理已成功和已拒绝状态。本节将更加详细地介绍一些使用 Promise 的常见模式，并探讨如何用 Promise 解决“为什么要使用 Promise”一节提到的一些问题。

8.3.1 then 方法

前面已经简要介绍过使用 then 方法来拦截 Promise 的已成功状态的实践[1]。现在深入介绍 then 方法。思考下面这个使用 then 方法的简单调用：

```
p2 = p1.then(result => doSomethingWith(result.toUpperCase()));
```

1 稍后将学习具有两个参数的方案，该方案可以处理已拒绝状态。

如前所述，它注册了一个成功处理程序，创建并返回了一个新的 Promise(p2)，p2 根据原 Promise(p1)和处理程序中的逻辑变为已成功或者已拒绝状态。如果 p1 变成已拒绝状态，那么该处理程序不会被调用，p2 将以 p1 的拒绝理由变成已拒绝状态。如果 p1 变成已成功状态，那么该处理程序将会被调用。下面列出了在处理程序的不同行为下，p2 会出现的情况：

- 如果你返回 thenable 对象，p2 会根据 thenable 对象变为已决议状态(它会根据 thenable 对象的行为变成已成功或已拒绝状态)。
- 如果你返回任何其他值，p2 将会以该值变为已成功状态。
- 如果你使用了 throw 方法(或者调用了抛出异常的函数)，p2 会以抛出的值(通常是 Error 对象)作为拒绝理由并变成已拒绝状态。

这三个要点看起来可能很眼熟。因为它们与前面阐述的关于 Promise 执行器函数中的 resolve 和 reject 函数用法的几个关键点几乎是一致的。从 then 处理程序返回某个东西就像调用 resolve 方法。在处理程序中使用 throw 方法就像调用 reject 方法。

返回 thenable 对象的能力是 Promise 的关键点之一，所以下面详细介绍这一点。

8.3.2 链式 Promise

从 then/catch/finally 处理程序中返回 Promise(或 thenable 对象)来决议它们创建的 Promise，意味着如果你需要执行一系列可提供 Promise/thenable 对象的异步操作，可在第一个操作上使用 then 方法，然后让处理程序将 thenable 对象返回给第二个操作，而且可根据需要不断重复此过程。下面是一个由三个返回 Promise 的操作组成的链式调用：

```
firstOperation()
.then(firstResult => secondOperation(firstResult))// or: .then(secondOperation)
.then(secondResult => thirdOperation(secondResult * 2))
.then(thirdResult => { /* Use `thirdResult` */ })
.catch(error => { console.error(error); });
```

当代码开始运行时，firstOperation 开始执行第一个操作并返回一个 Promise。调用 then 和 catch 方法来处理接下来发生的操作(参见图 8-1)。之后，当第一个操作已完成，接下来的操作取决于第一个操作的结果：如果它变为已成功状态，第一个成功处理程序会运行并开始第二个操作，返回 secondOperation 提供的 Promise(参见图 8-2)。

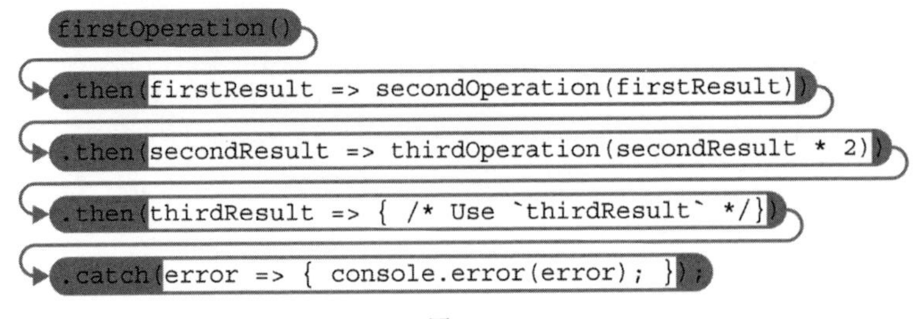

图 8-1

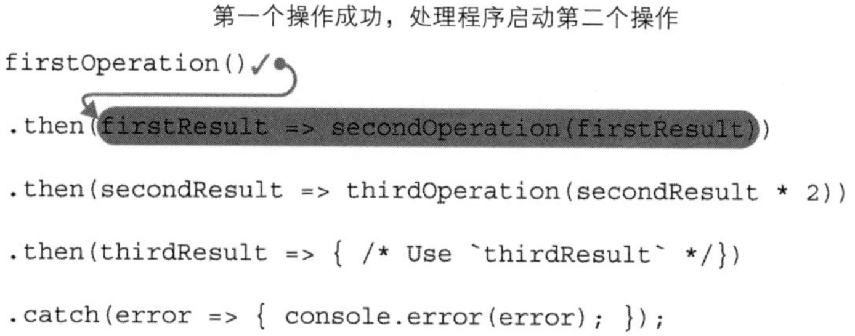

第一个操作成功，处理程序启动第二个操作

```
firstOperation()
.then(firstResult => secondOperation(firstResult))
.then(secondResult => thirdOperation(secondResult * 2))
.then(thirdResult => { /* Use `thirdResult` */})
.catch(error => { console.error(error); });
```

图 8-2

如果第二个操作完成了 Promise，即第一个 then 方法返回的 Promise 变为已成功状态，下一个成功处理程序将开始运行(见图 8-3)：启动第三个操作并返回运算结果的 Promise。

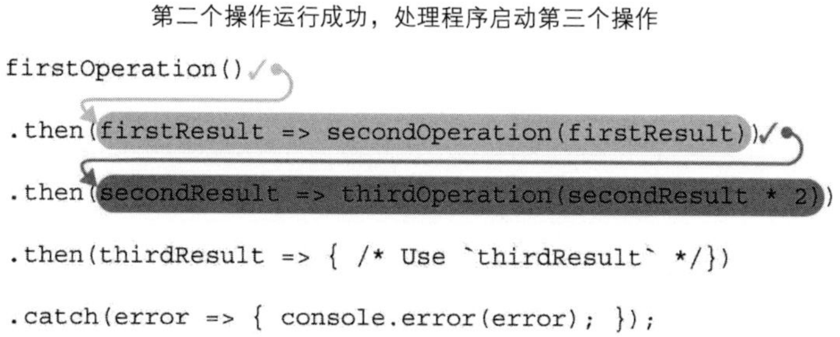

第二个操作运行成功，处理程序启动第三个操作

```
firstOperation()
.then(firstResult => secondOperation(firstResult))
.then(secondResult => thirdOperation(secondResult * 2))
.then(thirdResult => { /* Use `thirdResult` */})
.catch(error => { console.error(error); });
```

图 8-3

如果第三个操作使第二个 then 方法返回的 Promise 变为已成功状态，将会调用使用第三个结果的代码。假设代码没有抛出异常或者返回拒绝的 Promise，则表示链式操作完成(见图 8-4)。这种情况下，拒绝处理程序没有运行，因为没有拒绝理由。

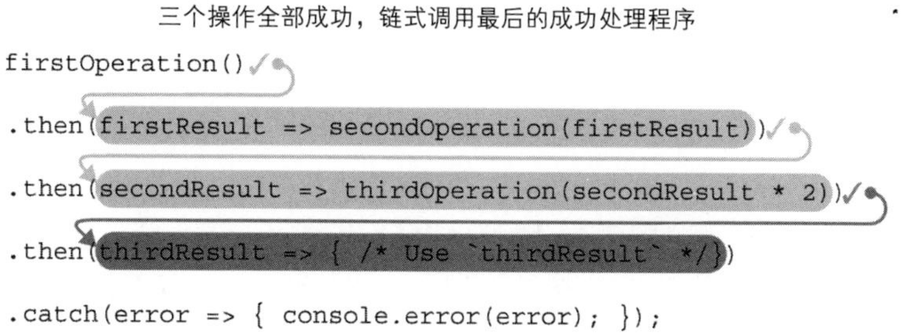

三个操作全部成功，链式调用最后的成功处理程序

```
firstOperation()
.then(firstResult => secondOperation(firstResult))
.then(secondResult => thirdOperation(secondResult * 2))
.then(thirdResult => { /* Use `thirdResult` */})
.catch(error => { console.error(error); });
```

图 8-4

然而，如果第一个操作使 Promise 变为已拒绝状态，则会拒绝第一个 then 方法返回的 Promise，再拒绝第二个 then 方法返回的 Promise，然后拒绝第三个 then 方法返回的 Promise，最后调用拒绝处理程序。这种情况下，没有一个 then 方法的回调会被调用，因为它们都是用于处理已成功状态(而不是已拒绝状态)的。参见图 8-5。

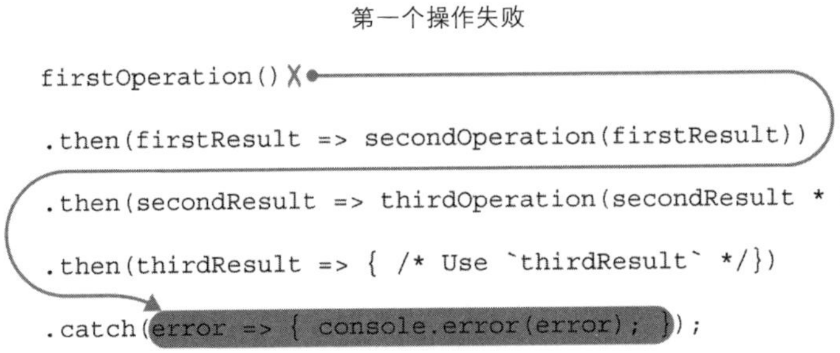

第一个操作失败
firstOperation()
.then(firstResult => secondOperation(firstResult))
.then(secondResult => thirdOperation(secondResult * 2))
.then(thirdResult => { /* Use `thirdResult` */})
.catch(error => { console.error(error); });

图 8-5

如果第一个操作成功并且它的成功处理程序启动了第二个操作并返回 Promise，但是第二个操作运行失败并拒绝了它的 Promise，则会拒绝第一个 then 方法返回的 Promise，再拒绝第二个 then 方法返回的 Promise，然后拒绝第三个 then 方法返回的 Promise，最后调用拒绝处理程序。参见图 8-6。(同样，如果第一个操作成功但是成功处理程序抛出了异常，将会发生一样的事情：剩余的成功处理程序会被跳过，最后运行拒绝处理程序。)

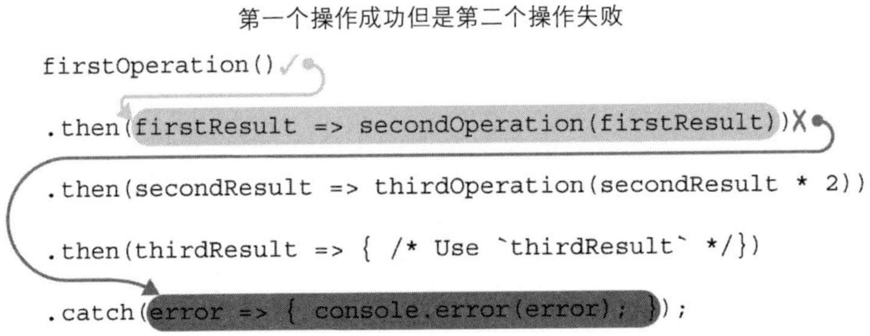

第一个操作成功但是第二个操作失败
firstOperation()
.then(firstResult => secondOperation(firstResult))
.then(secondResult => thirdOperation(secondResult * 2))
.then(thirdResult => { /* Use `thirdResult` */})
.catch(error => { console.error(error); });

图 8-6

同理，如果第一个操作和第二个操作都成功完成了它们的 Promise，但是第三个操作拒绝了它的 Promise(或者处理程序抛出了异常)，最终也会调用拒绝处理程序，参见图 8-7。

第一个和第二个操作成功，但是第三个操作失败
firstOperation()
.then(firstResult => secondOperation(firstResult))
.then(secondResult => thirdOperation(secondResult * 2))
.then(thirdResult => { /* Use `thirdResult` */})
.catch(error => { console.error(error); });

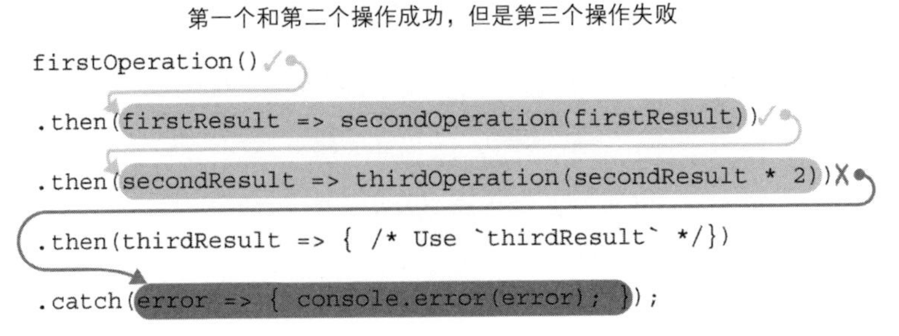

图 8-7

如果所有操作都成功，那么最后的成功处理程序会运行。如果处理程序抛出异常(直接抛出或者调用了抛出异常的函数)，则拒绝处理程序会运行。参见图 8-8。

第一个、第二个和第三个操作成功但是最后的处理程序抛出异常

```
firstOperation()
.then(firstResult => secondOperation(firstResult))
.then(secondResult => thirdOperation(secondResult * 2))
.then(thirdResult => { /* Use `thirdResult` */})
.catch(error => { console.error(error); });
```

图 8-8

如你所见，这种类型的 Promise 链非常像包裹着三个同步操作(和一些最终代码)的 try/catch 代码块，如下所示：

```
// The same logic with synchronous operations
try {
   const firstResult = firstOperation();
   const secondResult = secondOperation(firstResult);
   const thirdResult = thirdOperation(secondResult * 2);
   // Use `thirdResult` here
} catch (error) {
   console.error(error);
}
```

在 try/catch 同步代码中，将主逻辑和错误逻辑分开的做法十分有用，同样，在 Promise 链中，将主逻辑(已成功状态)和错误逻辑(已拒绝状态)分开的做法也十分有用。

通过重复运行下载文件中的 basic-promise-chain.js，可观察到各种场景。该文件使用 Math.random 方法为每个操作(第一、第二、第三个)赋予 20%的失败概率，并且为最后的成功处理程序赋予 20%的抛出异常的概率。

处理程序即函数

处理程序即普通函数，没有什么特殊之处。本节示例中使用了箭头函数，但实际上不需要这样做：

```
firstOperation()
 .then(firstResult => secondOperation(firstResult))
 .then(secondResult => thirdOperation(secondResult * 2))
 .then(thirdResult => { /* Use `thirdResult` */ })
 .catch(error => { console.error(error); });
```

上述代码也可像下面这样编写为：

```
firstOperation()
 .then(secondOperation)
 .then(secondResult => thirdOperation(secondResult * 2))
 .then(thirdResult => { /* Use `thirdResult` */ })
 .catch(error => { console.error(error); });
```

如果只需要将第一个操作的值传递给第二个操作，其实没有必要用箭头函数将 secondOperation 封装起来；仅需要在 then 方法中传递函数的引用。

即便函数可接受第二个、第三个参数等可选项，这样做也是安全的，因为 Promise 的处理程序总是只接受一个参数：成功值(then 方法)或拒绝理由(catch)。这意味着你将不会遇到一些问题，比如，

数组的 map 方法和 parseInt 方法在 a=a.map(parseInt)时无法正常运行，因为 map 方法的回调有三个参数，而不是一个，parseInt 方法接受第二个参数(可选)。

8.3.3 对比 Promise 链与回调函数

下面将上一节中的 Promise 链与直接使用回调函数的方式进行对比。为此，假设函数以一个接收回调函数的异步操作启动：如果该操作成功，则以 null 作为第一个参数调用回调函数并把结果值用作第二个参数；如果操作失败，则以 error 作为第一个参数调用回调函数(这是 Node.js 中广泛使用的常见回调函数模式之一)。下面使用该模式来实现之前链式操作的代码：

```
firstOperation((error, firstResult)=> {
   if (error){
      console.error(error);
      // (Perhaps you'd use `return;` here to avoid the `else`)
   } else {
      secondOperation(firstResult, (error, secondResult)=> {
         if (error){
            console.error(error);
            // Perhaps: `return;`
         } else {
            thirdOperation(secondResult * 2, (error, thirdResult)=> {
               if (error){
                  console.error(error);
                  // Perhaps: `return;`
               } else {
                  try {
                     /* Use `thirdResult` */
                  } catch (error){
                     console.error(error);
                  }
               }
            });
         }
      });
   }
});
```

可使用下载的 basic-callback-chain.js 文件，运行以上代码。

注意，每一步都必须嵌套在上一步的回调函数中。这就是著名的“回调地狱”，部分编程者使用只有两个字符的标识符(尽管这样不方便阅读)，以免深度嵌套的代码超出屏幕右侧。也可试着编写不会彼此嵌套的回调函数代码，但这样的代码会相当繁杂和冗长。

确切来讲，更为准确的写法应该是用 try/catch 代码块分别将 secondOperation 和 thirdOperation 的调用包围起来，但是这里并不想让该示例过于复杂——只是想强调 Promise 是如何使回调方式变得更简单的。

8.3.4 catch 方法

前面介绍过，catch 方法注册了一个在 Promise 变为已拒绝状态时调用的处理程序。该处理程序是在拒绝时(而非成功时)调用的，除此之外，catch 方法和 then 方法其实是完全一致的，如下所示：

```
p2 = p1.catch(error => doSomethingWith(error))
```

catch 方法在 p1 上注册了一个拒绝处理程序，创建并返回了一个新的 Promise(p2)，该 Promise 将会根据原 Promise(p1)和处理程序中的逻辑变为已成功或已拒绝状态。如果 p1 变为已成功状态，该处理程序就不会被调用，并且 p2 将以 p1 的成功值变为已成功状态。如果 p1 被拒绝，该处理程序将会被调用。p2 的运行状况取决于处理程序的以下几种情况：

- 如果你返回一个 thenable 对象，p2 将会以该对象变为已决议状态。
- 如果你返回任何其他值，p2 将会以该值变为已成功状态。
- 如果你使用了 throw 关键字，p2 会以抛出的异常作为拒绝理由并变为已拒绝状态。

这些内容似曾相识？是的。这和 then 方法的处理程序是完全一致的，也和 Promise 执行器函数中的 resolve 函数一致。这种一致性非常有用，因为你不必为不同的解决机制记忆不同的规则。

需要特别注意的是，如果你从 catch 处理程序返回了一个非 thenable 对象，那么从 catch 方法得到的 Promise 将会变为已成功状态。这将 p1 的已拒绝状态转换为 p2 的已成功状态。如果思考一下，就会发现这和 try/catch 中的 catch 十分相似：如果 catch 代码块没有再次抛出异常，catch 代码块会阻止错误的冒泡。Promise 上的 catch 方法也是一样的。

这种做法存在一个小缺点：这意味着你可能把 catch 放在了错误的地方并无意中屏蔽了错误，考虑如下代码：

```
someOperation()
    .catch(error => {
        reportError(error);
    })
    .then(result => {
        console.log(result.someProperty);
    });
```

在上述代码中，如果由 someOperation 启动的程序执行失败，代码将会以该错误调用 reportError (到目前为止，代码运行良好)，但是控制台中会呈现如下错误：

```
Uncaught (in promise)TypeError: Cannot read property 'someProperty' of undefined
```

代码为什么会试图读取 undefined 的 someProperty 属性呢？既然 Promise 是已拒绝状态，那么为什么 then 处理程序会被调用呢？

请回顾之前关于 try/catch/finally 的模拟实现。上面的代码在逻辑上(非字面上)等价于如下代码：

```
let result;
try {
    result = someOperation();
} catch (error){
    reportError(error);
    result = undefined;
}
console.log(result.someProperty);
```

catch 方法捕获并输出错误，但是并没有将该错误传递下去。因此，try/catch 之后的代码仍然会运行并会尝试使用 result.someProperty，因为 result 是 undefined，所以运行会失败。

Promise 采用类似的机制：拒绝处理程序捕获错误并进行处理，并且没有返回任何值，就好像返回了 undefined 一样。这使得 catch 方法返回的 Promise 变为已成功状态并且值为 undefined。因此，该 Promise 调用了它的成功处理程序，并且把 undefined 当作 result 值进行传递，当处理程序尝试使用

result.someProperty 时，会导致新错误。

你可能会问：“这个未处理的拒绝会怎样呢？”如果一个 Promise 变为已拒绝状态并且没有相应的代码来处理这个拒绝，JavaScript 引擎会将其报告为“unhandled rejection”(未处理的拒绝)，因为这通常是一个 bug。上述示例中的代码没有对最后的成功处理程序产生的错误进行任何处理(包含 result.someProperty 的那个)，所以当错误试图使用 result.someProperty 时，then 方法返回的 Promise 变为已拒绝状态，这是一个未处理的拒绝，因为没有代码对其进行处理。

当然，有时出于特定的原因，你也许想在中间放置一个 catch 方法：处理一个错误并允许 Promise 链以一些替代值或类似的值来继续运行。如果你有意这样做，那完全没问题。

检测未处理的拒绝

检测一个拒绝是否已被处理的过程是相当复杂的，这是因为必须考虑以下事实：一个拒绝处理程序可被放在一个处于已拒绝状态的 Promise 后面。比如，假设你正在调用一个可返回 Promise 的 API 方法，它可能因为你传入了错误的参数值而被同步地拒绝(在调用 API 方法的过程中)，也可能稍后被异步地拒绝(因为它启动的异步操作运行失败)。对 API 的调用可能如下所示：

```
apiFunction(/*...arguments...*/)
 .then(result => {
    // ...use the result...
 })
 .catch(error => {
    // ...handle/report the error...
 });
```

如果是参数错误造成的同步式拒绝，那么在代码为 Promise 添加拒绝处理程序之前，Promise 已经变为了已拒绝状态。但是你不想让 JavaScript 引擎将其解释为未处理的拒绝，因为代码已经处理了该拒绝行为。拒绝行为将会触发拒绝处理程序中处理/报告错误的代码。所以，如果你认为：“是时候拒绝该 Promise 了。它是否添加了任何拒绝处理程序？”那么你想得太简单了。这比那种情况更复杂。

现代引擎以相当复杂的方式做到了这一点，但是仍然可能存在偶然的误判或漏判的情况。

8.3.5 finally 方法

如前所述，finally 方法和 try/catch/finally 代码块中的 finally 非常类似。它添加了一个在任一情形(Promise 变为已成功状态或已拒绝状态)下都会调用的处理程序(类似于 finally 代码块)。就像 then 方法和 catch 方法一样，它返回了一个全新的 Promise，该 Promise 基于原 Promise 的运行结果和 finally 处理程序的行为来决定是变为已成功状态还是已拒绝状态。但是与 then 方法和 catch 方法不同，finally 处理程序总是会被调用，同时传入的处理程序能执行的操作是受限的。

下面是一个简单的示例：

```
function doStuff(){
      spinner.start();
      return getSomething()
           .then(result => render(result.stuff))
           .finally(()=> spinner.stop());
}
```

这个函数通过启动 spinner 组件的旋转来告诉用户它正在进行某项操作，并通过返回 Promise 的

getSomething 函数来启动一项异步操作。如果 Promise 变为已成功状态，它就会展示运行结果，并且无论 Promise 变为何种状态，它都会终止 spinner 组件的旋转。

请注意，该函数并没有尝试处理错误，而是返回了 Promise 链中的最后一个 Promise。这是非常正常的，它允许调用代码知道操作是否运行成功并且允许代码在最高层级(通常是一个事件处理程序或者类似于 JavaScript 代码入口起点的代码)进行错误处理。通过使用 finally 方法，代码可遵从调用者，延迟错误处理，同时确保即便有错误发生，也可终止 spinner 组件。

正常情况下，finally 处理程序不会影响传递给它的 Promise 的已成功或已拒绝状态(这和 finally 代码块也很相似)：除了已拒绝状态的 thenable 对象的值，finally 处理程序返回的其他值都会被忽略。但是如果抛出一个错误或者返回一个可拒绝的 thenable 对象，该错误/拒绝会替代任何传递给它的成功值或者拒绝理由(就像 finally 代码中抛出异常时一样)。所以它不能改变任何成功值(即便它返回一个不同的值)，但却可将拒绝理由改为另一个理由，也可将成功值变为拒绝理由，也可延迟一个成功值(通过返回一个最终会变为已成功状态的 thenable 对象；稍后将展示这样一个示例)。

或者换一种说法：它很像 finally 代码块但是却不能包含 return 语句[1]，它可能包含一个 throw 方法或者可能调用一个抛出异常的函数，但是不能返回一个新的值。

运行代码清单 8-2 中的代码来观察示例。

代码清单 8-2 finally 方法返回值——finally-returning-value.js

```
// Function returning promise that gets fulfilled after the given
// delay with the given value
function returnWithDelay(value, delay = 10){
    return new Promise(resolve => setTimeout(resolve, delay, value));
}

// The function doing the work
function doSomething(){
    return returnWithDelay("original value")
        .finally(()=> {
            return "value from finally";
        });
}

doSomething()
    .then(value => {
        console.log("value = " + value); // "value = original value"
    });
```

在上述示例中，doSomething 函数调用了 returnWithDelay 函数并且含有一个 finally 处理程序(在真实的情况中，这可能是某种清理函数)。doSomething 函数返回了通过调用 finally 而创建的 Promise。代码调用了 doSomething 并且使用了它返回的 Promise(由 finally 方法产生)。请注意，finally 处理程序返回了一个值，但是 finally 方法所产生的 Promise 并没有以那个值作为成功值，而是使用 finally 被调用时从 Promise 接收的值。从 finally 处理程序返回的值并不是一个 thenable 对象，所以代码完全可以忽略它。

阻止 finally 处理程序改变成功值的原因如下：

- 使用 finally 的主要场景旨在清理执行完毕的一些操作，但不影响这些操作的结果。

1 无论如何，在 finally 代码块中使用 return 的做法都是糟糕的实践。

- 实际上，Promise 的机制并不能区分以下三种函数：完全不使用 return 语句的函数(代码只是自然地执行到最后)、使用 return 关键字但是不带返回值的函数以及使用了 return undefined 的函数。因为调用这三种函数的结果是一样的：返回值都是 undefined。比如：

```
function a(){
}
function b(){
    return;
}
function c(){
    return undefined;
}
console.log(a()); // undefined
console.log(b()); // undefined
console.log(c()); // undefined
```

相比之下，在 try/catch/finally 结构中，JavaScript 引擎能够区分两种情况：finally 代码块中程序自然执行到最后(不影响其所在的函数体中的返回值)的情况和使用了 return 语句的情况。因为 Promise 的机制并不能分辨这种区别，同时 finally 处理程序的主要目的是在不改变任何值的前提下做清理工作，所以我们理应忽略 finally 处理程序的返回值。

虽然处理程序不会影响 Promise 链的成功值，但这并不意味着它不能返回一个 Promise 或者 thenable 对象。并且在这种情况下，Promise 链会等待 Promise/thenable 对象完成处理，这与 then 方法和 catch 方法返回 thenable 对象时的情况相似，因为 Promise/thenable 对象也可能变为已拒绝状态。运行代码清单 8-3 中的代码。

代码清单 8-3 finally 方法返回已成功状态的 Promise——finally-returning-promise.js

```
// Function returning promise that gets fulfilled after the given
// delay with the given value
function returnWithDelay(value, delay = 100){
    return new Promise(resolve => setTimeout(resolve, delay, value));
}

// The function doing the work
function doSomething(){
return returnWithDelay("original value")
    .finally(()=> {
         return returnWithDelay("unused value from finally", 1000);
    })
}

console.time("example");
doSomething()
    .then(value => {
        console.log("value = " + value); // "value = original value"
        console.timeEnd("example");      // example: 1100ms (or similar)
    });
```

请注意，尽管返回值没有被 finally 处理程序返回的已成功状态的 Promise 所改变，但是 Promise 链在继续运行之前确实会等待该 Promise 变为已成功状态。该程序大概花费了 1100 毫秒(而非 100 毫秒)来完成运行，这是因为 finally 处理程序中的 returnWithDelay 函数延迟了 1000 毫秒。

如果 finally 处理程序返回的 thenable 对象为已拒绝状态，该状态就会替代已成功状态，参见代码清单 8-4。

代码清单 8-4 finally 导致的拒绝行为——finally-causing-rejection.js

```
// Function returning promise that gets fulfilled after the given
// delay with the given value
function returnWithDelay(value, delay = 100){
   return new Promise(resolve => setTimeout(resolve, delay, value));
}

// Function returning promise that is *rejected* after the given
// delay with the given error
function rejectWithDelay(error, delay = 100){
   return new Promise((resolve, reject)=> setTimeout(reject, delay, error));
}

console.time("example");
returnWithDelay("original value")
   .finally(()=> {
      return rejectWithDelay(new Error("error from finally"), 1000);
   })
   .then(value => {
      // Not called
      console.log("value = " + value);
   })
   .catch(error => {
      console.error("error = ", error);  // "error = Error: error from finally"
   })
   .finally(()=> {
      console.timeEnd("example");        // example: 1100ms (or similar)
   });
```

8.3.6 在 then、catch 和 finally 处理程序中抛出异常

本章前面已多次介绍过，如果你在 then、catch 或 finally 处理程序中抛出异常，那么 then/catch/finally 所创建的 Promise 将以抛出的异常变为已拒绝状态。下面介绍一个真实的 Web 编程中的示例。

在现代浏览器上，旧的 XMLHttpRequest 对象被新的 fetch 方法替代，后者可返回一个 Promise 并且通常来说更易于使用。本质上，你要对 url 进行 fetch 请求并且它会返回一个 Promise。该 Promise 是变为已成功状态，还是已拒绝状态，取决于网络操作是成功还是失败。当网络操作成功时，成功值是一个具有多个属性和方法的 Response 对象，这些方法(也会返回 Promise)将响应体当作纯文本、ArrayBuffer(参见第 11 章)、将被解析为 JSON 的文本，以及 blob 对象等来读取。因此，简单来说，fetch 的作用就是从 JSON 格式中取出某些数据，如下所示：

```
// WRONG
fetch("/some/url")
   .then(response => response.json())
   .then(data => {
      // Do something with the data...
   })
   .catch(error => {
      // Do something with the error
   });
```

但上述代码丢失了一个重要的步骤。在使用 XMLHttpRequest 时需要检查 status 属性的结果，同样，对于 fetch 方法，你也必须检查响应的状态值 status(直接或间接地)，因为 fetch 所产生的 Promise 只会在网络错误时变为已拒绝状态。其他任何情况(404 或者 500 错误等)都是包含状态码的已成功状态，而不是已拒绝状态，因为即便 HTTP 请求失败，网络请求也是成功的。

然而 99.99%的情况下，fetch 的使用都是很简单的，因为你并不需要关心为什么没有得到期望的响应值(不管是因为网络错误还是 HTTP 错误)，而只需要关心没有得到期望响应的事实。要处理这种情况，最简单的方式就是从第一个 then 处理程序中抛出错误。

```
fetch("/some/url")
    .then(response => {
        if (!response.ok){
            throw new Error("HTTP error " + response.status);
        }
        return response.json();
    });
    .then(data => {
        // Do something with the data...
    })
    .catch(error => {
        // Do something with the error
    });
```

then 处理程序通过检查 response 的 ok 属性来便捷地将一个具有 HTTP 错误的已成功状态转换为已拒绝状态，并且当该属性的值为 false 时，使用 throw 关键字来触发拒绝行为。(如果 HTTP 响应的状态码是已成功状态，那么 ok 属性为 true，否则为 false。)因为你经常需要这种检查，所以可封装一个工具类函数来实现该功能。错误处理程序可能需要访问 response，你可以通过自定义的 Error 子类来提供 response，同时考虑到 Error 的 message 属性是字符串类型的，最终代码将如代码清单 8-5 所示。

代码清单 8-5 封装 fetch，将 HTTP 错误转换为已拒绝状态——fetch-converting-http-errors.js

```
class FetchError extends Error {
    constructor(response, message = "HTTP error " + response.status){
        super(message);
        this.response = response;
    }
}
const myFetch = (...args)=> {
    return fetch(...args).then(response => {
        if (!response.ok){
            throw new FetchError(response);
        }
        return response;
    });
};
```

使用封装后的 myFetch，可更简洁地编写前面的示例：

```
myFetch("/some/url")
    .then(response => response.json())
    .then(data => {
        // Do something with the data...
    })
    .catch(error => {
```

```
        // Do something with the error
    });
```

myFetch 中的 then 处理程序使用 throw 关键字将带有 HTTP 错误的已成功状态转换为已拒绝状态。

8.3.7　带有两个参数的 then 方法

到目前为止，本章展示的 then 方法的示例都只传递了一个处理程序。但是 then 方法可接受两个处理程序：一个用于已成功状态，另一个用于已拒绝状态。

```
doSomething()
    .then(
        /*f1*/ value => {
            // Do something with `value`
        },
        /*f2*/ error => {
            // Do something with `error`
        }
    );
```

在该示例中，如果来自 doSomething 的 Promise 变为已成功状态，那么第一个处理程序会被调用；如果该 Promise 变为已拒绝状态，那么第二个处理程序会被调用。

使用 p.then(f1, f2)和使用 p.then(f1).catch(f2)是不同的。二者之中有一个很大的区别：双参数版本的 then 方法给初始的 Promise 添加了两个处理程序，但是如在 then 方法后使用 catch 方法，则会将拒绝处理程序添加给 then 方法返回的 Promise。这意味着在 p.then(f1, f2)的情况中，代码仅会在 p 变为已拒绝状态时调用 f2，而当 f1 抛出错误或者返回一个已拒绝状态的 Promise 时，代码不会调用 f2。而在 p.then(f1).catch(f2)的情况中，当 p 变为已拒绝状态，或者 f1 抛出错误或返回一个已拒绝状态的 Promise 时，代码均会调用 f2。

then 方法的两个参数均是可选的

如果你想要添加一个拒绝处理程序但是并不想添加成功处理程序，可将 undefined 当作第一个参数来传递：.then(undefined, rejectionHandler)。

“等等，”你可能会说，“这不是 catch 方法做的事情吗？”是的。从字面上看，catch 方法就是裹着 then 方法的方法，实际的定义类似于下面这个使用方法语法的示例：

```
catch(onRejected) {
    return this.then(undefined, onRejected);
}
```

finally 方法也是裹着 then 方法的一个方法，但是它传递给 then 方法的处理程序是有逻辑的，它不像 catch 方法那样只传递接收的处理程序。

本章稍后将会再次提到 catch 方法和 finally 方法，从字面上看，它们纯粹是基于 then 方法的(仅是字面上，而不是概念上)。

通常情况下，你可能只想使用单参数版本的 then 方法，并且使用 catch 方法来对 then 方法返回的 Promise 添加链式拒绝处理程序。但如果你仅想处理来自初始 Promise 的错误，而不处理来自成功处理程序的错误，那么可使用双参数的版本。比如，假设你想使用上一节中的 myFetch 方法并且想从服务器获取一些 JSON 数据，若服务器响应错误，则提供一个默认值，但是你并不想处理在读取和转换 JSON(调用 response.json())时产生的错误(如果有的话)。这种情况下，理应使用双参数版本的 then

方法：

```
myFetch("/get-message")
    .then(
        response => response.json(),
        error => ({ message: "default data" })
    )
    .then(data => {
        doSomethingWith(data.message);
    })
    .catch(error => {
        // Handle overall error
    });
```

如果使用单参数版本的 then 方法，代码则会更加难以处理。要么在调用 json 方法的代码报错时通过.then(...).catch(...)终止处理程序，要么使用 json 函数将默认值裹入对象中，以将 catch 方法放到前面。

```
// Awkward version avoiding using the two-argument `then`
// Not best practice
myFetch("/get-message")
    .catch(()=> {
        return {json(){ return { message: "default data" }; };
     })
    .then(response => response.json())
    .then(data => {
        doSomethingWith(data.message);
    })
    .catch(error => {
        // Handle overall error
    });
```

在实践中，通常使用.then(f1).catch(f2)结构，但是对于一些相对少见的情况，需要对 then 处理程序产生的错误和初始 Promise 的已拒绝状态进行区分处理(比如上例)，此时可使用双参数的 then 方法。

8.4 为已敲定状态的 Promise 添加处理程序

本章开头的“为什么要使用 Promise”一节提到了使用回调函数方式时存在的两个问题：

- 为一个已完成的进程添加回调函数的做法是未标准化的。在某些情况下，这意味着回调函数将永远不会被调用；在某些情况下，它将被同步地调用；在其他情况下，它将被异步地调用。每次使用回调函数时检查每个 API 细节的过程非常浪费时间且容易被忘记。当你的假设或记忆出错时，你遇到的 bug 通常是微妙且难以发现的。
- 对一个操作添加多个回调函数的做法要么无法实现，要么未标准化。

Promise 通过提供用于添加已完成状态的处理程序(包括多个处理程序的情况)的标准语义来解决这些问题，并保证以下两点：

- 处理程序将会被调用(前提是为已敲定、已成功或已拒绝的状态添加恰当的处理程序)。
- 调用是异步的。

这意味着如果你的代码从某个地方接收了一个 Promise，将会以如下方式运行：

```
console.log("before");
thePromise.then(()=> {
```

```
    console.log("within");
});
console.log("after");
```

规范保证了代码首先会输出 before，然后是 after，最后是 within(如果 Promise 稍后变为已成功状态或者已经是已成功状态)。如果 Promise 稍后变为已成功状态，成功处理程序也会按计划稍后执行。如果 Promise 已经是已成功状态，则会在调用 then 方法期间进入计划(但是并不执行)。对成功处理程序或者拒绝处理程序的调用将会向 Promise 的任务队列添加一个任务。更多有关任务队列的信息，请参见后面的“脚本任务与 Promise 任务”部分。从下载的代码中运行 then-on-fulfilled-promise.js 并观察实际效果。

要确保处理程序仅会被异步地调用(即便它在已敲定状态的 Promise 上)，这是 Promise 自身使非异步操作变为异步操作的唯一方式。

脚本任务与 Promise 任务

JavaScript 引擎中的每一个线程都为任务队列提供了一个循环。任务是指一个工作单元，对应的线程将从头到尾运行而不运行其他任何东西。有两类标准的任务队列：脚本任务和 Promise 任务(HTML 规范称之为宏任务和微任务)。比如脚本的执行、模块的执行(参见第 13 章)、DOM 事件的回调以及定时器的回调是脚本任务(宏任务)。Promise 的响应(调用 Promise 的成功处理程序或者拒绝处理程序)是 Promise 任务(微任务)：当编排一个成功处理程序或拒绝处理程序的调用时，引擎会向 Promise 任务队列添加一个任务。Promise 任务队列中的所有任务都会在当前脚本任务结束后，下一个脚本任务运行前执行(即便该脚本任务被添加到脚本任务队列的时间远早于 Promise 任务被添加到 Promise 队列的时间)。这包含了通过 Promise 任务添加的 Promise 任务。比如，如果 Promise 任务队列中的第一个 Promise 任务调度另一个 Promise 响应，该响应就会发生在调度该响应的 Promise 任务之后，但是在下一个脚本任务执行之前。从概念上讲，相关代码如下所示：

```
// Just conceptual, not literal!
while (running) {
    if (scriptJobs.isEmpty()) {
        sleepUntilScriptJobIsAdded();
    }
    assert(promiseJobs.isEmpty());
    const scriptJob = scriptJobs.pop();
    scriptJob.run(); // May add jobs to promiseJobs and/or scriptJobs
    while (!promiseJobs.isEmpty()) {
        const promiseJob = promiseJobs.pop();
        promiseJob.run(); // May add jobs to promiseJobs and/or scriptJobs
    }
}
```

事实上，Promise 响应比其他任务拥有更高的优先级。

(主机环境也可能有其他类型的任务。比如，Node.js 中有 setImmediate 方法，它调度任务的方式和脚本任务及 Promise 任务采用的方式都不相同。)

8.5 创建 Promise

创建 Promise 的方式有很多。前面已经介绍了创建 Promise 的主要方式：在一个已存在的 Promise

上使用 then、catch 或者 finally 方法。当不存在已有的 Promise 时，可使用 Promise 构造函数或者一系列工具类函数来创建 Promise。

8.5.1 Promise 构造函数

可使用 Promise 构造函数创建一个 Promise。人们经常误以为 new Promise 会将同步操作转换为异步操作。但事实并非如此。Promise 并不会使操作异步化。它们只是提供了一种一致的方式来报告异步操作的运行结果。

需要使用 new Promise 的场景很少。这有些令人惊讶，但在大部分时候，我们是通过其他方式来获取 Promise 的，这些方式如下：

- 调用某些返回 Promise 的方法(比如 API 方法等)。
- 在现有 Promise 上调用 then、catch 或 finally 方法。
- 使用工具类函数，可将特定形式的回调函数 API 转换为 Promise 形式的 API(这实际上只是第一种方式的特例)。
- 使用 Promise 的静态方法(比如 Promise.resolve 或者 Promise.reject 方法)获取，稍后会介绍这些静态方法。

任何时候，当你已经有 Promise 或者 thenable 对象时，都不需要 new Promise 方法。可使用 then 方法来链接；或者当你已有 thenable 对象但想要 Promise 时，可使用 Promise.resolve(稍后将介绍)。

但有时我们确实需要从头开始创建 Promise。比如，观察上述列表中的第三种方式，假设你在编写一个用于将回调函数形式的 API 转换为 Promise 形式的 API 的工具函数。让我们来看一下这个函数。

假设你有一些基于 Promise 的代码，并且需要使用一个不提供 Promise 的 API 函数；不过，这个 API 函数接受一个包含配置项的对象，其中两个配置项分别是成功和失败的回调函数：

```
const noop = ()=> { }; // A function that does nothing
/* Does something.
 * @param data      The data to do something with
 * @param time      The time to take
 * @param onSuccess Callback for success, called with two arguments:
 *                  the result, and a status code
 * @param onError Callback for failure, called with one argument
 *                  (an error message as a string).
 */
function doSomething({ data, time = 10, onSuccess = noop, onError = noop } = {}){
   // ...
}
```

因为代码是基于 Promise 的，所以，基于 Promise 版本的 doSomething 函数在此处十分有用。你可能会编写一个如代码清单 8-6 中的 promiseSomething 那样的包装函数(希望你能给它起一个更好的名字)。

代码清单 8-6　用于 mock API 方法的包装函数——mock-api-function-wrapper.js

```
function promiseSomething(options = {}){
   return new Promise((resolve, reject)=> {
      doSomething({
         ...options,
         // Since `doSomething` calls `onSuccess` with two
         // arguments, we need to wrap them up in an object
         // to pass to `resolve`
```

```
            onSuccess(result, status){
                resolve({ result, status });
            },
            // `doSomething` calls `onError` with a string error,
            // wrap it in an Error instance
            onError(message){
                reject(new Error(message));
            }
        });
    });
}
```

如本章开头部分所述，传递给 Promise 构造函数的函数被称为执行器函数。它负责启动由 Promise 报告成功或失败的进程。Promise 构造函数同步地调用执行器函数，这意味着执行器函数中的代码会在 promiseSomething 函数返回 Promise 之前执行。

本章前面介绍过执行器函数，当然代码清单 8-6 也展示了该函数。回顾一下，一个执行器函数接收两个参数：一个用于决议该 Promise(通常被称为 resolve，但是可被定义为任何名称)，另一个用于拒绝该 Promise(通常被称为 reject)。如果不访问这两个函数之一，就无法改变 Promise 的状态。它们都接收单个参数：resolve 接收一个 thenable 对象(这种情况下，它会将 Promise 的决议传递给 thenable 对象)或一个非 thenable 的值(这种情况下，Promise 变为已成功状态)；reject 接收拒绝理由(错误)。如果在调用它们中的任何一个时没有传递参数，则会将 undefined 用作决议的值或者拒绝理由。如果你调用它们时使用了多个参数，那么只有第一个参数会被使用，其他的参数将会被忽略。在首次调用 resolve 或 reject 之后，若再次调用它们，将不会有什么效果。这并不会引起错误，但是调用会被完全忽略。这是因为一旦 Promise 变为已决议状态(已成功或者变为一个 thenable 对象)或者已拒绝状态，就不能再改变状态。成功或者失败的状态将会一直保持不变。

下面看看代码清单 8-6 中的执行器函数都做了些什么：

- 它创建了一个新的可选项对象并使用属性扩展语法(详见第 5 章)将传入的可选项对象的属性赋给新对象，并添加了自己的 onSuccess 和 onError 方法。
- 对于 onSuccess 方法，代码使用一个函数来接收你给出的两个参数，并创建了一个具有 result 和 status 属性的新对象，然后调用 resolve 方法来完成 Promise 并将这个新对象用作成功值。
- 对于 onError 方法，代码使用一个函数来接收来自 doSomething 函数的字符串类型的错误信息，然后用 Error 实例包装错误信息，并使用这个 Error 实例调用 reject 方法。

现在，可在基于 Promise 的代码中使用 promiseSomething 函数了：

```
promiseSomething({ data: "example" })
    .then(({ result, status })=> {
        console.log("Got:", result, status);
    })
    .catch(error => {
        console.error(error);
    });
```

若想要一个完整的可运行的示例，可从下载的文件中运行 full-mock-api-function-example.js。

值得注意的是，与 resolve 方法不同，如果你将一个 thenable 对象赋给 reject，reject 方法并不会以不同的方式处理它。它总是会将传递给它的值用作拒绝理由，总是会使 Promise 变为已拒绝状态。它并不会像 resolve 方法那样将决议传递给它的 Promise。即便你传入一个 thenable 对象，reject 方法也不会等待该 thenable 对象变为已敲定状态。reject 方法会将 thenable 对象本身用作拒绝理由。比如，如下代码说明了这一点：

```
new Promise((resolve, reject)=> {
   const willReject = new Promise((resolve2, reject2)=> {
      setTimeout(()=> {
         reject2(new Error("rejected"));
      }, 100);
   });
   reject(willReject);
})
   .catch(error => {
      console.error(error);
   });
```

上述代码立即将 willReject Promise 传递给了 catch 处理程序，没有等待其变为已敲定状态。(100 毫秒后，会出现 unhandled rejection 错误，因为没有代码处理 willReject 的已拒绝状态。)

resolve 方法和 reject 方法有很大的不同。resolve 方法会决议 Promise，包括将其传递给另一个 Promise 或者 thenable 对象(可能需要等待其他 Promise/thenable 对象变成已敲定状态)，但是 reject 方法会立即拒绝该 Promise。

8.5.2 Promise.resolve

Promise.resolve(x)实际上是以下代码的简写：

```
x instanceof Promise ? x : new Promise(resolve => resolve(x))
```

除了在 Promise.resolve(x)中，x 仅执行一次。如果参数是一个 Promise(不只是 thenable 对象)的实例，它将直接返回该参数；否则，将创建一个新的 Promise 并且以给定的值来决议该 Promise ——这意味着如果该值是一个 thenable 对象，Promise 将会以 thenable 对象决议；如果该值不是 thenable 对象，Promise 将会以该值变为已成功状态。

Promise.resolve 可将 thenable 对象转换为原生的 Promise，且用起来十分方便，因为返回的 Promise 的已敲定状态依赖于 thenable 对象的已敲定状态。Promise.resolve 在转换一些值时也十分有用，假设要转换的值为 x(x 可能是一个 Promise、thenable 对象或者一个普通值)，将其通过 Promise.resolve 传入：

```
x = Promise.resolve(x);
```

以上代码将总是返回 Promise。例如，假设你想要实现一个用于输出值的工具类函数，该值可以是输出值本身，或者如果接收的是一个 thenable 对象，该函数将输出其成功值或者拒绝理由。可通过 Promise.resolve 传递该参数值：

```
function pLog(x){
   Promise.resolve(x)
      .then(value => {
         console.log(value);
      })
      .catch(error => {
         console.error(error);
      });
}
```

然后通过一个简单的值调用它：

```
pLog(42);
// => 42 (after a "tick" because it's guaranteed to be asynchronous)
```

或者通过一个 Promise 或 thenable 对象调用它：

```
pLog(new Promise(resolve => setTimeout(resolve, 1000, 42)));
// => 42 (after ~1000ms)
```

Promise/thenable 对象也可能变为已拒绝状态，因此来自 Promise.resolve 的 Promise 也可能变成已拒绝状态：

```
pLog(new Promise((resolve, reject)=> {
    setTimeout(reject, 1000, new Error("failed"));
}));
// => error: failed (after ~1000ms)
```

另一种使用场景是：启动一连串的支持 Promise 的异步操作。其中每步操作都串联着上一步的成功值。相关内容详见本章后续的“串行 Promise”部分。

8.5.3 Promise.reject

Promise.reject(x)是以下代码的简写：

```
new Promise((resolve, reject)=> reject(x))
```

也就是说，它以传递给它的拒绝理由创建一个已拒绝状态的 Promise。

Promise.reject 不像 Promise.resolve 那样用途广泛，它的使用场景通常是：在一个 then 处理程序中将已成功状态转换为已拒绝状态。有些编程者喜欢返回已拒绝状态的 Promise，如下所示：

```
.then(value => {
    if (value == null){
       return Promise.reject(new Error());
    }
    return value;
}
```

而不是使用 throw 方法，如下所示：

```
.then(value => {
    if (value == null){
        throw new Error();
    }
    return value;
}
```

上面两段代码的最终运行结果是相同的，但是由于个人风格的原因，你可能会见到某些编程者使用 Project.reject 方法来实现此目的，特别是在可使用简洁的箭头函数替代冗长的函数声明的情况下。比如，之前的示例可用箭头函数的简写形式来编写，如下所示：

```
.then(value => value == null ? Promise.reject(new Error()): value);
```

不能在箭头函数的简写形式中使用 throw 方法(目前是这样)，因为 throw 是一个语句，但是箭头函数简写形式的函数体是表达式(throw 表达式目前是一个进行中的提议[1]，因此以后有可能会改变)。

1 https://github.com/tc39/proposal-throw-expressions。

8.6 其他 Promise 工具方法

Promise.resolve 方法和 Promise.reject 方法并不是 Promise 仅有的可用工具方法，本节将会介绍更多。

8.6.1 Promise.all

假设你有三个需要执行的异步操作，但是它们彼此之间互不依赖，所以如果它们可以互相并行，并且你仅在三个操作都返回结果时才使用这些结果，那么这是没有问题的。如果你使用 Promise 链，它们则会按顺序运行。所以如何执行它们呢？可分别启动每一个 Promise 并记录下来，然后按顺序调用它们的 then 方法，但是这种做法不太雅观：

```
let p1 = firstOperation();
let p2 = secondOperation();
let p3 = thirdOperation();
p1.then(firstResult => {
   return p2.then(secondResult => {
      return p3.then(thirdResult => {
         // Use `firstResult`, `secondResult`, and `thirdResult` here
      });
   });
})
.catch(error){
   // Handle error
};
```

Promise.all 可解决该问题！Promise.all 接收一个可迭代对象(比如数组)并且会等待其中的每一个 thenable 对象变为已敲定状态，然后返回一个 Promise，这存在着两种情况：情况 A——当可迭代对象中的所有 thenable 对象都变为已成功状态时，该 Promise 也变为已成功状态，或者情况 B——如果它们中任何一个变为已拒绝状态，则该 Promise 会变为已拒绝状态。当它变为已成功状态时，成功值是一个数组，该数组的值按照可迭代对象中元素调用的顺序，由原可迭代对象中的 thenable 对象的成功值和任何非 thenable 对象的值组成。当它变为已拒绝状态时，它使用 thenable 对象的拒绝理由(请记住，使用的是第一个变为已拒绝状态的 thenable 对象的理由)。

可使用 Promise.all 来等待这三个并行运行的操作的结果：

```
Promise.all([firstOperation(), secondOperation(), thirdOperation()])
   .then(([firstResult, secondResult, thirdResult])=> {
      // Use `firstResult`, `secondResult`, and `thirdResult` here
   })
   .catch(error => {
      // Handle error
   });
```

如果 secondOperation 函数在 firstOperation 函数之前完成，这是没有影响的。Promise.all 方法保证了返回的成功值的顺序和接收到的 thenable 对象的顺序一致。第一个 thenable 对象的结果总是数组的第一个元素，第二个 thenable 对象的结果总是数组的第二个元素，以此类推。同样，在可迭代对象中，任何非 thenable 对象的值也会在结果数组中保持一致的顺序。参见图 8-9。

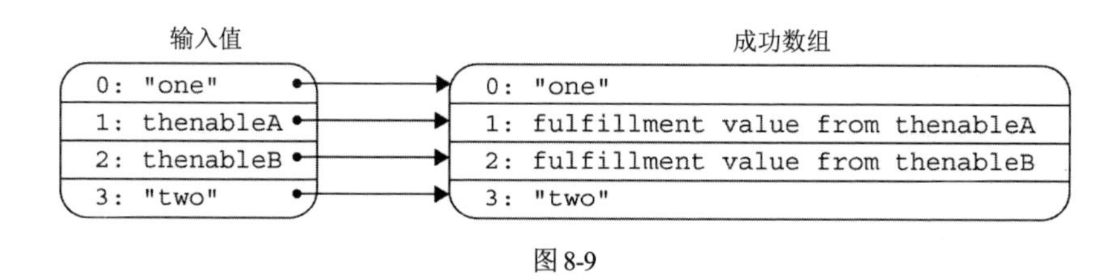

图 8-9

注意，早前示例中的 then 处理程序使用了解构。如果传递给 Promise.all 方法的可迭代对象的元素数量是已知的，即未使用动态创建的未知元素数量，那么，可在 then 处理程序中使用解构，以提升代码的清晰度，不过这是完全可选的。

如果你以任何空的可迭代对象调用 Promise.all 方法，那么 Promise 会立即变为已成功状态并返回一个空数组。

如果任意一个 thenable 对象变为已拒绝状态，Promise.all 返回的 Promise 将会以该拒绝理由变为已拒绝状态，而不会等待其他 thenable 对象变为已敲定状态。它并不会允许你访问出现在拒绝之前的成功值，也不会让你访问之后发生的成功值或者拒绝理由。但它会静默地处理首个已拒绝状态后的已拒绝状态，所以并不会引起 unhandled rejection 错误。

请记住，任何非 thenable 对象的值都会被直接传递。这是因为 Promise.all 方法会将它接收到的可迭代对象的所有值全部传递给 Promise.resolve 方法，然后使用返回的 Promise。比如，如果你有两个需要执行的操作以及一个想要同时传递的值，可编写如下实现代码：

```
Promise.all([firstOperation(), 42, secondOperation()])
    .then(([a, b, c])=> {
        // Use `a`, `b`, and `c` here
        // `c` will be 42 in this example
    })
    .catch(error => {
        // Handle error
    });
```

这个值不一定要放在最后，可放在任何位置：

```
Promise.all([firstOperation(), 42, secondOperation()])
    .then(([a, b, c])=> {
        // Use `a`, `b`, and `c` here
        // `c` will be 42 in this example
    })
    .catch(error => {
        // Handle error
    });
```

8.6.2 Promise.race

Promise.race 方法接受一个可迭代对象(通常是 thenable 对象)并观察它们竞速，为竞速的结果提供一个 Promise。返回的 Promise 使用“获胜的”Promise 的成功值或者拒绝理由：当第一个 thenable 对象变为已成功状态时，返回的 Promise 也会立即变为已成功状态，或者当第一个 thenable 对象变为已拒绝状态时，返回的 Promise 也变为已拒绝状态。同 Promise.all 一样，Promise.race 也会将可迭代对象的值传递给 Promise.resolve，所以非 thenable 对象也是有效的。

Promise.race 的一个用例是超时时间。假设你需要获取(fetch)某些资源并设置了超时时间，但你使用的获取机制并没有提供超时时间的特性，这时，可在 fetch 操作和定时器之间进行竞速：

```
// (Assume timeoutAfter returns a promise that gets rejected with a
// timeout error after the given number of milliseconds)
Promise.race([fetchSomething(), timeoutAfter(1000)])
    .then(data => {
        // Do something with the data
    })
    .catch(error => {
        // Handle the error or timeout
    });
```

当定时器赢得了竞速时，fetch 操作并不会停止，但是后续 fetch 操作的最终结果(无论成功还是失败)会被忽略。当然，如果你使用的 fetch 实现机制支持超时配置，或者提供了取消的方法，就可使用相应的内置方案。

8.6.3 Promise.allSettled

Promise.allSettled 将所有可迭代对象的值传递给 Promise.resolve 方法。不管可迭代对象最后是已成功状态还是已拒绝状态，Promise.allSettled 会等待它们全部变为已敲定状态，然后返回一个对象数组，这些对象具有 status 属性和 value 或 reason 属性。如果 status 属性为 fulfilled，那么该 Promise 是已成功状态，并且对象的 value 属性为成功值。如果 status 属性为 rejected，那么 Promise 是已拒绝状态，并且 reason 属性为拒绝理由。(在校验 status 属性时，请确保 fulfilled 拼写正确，编程者很容易在 ful 后面多加一个 l。)

与 Promise.all 的情况一样，结果数组的顺序将会和可迭代对象的顺序保持一致，即便 thenable 对象的已敲定顺序可能和该顺序不一致。

下面是一个示例：

```
Promise.allSettled([Promise.resolve("v"), Promise.reject(new Error("e"))])
    .then(results => {
        console.log(results);
    });
// Outputs something similar to:
// [
//     {status: "fulfilled", value: "v"},
//     {status: "rejected", reason: Error("e")}
// ]
```

8.6.4 Promise.any

在我撰写本书时，Promise.any[1]处于阶段 3，它的表现和 Promise.all 相反。同 Promise.all 一样，它接收一个可迭代对象，传递给 Promise.resolve 并且返回一个 Promise。但是 Promise.all 将成功定义为“所有 thenable 对象变为已成功状态”，而 Promise.any 将成功定义为“任意 thenable 对象变为已成功状态”。Promise.any 将根据第一个 thenable 对象变为已成功状态时的成功值变为已成功状态。如果所有 thenable 对象都变为已拒绝状态，它会以 AggregateError 实例来拒绝该 Promise，AggregateError 的 error 属性是一个由拒绝理由组成的数组。和 Promise.all 的由成功值组成的数组一样，由拒绝理由组成的数组，其顺序和接收的可迭代对象的顺序一致。

1 https://github.com/tc39/proposal-promise-any。

8.7　Promise 的模式

在本节中，你将了解到，在使用 Promise 时，可采用一些实用的模式。

8.7.1　处理错误或返回 Promise

Promise 的基本规则之一是：要么处理错误，要么把 Promise 链传递给调用者(比如，返回 then、catch 或 finally 方法的最新结果)。使用 Promise 时程序出错的主要原因很可能是违反了此规则。

假设你有一个在调用时可获取和显示更新后得分的函数：

```
function showUpdatedScore(id){
    myFetch("getscore?id=" + id).then(displayScore);
}
```

如果 myFetch 运行错误，会怎样呢？没有代码处理该 Promise 的已拒绝状态。在浏览器中，未处理的拒绝将会显示在控制台中。在 Node.js 中，该错误也会显示在控制台中，并且可能完全终止程序[1]。此外，无论通过何种方式调用 showUpdatedScore，都无法感知它的异常。因此，showUpdatedScore 应该返回来自 then 方法的 Promise：

```
function showUpdatedScore(id){
    return myFetch("getscore?id=" + id).then(displayScore);
}
```

然后，任何调用 showUpdatedScore 的方式都可处理错误，并且，如果必要的话，将 Promise 链传递下去(也可能和其他正在执行的异步操作合并)。比如：

```
function showUpdates(scoreId, nameId){
    return Promise.all([showUpdatedScore(scoreId), showUpdatedName(nameId)]);
}
```

每一层都应该处理拒绝行为或者给调用者返回一个 Promise，期望调用者可以处理拒绝行为。顶层则必须处理拒绝行为，因为它没有可传递的 Promise 链：

```
button.addEventListener("click", ()=> {
    const {scoreId, nameId} = this.dataset;
    showUpdatedScore(scoreId, nameId).catch(reportError);
}
```

对于同步的异常，JavaScript 内置了传递机制。对于 Promise，需要通过返回链中的最后一个 Promise 来确保传递的运行。但是不要绝望！在第 9 章，你将会看到在 async 函数中，错误的传递是如何再次变成自动化的。

8.7.2　串行 Promise

如果你有一系列操作并且需要一个接一个地执行，并且想要收集所有结果或者仅将每个结果传递给下一个操作，则可通过一种简便的方式实现：使用循环构建 Promise 链。首先将想要调用的函数(或者如果你每次都调用同一个函数，则是每一个操作的参数)构造为一个数组(或者任意的可迭代对象)，

---

1 至少，这是一个计划。目前，当检测到未处理的拒绝时，Node.js v13 版本仍然仅给出警告，但在未来的某个版本，该错误可能会终止进程。

然后通过遍历数组构造 Promise 链，通过 then 方法将上一个操作的成功值传递给下一个操作。启动时，传入初始值，调用 Promise.resolve 方法。

很多人在数组上使用 reduce 方法来执行上述操作，所以下面快速回顾一下 reduce 的概念：它采用一个回调函数和一个种子值(此处使用它的方式)，并且通过种子值和数组中的第一个元素来调用回调函数，然后以第一次调用的返回值以及数组中的下一个元素再次调用回调函数，不断重复，直到遍历完数组，返回回调函数最后的结果。因此，reduce 方法的调用方式如下：

```
console.log(["a", "b", "c"].reduce((acc, entry)=> acc + " " + entry, "String:"));
console.log(value); // "String: a b c"
```

上述代码通过"String: "(种子值)以及"a" (数组的第一个元素)调用回调函数，然后通过"String: a" (上一次迭代的结果)以及"b" (数组中的下一个元素)调用回调函数，之后再次通过"String: a b" (上一次迭代的结果)以及"c" (数组中的最后一个元素)调用回调函数，最后返回最终结果："String: a b c"。如下面的代码所示：

```
const callback = (acc, entry)=> acc + " " + entry;
callback(callback(callback("String:", "a"), "b"), "c")
console.log(value); // "String: a b c"
```

但是，reduce 方法更加灵活，因为即便数组中有很多元素，它也可以处理。

下面将其应用于 Promise。假设你有一个函数，该函数可将一个值传入一系列可配置的转换函数(就像 Web 服务器中的中间件，或者一系列图片数据过滤器)：

```
function handleTransforms(value, transforms){
    // ...
}
```

因为每次调用的转换列表都不同，所以返回的是转换函数的数组。每个函数接受一个待转换的值并产生一个转换后的值，这里不区分同步转换和异步转换。如果是异步转换，函数会返回一个 Promise。在循环中创建一个 Promise 链，可以很好地完成该任务：将初始值用作 reduce 累加器的种子值，并且遍历这些函数，将这些 Promise 链接到一起。如下所示：

```
function handleTransforms(value, transforms){
   return transforms.reduce(
      (p, transform)=> p.then(v => transform(v)),  // The callback
      Promise.resolve(value)                        // The seed value
   );
}
```

但是，使用 reduce 方法编写的代码可能有些难以阅读，下面看一下如何使用 for-of 循环完成同样的任务：

```
function handleTransforms(value, transforms){
    let chain = Promise.resolve(value);
    for (const transform of transforms){
       chain = chain.then(v => transform(v));
    }
    return chain;
}
```

(可移除上面两个示例中的箭头函数，与其编写.then(v => transform(v))，不如编写.then(transform)。)

下面假设通过转换函数 a、b 和 c 调用 handleTransforms。无论是使用 reduce 方法的代码还是 for-of

循环的代码，handleTransforms 都建立了 Promise 链，并且在所有回调函数运行前返回(因为 Promise.resolve 返回的 Promise 上的 then 方法保证其仅异步执行回调函数)。之后，代码会进行下面的操作：

- 第一个回调函数会立即运行。它将初始值传递给函数 a，而 a 会返回一个值或者一个 Promise。第一次调用的 Promise 返回成功并传递给 then 方法。
- 上一个 Promise 运行成功后调用第二个 then 方法的回调函数，将 a 返回的值传递给 b，并且返回 b 的结果。第二次调用的 Promise 返回成功并传递给 then 方法。
- 上一个 Promise 运行成功后调用第三个 then 方法的回调函数，将 b 返回的值传递给 c，并且返回 c 的结果。第三次调用的 Promise 返回成功并传递给 then 方法。

调用者看到了最终的 Promise，该 Promise 将会以函数 c 的最终值变为已成功状态或者以函数 a、b、c 中的一个拒绝理由变为已拒绝状态。

第 9 章将介绍 ES2018 中新增的 async 函数。使用 async 函数，可使循环更加清晰(前提是要理解 await 的用法)。下面预览一下其用法：

```
// `async` functions are covered in Chapter 9
async function handleTransforms(value, transforms){
   let result = value;
   for (const transform of transforms){
      result = await transform(result);
   }
   return result;
}
```

8.7.3 并行 Promise

要并行执行一组操作，需要同时启动这些操作，并创建一个由各个操作返回的 Promise 构成的数组(或其他可迭代对象)，并且使用 Promise.all 来等待它们全部运行结束(可参见前面的“Promise.all”一节)。

比如，如果你有一个 URL 数组，你想要获取其中的每一个 URL 资源，并且希望并行地获取全部资源，你可能会使用 map 方法来启动每个 fetch 操作并且获取它们的 Promise，然后使用 Promise.all 方法来等待结果：

```
Promise.all(arrayOfURLs.map(
    url => myFetch(url).then(response => response.json())
))
.then(results => {
    // Use the array of results
    console.log(results);
})
.catch(error => {
    // Handle the error
    console.error(error);
});
```

鉴于前面“串行 Promise”一节中最后提到的内容，你可能想知道 async 函数是否也能使并行操作更加简单。答案是：有一定的效果，但是仍然需要使用 Promise.all 方法。如下所示：

```
// this code must be in an `async` function (Chapter 9)
try {
   const results = await Promise.all(arrayOfURLs.map(
```

```
        url => myFetch(url).then(response => response.json())
    ));
    // Use the array of results
    console.log(results);
} catch (error){
    // Handle/report the error
    console.error(error);
}
```

8.8 Promise 的反模式

本节将介绍一些常见的应避免的与 Promise 相关的反模式。

8.8.1 不必要的 new Promise(/*...*/)

初学 Promise 的编程人员经常编写出下面这样的代码：

```
// INCORRECT
function getData(id){
    return new Promise((resolve, reject)=> {
        myFetch("/url/for/data?id=" + id)
            .then(response => response.json())
            .then(data => resolve(data))
            .catch(error => reject(error));
    });
}
```

或者是类似于以上代码的变种。如你所知，then 方法和 catch 方法已经返回了 Promise，所以根本没有必要使用 new Promise。前面的示例应当这样编写：

```
function getData(id){
    return myFetch("/url/for/data?id=" + id)
        .then(response => response.json());
}
```

8.8.2 未处理的错误(或不正确的处理方式)

对于 Promise 的用法来说，未处理的错误或不正确的处理方式并无特别之处。尽管异常都会自动地通过调用堆栈进行传递，直到被 catch 代码块处理，但 Promise 的拒绝行为并不会这样，这会导致隐藏的错误(或者它们本身就是隐藏的错误，直到 JavaScript 运行环境开始报告 unhandled rejections)。

请记住前面“Promise 的模式”一节中的规则：Promise 的基础规则之一是，要么处理错误，要么通过 Promise 链将错误传递给调用者，以便调用者处理错误。

8.8.3 在转换回调函数 API 时隐藏了错误

当使用 Promise 包装函数包装回调 API 时，很容易让错误意外地变为未处理状态。比如，假设你要对一个从数据库读取数据行的 API 使用包装函数：

```
// INCORRECT
function getAllRows(query){
    return new Promise((resolve, reject)=> {
        query.execute((err, resultSet)=> {
```

```
            if (err){
                reject(err); // or `reject(new Error(err))` or similar
            } else {
                const results = [];
                while (resultSet.next()){
                    data.push(resultSet.getRow());
                }
                resolve(results);
            }
        });
    });
}
```

代码乍看起来很合理。它执行查询，如果查询返回错误，代码则以该错误为理由进行拒绝；如果查询不返回错误，代码则构建一个结果数组并以其来完成 Promise。

但是如果 resultSet.next()抛出了一个错误，该怎么办呢？可能底层的数据库连接已被终止。这将会终止回调函数，意味着 resolve 和 reject 都不会被调用，很有可能静默地失败，并且使该 Promise 一直处于未处理状态。

应确保回调函数中的错误是可捕获的并且可转换为拒绝理由：

```
function getAllRows(query){
    return new Promise((resolve, reject)=> {
        query.execute((err, resultSet)=> {
            try {
                if (err){
                    throw err; // or `throw new Error(err)` or similar
                }
                const results = [];
                while (resultSet.next()){
                    data.push(resultSet.getRow());
                }
                resolve(results);
            } catch (error){
                reject(error);
            }
        });
    });
}
```

调用 query.execute 时不需要使用 try/catch，这是因为如果 Promise 的执行器函数本身(而不是之后的回调函数)抛出错误，那么 Promise 的构造函数会自动以该错误为由拒绝 Promise。

8.8.4 隐式地将已拒绝状态转换为已成功状态

听说过 Promise 基本规则(处理错误或者将其返回给 Promise 链)的编程新手有时会错误地将该规则理解为“……并返回 Promise 链”并且会以如下方式来编写代码：

```
function getData(id){
    return myFetch("/url/for/data?id=" + id)
        .then(response => response.json())
        .catch(error => {
            reportError(error);
        });
}
```

发现上述代码存在的错误了吗？(可能有些不明显。)

问题在于，如果发生了错误，getData 函数的 Promise 将会以 undefined 变为已成功状态，而不会变为已拒绝状态。catch 处理程序没有返回任何值，所以调用它后，返回的值为 undefined，这意味着 catch 方法创建的 Promise 将会以 undefined 值变为已成功状态，而不会变为已拒绝状态。这使 getData 函数的用法变得相当令人费解：该函数中的所有 then 处理程序都必须检查所得到的值是 undefined 还是期望得到的数据。

规则是“……或返回 Promise 链”，所以 getData 函数应当如下所示：

```
function getData(id){
    return myFetch("/url/for/data?id=" + id)
           .then(response => response.json());
}
```

这使得调用者在返回结果上使用 then 方法和 catch 方法时，知道 then 处理程序会接收期望数据，而 catch 处理程序则会接收拒绝理由。

8.8.5 试图在链式调用外使用结果

刚接触异步编程的编程者经常会编写下面这样的代码：

```
let result;
startSomething()
.then(response => {
   result = response.result;
});
doSomethingWith(result);
```

问题在于，当 doSomethingWith(result)函数运行时，result 值将会是 undefined，这是因为 then 方法的回调函数是异步的。相反，应当在 then 的回调函数内调用 doSomethingWith 函数(当然，代码需要处理拒绝行为或者返回 Promise 链)：

```
startSomething()
.then(response => {
   doSomethingWith(response.result);
})
.catch(reportError);
```

8.8.6 使用无用的处理程序

初次使用 Promise 时，一些编程者可能会编写无用的处理程序，如下所示：

```
// INCORRECT
startSomething()
.then(value => value)
.then(response => {
   doSomethingWith(response.data);
})
.catch(error => { throw error; });
```

这三个处理程序中有两个是毫无意义的(并且该代码还存在另外一个问题)。到底是什么问题呢？

是的！如果你并不打算用某种方式修改值或者将其用于一些地方，就不需要 then 处理程序；并且 catch 处理程序抛出错误时只会将 catch 方法创建的 Promise 变为已拒绝状态。所以第一个 then 方法和 catch 方法没有任何作用。代码应该如下所示(但仍然是有问题的)：

```
startSomething()
.then(response => {
    doSomethingWith(response.data);
});
```

你发现剩下的问题了吗？在没有更多上下文的情况下，代码看起来有些隐晦，但问题是它需要处理错误，或者为指定代码返回 Promise 链以处理错误的部分。

8.8.7　错误地处理链式调用分支

刚接触 Promise 时容易遇到的另一个常见的问题是错误地处理 Promise 链的分支，如下所示：

```
// INCORRECT
const p = startSomething();
p.then(response => {
   doSomethingWith(response.result);
});
p.catch(handleError);
```

这里存在的问题是：then 处理程序产生的错误没有被处理。因为 catch 方法是在初始的 Promise 上被调用的，而不是在 then 方法产生的 Promise 上被调用的。如果 handleError 函数既能处理来自初始 Promise 的错误，也能处理 then 方法产生的 Promise 的错误，那么应该编写一个链式调用：

```
startSomething()
   .then(response => {
      doSomethingWith(response.result);
   })
   .catch(handleError);
```

如果想要以不同的方式处理来自成功处理程序的错误和来自初始 Promise 的错误，可使用双参数版本的 then 方法：

```
startSomething()
   .then(
      response => {
         doSomethingWith(response.result);
      },
      handleErrorFromOriginalPromise
   )
   .catch(handleErrorFromThenHandler);
```

以上代码假定 handleErrorFromOriginalPromise 不会抛出异常并且不会返回已拒绝状态的 Promise。或者，可在初始结构上添加一个拒绝处理程序，可稍微调整顺序：

```
const p = startSomething();
p.catch(handleErrorFromOriginalPromise);
p.then(response => {
   doSomethingWith(response.result);
})
.catch(handleErrorFromThenHandler);
```

8.9 Promise 的子类

可按照常规方式创建自己的 Promise 子类。例如，通过使用第 4 章介绍的 class 语法：

```
class MyPromise extends Promise {
   // ...custom functionality here...
}
```

当这样做时，很重要的一点是，不要破坏 Promise 提供的各种基本规则。比如，不要重写 then 方法或在 Promise 变为已成功状态时同步地调用 then 处理程序，这些行为将会破坏“处理程序总是被异步调用”的规则。为此，Promise 的子类应是一个有效的 thenable 对象，而不是一个 Promise，但这破坏了子类的“is a”规则。

注意：

你可能并不愿意创建 Promise 的子类，因为你很容易在不经意间陷入原生的 Promise，而不是子类。比如，当处理一个提供 Promise 的 API 时，为了使用 Promise 子类，必须用子类将 API 返回的 Promise 包装起来(通常是使用 YourPromiseSubclass.resolve(theNativePromise)方法)。也就是说，在正确地提供 Promise 子类的情况下，可以相信：从它的方法返回的 Promise 将会是你的子类的实例。

由于 then、catch、finally、Promise.resolve、Promise.reject、Promise.all 等诸多方法都返回 Promise，你可能会担心，如果创建了一个子类，需要重写所有的 Promise 方法。好消息！Promise 方法的实现是智能的：它们可使用子类创建新的 Promise。事实上，本节开头部分的空的 MyPromise shell 是功能完善的，并且，如果在 MyPromise 的实例上调用 then 方法(或者 catch 或 finally 方法)，或者使用 MyPromise.resolve、MyPromise.reject 等方法，可正确地返回 MyPromise 的新实例。不需要显式地实现任何功能：

```
class MyPromise extends Promise {
}
const p1 = MyPromise.resolve(42);
const p2 = p1.then(()=> { /*...*/ });
console.log(p1 instanceof MyPromise); // true
console.log(p2 instanceof MyPromise); // true
```

如果决定新建 Promise 的子类，请牢记以下几点。

- 不需要自定义构造函数，使用默认构造函数即可。但如果想要自定义，则：
  - 务必将第一个参数(执行器函数)传递给 super()方法。
  - 确保不需要接收任何其他参数(因为你不会从使用构造函数的 Promise 的方法的实现中接收任何信息)。
- 如果重写了 then、catch 或 finally 方法，应确保不会破坏它们提供的基本规则(比如，不要同步地执行处理程序)。
- 请记住，then 方法是 Promise 实例的核心方法。catch 方法和 finally 方法调用 then 方法来实现它们的功能(真实情况，不仅仅是概念上)。如果你需要拦截挂载在 Promise 上的处理程序，仅需要重写 then 方法。
- 如果重写了 then 方法，请记住，它有两个参数(通常被称为 onFulfilled 和 onRejected)，并且这两个参数均是可选的。

- 如果创建了可创建 Promise 的新方法，就不要直接调用你自己的构造函数(比如 new Promise())，这对于子类是不友好的。此时应该使用第 4 章介绍的 Symbol.species 方法(在实例中使用 new this.constructor[Symbol.species](/*...*/)，或者在静态方法中使用 new this[Symbol.species](/*...*/))，或者直接在实例方法中使用 new this.constructor(/*...*/)，在静态方法中使用 new this(/*...*/)。原生的 Promise 类使用的是后者的方式，而不是 species 模式。
- 同样，如果你想要在 MyPromise 的代码中使用 MyPromise.resolve 方法或者 MyPromise.reject 方法，也不要直接使用它们，而是应该在一个实例的方法中使用 this.constructor.resolve/reject，或者在静态方法中使用 this.resolve/reject。

不过，通常情况下，你确实不太可能需要创建 Promise 的子类。

8.10　旧习换新

本章仅有一个需要改变的“旧习惯”。

使用 Promise 替代成功/失败的回调函数

旧习惯：在启动一次性的异步进程的函数中，使用一个(或者两个、三个)回调函数来报告成功、失败和完成情况。

新习惯：通过 async 函数(详见第 9 章)显式或者隐式地返回一个 Promise。

第9章 异步函数、迭代器和生成器

本章内容

- async 函数
- await 操作符
- async 迭代器和生成器
- for-await-of 语句

本章代码下载

可通过网址 https://thenewtoys.dev/bookcode 或 https://www.wiley.com/go/javascript-newtoys 下载本章的代码。

本章将介绍 ES2018 中的 async 函数和 await 操作符，它们提供的编写异步代码的语法和我们之前所用的编写同步代码的语法使用了相同的流控制结构(for 循环、if 语句、try/catch/finally、调用方法并等待其结果，等等)。本章还将介绍 async 迭代器、async 生成器和 for-await-of 语句。

因为 async 函数是基于 Promise 对象的，所以如果你还没有学习第 8 章，那么在继续探索本章之前，应该先阅读该章。

9.1 async 函数

从某种意义上说，async/await语法“只是”创建和使用Promise对象的语法糖，但是它们完全改变了你书写异步代码的方式。它们允许你编写逻辑流，而不是只编写同步流并对异步部分使用回调。async/await从根本上改变并简化了异步代码的编写。

在非异步函数中，你将编写一系列由JavaScript引擎按顺序执行的操作，在其执行过程中，不允许执行任何其他操作(参见下面的“每个域只有一个线程”部分)。该代码可能会将一个回调传递给稍后将异步调用它的函数，但这样做只是将回调传递过去——调用并不会马上完成。

例如，思考以下代码(假设所有这些函数都是同步的)：

```
function example(){
   let result = getSomething();
   if (result.flag){
```

```
        doSomethingWith(result);
    } else {
        reportAnError();
    }
}
```

在 example 中，代码调用了 getSomething 函数并检查其返回对象的 flag 属性，然后根据检查结果调用 doSomethingWith 函数并将 getSomething 函数的返回对象传入该函数，或者调用 reportAnError 函数。所有这些操作都是一件接着一件完成的，在此期间没有发生其他任何操作。[1]

每个域只有一个线程

前面提到了引擎执行非异步函数的步骤:“……在其执行过程中，不允许任何其他操作发生……”。其中有一个隐含的限定条件：“……在此线程中……”。JavaScript 只为每个域定义一个线程(例如浏览器选项卡)，有时也可跨多个域共享一个线程(例如浏览器中来自同一来源的多个选项卡可直接调用彼此的代码)。这意味着仅有一个线程可直接访问你的代码中使用的变量 (第 16 章将解释 SharedArrayBuffer 如何让你跨线程共享数据，但不是变量) 。虽然有一些 JavaScript 环境允许在同一域中使用多个线程(Java 虚拟机就是一个例子，它通过脚本支持运行 JavaScript)，但这非常少见，JavaScript 中没有针对这种情况的标准语义。本章假设你在 Node.js 或浏览器等标准类型的环境中，每个域只有一个线程。

在 async 函数出现之前，编程者使用异步操作来完成类似的事情，包括传递回调(可能是 Promise 回调)。例如，在非异步函数中使用 fetch(现代浏览器上的 XMLHttpRequest 替换物)，可能会得到以下代码：

```
function getTheData(spinner){
    spinner.start();
    return fetch("/some/resource")
     .then(response => {
        if (!response.ok){
            throw new Error("HTTP status " + response.status);
        }
        return response.json();
    })
    .then(data => {
        useData();
        return data;
    })
    .finally(()=> {
        spinner.stop();
    });
}
```

上述代码先调用 spinner.start，接着调用 fetch，然后对它返回的 Promise 调用 then，之后对上一步返回的 Promise 调用 then，再对上一步返回的 Promise 调用 finally，并由 finally 返回 Promise 对象。所有这一切都发生在一个连续的系列中，期间没有其他事情发生。之后，当请求完成时，这些回调开始执行，但那是在 getTheData 函数返回之后。在 getTheData 函数返回之后和这些操作执行之前，线程可做其他事情。

1 除此之外，任何线程都可被环境挂起(暂停)。但该线程在这个 JavaScript 域中不能做其他工作。

下面是用 async 函数实现同样功能的代码：

```
async function getTheData(spinner){
   spinner.start();
   try {
       let response = await fetch("/some/resource");
       if (!response.ok){
           throw new Error("HTTP status " + response.status);
       }
       let data = await response.json();
       useData(data);
       return data;
   } finally {
       spinner.stop();
   }
}
```

代码看起来是同步的，但事实并非如此。在代码的某些位置可暂停并等待异步进程完成。当代码等待异步进程时，线程可做其他事情。这些位置由 await 关键字标记。

async 函数的五个关键特性如下：

- async 函数隐式地创建和返回 Promise 对象。
- 在 async 函数中，await 接收 Promise 对象并标记位置，代码将在这里异步等待 Promise 执行完成。
- 在函数等待 Promise 对象运行完成期间，线程可运行其他代码。
- 在一个 async 函数中，传统概念上的同步代码(for 循环、a + b、try/catch/finally 等)如果包含 await 关键字，则是异步的。逻辑和之前是相同的，但是执行的时序不同：执行中可以出现暂停，以允许被调用的 Promise 完成运行。
- async 函数抛出异常，相当于 Promise 对象变为已拒绝状态。而函数中 Promise 对象的已拒绝状态即 async 函数中的异常。async 函数返回值可以看作 Promise 对象的决议，而 Promise 对象的返回值就是表达式的结果(也就是说，如果使用 await 关键字创建 Promise，那么 Promise 的成功值即 await 表达式的结果)。

下面详细介绍每一个特性。

9.1.1　async 函数创建 Promise 对象

async 函数隐性地创建和返回一个 Promise 对象，根据函数中的代码决议或拒绝该 Promise。下面展示了 JavaScript 引擎在概念上如何处理 getTheData 中的 async 函数，该说明并不完全准确，但已足够让我们了解引擎是如何处理 async 函数的。

```
// NOT how you would write this yourself
function getTheData(spinner){
   return new Promise((resolve, reject)=> {
       spinner.start();
       // This inner promise's executor function is the `try` block
       new Promise(tryResolve => {
           tryResolve(
               Promise.resolve(fetch("/some/resource"))
               .then(response => {
                   if (!response.ok){
                       throw new Error("HTTP status " + response.status);
```

```
                }
                return Promise.resolve(response.json())
                    .then(data => {
                        useData(data);
                        return data;
                    });
                })
            );
        })
        .finally(()=> {
            spinner.stop();
        })
        .then(resolve, reject);
    });
}
```

如果直接使用 Promise 编写，你不会采用以上写法。这主要是因为你已从 fetch 获得了 Promise，不需要使用 new 关键字再新建一个，详见第 8 章。但以上代码清楚地说明了 async 函数的工作原理。

注意，在原本的 getTheData 的 async 函数中，第一个 await 之前的部分(spinner.start 和 fetch 的调用)是同步的：在转换后的版本中，这部分被移动到 Promise 执行器函数中，并被同步调用。这是 async 函数工作原理中重要的一部分：它创建自己的 Promise 对象并同步地运行代码，直至遇到第一个 await 或者 return 关键字(或者代码逻辑进行到函数的最后)。如果同步执行的代码抛出异常，async 函数将拒绝 Promise。一旦同步执行的代码执行完成(正常或者有错误)，async 函数就将它的 Promise 返回给调用者。这样，它就可像 Promise 执行器函数一样同步启动一个以异步方式完成的进程。

学习了第 8 章，特别是其中反模式的部分后，你对上述“转换后”的代码的第一反应可能是：代码使用了 new 关键字新建 Promise 对象(两次)，应该从 fetch 函数链式地创建新的 Promise。确实如此。尽管 async 函数的代码不使用 await 的情况几乎不存在，但 async 函数的工作方式必须是通用的，以支持没有使用 await 且没有形成 Promise 链的情况。以上例子还必须确保 finally 处理程序在调用 fetch 出现异常时能运行，而如果函数只是从 fetch 链式创建了 Promise，那么 finally 处理程序将不会运行。如果你手动运行它，则编写函数的方式会有所不同。async 函数需要确保以下两点：

- async 函数返回的 Promise 是一个本地的 Promise。如果该函数只返回 then 语句的结果，那么该结果可能是第三方的 Promise(并不是当前环境的 Promise)，甚至可能并不是 Promise。如果调用 then 的对象是 thenable 而不是 Promise，返回的是 thenable 而不是 Promise 对象。
- 任何抛出的错误，即使在代码同步运行的部分，也会转变成拒绝(rejection)错误，而不是同步运行的代码中的异常(exception)错误。

尽管大多数情况下，对手动编写的代码使用 new 关键字来创建 Promise 对象的方式是反模式，但从 Promise 创建 Promise 链时，使用 new 关键字创建 Promise 对象的做法可满足以上两个要求。虽然以上两点也可用其他函数解决，但这个简单的函数是编写代码的规范方式。

9.1.2 await 接收 Promise

另外，从 getTheData“转换后”的版本中还可以看到：await 接收 Promise。如果 await 的操作对象不是本地的 Promise，JavaScript 引擎会创建一个本地的 Promise，并使用 await 操作对象的值来决议它。然后，JavaScript 引擎等待 Promise 处理完成，再继续执行函数中的后续代码，就像它使用 then 并传入成功(fulfillment)和拒绝(rejection)处理程序一样。记住，决议 Promise 并不意味着它会变为已敲定状态；如果 await 的操作对象是一个 thenable，那么本地的 Promise 将被决议给该 thenable。如果这个 thenable 被拒绝了，那么 Promise 也会变为已拒绝状态。如果 await 的操作对象不是 thenable，那么本地的 Promise 将会以该值变为已成功状态。每当我们使用 await 时，await 操作符实际上通过对操作对象使用 Promise.resolve(并不是字面上的 Promise.resolve，而是它所做的底层操作——创建一个 Promise 并将此 Promise 决议给该值)来实现。

9.1.3 异步是使用 await 的常规思维方式

在 async 函数中，如果包含了 await 操作符，那么传统概念上同步的代码将变成异步的。例如，下面是一个异步的函数：

```
async function fetchInSeries(urls){
    const results = [];
    for (const url of urls){
        const response = await fetch(url);
        if (!response.ok){
            throw new Error("HTTP error " + response.status);
        }
        results.push(await response.json());
    }
    return results;
}
```

若要运行上面的函数，需要使用下载的 async-fetchInSeries.html、async-fetchInSeries.js、1.json、2.json 和 3.json。你需要使用 Web 服务器为这些文件提供服务，以便在大多数浏览器中运行它们。因为从页面直接加载 file://URLs 的 ajax 请求通常会被拒绝。

如果上面的函数是一个非异步函数(或者没有使用 await)，那么这些 fetch 调用将是并行的(所有调用都同时运行)，而不是串行的(一个接一个地运行)。但是因为该函数是一个异步(async)函数，而且在 for-of 循环中使用了 await，所以该循环是异步运行的。直接使用 Promise 的版本可能如下所示：

```
function fetchInSeries(urls){
    let chain = Promise.resolve([]);
    for (const url of urls){
        chain = chain.then(results => {
            return fetch(url)
                .then(response => {
                    if (!response.ok){
                        throw new Error("HTTP error " + response.status);
                    }
                    return response.json();
                })
                .then(result => {
                    results.push(result);
                    return results;
                });
        });
    }
    return chain;
}
```

如要运行上述代码，需要使用下载的 promise-fetchInSeries.html、promise-fetchInSeries.js、1.json、2.json 和 3.json。同样，此处也需要使用 Web 服务器为它们提供服务，而不是简单地在本地打开 HTML(文件)。

注意上述代码中，在所有异步工作完成之前，for-of 循环是怎样建立 Promise 链的(如第 8 章所述)。同时注意直接使用 Promise 来实现异步代码有多复杂和困难。

这是 async 函数强大功能的主要部分：可按照熟悉的方式编写逻辑，使用 await 标记需要等待异步处理结果的代码，避免回调函数打断逻辑流。

9.1.4 拒绝即异常，异常即拒绝；成功值就是结果，返回值就是决议

在 async 函数中，我们使用 for-of 和 while 以及其他控制流语句来处理异步工作，与此类似，try/catch/finally、throw 和 return 也适用于异步函数：

- Promise 对象的拒绝错误是 async 函数的异常错误。当你等待 Promise(完成异步操作)，而 Promise 拒绝时，这会变成一个异常错误，可使用 try/catch/finally 来捕获该异常。
- async 函数的异常错误即 Promise 对象的拒绝错误。如果 async 函数抛出异常(并且没有捕获它)，它会被转换成函数的 Promise 对象的拒绝错误。
- async 函数的返回值是 Promise 对象的决议。如果你从 async 函数获取返回值，该函数使用你提供的操作对象的值来决议 Promise，并返回决议后的结果(如果你提供的值不是 thenable，该 Promise 将以该值变为已成功状态；如果你提供的值是一个 thenable，该 Promise 则会根据 thenable 对象变为已决议状态)。

如前面的 getTheData 一例所示：该方法使用了 try/finally，以确保 spinner.stop 在操作完成时被调用。接下来进一步探讨 try/catch/finally。运行代码清单 9-1 中的代码。

代码清单 9-1　async 函数中的 try/catch —— async-try-catch.js

```
function delayedFailure(){
    return new Promise((resolve, reject)=> {
        setTimeout(()=> {
            reject(new Error("failed"));
        }, 800);
    });
}
async function example(){
    try {
        await delayedFailure();
        console.log("Done"); // (Execution doesn't get here)
    } catch (error){
        console.error("Caught:", error);
    }
}
example();
```

delayedFailure返回一个Promise对象，这个对象稍后被拒绝。但是当你使用了await时，example这样的async函数会将其视为一个异常错误，并允许你使用try/catch/finally来处理它。

在顶层调用 async 函数

代码清单 9-1 在 script 顶层调用了一个 async 函数。这样做时，需要确保 async 函数不会抛出错误(也就是，它返回的 Promise 对象不会被拒绝)，或者为它返回的 Promise 添加一个 catch 处理程序。代码清单 9-1 中的 example 就是这么做的，因为整个函数体都在一个 try 的区块中，并且附加了 catch 处理程序(除非 console.error 因为一些原因抛出异常，其他情况下，错误会被处理)。通常情况下，在 async 函数可能发生错误的地方，应当确保错误会被处理：

```
example().catch(error => {
    // Handle/report the error here
});
```

接下来介绍异常处理机制的另一方面：throw 在异步函数中的应用。运行代码清单 9-2 中的代码。

代码清单 9-2　async 函数中的 throw——async-throw.js

```
function delay(ms, value){
    return new Promise(resolve => setTimeout(resolve, ms, value));
}
async function delayedFailure(){
    await delay(800);
    throw new Error("failed");
}
function example(){
    delayedFailure()
        .then(()=> {
            console.log("Done"); // (Execution doesn't get here)
        })
        .catch(error => {
            console.error("Caught:", error);
        });
}
example();
```

上述代码中的 delayedFailure 是一个 async 函数，它等待 800 毫秒，然后使用 throw 来抛出异常。而其中的 example 函数不是 async 函数，它使用 Promise 对象的方法替代 await，并将异常看成 Promise 的拒绝错误，通过拒绝处理程序捕获它。

虽然代码清单 9-1 和代码清单 9-2 中的代码使用了新的 Error(错误类型)，但这只是惯例(而且可以说是最佳实践)；因为 JavaScript 允许 throw 任意值，并以任意值作为拒绝理由，所以此处并不是必须使用 Error。例如，代码清单 9-3 使用字符串来替代 Error。但正如第 8 章所述，因为 Error 实例具有调用的堆栈信息，所以如果使用它们，将获得调试优势。

代码清单 9-3　async 函数中的错误示例——async-more-error-examples.js

```
// `reject` using just a string
function delayedFailure1(){
    return new Promise((resolve, reject)=> {
        setTimeout(()=> {
            reject("failed 1"); // Rejecting with a value that isn't an
Error instance
        }, 800);
    });
}
async function example1(){
    try {
        await delayedFailure1();
        console.log("Done"); // (Execution doesn't get here)
    } catch (error){
        console.error("Caught:", error); // Caught: "failed 1"
    }
}
```

```
example1();

// `throw` using just a string
function delay(ms, value){
    return new Promise(resolve => setTimeout(resolve, ms, value));
}
async function delayedFailure2(){
    await delay(800);
    throw "failed 2"; // Throwing a value that isn't an Error instance
}
function example2(){
    delayedFailure2()
        .then(()=> {
            console.log("Done"); // (Execution doesn't get here)
        })
        .catch(error => {
            console.error("Caught:", error); // Caught: "failed 2"
        });
}
example2();
```

9.1.5 async 函数中的并行操作

如果在async函数中使用await，将暂停该函数，直到被await的Promise变为已敲定状态。但是假设你想要在一个async函数中并行运行一系列的操作，该怎样实现呢？

这种情况下，你自然而然地再次直接使用Promise (或者至少是Promise的方法)，但这次是在async函数中。假设你有一个fetchJSON函数，如下所示：

```
async function fetchJSON(url){
    const response = await fetch(url);
    if (!response.ok){
        throw new Error("HTTP error " + response.status);
    }
    return response.json();
}
```

现在，假设你要获取三个资源，并且获取这三个资源的操作可以并行执行。如下代码实现是不可取的：

```
// Don't do this if you want them done in parallel
const data = [
    await fetchJSON("1.json"),
    await fetchJSON("2.json"),
    await fetchJSON("3.json")
];
```

原因是，这些操作将会依次(一个接一个地)执行，而不是并行执行。记住，JavaScript 引擎在创建数组并将其赋值给 data 变量之前，会对组成数组内容的表达式进行计算，所以函数将在 await fetchJSON("1.json")处暂停执行，直到第一个 Promise 变为已敲定状态，再在 await fetchJSON("2.json")处暂停执行，以此类推。

现在请回想一下第 8 章，你可能还记得其中有一个专门为处理 Promise 并行操作而设计的方法：Promise.all。即使你正在使用 async 函数，也没有理由不使用它：

```
const data = await Promise.all([
```

```
        fetchJSON("1.json"),
        fetchJSON("2.json"),
        fetchJSON("3.json")
    ]);
```

这里await的是Promise.all返回的Promise，而不是fetchJSON函数调用返回的那些单个的Promise。让这些Promise填充传递给Promise.all的数组。

你可以采取同样的方式使用Promise.race和其他方法。

9.1.6 不必使用 return await

你可能已经注意到，上一节中的fetchJSON函数的末尾是：

```
return response.json();
```

而不是：

```
return await response.json();
```

此处不需要使用await。async函数使用其返回值来决议它创建的Promise对象，因此，如果返回值是一个thenable对象，则它实际上已经被await了。写return await有点像写await await。你可能偶尔会看到return await的写法，其运行结果和没有await命令的结果似乎并没有区别，但事实并非如此。如果操作的是一个thenable对象，而不是一个内置的Promise对象，它会增加一层额外的Promise决议，将函数的返回延长一个异步周期(或称“tick”)。也就是说，带await的版本要比没有await的版本返回得稍微晚一些。运行以下代码(下载的return-await-thenable.js)，在实战中证实这一点：

```
function thenableResolve(value){
    return {
        then(onFulfilled){
            // A thenable may call its callback synchronously like this; a native
            // promise never will. This example uses a synchronous callback to
            // avoid giving the impression that the mechanism used to make it
            // asynchronous is the cause of the extra tick.
            onFulfilled(value);
        }
    };
}
async function a(){
    return await thenableResolve("a");
}
async function b(){
    return thenableResolve("b");
}
a().then(value => console.log(value));
b().then(value => console.log(value));
// b
// a
```

请注意，即使先调用a，b的回调也会在a之前运行。由于此处使用了await命令，a的回调必须等待一个额外的异步周期才会返回。

以前，如果你await的是一个内置的Promise对象，情况也是如此。但在ES2020中，规范进行了更改，允许引擎对return await nativePromise进行优化以删除额外的异步周期(tick)。而且，这种优化已经在 JavaScript 引擎中实现。如果你使用的是 Node.js v13 及后续的版本[1]，或者最新版本的 Chrome、Chromium 或 Brave，它们都有支持该优化功能的 V8 版本。如果你使用的是 Node.js v12 及更早的版本(没有--harmony-await-optimization 标记)或者 Chrome v72 及更早的版本，它们使用的是不支持该优化功能的 V8 版本。在现代的 Javascript 引擎上运行以下代码(return-await-native.js)，实际看一下优化后的结果：

```
async function a(){
    return await Promise.resolve("a");
}
async function b(){
    return Promise.resolve("b");
}
a().then(value => console.log(value));
b().then(value => console.log(value));
```

使用具有优化功能的引擎，你会先看到 a，然后看到 b。在没有它的引擎中，你会先看到 b，然后是 a。

总之，不必使用 return await，只需要使用 return。

9.1.7 陷阱：在意想不到的地方使用 async 函数

假设你要对一个数组执行 filter 操作：

```
filteredArray = theArray.filter((entry)=> {
    // ...
});
```

并且，你想在 filter 回调中使用异步操作返回的数据。也许，你想使用 await fetch(entry.url)：

```
// Fails
filteredArray = theArray.filter((entry)=> {
    const response = await fetch(entry.url);
    const keep = response.ok ? (await response.json()).keep : false;
    return keep;
});
```

但是你会得到一个与 await 关键字有关的错误，因为你试图在 async 函数之外使用它。你可能会在 filter 回调函数前添加 async，使其成为一个 async 函数：

```
// WRONG
filteredArray = theArray.filter(async (entry)=> {
    const response = await fetch(entry.url);
    const keep = response.ok ? (await response.json()).keep : false;
    return keep;
});
```

这次代码没有报错。但是，filteredArray 拥有原始数组中的所有值，它并没有等待 fetch 操作完成。这是为什么呢？(提示：async 函数返回什么？filter 函数需要什么？)

是的，问题在于 async 函数总返回一个 Promise 对象，而 filter 并不需要一个 Promise 对象，它期望的是一个保留/不保留的标志。Promise 是对象，对象是真值，因此 filter 将返回的每个 Promise 视为一个表示保留条目的标志。

---

1 Node.js v11 和 v12 在添加--harmony-await-optimization 标记后，也支持此优化功能。

刚开始使用 async/await 时，编程者经常遇到这种情况。它是一个功能强大的工具，但请记住，当你编写的是一个回调函数时，你需要考虑该回调函数的返回值会被如何使用。仅当调用 async 函数的地方(本例中为 filter)期望得到一个 Promise 对象时，才将该函数用作回调函数。

某些情况下，完全可将 async 函数用作非指定 Promise 的 API 的回调函数。一个很好的例子是：在一个数组上使用 Map 来构建一个 Promise 数组，并将其传递给 Promise.all 或者类似的函数。但大多数情况下，如果你发现自己正在编写一个 async 函数并将其用作其他函数的回调函数，而这个函数并不明确要求 Promise，那么请仔细检查你是否落入了“在意想不到的地方使用 async 函数”的陷阱。

9.2 异步迭代器、可迭代对象和生成器

在第 6 章中，你已经了解了迭代器、可迭代对象和生成器。从 ES2018 开始，所有这些都有相对应的异步版本。如果你尚未阅读第 6 章，那么在继续阅读本节之前，请先学习该章。

回想一下第 6 章的内容，你应该记得迭代器是一个带有 next 方法的对象，该 next 方法返回一个带有 done 和 value 属性的 result 对象。异步迭代器返回 Promise 化的 result 对象，而不是直接返回 result 对象。

同样，你应该记得，可迭代对象是具有 Symbol.iterator 方法的对象，该方法返回迭代器对象。异步可迭代对象具有类似的方法 —— Symbol.asyncIterator，该方法返回异步迭代器对象。

最后，你大概记得，生成器函数提供了用于创建生成器对象的语法，生成器对象是生产和消费变量并具有 next、throw 和 return 方法的对象。异步生成器函数创建一个异步生成器，该生成器生成 Promise 化的值(value)，而不是值本身。

接下来的两节将详细介绍异步迭代器和异步生成器。

9.2.1 异步迭代器

同样，异步迭代器也是一个迭代器，不过它的 next 方法返回的是 result 对象的 Promise，而不是 result 对象本身。与编写迭代器一样，你可以手动编写它(把 next 设为 async 方法或手动返回一个 Promise)，或使用异步生成器函数(因为异步生成器能够实现异步迭代器)。你甚至可以根据需要完全以手动的方式使用 new Promise 语句来编写。

绝大多数情况下，当你需要一个异步迭代器时，最好通过编写异步生成器函数来获取。不过，如能像理解迭代器一样理解异步迭代器的底层机制，你肯定能从中获益。你将在下一节中了解异步生成器；在本节中，让我们手动实现一个异步迭代器，以便更好地了解它的机制。

你可能还记得，第 6 章介绍过，JavaScript 里的所有迭代器都继承自规范中名为%IteratorPrototype%的原型对象。%IteratorPrototype%提供了默认的 Symbol.iterator 方法，该方法返回迭代器本身，所以迭代器是可迭代对象，这对于 for-of 等语句来说非常方便。它还提供了一个向迭代器添加特性的地方。异步迭代器的工作方式相同：任何从 JavaScript(而不是第三方代码)获得的异步迭代器都继承自规范中名为%AsyncIteratorPrototype%的对象。它提供了默认的 Symbol.asyncIterator 方法，该方法返回迭代器本身，因此异步迭代器也是异步可迭代对象，当你在本章后面学习 for-await-of 时，这将会很有用。

与%IteratorPrototype%一样，不存在指向%AsyncIteratorPrototype%的可公开访问的全局对象或属性，而且它比%IteratorPrototype%更难以获取。

方法如下：

```
const asyncIteratorPrototype =
   Object.getPrototypeOf(
```

```
        Object.getPrototypeOf(
            (async function *(){}).prototype
        )
    );
```

编程者通常不会以手动的方式实现异步迭代器。如果想了解其背后的种种细节，请参见“如何获取%AsyncIteratorPrototype%”部分。

在了解了如何获取异步迭代器的原型后，是时候创建它了。本章前面展示了一个 fetchInSeries 函数，该函数通过 fetch 方法依次获取几个 URL，并提供一个包含所有结果的数组。假设你现在需要一个函数来分别获取它们，并在进行下一个操作之前提供结果。请参见代码清单 9-4，它展示了异步迭代器的一个用例。

如何获取%AsyncIteratorPrototype%

因为不存在直接引用%AsyncIteratorPrototype%的公开可访问的全局对象或属性，所以，如果你需要获取它，就必须间接地进行。正文中展示了执行此操作的简洁代码。下面是一个被分为多个步骤的版本，以使其更易于理解:

```
let a = (async function *(){}).prototype;  // Get the prototype this async generator
                                           //function would assign to instances
let b = Object.getPrototypeOf(a);          // Its prototype is %AsyncGeneratorPrototype%
let asyncIteratorPrototype =
    Object.getPrototypeOf(b);              //Its prototype is %AsyncIteratorPrototype%
```

使用 async 生成器语法(详见下一节)创建一个异步生成器函数(调用该函数时将创建一个异步生成器)。然后获取它的 prototype 属性(这里的 prototype 指的是将要分配给它创建的生成器的 prototype)。之后，获取对象 a 的原型，即异步生成器对象的原型(规范称之为%AsyncGeneratorPrototype%)。接着，获取对象 b 的原型，即异步迭代器的原型——%AsyncIteratorPrototype%。

通常情况下，最好不要手动创建异步迭代器。相反，使用异步生成器函数即可。

代码清单 9-4　使用 async 函数创建异步迭代器——async-iterator-fetchInSeries.js

```
function fetchInSeries([...urls]){
    const asyncIteratorPrototype =
        Object.getPrototypeOf(
            Object.getPrototypeOf(
                async function*(){}
            ).prototype
        );
    let index = 0;
    return Object.assign(
        Object.create(asyncIteratorPrototype),
        {
            async next(){
                if (index >= urls.length){
                    return {done: true};
                }
                const url = urls[index++];
                const response = await fetch(url);
                if (!response.ok){
                    throw new Error("Error getting URL: " + url);
                }
```

```
                return {value: await response.json(), done: false};
            }
        }
    );
}
```

fetchInSeries 的实现返回一个异步迭代器，该异步迭代器通过一个 async 函数实现。因为它是一个 async 函数，所以每次被调用时都会返回一个 Promise 对象。通过 return 语句让 Promise 变为已成功状态或通过 throw 语句让它变为已拒绝状态。

你可能会对参数列表中的解构感到困惑。为什么以([...urls])而不是(urls)作为参数？因为通过使用解构，代码将生成数组 urls 的“防御性”副本，并以该副本为参数，传入 fetchInSeries 中。即将数组 urls 中的值取出，再赋值给一个新的数组，并将此新数组用作 fetchInSeries 的参数。因为调用代码可修改原始数组，所以如果直接调用原始数组，可能会使原始数组被改动。使用解构可避免对原始数组的修改。这与异步迭代器本身无关，只是异步处理所接收数组的函数的标准实践。

可通过以下方式使用 fetchInSeries：手动获取迭代器，然后调用 next。

```
//在 async 函数中运行
const it = fetchInSeries(["1.json", "2.json", "3.json"]);
let result;
while (!(result = await it.next()).done){
   console.log(result.value);
}
```

注意，上述代码使用 await it.next()来获取下一个 result 对象，因为 next 方法返回的是一个 Promise 对象。

可从下载的代码中获取 async-iterator-fetchInSeries.html、async-iterator-fetchInSeries.js、1.json、2.json 和 3.json 文件，并将它们放在本地 Web 服务器的目录中，然后通过 HTTP 打开它们，从而查看实际效果。同样，由于此处使用了 ajax，从文件系统直接打开 HTML 的做法是行不通的。

同样，在实际代码中，你可能只需要编写一个异步生成器函数来创建一个异步迭代器。如果你手动编写了一个异步迭代器，请注意，因为 next 方法启动了一个异步操作并返回了一个 Promise 对象，你可以在前一次调用的异步操作完成之前对 next 进行下一次调用。本节示例中的代码可以这么做，但如果使用的是下面版本的 next，代码就会有问题了：

```
// 出错
async next(){
   if (index >= urls.length){
       return {done: true};
   }
   const url = urls[index];
   const response = await fetch(url);
   ++index;
   if (!response.ok){
       throw new Error("Error getting URL: " + url);
   }
   return {value: await response.json()};
}
```

因为校验urls.length与index的代码行和++index(index自增)之间有一个await，所以对next的两次重叠的调用将获取相同的URL(即从结果看，第二次调用被跳过，没有获取到应该得到的URL)——这是一个很难诊断的错误。

接下来看看如何编写异步生成器。

9.2.2 异步生成器

毫无疑问，异步生成器函数是异步函数和生成器函数的组合。可通过使用 async 关键字和表示生成器函数的*来创建异步生成器函数。当被调用时，它会创建一个异步生成器。在异步生成器函数内部，可使用 await 来等待异步操作完成，并使用 yield 来产生值(并使用值，像非异步生成器函数一样)。

有关 fetchInSeries 的异步生成器的版本，请参见代码清单 9-5(可通过下载的 async-generator-fetchInSeries.html 运行它)。

代码清单 9-5 使用异步生成器函数——async-generator-fetchInSeries.js

```
async function* fetchInSeries([...urls]){
   for (const url of urls){
      const response = await fetch(url);
      if (!response.ok){
         throw new Error("HTTP error " + response.status);
      }
      yield response.json();
   }
}
```

这比手动编写的方式要简单得多！基本逻辑仍然是相同的，但不必在索引(index)变量上使用闭包，只需要使用带有 await 的 for-of 循环遍历 url，并生成每个对应的结果。此外，生成器会自动获得一个继承自%AsyncGeneratorPrototype%的合适的原型：fetchInSeries.prototype。其中，%AsyncGeneratorPrototype%继承自%AsyncIteratorPrototype%。

使用异步生成器的代码(目前的代码是手动生成的，下一节你会学到一种更简单的、使用 for-await-of 的方法)和前面的一样：

```
// In an async function
const g = fetchInSeries(["1.json", "2.json", "3.json"]);
let result;
while (!(result = await g.next()).done){
   console.log(result.value);
}
```

再回顾下前面异步生成器函数中的这行代码：

```
yield response.json();
```

它直接生成了一个 Promise 对象。你也可能会看到这样的写法：

```
yield await response.json(); // Not best practice
```

上面两行代码看起来具有同样的功能。为什么在这里 await 是可选的？因为在异步生成器函数中，yield 会自动对分配给它的操作数应用 await，所以在这里没有必要再使用 await 关键字。这就像 async 函数中的 return await：它只是添加了另一层 Promise 决议，潜在地延迟了另一个“tick”(详见本章前面的“不必使用 return await”)。

到目前为止，我们只使用了异步生成器来生成值，但生成器也可以接收值：可将值传递给 next，生成器会将其视为 yield 操作符的结果。由于非异步生成器生成并接收值，而异步生成器自动将生成的值包在 Promise 中，你可能想知道，如果将 Promise 传递给 next，它是否会自动等待 Promise 完成。答案是否定的。如果将 Promise 传递给 next，异步生成器代码会将该 Promise 视为 yield 操作符的结果，而且必须显式地等待它(或使用 then，等等)。尽管这与生成 Promise 时发生的情况不对称，但这意味着，如果向异步生成器代码提供 Promise，你就可通过 Promise 控制相关的逻辑。也许你想要将几个 Promise 集合到一个数组中，然后通过 await Promise.all 运行。与其等待从 yield 自动获取的值，不如采用这种更灵活的方式。

下面修改 fetchInSeries，以便将标志传递到 next，表明你想跳过下一个条目；参见代码清单 9-6。

代码清单 9-6　异步生成器使用值——async-generator-fetchInSeries-with-skip.js

```
async function* fetchInSeries([...urls]){
    let skipNext = false;
    for (const url of urls){
        if (skipNext){
            skipNext = false;
        } else {
            const response = await fetch(url);
            if (!response.ok){
                throw new Error("HTTP error " + response.status);
            }
            skipNext = yield response.json();
        }
    }
}
```

如果你想要实际操作一下，请将文件 async-generator-fetchInSeries-with-skip.html、async-generator-fetchInSeries-with-skip.js、1.json、2.json 和 3.json 复制到本地 Web 服务器并在服务器中打开 HTML 文件(通过 HTTP)。

关于异步生成器的最后一点注意事项：一旦生成器暂停并从 next 返回 Promise，即使再次调用 next，生成器的代码也不会继续运行，直到返回的 Promise 变为已敲定状态。对 next 的第二次调用将照常返回第二个 Promise，但并不会使生成器进入下一步。当第一个 Promise 变为已敲定状态，生成器将进入下一步并(最终)敲定第二个 Promise。对生成器的 return 和 throw 方法的调用也是如此。

9.2.3　for-await-of

到目前为止，你只看到了显式使用异步迭代器，获取迭代器对象并调用其 next 方法的示例：

```
// In an async function
const it = fetchInSeries(["1.json", "2.json", "3.json"]);
let result;
while (!(result = await it.next()).done){
    console.log(result.value);
}
```

但是，通过 for-of 循环，我们可更方便地使用同步迭代器(详见第 6 章)，同样，通过 for-await-of 循环，我们可更方便地使用异步迭代器。

```
for await (const value of fetchInSeries(["1.json", "2.json", "3.json"])){
    console.log(value);
}
```

for-await-of 通过调用传递参数对象的 Symbol.asyncIterator 方法[1]获取迭代器，然后自动为你调用 next 方法，并输出结果。

如果你想要实际操作一下，请将文件 for-await-of.html、async-generator-fetchInSeries-with-skip.js、1.json、2.json 和 3.json 复制到本地 Web 服务器并在服务器中打开 HTML 文件(通过 HTTP)。

9.3 旧习换新

使用本章介绍的新特性，可以考虑更新一些旧习惯。

以 async 函数和 await 替代 Promise 和 then/catch 的显式运用

旧习惯：使用显式的 Promise 语法。

```
    function fetchJSON(url){
        return fetch(url)
            .then(response => {
                if (!response.ok){
                    throw new Error("HTTP error " + response.status);
                }
                return response.json();
            });
}
```

新习惯：改用 async/await，这样你就可以专注地编写你的代码逻辑，而不必为异步的逻辑使用回调。

```
async function fetchJSON(url){
    const response = await fetch(url);
    if(!response.ok){
        throw new Error("HTTP error " + response.status);
    }
    return response.json();
}
```

1 请记住，如果你传递给它的是异步迭代器，而不是异步可迭代对象，那么，只要使用了正确创建的迭代器(也就是说，有返回异步迭代器对象本身的 Symbol.asyncIterator 方法)，那就没问题。

第10章 模板字面量、标签函数和新的字符串特性

本章内容

- 模板字面量
- 模板标签函数
- 改进的 Unicode 支持
- 字符串迭代
- 新的字符串方法
- match、split、search 和 replace 方法的更新

本章代码下载

可通过网址 https://thenewtoys.dev/bookcode 或 https://www.wiley.com/go/javascript-newtoys 下载本章的代码。

在本章中，你将了解 ES2015 中新的模板字面量、模板标签函数，以及新的字符串特性，如改进的 Unicode 支持、迭代和其他新增方法。

10.1 模板字面量

ES2015 的模板字面量提供了一种创建字符串(或其他)的新方法：使用一种结合了文本和嵌入占位符的字面量语法。你应该熟悉其他类型的字面量，比如用引号("hi")分隔的字符串字面量，以及用斜杠(/\s/)分隔的正则表达式字面量。模板字面量用反引号(`)分隔，反引号也被称为重音符号。此符号在不同语言的键盘布局中处于不同的位置；在英语键盘上，它通常位于键盘的左上方，Esc 附近，但具体位置也会有所不同。

模板字面量有两种类型：不带标签的和带标签的。我们将首先查看不带标签的(仅字面量)模板字面量，然后是带标签的字面量。

10.1.1 基本功能(不带标签的模板字面量)

不带标签的模板字面量创建一个字符串。下面是一个简单的例子：

```
console.log(`This is a template literal`);
```

到目前为止，它似乎没有提供字符串字面量所没有的功能，但是模板字面量有几个方便的特性。在模板字面量中，可使用任意表达式的返回值填充占位符(substitution)。占位符以美元符号($)开始，其后紧跟着左大括号({)，以右大括号(})结束；大括号之间的一切都是占位符的主体：JavaScript 表达式。表达式在模板字面量被求值时得以计算。它的结果用于代替占位符。下面展示了一个例子：

```
const name = "Fred";
console.log(`My name is ${name}`);                   // My name is Fred
console.log(`Say it loud! ${name.toUpperCase()}!`);  // Say it loud! FRED!
```

在不带标签的模板字面量中，如果表达式的结果不是字符串，它将被转换为字符串类型。

如果你的代码需要使用实际的美元符号和大括号，请转义美元符号：

```
console.log(`Not a substitution: \${foo}`); // Not a substitution: ${foo}
```

只有当美元符号后面跟着一个左大括号时，才需要对美元符号进行转义。

另一个方便的特性是：与字符串字面量不同，模板字面量可包含未转义的换行符，这些换行符保留在模板中。下面这段代码：

```
console.log(`Line 1
Line 2`);
```

输出：

```
Line 1
Line 2
```

请注意，在换行符之后的行中，任何前置空格都会包含在模板中。所以：

```
for (const n of [1, 2, 3]){
    console.log(`Line ${n}-1
    Line ${n}-2`);
}
```

输出：

```
Line 1-1
    Line 1-2
Line 2-1
    Line 2-2
Line 3-1
    Line 3-2
```

因为占位符的内容可以是任何 JavaScript 表达式，所以，如果占位符中的表达式很复杂，可使用换行符和缩进。表达式中的空格不会包含在字符串中：

```
const a = ["one", "two", "three"];
console.log(`Complex: ${
    a.reverse()
     .join()
```

```
    .toUpperCase()
}`);                // "Complex: THREE,TWO,ONE"
```

占位符中的表达式没有任何限制，它是一个完整的表达式。这也意味着，可在模板字面量中放入另一个模板字面量，尽管它很快就会变得难以阅读和维护：

```
const a = ["text", "from", "users"];
const lbl = "Label from user";
show(`<div>${escapeHTML(`${lbl}: ${a.join()}`)}</div>`);
```

以上代码可以很好地运行。但是从样式上考虑，为简单起见，最好将内部模板字面量从外部模板中移出：

```
const a = ["text", "from", "users"];
const lbl = "Label from user";
const userContent = `${lbl}: ${a.join()}`;
show(`<div>${escapeHTML(userContent)}</div>`);
```

在模板字面量中，所有标准转义序列的处理方式与字符串字面量中的一样：\n 创建换行符，\u2122 是™字符，等等。这意味着，如果要在模板字面量中放入一个反斜杠，你需要像在字符串字面量中那样，对它进行转义：\\。

10.1.2　模板标签函数(带标签的模板字面量)

除了用于创建字符串的不带标签的模板字面量，标签函数的模板字面量在另一些场景下是非常有用的。

调用者需要使用标签函数调用语法来调用的函数即标签函数，它不像普通调用那样使用小括号(())。相反，你可以在函数名后面加上一个模板字面量(中间可以有空格)：

```
example`This is the template to pass to the function`;
// or
example `This is the template to pass to the function`;
```

上述代码将调用 example 函数。这是一种新的 JavaScript 函数调用风格(从 ES2015 起)。当编程者以这种方式调用它时，example 函数接收来自模板字面量的 template 变量(字面量硬编码文本片段的数组)并将该变量用作它的第一个参数，然后是来自占位符表达式求值后的多个参数。举个例子，运行代码清单 10-1 中的代码。

代码清单 10-1　基本标签函数示例——tag-function-example.js

```
function example(template, value0, value1, value2){
   console.log(template);
   console.log(value0, value1, value2);
}
const a = 1, b = 2, c = 3;
example`Testing ${a} ${b} ${c}.`;
```

输出结果如下：

```
["Testing ", " ", " ", "."]
1 2 3
```

注意，模板数组 template 包含含有尾部空格的初始单词"testing "、三个占位符之间的空格以及模板字面量末尾最后一个占位符之后的文本(点号)。后面的参数获得占位符中表达式的值(value0 包含${a}的结果，value1 包含${b}的结果，以此类推)。

除非你的函数期望固定数量的占位符，否则通常使用"rest"参数来获取占位符表达式的值，如下所示：

```
function example(template, ...values){
    console.log(template);
    console.log(values);
}
const a = 1, b = 2, c = 3;
example`Testing ${a} ${b} ${c}.`;
```

这与之前的输出结果基本相同，只是现在的值存放在一个数组(values)中：

```
["Testing ", " ", " ", "."]
[1, 2, 3]
```

占位符求值后的值不会转换为字符串；标签函数将获得其实际的值。这个值可以是一个基本类型，比如前面例子中的 values 数组中的数字，或者是一个对象引用或函数引用——任何值都可以。代码清单 10-2 中的例子强调了这一点，因为在本节剩下的大部分内容中，我们都会使用产生字符串的占位符。

代码清单 10-2 获取非字符串值的标签函数——non-string-value-example.js

```
const logJSON = (template, ...values)=> {
    let result = template[0];
    for (let index = 1; index < template.length; ++index){
        result += JSON.stringify(values[index - 1])+ template[index];
    }
    console.log(result);
};

const a = [1, 2, 3];
const o = {"answer": 42};
const s = "foo";
logJSON`Logging: a = ${a} and o = ${o} and s = ${s}`;
```

运行以上代码，得到如下结果：

```
Logging: a = [1,2,3] and o = {"answer":42} and s = "foo"
```

如你所见，logJSON 收到的是数组和对象，而不是被转换为字符串的版本。

Array.prototype.reduce 可以像 logJSON 一样方便地将 template 和 values 数组中的条目拼接起来。template 数组保证至少有一个条目[1]，并且要比 values 多出一个条目。因此，没有初始值的 reduce 方法可以很好地将它们拼接在一起。有关以 reduce 代替循环的 logJSON 版本，参见代码清单 10-3。

代码清单 10-3 获取非字符串值的标签函数(reduce)——non-string-value-example-reduce.js

```
const logJSON = (template, ...values)=> {
    const result = template.reduce((acc, str, index)=>
```

1 你可能还记得，如果不提供初始值，在空数组上调用 reduce 的行为会引发错误。但 template 数组保证永远不会为空，因此在 logJSON 中不存在这个问题(前提是它作为标签函数被调用)。

```
        acc + JSON.stringify(values[index - 1])+ str
    );
    console.log(result);
};

const a = [1, 2, 3];
const o = {"answer": 42};
const s = "foo";
logJSON`Logging: a = ${a} and o = ${o} and s = ${s}`;
```

这个语法对标签函数非常有效。例如，如果想模拟不带标签的模板字面量的字符串创建行为，可以这样做：

```
function emulateUntagged(template, ...values){
    return template.reduce((acc, str, index)=> acc + values[index - 1] + str);
}
const a = 1, b = 2, c = 3;
console.log(emulateUntagged`Testing ${a} ${b} ${c}.`);
```

(不过，你可能不会使用 reduce 来进行上述操作。之后你将了解针对这个具体例子的一个更简单的实现方式。但是，如果你在生成结果的过程中可能会对这些值进行一些操作，那 reduce 会很有用。)

根据模板创建字符串的行为是一个非常强大的用例，但是也有很多非字符串用例。标签函数和模板字面量几乎能让你创建所有可能需要的 DSL(Domain-Specific Language，领域专用语言)。

正则表达式就是一个很好的例子。

使用 RegExp 构造函数的做法是笨拙的，因为它接受一个字符串，所以任何用于正则表达式的反斜线都必须被转义(而任何用于字符串中的反斜杠都必须进行两次转义：一次是因为字符串字面量，一次是因为正则表达式。总共四个反斜杠)。这是我们在 JavaScript 中使用正则表达式字面量的原因之一。

但是，如果要在正则表达式中使用变量的值，就必须使用正则表达式构造函数，并忍受反斜杠的问题和缺乏简洁性的代码。字面量是不能使用的，这时，你需要标签函数来解决这一问题。

但是，你可能会问，template 参数中的字符串……不也是字符串吗？由反斜杠产生的转义序列，如果有的话，不是已经被处理了吗？

说得没错，由反斜杠产生的转义序列确实已经被处理了。这就是为什么模板数组有一个名为 raw 的额外属性 (这利用了数组是对象这一事实，因此它们可以具有非数组项的属性)。raw 属性包含模板文本段的原始文本组成的数组。运行清单 10-4 中的代码。

代码清单 10-4　展示原始字符串片段的标签函数——tag-function-raw-strings.js

```
function example(template){
    const first = template.raw[0];
    console.log(first);
    console.log(first.length);
    console.log(first[0]);
}
example`\u000A\x0a\n`;
```

此代码获取传入的第一个文本段的原始字符串版本(上述示例中只有一个文本段)，并输出该原始字符串、其长度及其第一个字符。输出结果如下：

```
\u000A\x0a\n
12
\
```

注意，反斜杠依旧是反斜杠；转义序列没有被解码。还要注意的是，它们没有被转换成某种标准的等价形式；它们保持着模板字面量中的书写形式。你可能知道，\u000A、\x0a 和\n 都对完全相同的字符(U+000A，换行符)进行编码。但使用 raw 属性的版本是原始的版本。它是模板字面量里文本段的原始内容。

使用 raw 数组，可构建一个标签函数来创建一个正则表达式，在该正则表达式中，按字面意思使用模板文字的文本：

```
const createRegex = (template, ...values)=> {
   // Build the source from the raw text segments and values
   // (in a later section, you'll see something that can replace
   // this reduce call)
   const source = template.raw.reduce(
      (acc, str, index)=> acc + values[index - 1] + str
   );
   // Check it's in /expr/flags form
   const match = /^\/(.+)\/([a-z]*)$/.exec(source);
   if (!match){
      throw new Error("Invalid regular expression");
   }
   // Get the expression and flags, create
   const [, expr, flags = ""] = match;
   return new RegExp(expr, flags);
};
```

模板字面量中的无效转义序列

在 ES2015~ES2017 中，模板字面量中的转义序列被限制为有效的 JavaScript 转义序列。例如，\ufoo 会导致语法错误，因为 Unicode 转义序列要求\u 后面必须是数字，而不是 foo。不过，这会对 DSL(领域专用语言)造成限制。所以，ES2018 取消了这一限制。如果一个文本段包含一个无效的转义序列，该文本段在 template 数组中的条目的值为 undefined，原始文本在 template.raw 中：

```
const show = (template) => {
   console.log("template:");
   console.log(template);
   console.log("template.raw:");
   console.log(template.raw);
};
show`Has invalid escape: \ufoo${","}Has only valid escapes: \n`;
```

以上代码的输出结果如下：

```
template:
[undefined, "Has invalid escape: \n"]
template.raw:
["Has invalid escape: \\ufoo", "Has only valid escapes: \\n"]
```

有了标签函数，就可通过嵌入变量来编写正则表达式，而不必进行两次转义：

```
const alternatives = ["this", "that", "the other"];
const rex = createRegex`/\b(?:${alternatives.map(escapeRegExp).join("|")})\b/i`;
```

这段代码引用了一个未被纳入 JavaScript 标准库的 escapeRegExp 函数，但许多开发者的工具包中都有该函数。运行代码清单 10-5 中的完整示例(包含 escapeRegExp 函数)。

代码清单 10-5　createRegex 函数的完整示例——createRegex-example.js

```
const createRegex = (template, ...values)=> {
   // Build the source from the raw text segments and values
   // (in a later section, you'll see something that can replace
   // this reduce call)
   const source = template.raw.reduce(
      (acc, str, index)=> acc + values[index - 1] + str
   );
   // Check it's in /expr/flags form
   const match = /^\/(.+)\/([a-z]*)$/.exec(source);
   if (!match){
      throw new Error("Invalid regular expression");
   }
   // Get the expression and flags, create
   const [, expr, flags = ""] = match;
   return new RegExp(expr, flags);
};
// From the TC39 proposal: https://github.com/benjamingr/RegExp.escape
const escapeRegExp = s => String(s).replace(/[\\^$*+?.()|[\]{}]/g, "\\$&");

const alternatives = ["this", "that", "the other"];
const rex = createRegex`/\b(?:${alternatives.map(escapeRegExp).join("|")})\b/i`;

const test = (str, expect)=> {
   const result = rex.test(str);
   console.log(str + ":", result, "=>", !result == !expect ? "Good" : "ERROR");
};
test("doesn't have either", false);
test("has_this_but_not_delimited", false);
test("has this ", true);
test("has the other ", true);
```

不过，正则表达式只是 DSL 的一个例子。你可以创建一个标签函数，使用类似人类的逻辑表达式来查询 JavaScript 对象树，并用返回为基本类型和树(或多个树)的占位符进行搜索：

```
// Hypothetical example
const data = [
   {type: "widget", price: 40.0},
   {type: "gadget", price: 30.0},
   {type: "thingy", price: 10.0},
   // ...
];
//...called in response to user input...
function searchClick(event){
   const types = getSelectedTypes();            // Perhaps `["widget", "gadget"]`
   const priceLimit = getSelectedPriceLimit(); // Perhaps `35`
   const results = search`${data} for type in ${types} and price < ${priceLimit}`;
   for (const result of results){
      // ...show result...
   }
}
```

10.1.3 String.raw

当被用作标签函数时，String.raw 返回一个字符串，其中包含来自模板的原始文本段和所有占位符表达式的返回值。例如：

```
const answer = 42;
console.log(String.raw`Answer:\t${answer}`); // Answer:\t42
```

注意，转义序列\t 没有被解码；返回的字符串有一个反斜杠，后跟字母 t。这会有什么用处呢？当你想要创建一个字符串而不需要解码字符串中的转义序列时，它是非常有用的。例如：

- 在 Windows 计算机上的实用程序脚本中指定硬编码路径：

```
fs.open(String.raw`C:\nifty\stuff.json`)
```

- 创建一个包含反斜杠和可变部分的正则表达式(可替代前面的 createRegex 函数)：

```
new RegExp(String.raw`^\d+${separator}\d+$`)
```

- 输出 LaTeX 或 PDF 序列(也可包含反斜杠)。

基本上，如果你想要输入的是原始字符串(可能有占位符)，而不是解码过的字符串，就可使用 String.raw。

当被其他标签函数使用时，String.raw 也非常有用。例如，在前面的 createRegex 标签函数中，为了创建 DSL 的原始输入(在示例中是正则表达式)，我们需要将文本段数组 raw 和通过占位符传递给标签函数的值重新组合在一起，如下所示：

```
const source = template.raw.reduce(
   (acc, str, index)=> acc + values[index - 1] + str
);
```

对于一些特定类别的标签函数，即将模板和值(可能是经过预处理的值)拼接到字符串中的函数，这种需求很常见，而这正是 String.raw 发挥作用的地方。因此，我们可以调用它(而不是 reduce 方法)来完成这部分。因为我们是在没有模板字面量的情况下对函数进行调用的，所以此处使用普通()符号，而不是标签函数的符号：

```
const source = String.raw(template, ...values);
```

这使得 createRegex 函数更加简洁：

```
const createRegex = (template, ...values)=> {
   // Build the source from the raw text segments and values
   const source = String.raw(template, ...values);
   // Check it's in /expr/flags form
   const match = /^\/(.+)\/([a-z]*)$/.exec(source);
   if (!match){
      throw new Error("Invalid regular expression");
   }
   // Get the expression and flags, create
   const [, expr, flags = ""] = match;
   return new RegExp(expr, flags);
};
```

运行下载的 simpler-createRegex.js 文件，查看实际效果。

10.1.4　模板字面量的复用

关于模板字面量，一个经常被问到的问题是：如何重用它们？毕竟，不带标签的模板字面量返回的结果不是模板对象，而是字符串。如果想要一个可重用的模板，应该怎么办？例如，假设你经常需要输出名字、姓氏，然后在小括号中输出昵称或“处理逻辑”。那么，你可以使用模板字面量，比如`${firstName}${lastName} (${handle})`)，但它会立即求值并变成字符串。如何重用它呢？

这是一个典型的过度思考的例子，但它一次又一次地出现。

当问题是“应如何重用它”时，答案通常是，将其封装在一个函数中：

```
const formatUser = (firstName, lastName, handle)=>
   `${firstName} ${lastName} (${handle})`;
console.log(formatUser("Joe", "Bloggs", "@joebloggs"));
```

10.1.5　模板字面量和自动分号插入

如果你写代码时通常不使用分号(依赖于自动分号插入)，那么你可能习惯于避免以左括号“(”或“[”开始一行，因为它可以与前一行的结尾组合在一起。这可能会导致意想不到的行为，比如错误的函数调用，或者本应用作数组开头的属性访问器表达式，诸如此类的事情。

模板字面量添加了一个新的 ASI(自动分号插入)陷阱：如果用一个反引号开始一个模板字面量，它可以被看作对前一行末尾引用的函数的标签调用(就像一个左括号)。

因此，如果你依赖于 ASI，请将反引号添加到需要在行首添加分号的字符列表中，就像添加“(”或“[”一样。

10.2　改进的 Unicode 支持

ES2015 明显改进了 JavaScript 对 Unicode 的支持，为字符串和正则表达式增加了一些功能，使完整的 Unicode 字符集更易于使用。本节介绍字符串的改进。正则表达式的改进将在第 15 章中介绍。

首先，在探讨新特性之前，先来看一些术语并对前面的内容进行回顾。

10.2.1　Unicode 以及 JavaScript 字符串的含义

如果你对 Unicode 和 UTF(通用转换格式)、代码点、代码单元等已有了深入的了解，就应该知道 JavaScript 字符串是一串允许无效代理对的 UTF-16 代码单元。如果你是为数不多的几个能轻松理解这句话的人之一，就可跳到下一节。如果你是绝大多数无法理解这句话的人之一(让我们面对现实，这些术语相当晦涩难懂)，就请继续阅读。

人类语言是复杂的，人类语言书写系统更是如此。其中英语是最简单的一种，忽略掉一些细节，英语中的每个字位(“特定书写系统的上下文中最小的独特书写单位[1]”)都是 26 个字母或者 10 个数字中的一个。但是，很多其他语言并不是这样的。一些语言(如法语)有一个基本字母表和少量用于修改这些字母的变音符号(如“voilà”中“a”上的重音符)，本地读者将“à”视为一个字位，尽管它是由多个部分组成的。天城文是印度和尼泊尔使用的一种书写系统，它将一个给定的辅音和一个默认的元音(“about”中的“a”)组成的音节用作基本字母表。例如，“na”是“字母”न。对于有其他元音(或没有元音)的音节，天城文使用变音符号。比如从“na”到“ni”：“na”(न)的基本字母被“i”音(ि)

1 https://unicode.org/faq/char_combmark.html。

的变音符号修改，产生了“ni” (नि)。“नि”被本地读者视为一个字位，尽管它也是由多个部分组成的。汉语使用几千种不同的字位，汉字通常由一到三种字位组成(再次忽略掉一些细节)。所以在我们考虑计算机支持之前，语言本身就很复杂。

为了处理所有这些复杂性，Unicode 定义了码点(code point)，即范围在 0x000000(0)到 0x10FFFF(1,114,111)之间且具有特定含义和属性的值，它们通常以“U+”开头，后跟 4~6 个十六进制数字。码点不是“字符”，尽管这是一个常见的误区。码点可以是一个单独的“字符”(如英语字母“a”)，也可以是一个“基础字符”(如“न”——天城文中的“na”音节)，或一个“组合字符”(如将“na”变为“ni”的变音符“ि”)，或是其他一些东西。Unicode 也有一些码点用于那些根本不是字位的字符，比如零宽度的空格，以及一些根本不是单词组成部分的符号，比如表情符号。

Unicode 最初使用的范围是 0x0000~0xFFFF，占 16 位(这被称为“UCS-2”——2 字节通用字符集)。一个码点可存储在一个 16 位的值中。现代(当时)系统使用 16 位“字符”来存储字符串。当 Unicode 必须扩展到 16 位以外(0x000000~0x10FFFF 需要 21 位)时，这意味着，不是所有的码点都能用 16 位来表示。为了支持这些 16 位系统，代理对的概念出现了：0xD800~0xDBFF 范围内的值是“前置”(或“高位”)代理，后面应该是 0xDC00~0xDFFF 范围内的值，即“后尾”(或“低位”)代理。这对代码组合在一起，可通过相当简单的计算转换为单个代码点。为了区别码点，这些 16 位的值被称为代码单元。这种从 21 位码点到 16 位代码单位的“转换”被称作 UTF-16。对于符合语法规则的 UTF-16，前置代理后面总会跟着一个后尾代理，反之亦然。

JavaScript 是现代系统之一。JavaScript 中的“字符串”是一串 UTF-16 代码单元，但 JavaScript 字符串允许无效的代理(一个前置代理没有后尾代理，或者反过来)并为它们定义语义：如果遇到只有一半的代理对，则必须将它视为一个码点而不是一个代码单元。例如，如果 0xD820 被单独发现，它将被视为代码点 U+D820，而不是一个前置代理。(U+D820 是被保留的，并没有指定的含义。因此如果输出该字符串，则会渲染“unknown character”字形。)

所有这一切都意味着，从人类的角度看，单个字位可能是一个或多个码点，单个码点可能是一个或两个 UTF-16 代码单元(JavaScript 字符串的“字符”)。示例如表 10-1 所示。

表 10-1　代码点和代码单元的示例

“字符”	码点	UTF-16 代码单元
英文“a”	U+0061	0061
天城文“नि”	U+0928 U+093F	0928 093F
笑脸表情符号(😊)	U+1F60A	D83D DE0A

尽管英文字位“a”是单一的代码点，也是一个 UTF-16 代码单元，但天城文“ni”字位“नि”需要两个码点，每个码点(碰巧)都是一个 UTF-16 代码单元。笑脸表情符号是一个码点，但需要两个 UTF-16 代码单元，因此是两个 JavaScript“字符”：

```
console.log("a".length); // 1
console.log("नि".length); // 2
console.log("😊".length); // 2
```

UTF-16 是和 JavaScript 相关的编码格式，但值得注意的是，还有 UTF-8 和 UTF-32。UTF-8 将码点编制成 1~4 个 8 位的代码单元(如果 Unicode 需要进一步扩展的话，可扩展到 5~6 个代码单元)。UTF-32 即使用 32 位代码单元进行码点到代码单元的一对一映射。

背景知识真不少！掌握了这些知识后，下面看看有什么新功能。

10.2.2　码点转义序列

在 JavaScript 字符串字面量中，如果要使用转义序列来编写需要两个 UTF-16 代码单元的码点，则必须分别计算出它们的 UTF-16 值并将它们分开来编写，如下所示：

```
console.log("\uD83D\uDE0A"); // 😊(smiling face emoji)
```

ES2015 增加了 Unicode 码点转义序列，允许指定实际的码位值，而不需要更复杂的 UTF-16 计算。你可以用十六进制(一般来说，Unicode 值是用十六进制表示的)把它写入大括号中。我们一直使用的带有笑眼的笑脸是 U+1F60A，所以：

```
console.log("\u{1F60A}"); // 😊(smiling face emoji)
```

10.2.3　String.fromCodePoint

ES2015 还添加了适用于码点且与 String.fromCharCode(适用于代码单元)类似的方法：String.fromCodePoint。你可以将一个或多个码点当作数字传递给它，它会输出等价字符串：

```
console.log(String.fromCodePoint(0x1F60A)); // 😊(smiling face emoji)
```

10.2.4　String.prototype.codePointAt

下面继续讨论有关对码点提供支持的主题，可通过 String.prototype.codePointAt 方法获取字符串中给定位置的码点：

```
console.log("😊".codePointAt(0).toString(16).toUpperCase()); // 1F60A
```

不过这里需要注意，传递给它的索引是在代码单元(JavaScript“字符”)，而不是码点中寻址的。因此 s.codePointAt(1)不返回字符串中的第二个码点，它返回的是从字符串的索引 1 开始的码点。如果字符串中的第一个码点需要两个代码单元，s.codePointAt(1)将返回该码点的后尾代理代码单元的值：

```
const charToHex = (str, i)=>
  "0x" + str.codePointAt(i).toString(16).toUpperCase().padStart(6, "0");
  const str = "😊😊"; // Two identical smiling face emojis
  for (let i = 0; i < str.length; ++i){
     console.log(charToHex(str, i));
  }
```

这将输出四个值(0x01F60A、0x00DE0A、0x01F60A、0x00DE0A)，因为字符串中的每个笑脸占用两个“字符”，但代码在每次迭代中仅将计数器加一。显示在第二个和第四个位置的值 0x00DE0A 是笑脸对应代理对的后尾代理。代码或许应该跳过那些后尾代理，而只列出(或查找)字符串中的实际码点。

如果从头开始循环，那么解决方法很简单：使用 for-of 替代 for 循环。有关的详细信息，请参阅本章后面的“迭代”部分。

如果你停在一个字符串的中间，并且想要找到最近的码点的开头，这也不是太难。获取所在“码点”的值，并检查它是否在 0xDC00~0xDFFF(包括 0xDC00 和 0xDFFF)的范围内。如果是这样的话，那它可能是代理对的后尾代理，所以往前一个索引寻找该代理对的开头(出现无效代理对时，重复执行寻找操作)，或者往后一个索引寻找下一个码点的开头(根据需要重复执行)。你还可以检查独立的前置代理，范围为 0xD800~0xDBFF。因为这两个范围彼此相邻，所以可使用 0xD800~0xDFFF 来检查其是否包括独立的前置代理或后尾代理。

10.2.5 String.prototype.normalize

为了改进对 Unicode 的支持，字符串的 normalize 方法使用 Unicode 联盟定义的一种规范化形式创建了一个新的“规范化”字符串。

在 Unicode 中，同一字符串可用多种方式编写。规范化是以“规范”形式(定义了四个)创建新字符串的过程。这对于进行比较或高级处理等非常重要。下面我们仔细了解一下这一点。

在法语中，如果字母“c”后跟字母“a”，则字母“c”是“强读”(发音类似于英语的“k”)。对于后面跟一个“a”但应该是“弱读”的单词(发音像字母“s”)，其下会被加上一个被称为“软音符(cédille)”的变音符号。可从法语的名字中看到这一点：Français。它的发音是“fransays”，而不是“frankays”，原因是“c”下的软音符。当一个“c”有了这个符号，它就被创造性地称为 c cédille。

出于历史原因，c cédille(“ç”)有自己的码点：U+00E7[1]。但它也可写成字母“c”(U+0063)和组合符号 cédille(U+0327)的组合。

```
console.log("Français");        // Français
console.log("Franc\u0327ais"); // Français
```

由于字体不同，它们看起来可能略有不同，但实际上是同一个词，只是此处简单的比较不能反映这一点：

```
const f1 = "Français";
const f2 = "Franc\u0327ais";
console.log(f1 === f2); // false
```

规范化解决了这个问题：

```
console.log(f1.normalize()=== f2.normalize()); // true
```

这只是字符串可能变化但仍对相同文本进行编码的一种方式。某些语言可在同一个“字母”上加上几个变音标记。如果一个字符串中的标记顺序与另一个字符串中的标记顺序不同，则这些字符串在简单的检查中不会相等，但在规范化形式中将相等。

Unicode 有两种主要的规范化类型：标准等价和兼容等价。在每种类型中，它都有两种形式：分解和合成。毋庸赘述，Unicode 标准对两种规范化类型的说明如下：

> 标准等价是表示相同抽象字符的字符或字符序列之间的一种基本等价，当正确显示时，这些字符或字符序列应始终具有相同的视觉外观和行为。
>
> 兼容等价是表示相同抽象字符(或抽象字符序列)的字符或字符序列之间较弱的等价类型，但可能具有不同的视觉外观或行为。兼容等价形式的视觉外观通常构成它们等效的字符(或字符序列)的预期视觉外观范围的子集。然而，这些不同的形式可能代表一种视觉上的区别，这种区别在某些文本上下文中很重要，而在另一些上下文中则不重要。因此，需要更谨慎地确定兼容等价是否适用于某一场景。如果视觉上的区别是样式上的，那么可用标记或样式来表示格式化信息。然而，一些具有兼容等价分解的字符在数学符号中被用于表示语义性质的区别；这种情况下，如果采用格式化，而不使用不同的字符代码，可能会导致问题……
>
> Unicode 标准 附录 15：Unicode 规范化格式

1 这里指的是计算机历史。法语是计算机支持的最早的语言之一，在字符集中为带有变音符号的字母设置单独的字符是支持法语的简单方法。

标准提供了一个很好的例子来说明兼容等价类型何时会导致问题：字符串“i^9”。在数学中，这是“i 的 9 次方”。但是如果你用兼容等价来使这个字符串规范化，你会得到字符串“i9”；上标“^{9}”(U+2079)变成了数字“9”(U+0039)。在数学上下文中，这两个字符串的含义完全不同。而标准等价规范化类型则保留了码点的上标性质。

normalize 接受一个可选参数，允许使用者选择使用哪种形式。

- “NFD”(规范化形式 D)：标准等价分解。在这种形式中，字符串以标准等价的方式分解为多个简单字符。例如，由于“Français”使用 c cédille 码点，NFD 将 c cédille 分为单独的“c”码点和组合字符 cédille 码点。在一个由多个组合字符码点作用于单个字符的字符串中，标准等价分解后它们将按顺序排列。
- “NFC”(规范化形式 C)：标准等价合成。在这种形式中(这是默认的形式)，字符串首先以标准等价方式(NFD)分解，然后以标准等价方式合成，在适当的情况下使用单个代码点。例如，这种形式会将“c”和“cédille”组合成单个“c cédille”码点。
- “NFKD”(规范化形式 KD)：兼容等价分解。在这种形式中，字符串以兼容等价的方式分解为多个简单字符(将上标“^{9}”改为普通“9”的规范化形式)。
- “NFKC”(规范化形式 KC)：兼容等价合成。在这种形式中，字符串首先以兼容等价方式分解，然后以兼容等价方式合成。

如果不指定形式，则默认采用“NFC”。

根据你的使用情况，可选择四种形式中的任何一种，但是对于大多数情况，默认的标准等价合成可能是你的最佳选择。它保留了字符串的完整信息，同时对含有这些信息的组合形式(比如 c cédille)使用标准等价形式的码点。

有关 Unicode 的改进就讲到这里。下面看看字符串的其他改进之处。

10.3　迭代

你在第 6 章了解了可迭代对象和迭代器。在 ES2015 以后，字符串是可迭代对象。迭代访问字符串中的每个码点(而不是代码单元)。运行代码清单 10-6。

代码清单 10-6　简单的字符串迭代示例——simple-string-iteration-example.js

```
for (const ch of ">☺<"){
    console.log(`${ch} (${ch.length})`);
}
```

输出：

```
> (1)
```

```
 (2)
< (1)
```

记住，笑脸是单个码点，但需要两个 UTF-16 代码单元(JavaScript“字符”)。因此，因为 length 代表了代码单元的长度，所以第二次迭代将输出“☺(2)”。

这样带来的一个副作用就是：根据你的用例，你可能会决定改变你将字符串转换为字符数组时通常采用的方式。ES2015 之前的惯用方式是 str.split("")，它将字符串拆分成代码单元数组。从 ES2015 开始，你可能会改用 Array.from(str)，这将输出码点数组(而不是代码单元)。你将从第 11 章开始学习 Array.from，但简要而言，它通过循环遍历传递的可迭代对象并将每个迭代值添加到数组中，从而创建一个数组。因此，如果在字符串上使用 Array.from，可通过字符串迭代器将其拆分为码点数组：

```
const charToHex = ch =>
   "0x" + ch.codePointAt(0).toString(16).toUpperCase().padStart(6, "0");
const show = array => {
   console.log(array.map(charToHex));
};
const str = ">😊<";
show(str.split(""));      // ["0x00003E", "0x00D83D", "0x00DE0A", "0x00003C"]
show(Array.from(str));    // ["0x00003E", "0x01F60A", "0x00003C"]
```

也就是说，尽管 Array.from(str)在某些用例中可能比 str.split("")更好(从某些角度看)，但它仍然会拆解码点，而这些码点组成了人类可感知的单个字位。还记得那个天城文音节“ni”(नि)吗？它需要两个代码点(一个辅音字母和一个变音符号)，但被视为单个字位，尽管被拆成代码点后，它们会被分开。在天城文中，Devanagari(天城文)具有 5 个可感知的字位(दे व ना ग री)，但即使是 Array.from 方法也会产生一个由 8 个码点组成的数组。更复杂的算法可使用码点和字位映射的 Unicode 信息(可在 Unicode 数据库中获得)，但字符串迭代并没有试图达到这种复杂的程度。

10.4 新的字符串方法

ES2015 为字符串添加了一些方便的工具方法。

10.4.1 String.prototype.repeat

从名字就可以猜出这个方法的作用！

没错，repeat 方法将使调用的字符串重复给定的次数：

```
console.log("n".repeat(3)); // nnn
```

如果你传入 0 或 NaN，该方法将返回一个空字符串。如果你传入的值小于 0 或为无穷大(正或负)，该方法将会出现错误。

10.4.2 String.prototype.startsWith 和 endsWith

startsWith 和 endsWith 方法提供了一种简单的方式来检查字符串是否以子字符串开头或以子字符串结尾(有一个标识起始或结束索引的可选参数)：

```
console.log("testing".startsWith("test")); // true
console.log("testing".endsWith("ing"));    // true
console.log("testing".endsWith("foo"));    // false
```

如果你传入空子字符串，startsWith 和 endsWith 都将返回 true。

```
("foo".startsWith("")).
```

如果向 startsWith 传入一个起始索引，则它会认为该字符串是从该索引开始的：

```
console.log("now testing".startsWith("test"));    // false
console.log("now testing".startsWith("test", 4)); // true
// Index 4 --------^
```

如果索引等于或者大于字符串的长度，那么调用的结果将会是 false(如果你传入的是非空的子字符串)，因为字符串在该索引位置没有任何可匹配的东西。

如果向 endsWith 传入一个结束索引，则它会认为该字符串是在该索引处结束的：

```
console.log("now testing".endsWith("test"));    // false
console.log("now testing".endsWith("test", 8)); // true
// Index 8 ------------^
```

在上面的例子中，索引 8 使 endsWith 将字符串当成了"now test"，而不是"now testing"。

如果传入 0，那么结果将为 false(如果你传入的是非空的子字符串)，因为实际上要查找的字符串是空字符串。

startsWith 和 endsWith 的检查始终区分大小写。

在 ES2015~ES2020(到目前为止)中，如果向 startsWith 和 endsWith 传入正则表达式(而不是字符串)，则它们应当抛出错误。这是为了防止浏览器厂商为正则表达式提供自己的附加行为，以便 JavaScript 规范的后续版本可定义该行为。

10.4.3　String.prototype.includes

对于该方法，我们也可通过名称判断其作用。includes 方法检查调用它的字符串，确定该字符串是否包含传入的子字符串，可从字符串中的给定位置开始检查：

```
console.log("testing".includes("test"));    // true
console.log("testing".includes("test", 1)); // false
```

本例中的第二个调用返回 false，因为它从字符串的索引 1 处开始检查，因此跳过了前面的字母 t，就好像它只是在检查"esting"，而不是"testing"。

如果传入一个空的子字符串来供它查找，结果将是 true。

与 startsWith 和 endsWith 一样，如果你传入的是负索引或无穷索引，或者传入的是正则表达式，而不是字符串(以便规范的未来版本为此定义行为)，该方法将会出现错误。

10.4.4　String.prototype.padStart 和 padEnd

ES2017 通过 padStart 和 padEnd 方法向标准库添加了字符串填充的能力：

```
const s = "example";
console.log(`|${s.padStart(10)}|`);
// => "|   example|"
console.log(`|${s.padEnd(10)}|`);
// => "|example   |"
```

你指定所需字符串的总长度，并可选择用于填充的字符串(默认值为空格)。padStart 返回一个新的字符串，并在字符串的开头进行必要的填充，以使结果达到指定的长度；padEnd 则填充字符串的结尾。

注意，你指定的是结果字符串的总长度，而不是所需的填充量。在前面的示例中，因为"example"有 7 个字符，并且前面的代码指定的长度是 10，所以字符串的开头或结尾添加了 3 个空格。

下面的例子中，以破折号替代空格：

```
const s = "example";
console.log(`|${s.padStart(10, "-")}|`);
// => "|---example|"
console.log(`|${s.padEnd(10, "-")}|`);
```

```
// => "|example---|"
```

填充字符串的长度可超过一个字符，必要时可重复或截断该字符串：

```
const s = "example";
console.log(`|${s.padStart(10, "-*")}|`);
// => "|-*-example|"
console.log(`|${s.padEnd(10, "-*")}|`);
// => "|example-*-|"
console.log(`|${s.padStart(14, "...oooOOO")}|`);
// => "|...oooOexample|"
```

这种情况下，你可能习惯于看到“left”和“right”，而不是“start”和“end”。TC39 决定使用“start”和“end”，以免字符串在从右到左(RTL)的语言环境(如现代希伯来语和阿拉伯语)带来混淆。

10.4.5 String.prototype.trimStart 和 trimEnd

ES2019 为字符串添加了 trimStart 和 trimEnd 方法。trimStart 从字符串的开头修剪空白，trimEnd 则从结尾修剪：

```
const s = "  testing   ";
const startTrimmed = s.trimStart();
const endTrimmed = s.trimEnd();
console.log(`|${startTrimmed}|`);
// => |testing   |
console.log(`|${endTrimmed}|`);
// => |  testing|
```

这两个新方法背后的历史有些有趣：当 ES2015 为字符串添加 trim 方法时，大多数 JavaScript 引擎(最后所有的主流 JavaScript 引擎)也添加了 trimLeft 和 trimRight，尽管它们不在规范中。在进行标准化时，TC39 决定使用 trimStart 和 trimEnd 的名称，而不是 trimLeft 和 trimRight，以便它们与 ES2017 的 padStart 和 padEnd 保持一致。然而，在规范附录 B(用于 Web 浏览器的 ECMAScript 附加功能)中，trimLeft 和 trimRight 被列为 trimStart 和 trimEnd 的别名。

10.5 match、split、search 和 replace 方法的更新

在 ES2015 中，JavaScript 的字符串方法 match、split、search 和 replace 都变得更加通用了。在 ES2015 之前，它们与正则表达式有相当紧密的联系：match 和 search 要求传入正则表达式，或者一个可转换为正则表达式的字符串；split 和 replace 也使用正则表达式，如果你传入的参数不是正则表达式，它们则将其强制转换为字符串。

从 ES2015 开始，我们可创建自己的对象来使用 match、search、split 和 replace 方法。如果该对象具有这些方法所寻找的特定特性——具有特定名称的方法，则可将这些方法移交给该对象。它们寻找的名称是内置的 Symbol 值(第 5 章介绍的内置的 Symbol 值)。

- match：寻找 Symbol.match。
- split：寻找 Symbol.split。
- search：寻找 Symbol.search。
- replace：寻找 Symbol.replace。

如果传入的对象具有相关的方法，则字符串方法将调用它，传入字符串并返回结果。也就是说，它委托给了对象上的方法。

下面以 split 方法为例。从 ES2015 开始，String 对象的 split 方法在概念上看起来如下所示(忽略一些小细节)：

```
// In String.prototype
split(separator){
   if (separator !== undefined && separator !== null){
      if (separator[Symbol.split] !== undefined){
         return separator[Symbol.split](this);
      }
   }
   const s = String(separator);
   const a = [];
   // ...split the string on `s`, adding to `a`...
   return a;
}
```

如你所见，如果 String.prototype.split 的参数有 Symbol.split 方法的话，则会将方法调用委托给参数对象的 Symbol.split 方法。否则，它会执行过去使用非正则表达式分隔符进行的操作。它仍然支持以正则表达式作为分隔符，因为正则表达式现在具有 Symbol.split 方法，所以 String 对象的 split 方法会委托给正则表达式的 Symbol.split 方法。

下面看看用不同的搜索机制使用 replace 的情况：在字符串中查找{{token}}形式的标记，并用对象中匹配的属性替换它们。请参见代码清单 10-7。

代码清单 10-7　非正则表达式替换——non-regex-replacer.js

```
// Defining the token replacer with configurable token matching
class Replacer {
   constructor(rexTokenMatcher = /\{\{([^}]+)\}\}/g){
      this.rexTokenMatcher = rexTokenMatcher;
   }
   [Symbol.replace](str, replaceValue){
      str = String(str);
      return str.replace(
         this.rexTokenMatcher,
         (_, token)=> replaceValue[token] || ""
      );
   }
}
Replacer.default = new Replacer();

// Using the default token replacer with `replace`
const str = "Hello, my name is {{name}} and I'm {{age}}.";
const replaced = str.replace(Replacer.default, {
   name: "María Gonzales",
   age: 32
});
console.log(replaced); // "Hello, my name is María Gonzales and I'm 32."

// Using a custom token
const str2 = "Hello, my name is <name> and I'm <age>.";
const replacer = new Replacer(/<([^>]+)>/g);
const replaced2 = str2.replace(replacer, {
   name: "Joe Bloggs",
   age: 45
```

```
});
console.log(replaced2); // "Hello, my name is Joe Bloggs and I'm 45."
```

运行代码清单 10-7 时要注意的关键点是：String 对象的 replace 方法调用的是 Replacer 的 Symbol.replace 方法，它不再只接受 RegExp 实例或字符串。

可使用 match、split 或 search 方法完成类似的事情。

10.6 旧习换新

下面列出了一些可能需要考虑更新的旧习惯。

10.6.1 使用模板字面量替代字符串连接(在适当的情况下)

旧习惯：通过字符串连接使用作用域内的变量构建字符串。

```
const formatUserName = user => {
   return user.firstName + " " + user.lastName + " (" + user.handle + ")";
};
```

新习惯：这也许是风格的问题，但可改用模板字面量。

```
const formatUserName = user => {
   return `${user.firstName} ${user.lastName} (${user.handle})`;
};
```

事实上，有些人正在考虑使用模板字面量永久替代字符串字面量。但是，并不是所有的地方都能这么做，仍然有一些地方只允许使用字符串字面量。比较常见的是对象初始化列表中带引号的属性名(可使用计算属性名代替)、静态导入/导出的模块指示符(见第 13 章)和"use strict"。但是在其他任何常用字符串字面量的地方，你几乎都可使用模板字面量。

10.6.2 对 DSL 使用标签函数和模板字面量，而不是自动占位符机制

旧习惯：创建 DSL 时创建自己的占位符机制。

新习惯：在有意义的情况下，使用标记函数和模板字面量，利用模板提供的占位符求值能力。

10.6.3 使用字符串迭代

旧习惯：按索引访问字符串中的字符。

```
const str = "testing";
for (let i = 0; i < str.length; ++i){
   console.log(str[i]);
}
```

新习惯：如果想把字符串视为一串码点，而不是代码单元，可考虑使用 codePointAt、for-of 或 Unicode 可识别的其他特性。

```
const str = "testing";
for (const ch of str){
   console.log(ch);
}
```

第11章 新数组特性、类型化数组

本章内容

- 新数组特性
- 类型化数组
- DataView 对象

本章代码下载

可通过网址 https://thenewtoys.dev/bookcode 或 https://www.wiley.com/go/javascript-newtoys 下载本章的代码。

在本章中，你将了解 ES2015+中有关数组的很多新特性，包括传统数组的新特性和新的类型化数组。

在开始之前，先简单说明一下术语：有几个常被用来指代数组内容的词语，最常见的是“元素(elements)”和“条目(entries)”。虽然“元素”的使用频率可能比“条目”略高，但本书将使用“条目”这个术语，以免它与 DOM 元素混淆，而且它是获取数组中条目的迭代器的方法名称(entries)。不过，在 JavaScript 规范的大部分内容中以及其他地方，你会经常看到“元素”一词。在类型化数组的标准 API 中，也有地方使用“元素”这个术语。

11.1 新的数组方法

ES2015(主要地)、ES2016 和 ES2019 中新增了大量的数组方法，这些方法可用于创建数组以及访问和修改数组内容。

11.1.1 Array.of

签名：

```
arrayObject = Array.of(value0[, value1[, ... ]])
```

Array.of 创建并返回一个包含传入的各个参数值的数组。例如：

```
const a = Array.of("one", "two", "three");
console.log(a); // ["one", "two", "three"]
```

初看上去，这似乎没必要，因为可直接使用数组的初始化表达式：

```
const a = ["one", "two", "three"];
console.log(a); // ["one", "two", "three"]
```

但 Array.of 对于数组的子类是有用的，因为它们没有字面量形式：

```
class MyArray extends Array {
   niftyMethod(){
       // ... do something nifty...
   }
}
const a = MyArray.of("one", "two", "three");
console.log(a instanceof MyArray); // true
console.log(a); // ["one", "two", "three"]
```

根据第 4 章中的内容可知，函数 MyArray 的原型是函数 Array。这意味着 MyArray.of 是继承自 Array 的。Array.of 可以很聪明地确定它被调用时的 this。如果 this 是一个构造函数，Array.of 则会使用该构造函数去创建新的数组(如果 this 不是一个构造函数，Array.of 则会默认使用 Array)。因此，子类不必重写 of，MyArray.of 即可创建 MyArray 的实例。

11.1.2 Array.from

签名：

```
arrayObject = Array.from(items[, mapFn[, thisArg]])
```

和 Array.of 类似，Array.from 会根据传入的参数创建一个数组。但它不接受多个独立的参数，而是以任意可迭代的对象或类数组(array-like)[1]对象作为第一个参数，并使用对象的值来构建数组，同时可选择性地对对象使用一个映射函数。如果向 Array.from 传入 null 或者 undefined，它会抛出一个错误；对于所有其他不可迭代的或非类数组对象，它基本上都会返回一个空数组。

如第 10 章所述，字符串是可迭代的，所以 Array.from 可根据字符串中的“字符”(Unicode 码点)创建数组：

```
const str = "123";
const a = Array.from(str);
console.log(a); // ["1", "2", "3"]
```

下面是一个基于类数组对象创建数组的例子：

```
const a = Array.from({length: 2, "0": "one", "1": "two"});
console.log(a); // ["one", "two"]
```

("0"和"1"的属性名可使用数字字面量，但它们最终会变成字符串，所以这里用字符串来强调。)

Array.from 接受可选的第二个参数：mapFn。这是一个作用于每个被添加到数组中的值的映射函数。例如，如果想通过一个由数字组成的字符串得到一个数字类型的数组，可传入一个转换函数(作为 mapFn)：

1 类数组对象是指包含 length 属性的任意对象，对应的“条目”是以 0 到 length - 1 范围内整数的字符串为名称的属性。

```
const str = "0123456789";
const a = Array.from(str, Number);
console.log(a); // [0, 1, 2, 3, 4, 5, 6, 7, 8, 9]
```

映射函数的签名是 mapFn(value, index)，其中 value 是被映射的值，index 是最终结果数组中新值的索引。这和 Array.prototype.map 的回调函数接受的参数类似，但 from 和 map 之间有两个不同点(在映射条目时)：

- Array.from 的映射回调函数不接受第三个参数而 map 接受(被映射的源对象)。人们曾讨论过是否要把源对象纳入其中，但当源对象是可迭代对象而不是数组或类数组对象时，因为人们不能通过索引访问它，它的用处有限，所以负责 from 的团队最后决定不把源对象纳入其中。
- map 只对源数组中存在的条目执行回调函数(跳过稀疏数组中“缺失的”条目)，而在处理类数组对象时，from 会对 0 到 length－1(包含 0 和 length－1)范围内的每一个索引都执行回调函数，即使该索引没有对应的条目。

因为映射函数接受索引作为第二个参数，所以务必避免经典的 map 陷阱：传入一个接受多个参数的函数，并由于它接受的第二个参数而出错。经典的例子是在 map 中使用 parseInt 的场景，这个问题同样存在于 Array.from 的映射函数：

```
const str = "987654321";
const a = Array.from(str, parseInt);
console.log(a); // [9, NaN, NaN, NaN, NaN, 4, 3, 2, 1]
```

parseInt 接受两个参数，其中第二个是要使用的进制(二进制的基数是 2，十进制的基数是 10，以此类推)。所以当 from()把索引当作进制传给 parseInt 时，就会出错。这个例子中的 NaN 是因为此处调用 parseInt 时使用了一个无效的或者与它试图解析的数字不匹配的进制参数(第一个调用正常，是因为当传入的进制是 0 时，parseInt 会忽略它)。例如，第二个调用失败，是因为 1 是一个无效的进制。第三个调用失败，是因为虽然 2 是一个有效的进制(二进制)，但数字“7”在二进制中是无效的。和 map 一样，解决方法是使用一个箭头函数或其他方式确保回调函数只接受适当的参数。对于 parseInt，我们通常期望有显式的进制，可采用下面的做法：

```
const str = "987654321";
const a = Array.from(str, digit => parseInt(digit, 10));
console.log(a); // [9, 8, 7, 6, 5, 4, 3, 2, 1]
```

除了从可迭代对象和类数组对象中创建数组，Array.from 的另一个使用场景是构建范围数组：由给定范围的数字组成的数组。例如，如果要创建一个包含 100 个条目的数组，其值为 0 到 99，可使用：

```
const a = Array.from({length: 100}, (_, index)=> index);
// Or: const a = Array.from(Array(100), (_, index)=> index);
 console.log(a); // [0, 1, 2, 3, ... 99]
```

{length:100}和 Array(100)都创建了一个 length 属性值为 100 的对象(第一个是普通对象，第二个是稀疏数组)。Array.from 在 0 到 99(包括 0 和 99)范围内的每个索引上都执行了回调，并以 undefined 作为第一个参数[1]，将索引当作第二个参数传入。因为回调函数返回了索引，所以生成的数组的条目中包含对应的索引值。也可将其抽取为通用的 rangeArray 函数：

1 本例中的代码将 undefined 参数写成_参数。单个下画线在 JavaScript 中是一个有效的标识符，通常被用作函数不使用的参数的名称。

```
function rangeArray(start, end, step = 1){
   return Array.from(
      {length: Math.floor(Math.abs(end - start)/ Math.abs(step))},
      (_, i)=> start + (i * step)
   );
}

console.log(rangeArray(0, 5));       // [0, 1, 2, 3, 4]
console.log(rangeArray(6, 11));      // [6, 7, 8, 9, 10]
console.log(rangeArray(10, 20, 2));  // [10, 12, 14, 16, 18]
console.log(rangeArray(4, -1, -1));  // [4, 3, 2, 1, 0]
```

最后但同样重要的是，Array.from 接受第三个参数：thisArg。该参数决定了 mapFn 被调用时 this 的值。所以，如果你有一个对象(example)，其中包含一个方法(method)，你想将这个方法用作 Array.from 的回调，可使用如下方式：

```
const array = Array.from(Array(100), example.method, example);
```

以确保在 method 调用中 this 指向的是 example 对象。

11.1.3 Array.prototype.keys

签名：

```
keysIterator = theArray.keys()
```

keys 方法返回一个数组键的迭代器。数组键是由 0 到 length - 1 的数字组成的数组。示例：

```
const a = ["one", "two", "three"];
for (const index of a.keys()){
   console.log(index);
}
```

该示例先输出 0，然后是 1，然后是 2。

关于 keys 方法，需要注意如下几点：

- 它返回的是一个迭代器，而不是一个数组。
- 虽然数组条目的名称严格意义上是字符串(因为如第 5 章“属性顺序”一节所述，传统数组并不是真正的数组)，但 keys 方法的迭代器返回的值是数字。
- 即使该数组是稀疏数组，迭代器也会返回 $0 \leqslant n < length$ 范围内的所有索引值。
- keys 方法不包含非数组索引的可枚举属性名称(如果数组有的话)。

将以上几点与 Object.keys(someArray)相比较，可发现 Object.keys 会返回一个数组，它包含索引(作为字符串)，忽略稀疏数组中不存在的条目索引，且包含数组中其他自身(非继承的)可枚举的属性名称(如果有的话)。

下面是一个稀疏数组的示例，演示了 keys 迭代器如何包含空位的索引：

```
const a = [, "x", , , "y"];
for (const index of a.keys()){
   console.log(index, index in a ? "present" : "absent");
}
```

数组 a 在索引 0、2、3 处没有条目，只在索引 1 和 4 处有条目。该代码的输出如下：

```
0 "absent"
```

```
1 "present"
2 "absent"
3 "absent"
4 "present"
```

11.1.4 Array.prototype.values

签名：

```
valuesIterator = theArray.values()
```

values 方法和 keys 类似，但返回的是数组中值的迭代器，而不是键的迭代器。这和通过数组自身获取的迭代器完全一样。示例：

```
const a = ["one", "two", "three"];
for (const index of a.values()){
   console.log(index);
}
```

该示例先输出"one"，然后是"two"，然后是"three"。

keys 包含稀疏数组中缺失项的索引，同样，values 为数组中的空位设置了 undefined 值：

```
const a = [, "x", , , "y"];
for (const value of a.values()){
   console.log(value);
}
```

代码输出：

```
undefined
"x"
undefined
undefined
"y"
```

因此，当从 values 迭代器中获取 undefined 值时，不能确定这是否意味着数组中有一个值为 undefined 的条目，因为它也有可能是稀疏数组中的一个空位。如果需要确定，可能就不应使用 values 方法了(不过你可能想到了 entries 方法，详见下一节)。

11.1.5 Array.prototype.entries

签名：

```
entriesIterator = theArray.entries()
```

entries 方法实际上是 keys 和 values 方法的组合：它返回数组中的条目迭代器，每个条目都是[index, value]的数组。示例：

```
const a = ["one", "two", "three"];
for (const entry of a.entries()){
   console.log(entry);
}
```

输出：

```
[0, "one"]
[1, "two"]
[2, "three"]
```

当通过遍历的方法从 entries 中获取条目时，通常使用解构赋值(见第 7 章)以独立变量或常量的形式获取对应的索引和值：

```
const a = ["one", "two", "three"];
for (const [index, value] of a.entries()){
   console.log(index, value);
}
```

输出：

```
0 "one"
1 "two"
2 "three"
```

与 keys 和 values 的情况一样，即使稀疏数组中不存在某一条目，迭代器也会包含该条目；与 values 不同的是，在 entries 方法中，可通过检查键(索引)是否存在于数组中，来区分获取的 undefined 值是一个空位还是实际的条目：

```
const a = [, undefined, , , "y"];
for (const [index, value] of a.entries()){
   console.log(index, value, index in a ? "present" : "absent");
}
```

输出：

```
0 undefined "absent"
1 undefined "present"
2 undefined "absent"
3 undefined "absent"
4 "y" "present"
```

请注意，第二个 undefined 对应于存在的条目，而其他的 undefined 都对应于空位。

不过，如果迭代器的消费者没有访问原始数组的权限，该消费者就无法知道[index, value]数组中的 undefined 是来自空位还是真正来自 undefined。对于稀疏条目，entries 方法得到的[index, value]数组也总是同时拥有索引和值。

11.1.6 Array.prototype.copyWithin

签名：

```
obj = theArray.copyWithin(target, start[, end])
```

copyWithin 方法将条目从数组的一部分复制到另一部分，在不增加数组长度的情况下处理可能存在的覆盖问题。你可以指定 target 索引(将复制的条目放在何处)、start 索引(从哪里开始复制)，以及可选的 end 索引(在哪里停止复制，不包含该索引所在的位置；默认为数组的长度)。它返回被调用的数组(大致来说，详情请查看本节中的“copyWithin 返回值”部分)。如果任何一个参数是负数，则会被用作数组末端的偏移量。例如，在一个长度为 6 的数组中，－2(start 值)被当作 4，因为 6 减 2 等于 4。start 参数没有被定义为可选参数，但是如果你不使用它，那么根据规范中有关 start 值的说明，它将会是 0。

copyWithin 返回值

前面在介绍 copyWithin 时，提到过"……返回被调用的数组"。严格来说，这不是实际的情况。copyWithin 会将其被调用时的 this 值转换为一个对象(如果 this 还不是一个对象)，执行相应的操作，然后返回对象。通常情况下，我们是在一个数组上调用它的，所以 this 是对应的数组，然后数组被返回。但如果使用 call 或 apply 或类似的方法调用它，并将 this 设置为类数组对象，它将返回类数组对象，而不是数组。如果调用时将 this 设置为基本数据类型(假设 copyWithin 不会因为无法在基本数据类型上执行所需的复制而抛出错误)，copyWithin 会将原始数据类型转换为对象，然后返回这个对象。

下面的示例将一个数组中位置靠后的条目复制到数组中比较靠前的位置：

```
const a = ["a", "b", "c", "d", "e", "f", "g", "h", "i", "j", "k"];
console.log("before", a);
a.copyWithin(2, 8);
console.log("after ", a);
```

输出：

```
before ["a", "b", "c", "d", "e", "f", "g", "h", "i", "j", "k"]
after ["a", "b", "i", "j", "k", "f", "g", "h", "i", "j", "k"]
```

上面的调用复制了从索引 8 开始到数组结束的条目("i"、"j"、"k")，并从索引 2 开始写入。见图 11-1。

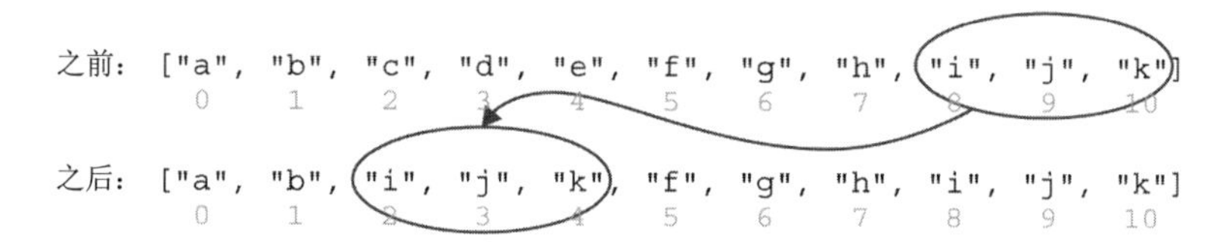

图 11-1

注意，它使用复制的条目覆盖了之前索引 2~4 处的条目，并没有插入条目。

下面的示例将数组中位置靠前的条目复制到比较靠后的位置：

```
const a = ["a", "b", "c", "d", "e", "f", "g"];
console.log("before", a);
a.copyWithin(4, 2);
console.log("after ", a);
```

输出：

```
before ["a", "b", "c", "d", "e", "f", "g"]
after ["a", "b", "c", "d", "c", "d", "e"]
```

见图 11-2。

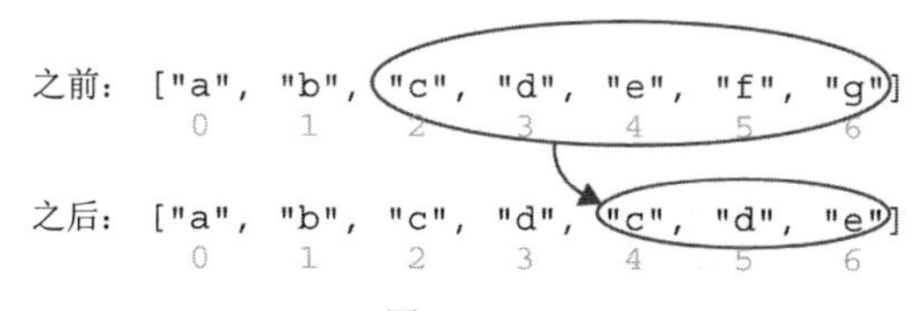

图 11-2

这个示例中有两个要注意的点：

- 复制不是一个简单向前移动的 for 循环。如果是这样，操作将访问自身：它将把"c"复制到"e"上，然后将复制的"c"用于最后一个条目，而不是(正确地)使用"e"。相反，copyWithin 可确保被复制的条目与操作开始前一样。
- 数组的复制停止时并没有扩展数组。代码中没有指定结束位置(第三个参数)，所以结束位置默认为数组的长度。该操作没有复制"f"和"g"，因为这样会使数组变长。因此，在图 11-2 中，虽然有 5 个源条目被圈起来了(因为调用指定了索引 2~6 的条目)，但直到该方法运行到数组的结尾，也只有 3 个条目被复制过去了。

copyWithin 看上去是一个非常特殊的操作——它确实是。但在图形应用程序中，它是一个常见的操作。它被纳入 Array 中的主要原因是，它已被纳入类型化数组(本章随后介绍)，而类型化数组被用于图形操作(以及其他场景)。TC39 决定让数组和类型化数组的 API 尽可能保持相似。因为类型化数组有 copyWithin 方法，所以数组也有该方法。

在处理稀疏数组(不是类型化数组)时，copyWithin 有一个有趣的特殊行为(类型化数组永远不会是稀疏的，详见后面的小节)。copyWithin 通过删除对应位置的条目来“复制”空位。

```
function arrayString(a){
   return Array.from(a.keys(), key => {
      return key in a ? a[key] : "*gap*";
   }).join(", ");
}
const a = ["a", "b", "c", "d", , "f", "g"];
console.log("before", arrayString(a));
a.copyWithin(1, 3);
console.log("after ", arrayString(a));
```

注意该数组中的空位：索引 4 处没有条目("e"不见了)。输出：

```
before a, b, c, d, *gap*, f, g
after a, d, *gap*, f, g, f, g
```

索引 4 处的空位被复制到索引 2 处(然后将索引 6 处的值复制到索引 4 处，填补了索引 4 处的空位)。

11.1.7 Array.prototype.find

签名：

```
result = theArray.find(predicateFn[, thisArg])
```

find 方法通过使用一个判定函数来查找数组中第一个匹配的条目的值。它会在数组的每个条目上调用判定函数，在调用中可选择性地使用 thisArg 指定 this 的值，一旦判定函数返回真值，find 方法将停止执行并返回对应条目的值，否则返回 undefined(如果 find 访问完了所有条目)。示例：

```
const a = [1, 2, 3, 4, 5, 6];
const firstEven = a.find(value => value % 2 == 0);
console.log(firstEven); // 2
```

判定函数的调用需要三个参数(与 forEach、map、some 等使用的参数相同)：调用对应的值、索引和调用 find 的对象(通常是一个数组)的引用。find 在判定函数首次返回真值时停止，不访问数组中的后续条目。

在一个空数组上调用 find，它总是返回 undefined，因为在判定函数返回真值之前，find 已经访问完了所有条目(所以判定函数从未被调用)：

```
const x = [].find(value => true);
console.log(x); // undefined
```

在 find 执行过程中修改数组的行为通常不是最佳实践，但如果这样做，结果是有明确的定义的：访问的条目范围是在 find 开始循环之前确定的；条目的值是该条目被访问时的值(不会被预先存储)。这意味着：

- 如果在结尾添加新的条目，那么这些条目将不会被访问。
- 如果改变一个已经被访问过的条目，该条目将不会再被访问。
- 如果改变一个尚未被访问的条目，那么当它被访问时，将使用新值。
- 如果从数组中删除条目，缩短数组的长度，那么 find 将会访问到末尾的空位(通常空位的值为 undefined)。

例如，考虑下面的例子：

```
const a = ["one", "two", "three"];
const x = a.find((value, index)=> {
   console.log(`Visiting index ${index}: ${value}`);
   if (index === 0){
       a[2] = a[2].toUpperCase();
   } else if (index === 1){
       a.push("four");
   }
   return value === "four";
});
console.log(x);
```

输出：

```
Visiting index 0: one
Visiting index 1: two
Visiting index 2: THREE
undefined
```

条目"four"没有被访问，因为当 find 开始时，该条目在访问范围之外，但该示例输出了大写的"THREE"，因为在被访问之前，它已被修改。Find 还返回了 undefined(如 console.log(x)的末尾所示)，这是因为"four"条目从未被访问，判定函数从未返回真值。

11.1.8 Array.prototype.findIndex

签名：

```
result = theArray.findIndex(predicateFn[, thisArg])
```

findIndex 几乎与 find 完全一致，只是判定函数返回真值时 findIndex 返回条目的索引。如果没有相应的条目，findIndex 则返回 - 1。

示例：

```
const a = [1, 2, 3, 4, 5, 6];
const firstEven = a.findIndex(value => value % 2 == 0);
console.log(firstEven); // 1 -- the first even value is the number 2 at index 1
```

其他部分都一致：判定函数接收同样的三个参数；findIndex 访问的条目范围是事先确定的；访问的值与该条目被访问时的值一样(没有被事先存储)；如果缩短数组的长度，findIndex 会在最后访问到空位；空数组的 findIndex 总是返回 - 1。

11.1.9 Array.prototype.fill

签名：

```
obj = theArray.fill(value[, start[, end]])
```

fill 方法使用给定的值填充数组(或类数组对象)，可选择只填充由 start(默认为 0)和 end(不包含 end 处的值，默认为 length)索引定义的范围。返回值是调用 fill 的数组(实际上，返回值和 copyWithin 类似，参见前面的“copyWithin 返回值”部分)。如果 start 或 end 是负数，就会被用作数组末端的偏移量。

示例：

```
const a = Array(5).fill(42);
console.log(a); // [42, 42, 42, 42, 42]
```

在这个示例中，Array(5)返回一个 length 为 5 的稀疏数组，但没有条目；然后 fill 使用给定的值(42)填充数组。

常见的陷阱：将对象用作填充值

你传入的 value 只是一个值。最终数组的结果和调用 Array.from 的结果不同，而是类似于下面操作的结果：

```
const a = Array(5);
const value = 42;
for (let i = 0; i < a.length; ++i){
   a[i] = value;
}
console.log(a); // [42, 42, 42, 42, 42]
```

牢记这一点，下面的代码会输出什么呢?

```
const a = Array(2).fill({});
a[0].name = "Joe";
a[1].name = "Bob";
console.log(a[0].name);
```

如果你的回答是"Bob"，很好! Array(2).fill({})在数组的两个条目中放入了同一个对象，而不是用一些独立的对象来填充数组。这意味着 a[0]和 a[1]指向同一个对象。a[0].name = "Joe"将这个对象的 name 设置为"Joe"，但是之后 a[1].name = "Bob"用"Bob"覆盖了它。

如果想在数组的每个条目中放入不同的对象，可能不应使用 Array.fill；可使用 Array.from 的映射回调：

```
const a = Array.from({length: 2}, ()=> ({}));
a[0].name = "Joe";
a[1].name = "Bob";
console.log(a[0].name); // Joe
```

但如果真的想使用 Array.fill，可先填充数组，然后使用 map：

```
const a = Array(2).fill().map(()=> ({}));
```

```
a[0].name = "Joe";
a[1].name = "Bob";
console.log(a[0].name); // Joe
```

这里需要调用 fill (用 undefined 填充数组)，因为 map 不会访问不存在的条目，而 Array(2)创建了一个 length=2 但没有条目的数组。

11.1.10　Array.prototype.includes

签名：

```
result = theArray.includes(value[, start])
```

根据规范中定义的 SameValueZero 算法可知，如果给定的值存在于数组中，includes 方法(ES2016 中新增)则返回 true；如果不存在，该方法则返回 false。也可选择从提供的 start 索引开始搜索；如果 start 为负值，则会被用作数组末尾的偏移量。

示例：

```
const a = ["one", "two", "three"];
console.log(a.includes("two"));     // true
console.log(a.includes("four"));    // false
console.log(a.includes("one", 2));  // false, "one"在索引 2 之前
```

一个常见的误区是，includes(value)只是 indexOf(value)!==-1 的一种更简短的写法，但这并不完全正确。indexOf 使用严格相等比较算法(类似于===)来校验值，但 SameValueZero(ES2015 中新增)与严格相等比较算法的不同之处在于它处理 NaN 的方式。在严格相等比较算法下，NaN 不等于自身；而在 SameValueZero 下，NaN 等于自身：

```
const a = [NaN];
console.log(a.indexOf(NaN) !== -1);  // false
console.log(a.includes(NaN));        // true
```

除了 NaN 之外，SameValueZero 和严格相等比较算法一样，这意味着负零和正零是一样的，所以[-0].includes(0)返回 true。

11.1.11　Array.prototype.flat

ES2019 中新增了 flat。该方法通过从原始数组中取出每个值来创建一个新的“扁平化”数组。如果值是一个数组，该方法则取数组中的值，而不是将数组自身放入结果中：

```
const original = [
    [1, 2, 3],
    4,
    5,
    [6, 7, 8]
];
const flattened = original.flat();
console.log(flattened);
// => [1, 2, 3, 4, 5, 6, 7, 8]
```

这主要用于取代常见的使用 concat 对数组进行扁平化处理的做法：

```
const flattened = [].concat.apply([], original);
// or
```

```
const flattened = Array.prototype.concat.apply([], original);
```

显然，flat 的效率会更高(尽管这通常并不重要)，因为它不会创建和丢弃临时数组。然而，flat 并不检查 Symbol.isConcatSpreadable(见第 17 章)，所以如果你有类数组对象，且 Symbol.isConcatSpreadable 被设置为 true，那么 concat 会展开它们，但 flat 不会；flat 只会展开真实的数组(如果想要这种行为，可继续使用 concat，可能还要使用展开标识符：const flattened = [].concat(...original);)。

默认情况下，flat 只进行一级扁平化(像 concat 一样)，所以嵌套超过一级的数组不会被扁平化：

```
const original = [
    [1, 2, 3],
    [
      [4, 5, 6],
      [7, 8, 9]
    ]
];
const flattened = original.flat();
console.log(flattened);
// => [1, 2, 3, [4, 5, 6], [7, 8, 9]];
```

可设置一个可选的 depth 参数来指定 flat 进行递归扁平化的深度：1 表示只有一层(默认)，2 表示两层，等等。无论结构有多深，都可使用 Infinity 来进行完全扁平化：

```
const original = [
   "a",
   [
      "b",
      "c",
      [
         "d",
         "e",
         [
            "f",
            "g",
            [
               "h",
               "i"
            ],
         ],
      ],
   ],
   "j"
];
const flattened = original.flat(Infinity);
console.log(flattened);
// => ["a", "b", "c", "d", "e", "f", "g", "h", "i", "j"]
```

11.1.12 Array.prototype.flatMap

与 flat 一样，flatMap 也是 ES2019 中新增的方法，只是在它执行扁平化之前，每个值都会通过一个映射函数，并且只扁平化一级：

```
const original = [1, 2, 3, 4];
const flattened = original.flatMap(e => e === 3 ? ["3a", "3b", "3c"] : e);
console.log(flattened);
```

```
// => [1, 2, "3a", "3b", "3c", 4]
```

最终的结果正是你通过调用 map，然后对结果调用 flat 所得到的结果(默认只进行一级的扁平化)。

```
const original = [1, 2, 3, 4];
const flattened = original.map(e => e === 3 ? ["3a", "3b", "3c"] : e).flat();
console.log(flattened);
// => [1, 2, "3a", "3b", "3c", 4]
```

唯一功能上的区别是，flatMap 只需要对数组进行一次(而不是两次)操作就可以完成。

11.2　迭代、展开、解构

在 ES2015 中，数组还有一些其他特性，详见本书的其他部分：

- 数组变为可迭代对象(见第 6 章)。
- 数组的字面量能够包含展开标识符(见第 6 章)。
- 数组支持解构(见第 7 章)。

11.3　稳定的数组排序

在 ES2019 之前，Array.prototype.sort 方法使用的排序算法被定义为“不一定稳定”，这意味着，如果两个条目被认为是相等的，它们在结果数组中的相对位置仍然可能是颠倒的(对于 Int32Array 这样的类型化数组，也是如此)。从 ES2019 开始，sort 需要实现稳定的排序(对于普通数组和类型化数组都是如此)。

例如，在旧的定义中，下面这段代码对一个数组进行排序时，忽略大小写：

```
const a = ["b", "B", "a", "A", "c", "C"];
a.sort((left, right)=> left.toLowerCase().localeCompare(right.toLowerCase()));
console.log(a);
```

这段代码会产生以下几种不同的结果之一：

```
["a", "A", "b", "B", "c", "C"] - 相同的条目没有被交换(稳定的)
["A", "a", "B", "b", "C", "c"] - 所有相同的条目都被交换(不稳定的)
["a", "A", "b", "B", "C", "c"] - 部分相同的条目被交换(不稳定的)
["a", "A", "B", "b", "c", "C"] - "
["a", "A", "B", "b", "C", "c"] - "
["A", "a", "b", "B", "c", "C"] - "
["A", "a", "b", "B", "C", "c"] - "
["A", "a", "B", "b", "c", "C"] - "
```

从 ES2019 开始，要求实现代码必须只输出第一种结果："a"必须排在"A"之前(因为排序之前是这样)，"b"排在"B"之前，"c"排在"C"之前。

11.4　类型化数组

在本节中，你将了解类型化数组：真正的基本数值类型数组。它是 ES2015 中新增的 JavaScript 特性。

11.4.1 概述

众所周知，JavaScript 中传统的“数组”并不是真正的数组，通常在计算机科学定义中，数组是一个被分成固定大小单元的连续(都在一行)内存块。相反，传统的 JavaScript 数组只是对象(和所有其他对象一样)，它只是对属性名进行了专门处理，以使其符合规范定义的“数组索引”[1]，拥有一个特殊的 length 属性，以中括号作为字面量标识符，并且继承 Array.prototype 的方法。也就是说，只要不与规范相冲突，JavaScript 引擎可自由地进行优化(它们也确实做了)。

传统的 JavaScript 数组功能强大且实用，但有时你会需要一个真正的数组(特别是在读取/写入文件或与图形或数学的 API 交互时)。出于这个原因，ES2015 以类型化数组的形式在该语言中新增了真正的数组。

类型化数组与传统的 JavaScript 数组类似，除了以下几点。

- 条目的值总是基本数值类型：8 位的整数、32 位的浮点数等。
- 在类型化数组中，所有的值都是同一个类型(这取决于数组的类型：Unit8Array、Float32Array 等)。
- 长度是固定的：一旦创建了数组，就不能改变其长度[2]。
- 值以指定的二进制格式存储在一个连续的内存缓冲区中。
- 类型化数组不能是稀疏的(中间不能有空位)，而传统数组可以。例如，对于传统数组，你可以这样做：

```
const a = [];
a[9] = "nine";
```

该数组只在索引 9 处有一个条目，在索引 0~8 处没有条目：

```
console.log(9 in a);    // true

console.log(8 in a);    // false

console.log(7 in a);    // false (etc.)
```

这在类型化数组中无法实现。

- 类型化数组可与其他类型化数组甚至不同类型的数组共享内存(底层的数据缓冲区)。
- 类型化数组的数据缓冲区可跨线程传输甚至共享(例如，与浏览器上的 Web worker 或 Node.js 中的 worker 线程共享)，详见第 16 章。
- 当获取或设置一个类型化数组条目的值时，总会涉及某种形式的转换(除了使用 Float64Array 的数字时，因为 JavaScript 的数字是 Float64 类型)。

表 11-1 列出了 11 种类型的类型化数组(基于规范中的“类型化数组构造函数”表)，给出了类型名称(也是其构造函数的全局名称)、值的类型的概念名字、数组中每个条目需要的内存字节数、将值转换为对应类型的概念性规范操作以及(简要)说明。

---

1 一个标准的数字形式的字符串，可转换为范围为 $0 \leq n < 2^{32} - 1$ 的整数。

2 在第 16 章，你会了解到这里的一个小的注意事项。

表 11-1

名称	值类型	条目大小	转换操作	说明
Int8Array	Int8	1	ToInt8	8 位补码有符号整数
Uint8 Array	Uint8	1	ToUint8	8 位无符号整数
Uint8ClampedArray	Uint8C	1	ToUint8Clamp	8 位无符号整数(固定转换)
Int16Array	Int16	2	ToInt16	16 位补码有符号整数
Uint16Array	Uint16	2	ToUint16	16 位无符号整数
Int32Array	Int32	4	ToInt32	32 位二补码有符号整数
Uint32Array	Uint32	4	ToUint32	32 位无符号整数
Float32Array	Float32	4	参见脚注[1]	32 位 IEEE-754 二进制浮点数
Float64Array	Float64/"number"	8	(none needed)	64 位 IEEE-754 二进制浮点数
BigInt64Array	BigInt64	8	ToBigInt64	ES2020 中新增，见第 17 章
BigUint64Array	BigUint64	8	ToBigUint64	ES2020 中新增，见第 17 章

不过，类型化数组并不只是带有指针的原始数据块：和传统数组一样，它们是对象。所有常见的对象操作都适用于类型化数组。它们有原型、方法和 length 属性，可像传统的 JavaScript 数组一样添加非条目属性，它们是可迭代的，等等。

下面介绍它们实际的用法。

11.4.2 基本用法

类型化数组没有字面量形式。我们可通过调用其构造函数或使用其构造函数的 of 或 from 方法来创建类型化数组。

每种类型化数组(Int8Array、Uint32Array 等)的构造函数都有相同的使用方式。和规范中一样，下列构造函数使用%TypedArray%指代不同的标准类型(Int8Array 等)。

- new %TypedArray%()：创建 length(长度)为 0 的数组。
- new %TypedArray%(length)：创建一个包含 length 项条目的数组，每个项最初都被设置为空(0)。
- new %TypedArray%(object)：通过使用对象的迭代器(如果有的话)从给定的对象中复制值，或将对象视为类数组对象，使用其 length 属性和数组索引属性读取内容，从而创建数组。
- new %TypedArray%(typedArray)：通过从给定的类型化数组中复制值来创建数组。这并非通过遍历类型化数组来实现，而是在底层直接通过复制缓冲区以提高效率。(当数组的类型相同时，这会是一个非常高效的内存复制行为。)
- new %TypedArray%(buffer[, start[, length]])：使用给定的缓冲区创建数组(详见后面有关 ArrayBuffer 的小节)。

如果你通过提供 length 来构造一个数组，那么条目值会被设置为空。对于所有类型的类型化数组来说，这个值都是 0：

```
const a1 = new Int8Array(3);
console.log(a1); // Int8Array(3): [0, 0, 0]
```

当你对一个类型化数组的条目进行赋值(在构造过程中通过传入一个对象或另一个类型化数组进

1 使用 IEEE-754-2008 规范的规则将数字转换为 Float32 类型，该规则使用“舍入到最接近的值，在一样接近的情况下偶数优先”的舍入模式将 64 位二进制值转换为 32 位二进制值。

行赋值，或者在构造之后赋值)时，JavaScript 引擎会将值传入表 11-1 中对应的转换函数。下面展示了一个关于如何在构造后赋值的例子：

```
const a1 = new Int8Array(3);
a1[0] = 1;
a1[1] = "2"; // Note the string
a1[2] = 3;
console.log(a1); // Int8Array(3): [1, 2, 3] - note 2 is a number
```

在本例中，三个值都被转换了，但最明显的是值"2"，它从字符串转换成了一个 8 位的整数。1 和 3 也被转换了(至少在理论上)，从 JavaScript 标准数字类型(IEEE-754 双精度二进制浮点)转换成了 8 位的整数。

类似地，下面列出了使用 of 和 from 的例子：

```
// Using `of`:
const a2 = Int8Array.of(1, 2, "3");
console.log(a2); // Int8Array(3): [1, 2, 3] - "3" was converted to 3
// Using `from` with an array-like object:
const a3 = Int8Array.from({length: 3, 0: 1, 1: "2"});
console.log(a3); // Int8Array(3): [1, 2, 0] - undefined was converted to 0
 // Using `from` with an array:
const a4 = Int8Array.from([1, 2, 3]);
console.log(a4); // Int8Array(3): [1, 2, 3]
```

在使用 a3 的例子中，因为类数组对象中的"2"属性没有值，而类数组对象的 length 是 3，所以方法 from 在访问"2"属性时会得到 undefined，然后用 Int8Array 的转换方法将其转换为 0(再次声明，从理论上说，所有的值都是转换过的，但字符串和 undefined 最为明显)。

稍后在介绍 ArrayBuffers 后，本章将会展示一个更复杂的例子；现在先简单讨论一下关于值转换的细节。

值转换的细节

让我们更详细地了解值转换。

在数组条目被赋值时执行的转换操作总是会输出一个值，即使传入的值无法被转换，也不会抛出异常。例如，将字符串"foo"赋值给 Int8Array 中的一个条目，该操作会将该条目的值设置为 0，而不是抛出一个错误。本节将介绍值转换的实现方式。

对于浮点数组来说，这种转换非常简单明了：

(1) 当对 Float64 的条目进行赋值时，先用常规的方式将值转换为标准的 JavaScript 数字(如果有必要)，然后直接写入，因为标准的 JavaScript 数字是 Float64 类型。

(2) 当对 Float32 的条目进行赋值时，先将该值转换为标准的 JavaScript 数字(如果有必要)，然后使用 IEEE-754-2008 规范中“舍入到最接近的值，在一样接近的情况下偶数优先”的模式将该值转换为 Float32 类型。

当赋值给整数类型的条目时，情况会比较复杂：

(1) 如果输入值不是标准的 JavaScript 数字，则将其转换为标准的 JavaScript 数字。

(2) 如果步骤(1)的结果是 NaN、正 0 或负 0，或者负无穷大，则使用 0，并跳过以下步骤。如果步骤(1)的结果是正无穷大，通常使用 0(如果数组是 Uint8ClampedArray，则使用 255)；如果出现以上两种情况，则跳过以下步骤。

(3) 小数部分被截断为 0。

(4) 如果数组是 Uint8ClampedArray 类型，则使用范围检查来确定条目值。

① 如果步骤(3)的值小于 0，则使用 0；如果该值大于 255，则使用 255。

② 其他情况下，使用原值。

(5) 其他情况(数组没有范围限制)。

① 以 2^n 作为除数的取模(不是取余，参见下面的“取模和取余”部分)运算用于确保值在整数条目大小的整体无符号范围内(其中 ^{n} 是位数，例如 Int8Array 的 2^8)。

② 对于有符号条目的数组，如果取模运算产生的值(因为 2^n 是正值，所以该值总是 0 或正值)超过了条目的正值范围，则使用该值减去 2^n 后的结果。

取模和取余

类型化数组整数的转换一度使用取模运算。这与取余运算符(%)的操作不同，尽管%通常被称为“取模运算符”，但这是不正确的。当两个操作数都是正数时，取模和取余是相同的操作，但在其他方面可能有所不同，这取决于你使用了哪种模数。

规范对取模运算的抽象定义如下：

标识符“x modulo y” (y 必须是有限且非 0)计算出与 y 同号的值 k(或 0)，使得 abs(k)<abs(y)，并且使得整数 q 满足 $x - k = q \times y$。

与类型化数组值相关的取模运算总是使用正数来表示 y(例如，对于 Uint8Array 来说，$y=2^8$，也就是 256)，因此在条目的全部无符号可能值范围内，这些运算的结果总是正数。对于有符号数组，后续的操作会将超出该类型的正数范围的值转换为负数。

例如，如果对 Int8Array 的条目进行赋值，数字 25.4 会变成 25，－25.4 会变成－25：

```
const a = new Int8Array(1);
a[0] = 25.4;
console.log(a[0]); // 25
a[0] = -25.4;
console.log(a[0]); // -25
```

对于无符号类型(除了 Uint8ClampedArray)，负值的转换看起来可能会令人意外。考虑下面的场景：

```
const a = new Uint8Array(1);
a[0] = -25.4;
console.log(a[0]); // 231
```

－25.4 怎么变成 231 了？

第一部分相对简单：－25.4 已经是一个数字了，所以不必把它转换为数字，当把小数截断时，就会得到－25。接着进行取模运算(参见前面的“取模和取余”部分)。计算模数的方法可参考下面的代码片段，其中 value 是值(－25)，max 是 2^n(在这个 8 位的例子中是 2^8，即 256)：

```
const value = -25;
const max = 256;
const negative = value < 0;
const remainder = Math.abs(value) % max;
const result = negative ? max - remainder : remainder;
```

如果按照上面的流程执行操作，最终会得到 231。但还有一种更直接的方法：在类型化数组中，有符号的 8 位整数类型的－25 与无符号的 8 位整数类型的 231 的二进制形式具有相同的位模式。两者的位模式都是 11100111。规范只是使用数学的方法(而不是位模式)来完成转换操作。

11.4.3 ArrayBuffer：类型化数组使用的存储方式

所有的类型化数组都使用 ArrayBuffer 存储它们的值。ArrayBuffer 是关联到固定大小的连续数据块的对象，以字节为单位。类型化数组根据数组的数据类型在 ArrayBuffer 的数据块上读写数据：Int8Array 访问缓冲区中的字节，并将这些位用作有符号的(补码)8 位整数；Uint16Array 访问缓冲区中的字节对，将这些位用作无符号的 16 位整数；等等。不能直接访问缓冲区中的数据，只能通过类型化的数组或 DataView 对象(详见后面的小节)来访问数据。

前面例子中的代码直接创建了类型化数组，而没有显式地创建 ArrayBuffer。这种情况下，代码会创建一个相应大小的缓冲区。例如，new Int8Array(5)会创建一个 5 字节的缓冲区；new Uint32Array(5)会创建一个 20 字节的缓冲区(因为 5 个条目中的每一个都需要 4 个字节的存储空间)。

可通过数组的 buffer 属性访问关联在类型化数组上的缓冲区：

```
const a = new Int32Array(5);
console.log(a.buffer.byteLength); // 20 (bytes)
console.log(a.length);            // 5 (entries, each taking four bytes)
```

也可显式地创建 ArrayBuffer，然后在创建数组时将其传递给类型化数组的构造函数：

```
const buf = new ArrayBuffer(20);
const a = new Int32Array(buf);
console.log(buf.byteLength);     // 20 (bytes)
console.log(a.length);           // 5 (entries, each taking four bytes)
```

传入 ArrayBuffer 构造函数的 size(大小)是以字节为单位的。

如果试图使用一个和正在创建的类型化数组大小不匹配的缓冲区，会得到一个错误：

```
const buf = new ArrayBuffer(18);
const a = new Int32Array(buf); // RangeError: byte length of Int32Array
                               // should be a multiple of 4
```

(随后将介绍如何只使用缓冲区的一部分。)

为了帮助你创建大小合适的缓冲区，类型化数组的构造函数提供了一个可在创建缓冲区时使用的属性：BYTES_PER_ELEMENT[1]。所以如果要创建一个包含 5 个条目的 Int32Array 的缓冲区，可这样做：

```
const buf = new ArrayBuffer(Int32Array.BYTES_PER_ELEMENT * 5);
```

当你有理由单独创建缓冲区时，才需要这么做；其他情况下，可直接调用类型化数组的构造函数，并在需要访问缓冲区时使用所得数组的 buffer 属性。

现在你已经了解了 ArrayBuffer，接下来看一个更实际的、使用类型化数组的例子：在 Web 浏览器中读取一个文件，并检查它是不是便携式网络图片(PNG)文件。参见代码清单 11-1。可在本地运行代码清单 11-1 中的代码(read-file-as-arraybuffer.js)和 read-file-as-arraybuffer.html，这两段代码都可通过本章的下载网址找到。

代码清单 11-1 读取本地文件并检查其是不是 PNG——read-file-as-arraybuffer.js

```
const PNG_HEADER = Uint8Array.of(0x89, 0x50, 0x4E, 0x47, 0x0D, 0x0A, 0x1A, 0x0A);
```

1 还记得本章开头提到的“在 JavaScript 标准库和类型化数组中有一个关联使用 element 的地方”吗？说的就是这个属性的名字。

```
function isPNG(byteData){
   return byteData.length >= PNG_HEADER.length &&
      PNG_HEADER.every((b, i)=> b === byteData[i]);
}
function show(msg){
   const p = document.createElement("p");
   p.appendChild(document.createTextNode(msg));
   document.body.appendChild(p);
}
document.getElementById("file-input").addEventListener(
   "change",
   function(event){
      const file = this.files[0];
      if (!file){
         return;
      }
      const fr = new FileReader();
      fr.readAsArrayBuffer(file);
      fr.onload = ()=> {
         const byteData = new Uint8Array(fr.result);
         show(`${file.name} ${isPNG(byteData)? "is" : "is not"} a PNG file.`);
      };
      fr.onerror = error => {
         show(`File read failed: ${error}`);
      };
   }
);
```

PNG 文件的开头是特定的 8 字节头。代码清单 11-1 中的代码通过使用 File API 的 FileReader 对象以 ArrayBuffer(通过 FileReader 的 result 属性访问)的形式处理用户在 type="file"控件中选择的文件，然后校验收到的原始数据的 8 字节头。因为本例中的代码使用的是无符号字节，所以此处使用了一个由 FileReader 的缓冲区创建的 Uint8Array。

注意，FileReader 是独立的：它只是提供了 ArrayBuffer，让使用该缓冲区的代码决定其访问方式——是逐个字节访问(如代码清单 11-1 中的例子)，还是以 16 位比特或 32 位比特，甚至以组合的方式访问(稍后将介绍 ArrayBuffer 如何被多个不同的类型化数组使用，因此可使用 Uint8Array 访问一部分，并使用 Uint32Array 访问另一部分)。

11.4.4 Endianness(字节序)

ArrayBuffers 存储的是字节。大多数类型化数组的条目都需要用多个字节来存储。例如，Uint16Array 中的每个条目都需要两个字节来存储：高位字节(或“高字节”)包含 256 的倍数，低位字节(或“低字节”)包含 1 的倍数。这有点像我们使用最广的以 10 为基数的计数系统中的“十位”和“个位”。在值 258(十六进制的 0x0102)中，高位字节包含 0x01，低位字节包含 0x02。为了得到这个值，以高位字节的值乘以 256，再加上低位字节的值：1*256+2=258。

到目前为止一切顺利，但在内存中，字节的顺序应该是什么？应该是高位字节在前，还是低位字节在前？没有唯一的答案，两种方式都可以使用。如果值是按高/低位字节顺序存储的，那么它是大端字节序(大端意味着高位字节在前)。如果值是以低/高位字节顺序存储的，它则是小端字节序(小端意味着低位字节在前)。参见图 11-3。

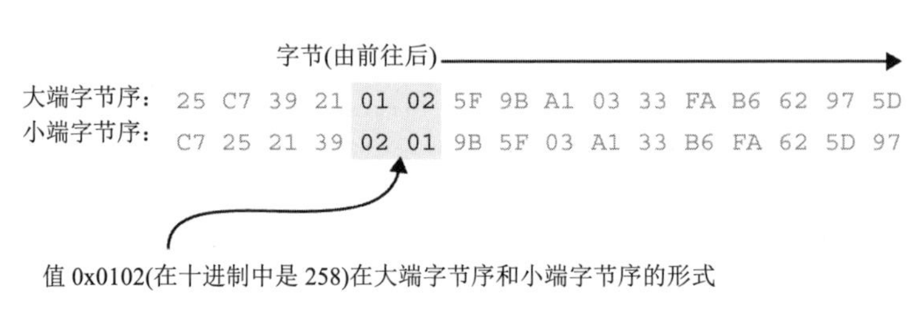

图 11-3

你可能想知道：如果两者都可使用，那么什么决定了什么时候用哪个？这有两个基本答案。

- 机器的计算机架构(尤其是 CPU 架构)通常决定了该系统内存中值的字节序。如果你告诉计算机将 0x0102 存储在某个特定的内存地址，CPU 将使用其特定的字节序来写入该值。英特尔和 AMD 的主流 CPU 使用的 x86 架构采用小端字节序，所以绝大多数台式计算机都使用小端字节序。在苹果公司改用 x86 之前，老式 Macintosh 计算机使用的 PowerPC 架构默认采用大端字节序，不过它有一个模式开关，可通过这个开关改用小端字节序。
- 文件格式、网络协议等都需要指定字节序，以确保它们在不同的架构中能被正确处理。某些情况下，格式决定了字节序：便携式网络图形 (PNG)图像格式使用大端字节序，传输控制协议(TCP/IP 中的 TCP)的头文件中的整数(如端口号)也是如此(事实上，大端字节序有时也被称为“网络字节序”)。其他情况下，格式或协议允许在数据自身中指定数据的字节序：标签图像文件格式(TIFF)以两个字节开始，这两个字节要么是字符 II(代表“英特尔”字节序，小端)，要么是 MM(代表“摩托罗拉”字节序，大端)，因为在 20 世纪 80 年代，当人们开发该格式时，英特尔 CPU 使用小端字节序，而摩托罗拉 CPU 使用大端字节序。文件中存储的多个字节值使用该初始标签定义的字节序。

类型化数组使用的是它们所在的计算机的字节序，理由是人们常把类型化数组和原生 API(如 WebGL)结合起来使用，因此发送给原生 API 的数据应该是机器原生的字节序。代码将数据写入类型化数组(如 Uint16Array、Uint32Array 或类似的数组)，然后类型化数组以代码运行平台的字节序将数据写到 ArrayBuffer 中；代码不需要关注以上过程。当你把这个 ArrayBuffer 传给原生 API 时，它将使用代码运行平台默认的字节序。

但这并不意味着你永远不用关注字节序。当你读取一个文件(如 PNG)或网络数据流(如 TCP 数据包)，而它被定义为一个特定的字节序(大端或小端)时，你不能假设这个顺序与代码运行平台的字节序相同，这意味着你不能使用一个类型化的数组来访问它。你需要另一个工具：DataView。

11.4.5 DataView：直接访问缓冲区

DataView 对象提供了直接访问 ArrayBuffer 中数据的方式，可用类型化数组(Int8、Uint8、Int16、Uint16 等)提供的任何一种数值格式来读取数据，也可选择以小端或大端字节序读取多个字节的数据。

假设你正在读取一个 PNG 文件，如前面的代码清单 11-1 所示。PNG 规定其不同的多字节整数字段都采用大端字节序格式，但是你不能假设 JavaScript 代码是在大端字节序平台上运行的。事实上，它很可能不是，因为大多数台式机(但不是全部)、移动和服务器平台都使用小端字节序。在代码清单 11-1 中，这不重要，因为通过校验 8 字节的签名来校验文件是不是 PNG 的代码一次只校验一个字节。它不涉及任何多字节的数字。但如果你想得到 PNG 图片的尺寸呢？你将需要读取大端字节序的 Uint32 的值。

这就是 DataView 的使用场景。你可用它以明确的字节序从一个 ArrayBuffer 中读取值。本节稍后将展示一些代码，但首先简单说明一下 PNG 文件格式。

如代码清单 11-1 所示，一个 PNG 文件是以一个不会变化的 8 字节的签名开始的。之后，一个 PNG 是一系列的“分块”，其中每个分块的格式如下所述。

- length：分块的数据段长度(Uint32，大端字节序)。
- type：分块的类型(从一个受限制的字符集中抽取 4 个字符[1]，每个字符一个字节，不过规范鼓励在实现时将它们当作二进制数据，而不是字符来处理)。
- data：分块的数据(如果有的话，长度以字节为单位，格式由分块类型决定)。
- crc：分块的 CRC 值(Unit32，大端字节序)。

PNG 规范还要求第一个分块(紧跟在 8 字节头之后)必须是一个“图像头”(“IHDR”)分块，提供图像的基本信息，如图像的宽度和高度(像素)、颜色深度等。宽度是该分块数据段的第一个 Uint32；高度是第二个 Uint32。两者都采用大端字节序。

假设你想从 FileReader 提供的 ArrayBuffer 中获取 PNG 的宽度和高度。可先检查 8 字节的 PNG 头是否正确，也许还可检查一下第一个分块的类型是不是 IHDR；如果这些都正确，你就可以确定：宽度是数据中偏移 16 字节的 Uint32(前 8 个字节是 PNG 头，接下来的 4 个字节是 IHDR 分块的长度，后面的 4 个字节是 IHDR 分块的类型；8+4+4=16)，高度是之后的下一个 Uint32(偏移 20 字节)。即使在小端字节序的机器上，也可使用 DataView 的 getUint32 方法以大端字节序来读取这些 Uint32 值。

```
const PNG_HEADER_1 = 0x89504E47; // Big-endian first Uint32 of PNG header
const PNG_HEADER_2 = 0x0D0A1A0A; // Big-endian second Uint32 of PNG header
const TYPE_IHDR = 0x49484452;    // Big-endian type of IHDR chunk
// ...
fr.onload = () => {
   const dv = new DataView(fr.result);
   if (dv.byteLength >= 24 &&
       dv.getUint32(0) === PNG_HEADER_1 &&
       dv.getUint32(4) === PNG_HEADER_2 &&
       dv.getUint32(12) === TYPE_IHDR) {
       const width = dv.getUint32(16);
       const height = dv.getUint32(20);
       show(`${file.name} is ${width} by ${height} pixels`);
   } else {
       show(`${file.name} is not a PNG file.`);
   }
};
```

(代码下载中的 read-png-info.html 和 read-png-info.js 包含一个可运行的版本，还有一个名为 sample.png 的 PNG。)

getUint32 接受第二个可选参数 littleEndian。可将其设置为 true，从而读取小端字节序格式的值。如果你没有提供这个参数(如上面的例子)，默认值采用大端字节序。

如果代码使用 Uint32Array，它就会使用平台的字节序。如果它恰好不是大端字节序 (同样，大多数系统都是小端字节序)，检查 PNG 头和 IHDR 分块类型的代码就会失败。参见代码下载中的 read-png-info-incorrect.html 和 read-png-info-incorrect.js。即使更新头和分块类型的校验并改用字节的方式，并且只使用 Uint32Array 来读取宽度和高度，在小端字节序的平台上，也会得到极不正确的值(试试 read-png-info-incorrect2.html 和 read-png-info-incorrect2.js)。例如，对于 sample.png，你将得到

1 允许使用的分块名字的字符是 ISO 646 的一个子集，特指字母 A~Z 和 a~z。这些字符在 ISO 646 的所有变体中都是一致的(与 ASCII 和 Unicode 相同)。

“sample.png is 3355443200 by 1677721600 pixels”，而不是“sample.png is 200 by 100 pixels”。

11.4.6 在数组间共享 ArrayBuffer

以下两种方式可让一个 ArrayBuffer 在多个类型化数组间共享。

- 不重叠：每个数组只使用自己的缓冲区部分。
- 有重叠：数组共享缓冲区的同一部分。

1. 不重叠地共享

如代码清单 11-2 所示，Uint8Array 使用 ArrayBuffer 前面的部分，同时 Uint16Array 使用其余的部分。

代码清单 11-2 不重叠地共享 ArrayBuffer——sharing-arraybuffer-without-overlap.js

```
const buf = new ArrayBuffer(20);
const bytes = new Uint8Array(buf, 0, 8);
const words = new Uint16Array(buf, 8);
console.log(buf.byteLength);   // 20 (20 bytes)
console.log(bytes.length);     // 8 (eight bytes)
console.log(words.length);     // 6 (six two-byte [16 bit] words = 12 bytes)
```

你可能会做这样的事情：给定一个缓冲区，其中有需要访问的数据，而且你需要以无符号字节的形式访问第一部分，并以无符号 16 位的形式访问第二部分(以平台特定的字节序)。

为了只使用缓冲区的一部分，代码将使用前面提到(但没有详细描述)的最终的构造函数签名：

```
new %TypedArray%(buffer[, start[, length]])
```

它包含以下三个参数。

- buffer：使用的 ArrayBuffer。
- start：使用缓冲区的起始位置的偏移量(以字节为单位)，默认为 0(从起始部分开始)。
- length：新类型化数组条目(不是字节)的长度；默认为 ArrayBuffer 的剩余部分可容纳的条目数。

当你使用 new Uint8Array(buf, 0, 8)创建 Uint8Array 时，0 表示要从 ArrayBuffer 的起始部分开始，8 表示 Uint8Array 有 8 个条目。当你使用 new Uint16Array(buf, 8)创建 Uint16Array 时，8 表示从偏移 8 字节的位置开始，而 length 参数留空，表示使用 ArrayBuffer 的剩余部分。可通过查看数组的 byteOffset 和 byteLength 属性来了解数组使用的是缓冲区的哪一部分：

```
console.log(bytes.byteOffset); // 0
console.log(bytes.byteLength); // 8
console.log(words.byteOffset); // 8
console.log(words.byteLength); // 12
```

考虑到第三个参数是条目数，而不是字节数，如果想在不改变代码的情况下显式地设置，你会将什么用作 Uint16Array 构造函数的第三个参数？

如果你回答的是 6，很好！length 总是以条目为单位，而不是以字节为单位。你可能会回答 12(要使用的字节数)或者如果没有“length”这个名字，你可能会回答 20(使用的缓冲区末端的偏移量)，但是 length 总是以条目数为单位，这和%TypedArray%(length)构造函数是一致的。

2. 有重叠地共享

代码清单 11-3 展示了两个数组：一个 Uint8Array 和一个共享同一个 ArrayBuffer(全部)的

Uint16Array。

代码清单 11-3　有重叠地共享 ArrayBuffer—— sharing-arraybuffer-with-overlap.js

```
const buf = new ArrayBuffer(12);
const bytes = new Uint8Array(buf);
const words = new Uint16Array(buf);
console.log(words[0]); // 0
bytes[0] = 1;
bytes[1] = 1;
console.log(bytes[0]); // 1
console.log(bytes[1]); // 1
console.log(words[0]); // 257
```

注意，words [0]一开始是 0，但是当我们给 bytes[0]和 bytes[1]赋值 1 之后，words[0]变成了 257(十六进制的 0x0101)。这是因为两个数组使用的是同一个底层存储(ArrayBuffer)。因此，通过向 bytes[0]和 bytes[1]写入 1，我们向构成单个 words[0]条目的两个字节都写入了 1。正如前面“Endianness (字节序)”部分所探讨的，其中一个是高位字节，另一个是低位字节。在两个字节中都放入 1，我们得到了 16 位的值 1*256+1，也就是 257(0x0101)。所以这就是我们从 words[0]中得到的值。

假设你修改了代码，不给 bytes[1]赋值 1，而是赋值 2，那么 words[0]的值是多少？

如果回答“这要看情况”，很好！你可能会得到 513 (0x0201)，因为你可能是在一个小端字节序平台上运行代码，bytes[1]是大端(高位字节)，所以结果是 2 * 256 + 1 = 513。但如果你使用的是大端字节序平台，你会得到 258 (0x0102)，因为 bytes[1]是小端(低位字节)，所以结果是 1 * 256 + 2 = 258。

11.4.7　类型化数组的子类

可用常规的方式创建类型化数组的子类(或者采用自定义的方法)：class 语法或结合 Reflect.construct 使用函数(第 14 章将介绍 Reflect)。子类可能只对要添加更多工具方法的场景真正有用。一般来说，最好是通过聚合(作为类的私有字段)而不是继承的方式在类中引入类型化数组。

如果确实要创建一个类型化数组的子类，请注意 map 和 filter 受到的限制，详见下面的“标准数组方法”部分。

11.4.8　类型化数组方法

类型化数组具有常规数组的大部分方法(尽管不是全部)，以及类型化数组特有的一些方法。

1. 标准数组方法

类型化数组使用相同的算法实现了传统数组的大部分方法，本节将讨论某些情况下的一些细微调整。

不过，由于类型化数组的长度是固定的，它们的方法不(可能)涉及数组长度的更改：pop、push、shift、unshift 或 slice。

类型化数组也没有 flat、flatMap 或 concat。flat 和 flatMap 对于类型化数组没有意义，因为类型化数组不能包含嵌套数组。同样，concat 的扁平化行为也不适用于类型化数组，不过 concat 的其他操作可通过 of 和展开运算符来实现(因为类型化数组是可迭代的)：

```
const a1 = Uint8Array.from([1, 2, 3]);
const a2 = Uint8Array.from([4, 5, 6]);
const a3 = Uint8Array.from([7, 8, 9]);
```

```
const all = Uint8Array.of(...a1, ...a2, ...a3);
console.log(all); // Uint8Array [ 1, 2, 3, 4, 5, 6, 7, 8, 9 ]
```

创建新数组的原型方法(如 filter、map 和 slice)会创建与调用数组类型相同的数组。对于 filter 和 slice 来说，这可能不会导致任何意外，但对于 map 来说，可能会有一些例外。例如：

```
const a1 = Uint8Array.of(50, 100, 150, 200);
const a2 = a1.map(v => v * 2);
console.log(a2); // Uint8Array [ 100, 200, 44, 144 ]
```

注意最后两个条目的变化：它们的值被转换了，因为新的数组也是一个 Uint8Array，所以它不能容纳 300(150*2)或 400(200*2)的值。

在类型化数组上，map、filter 和 slice 的实现还有一个限制：如果你创建一个类型化数组的子类，则不能使用 Symbol.species(见第 4 章)让 map 和 slice 等方法创建非类型化数组。例如，以下代码将无法运行：

```
class ByteArray extends Uint8Array {
   static get [Symbol.species](){
       return Array;
   }
}
const a = ByteArray.of(3, 2, 1);
console.log(a.map(v => v * 2));
// => TypeError: Method %TypedArray%.prototype.map called on
// incompatible receiver [object Array]
```

你可以创建一个不同类型的类型化数组(虽然很奇怪)，但不能创建一个非类型化数组。如果想让一个子类做到这一点，就需要重写子类中的方法。比如：

```
class ByteArray extends Uint8Array {
   static get [Symbol.species](){
       return Array;
   }
   map(fn, thisArg){
       const ctor = this.constructor[Symbol.species];
       return ctor.from(this).map(fn, thisArg);
   }
   // ...and similar for `filter`, `slice`, and `subarray`
}
const a = ByteArray.of(3, 2, 1);
console.log(a.map(v => v * 2)); // [ 6, 4, 2 ]
```

2. %TypedArray%.prototype.set

签名：

```
theTypedArray.set(array[, offset])
```

set 会根据传入的“array”(可以是类型化数组、非类型化数组或类数组对象——但不能只是一个可迭代的对象)向类型化数组写入多个值，并在类型化数组中的给定偏移量(可选，以条目为单位，不是字节)处开始写入。set 总是复制传入的整个数组(没有任何用于选择源数组范围的参数)。

可使用 set 组合多个类型化数组：

```
const all = new Uint8Array(a1.length + a2.length + a3.length);
all.set(a1);
```

```
all.set(a2, a1.length);
all.set(a3, a1.length + a2.length);
```

注意，第二组是在第一组写入的最后一个条目之后开始写入的，而第三组是在第二组写入的最后一个条目之后开始写入的。

注意，set 明确要求传入数组、类型化数组或类数组对象。它不处理可迭代对象。如果要在 set 中使用可迭代对象，首先要把它展开到一个数组中(或者使用对应数组的 from 方法或者类型化数组的构造函数等)。

3. %TypedArray%.prototype.subarray

签名：

```
newArray = theTypedArray.subarray(begin, end)
```

subarray 会创建一个对应数组的子集的新类型化数组，该数组共享原数组的缓冲区(即共享相同的数据)。

- begin 是原数组与子数组共享的第一个条目的索引。如果它是负数，它将被用作数组末端的偏移量。如果你省略它，其值将为 0。
- end 是第一个不共享的条目的索引；如果它是负数，它将被用作数组末端的偏移量。严格意义上讲，它不是可选的，但如果你省略它，其值将为数组的长度。

两个索引都是以条目为单位，而不是以字节为单位。

下面是一个示例：

```
const wholeArray = Uint8Array.of(0, 1, 2, 3, 4, 5, 6, 7, 8, 9);
const firstHalf = wholeArray.subarray(0, 5);
console.log(wholeArray); // Uint8Array [ 0, 1, 2, 3, 4, 5, 6, 7, 8, 9 ]
console.log(firstHalf); // Uint8Array [ 0, 1, 2, 3, 4 ]
firstHalf[0] = 100;
console.log(wholeArray); // Uint8Array [ 100, 1, 2, 3, 4, 5, 6, 7, 8, 9 ]
console.log(firstHalf); // Uint8Array [ 100, 1, 2, 3, 4 ]
const secondHalf = wholeArray.subarray(-5);
console.log(wholeArray); // Uint8Array [ 100, 1, 2, 3, 4, 5, 6, 7, 8, 9 ]
console.log(secondHalf); // Uint8Array [ 5, 6, 7, 8, 9 ]
secondHalf[1] = 60;
console.log(wholeArray); // Uint8Array [ 100, 1, 2, 3, 4, 5, 60, 7, 8, 9 ]
console.log(secondHalf); // Uint8Array [ 5, 60, 7, 8, 9 ]
```

注意，对 firstHalf[0]赋值的同时会改变 wholeArray[0]的值，因为 firstHalf 和 wholeArray 共享同一个缓冲区(从初始位置开始)。同样，对 secondHalf[1]赋值的同时会改变 wholeArray[6]的值，因为 secondHalf 和 wholeArray 共享同一个缓冲区，但 secondHalf 只使用了缓冲区的后半部分。

11.5 旧习换新

虽然本章介绍的大部分内容都与你之前所不能实现的新特性相关，但还是有几个旧习惯可以调整一下。

11.5.1 使用 find 和 findIndex 方法替代循环来搜索数组(在适当的情况下)

旧习惯：使用 for 循环或 some 等方法在数组中寻找条目(或它们的索引)。

```
let found;
for (let n = 0; n < array.length; ++n){
   if (array[n].id === desiredId){
       found = array[n];
       break;
   }
}
```

新习惯：考虑改用 find(或 findIndex)。

```
let found = array.find(value => value.id === desiredId);
```

11.5.2 使用 Array.fill 替代循环填充数组

旧习惯：用循环填充数组的值。

```
// Static value
const array = [];
while (array.length < desiredLength) {
   array[array.length] = value;
}

// Dynamic value
const array = [];
while (array.length < desiredLength) {
   array[array.length] = determineValue(array.length);
}
```

新习惯：改用 Array.fill 或者 Array.from。

```
// Static value
const array = Array(desiredLength).fill(value);

// Dynamic value
const array = Array.from(
   Array(desiredLength),
   (_, index) => determineValue(index)
);
```

11.5.3 使用 readAsArrayBuffer 替代 readAsBinaryString

旧习惯：在 FileReader 实例上使用 readAsBinaryString，通过 charCodeAt 处理结果数据。

新习惯：改用 readAsArrayBuffer，通过类型化数组来处理数据。

第12章 Map和Set

本章内容

- Map
- Set
- WeakMap
- WeakSet

本章代码下载

可通过网址 https://thenewtoys.dev/bookcode 或 https://www.wiley.com/go/javascript-newtoys 下载本章的代码。

本章将介绍ES2015+中的Map、Set、WeakMap和WeakSet。Map用于存储键/值对，其中键和值(几乎)可以是任何值。Set用于存储唯一值。WeakMap和Map类似，但其中的键是对对象的弱引用(当对象被当作垃圾回收时，对应的条目也会从WeakMap中移除)。WeakSet用于存储唯一的弱保持对象。

12.1 Map

开发人员经常需要创建一个事物到另一事物的映射，例如ID到具有该ID的对象的映射。在JavaScript中，通常使用(也有说是滥用)对象来实现映射。但对象不是为映射而设计的，因此，如将对象用于通用的映射，将导致一些实际问题。

- 键只能是字符串(或者Symbol，从ES2015开始)。
- 在ES2015之前，在循环遍历对象时不能依赖条目的顺序；如第5章所述，虽然ES2015中增加了顺序，但不建议你依赖条目的顺序，因为顺序不仅取决于属性被添加到对象的先后次序，也取决于属性键的形式(规范的整数索引形式的字符串会按照数字的顺序排在前面)。
- JavaScript引擎对对象进行优化的前提是，对象大多只涉及添加和更新属性的操作，没有删除属性的操作。
- 在ES5之前，不能创建一个原型上没有toString和hasOwnProperty等属性的对象。虽然它不太可能与自身的键发生冲突，但这仍然是一个小的隐患。

Map解决了上述问题，在Map中：

- 键和值都可以是任何值(包括对象)[1]。
- 规定条目的顺序为添加的顺序(更新条目的值时不会改变顺序)。
- JavaScript 引擎对 Map 的优化有别于对对象的优化，因为它们的使用场景不同。
- Map 默认是空的。

12.1.1 Map 的基本操作

Map 的基本操作(创建、添加、访问和删除条目)非常简单，下面快速了解一下。可使用下载的 basic-map-operations.js 文件运行本节中的所有代码。

要创建 Map，应使用构造函数(其他方式详见本章后续小节)：

```
const m = new Map();
```

要添加条目，可使用 set 方法来关联键与值：

```
m.set(60, "sixty");
m.set(4, "four");
```

以上示例中的键是数字 60 和 4(set 调用的第一个参数)；值是字符串"sixty"和"four" (第二个参数)。set 方法会返回当前的映射，所以如果你愿意，可将多个调用串联起来：

```
m.set(50, "fifty").set(3, "three");
```

要获取映射中的条目数量，可使用 size 属性：

```
console.log(`Entries: ${m.size}`); // Entries: 4
```

要获取对应键的值，可使用 get 方法：

```
let value = m.get(60);
console.log(`60: ${value}`);        // 60: sixty
console.log(`3: ${m.get(3)}`);      // 3: three
```

如果键没有对应的条目，get 方法将返回 undefined：

```
console.log(`14: ${m.get(14)}`); // 14: undefined
```

到目前为止，以上例子中所有的键都是数字。如果你使用的是对象，而不是映射，那么键会被转换为字符串，但使用 Map 时则不会：

```
console.log('Look for key "4" instead of 4:');
console.log(`"4": ${m.get("4")}`); // "4": undefined (the key is 4, not "4")
console.log('Look for key 4:');
console.log(`4: ${m.get(4)}`);     // 4: four
```

要更新条目的值，可再次调用 set 方法，它会更新已经存在的条目：

```
m.set(3, "THREE");
console.log(`3: ${m.get(3)}`);     // 3: THREE
console.log(`Entries: ${m.size}`); // Entries: 4 (still)
```

要删除条目，可使用 delete 方法：

```
m.delete(4);
```

---

1 这里有一个小的注意事项，详情请查看“键的相等性”部分。

如果条目被删除，delete将返回 true；如果没有与键匹配的条目，delete将返回 false。注意，不要使用 delete 操作符，因为 delete 是 Map 上的方法。delete m[2]将尝试从映射对象中删除一个名为“2”的属性，但是映射中的条目不是映射对象的属性，因此该操作不会产生任何作用。

要检查映射中是否存在某个条目，可使用 has 方法，该方法返回一个布尔值(如果映射中有对应键的条目，该值则为 true，否则为 false)：

```
console.log(`Entry for 7? ${m.has(7)}`); // Entry for 7? false
console.log(`Entry for 3? ${m.has(3)}`); // Entry for 3? true
```

再次提醒，条目不是属性，因此不能使用 in 操作符或 hasOwnProperty 方法。

到目前为止，以上例子中的所有键都是同一类型(数字)。实际上通常的使用场景也是这样的，但这并不是必需的；映射中的键不必都是同一类型。可在上面构建的只有数字类型键的映射中添加一个字符串类型键的条目，例如：

```
m.set("testing", "one two three");
console.log(m.get("testing"));          // one two three
```

键可以是对象：

```
const obj1 = {};
m.set(obj1, "value for obj1");
console.log(m.get(obj1));               // value for obj1
```

不同的对象总是不同的键，即使它们具有相同的属性，也是如此。obj1 键是一个没有属性的简单对象；如果你把一个没有属性的简单对象用作键来添加另一个条目，那将是不同的键。

```
const obj2 = {};
m.set(obj2, "value for obj2");
console.log(`obj1: ${m.get(obj1)}`);  // obj1: value for obj1
console.log(`obj2: ${m.get(obj2)}`);  // obj2: value for obj2
```

键(几乎)可以是任何 JavaScript 值，因此有效的键包括 null、undefined，甚至 NaN(众所周知，NaN 不等于任何值，甚至不等于其本身)：

```
m.set(null, "value for null");
m.set(undefined, "value for undefined");
m.set(NaN, "value for NaN");
console.log(`null: ${m.get(null)}`);            // null: value for null
console.log(`undefined: ${m.get(undefined)}`); // undefined: value for undefined
console.log(`NaN: ${m.get(NaN)}`);              // NaN: value for NaN
```

注意，get 会在两种不同的情况下返回 undefined：键没有匹配的条目，或者存在匹配的条目并且其值为 undefined(就像对象属性一样)。如果要区分这些情况，需要使用 has 方法。

要将映射中的所有条目清空，可使用 clear 方法：

```
m.clear();
console.log(`Entries now: ${m.size}`);      // Entries now: 0
```

12.1.2　键的相等性

Map 中的键几乎可以是任何值(后续会介绍更多内容)。键与键之间使用 SameValueZero 操作进行比较，这与严格相等(===)是一样的，除了 NaN 等于自身(众所周知，其他情况下它并不等于自身)。

这意味着：

- 在尝试匹配键时没有强制类型转换；一个键总是不同于另一个类型的键("1"和 1 是不同的键)。
- 一个对象和另一个对象总是不同的键，即使它们具有相同的属性，也是如此。
- NaN 可被用作键。

“Map 中的键几乎可以是任何值”中的例外情况是：不能有值为–0(负零)的键。如果你尝试添加键为–0 的条目，则映射将以 0 作为键；如果查找条目时以 - 0 作为键，get 将查找值为 0 的条目：

```
const key = -0;
console.log(key);              // -0
const m = new Map();
m.set(key, "value");
const [keyInMap] = m.keys(); // (`keys` returns an iterator for the map's keys)
console.log(keyInMap);        // 0
console.log(`${m.get(0)}`);   // value
console.log(`${m.get(-0)}`); // value
```

这是为了避免歧义,因为 0 和 - 0 很难区分。它们是不同的值(根据 JavaScript 数字遵循的 IEEE-754 规范)，但严格来说它们是相等的(0=== - 0 返回 true)。对于 0 和 - 0，Number 的 toString 方法都返回"0"，并且大多数(并非所有)JavaScript 运算都将它们视为相同的值。人们在设计 Map 和 Set 时，对这两个 0 展示了深入的讨论(包括是否通过一个标志来标识这两个 0 在 Map 或 Set 中是相同的还是不同的值)，但是这个值并不能减少复杂性。因此，当你尝试将 - 0 用作键时，Map 会将它转换为 0，以避免易出错的问题。

12.1.3 从可迭代对象中创建 Map

前面介绍过，Map 构造函数在没有传入任何参数的情况下会创建一个空的 Map。也可通过传入一个可迭代对象(通常是数组的数组)来提供映射的条目。下面是一个简单的例子，该示例将英语单词映射为意大利语：

```
const m = new Map([
    ["one", "uno"],
    ["two", "due"],
    ["three", "tre"]
]);
console.log(m.size);        // 3
console.log(m.get("two")); // due
```

不过，可迭代对象及其条目都不必是数组：它们可以是任何可迭代对象。任何包含"0"和"1"属性的对象都可被用作可迭代对象的条目。实际上，Map 的构造函数的行为如以下代码所示(理论上，不完全是)：

```
constructor(entries){
   if (entries){
        for (const entry of entries){
             this.set(entry["0"], entry["1"]);
        }
     }
}
```

注意，条目是按照可迭代对象的迭代器返回的顺序创建的。

如果向 Map 构造函数传入多个参数，那么后面的参数目前会被忽略。可通过将映射传入 Map 构造函数来实现映射的复制(更多实现细节，请参见下一节)：

```
const m1 = new Map([
     [1, "one"],
     [2, "two"],
     [3, "three"]
]);
const m2 = new Map(m1);
console.log(m2.get(2)); // two
```

12.1.4 迭代 Map 的内容

Map 是可迭代的。它们默认的迭代器会为每个条目生成一个[key, value]数组(这就是我们可通过将映射对象传入 Map 的构造函数来复制映射的原因)。Map 还提供了一个用于迭代键的 keys 方法和一个用于迭代值的 values 方法。

当同时需要键和值时，可使用默认迭代器。例如，在 for-of 循环中对可迭代对象进行解构：

```
const m = new Map([
         ["one", "uno"],
         ["two", "due"],
         ["three", "tre"]
]);
for (const [key, value] of m){
   console.log(`${key} => ${value}`);
}
// one => uno
// two => due
// three => tre
```

当然，不一定必须使用解构，也可直接在循环体中使用数组的形式：

```
for (const entry of m){
    console.log(`${entry[0]} => ${entry[1]}`);
}
// one => uno
// two => due
// three => tre
```

默认迭代器也可以通过 entries 方法获得(事实上，Map.prototype.entries 和 Map.prototype [Symbol.iterator]指向同一个函数)。

Map 的条目是有顺序的：和创建顺序一致。这也解释了为什么以上两个例子中输出的条目的顺序和传入 Map 构造函数的数组的顺序相同。更新条目的值时不会改变顺序。但是，如果先删除条目，然后添加另一个相同键的条目，则新条目将被放在映射的“末尾”(因为你一旦删除旧条目，它便不再存在于映射中)。这些规则的示例如下：

```
const m = new Map([
    ["one", "uno"],
    ["two", "due"],
    ["three", "tre"]
]);

// Modify existing entry
```

```
m.set("two", "due (updated)");
for (const [key, value] of m) {
   console.log(`${key} => ${value}`);
}
// one => uno
// two => due (updated)
// three => tre

// Remove entry, then add a new one with the same key
m.delete("one");
m.set("one", "uno (new)");
for (const [key, value] of m) {
   console.log(`${key} => ${value}`);
}
// two => due (updated)
// three => tre
// one => uno (new)
```

该顺序适用于 Map 的所有可迭代对象(entries、keys 和 values)：

```
const m = new Map([
         ["one", "uno"],
         ["two", "due"],
         ["three", "tre"]
]);
for (const key of m.keys()){
   console.log(key);
}
// one
// two
// three
for (const value of m.values()){
    console.log(value);
}
// uno
// due
// tre
```

也可使用 forEach 方法遍历映射中的条目，该方法与数组中的方法完全相同：

```
const m = new Map([
       ["one", "uno"],
       ["two", "due"],
       ["three", "tre"]
]);
m.forEach((value, key)=> {
   console.log(`${key} => ${value}`);
});
// one => uno
// two => due
// three => tre
```

与处理数组时一样，如果要控制回调函数中的 this，可传入第二个参数。回调函数一共接受三个参数：所访问的值、对应的键和当前遍历的映射(示例中仅使用了键和值)。

12.1.5 创建 Map 的子类

同其他内置对象一样，Map 中也可创建子类。例如，与数组不同，内置的 Map 类没有 filter 函数。假设代码中的映射普遍需要具有 filter 功能。虽然可把自定义的 filter 添加到 Map 的原型中，但扩展内置对象原型的做法容易引发问题(特别是在库代码中，而不是在应用程序/页面的代码中)。为此，你可以使用子类的方式。例如，代码清单 12-1 创建了包含 filter 函数的 MyMap。

代码清单 12-1 创建 Map 的子类——subclassing-map.js

```
class MyMap extends Map {
   filter(predicate, thisArg) {
       const newMap = new (this.constructor[Symbol.species] || MyMap)();
       for (const [key, value] of this) {
           if (predicate.call(thisArg, key, value, this)) {
               newMap.set(key, value);
           }
       }
       return newMap;
   }
}
// Usage:
const m1 = new MyMap([
   ["one", "uno"],
   ["two", "due"],
   ["three", "tre"]
]);
const m2 = m1.filter(key => key.includes("t"));
for (const [key, value] of m2) {
   console.log(`${key} => ${value}`);
}
// two => due
// three => tre
console.log(`m2 instanceof MyMap? ${m2 instanceof MyMap}`);
// m2 instanceof MyMap? true
```

注意第 4 章中介绍的 Symbol.species 的用法。Map 构造函数中包含一个返回值为 this 的 Symbol.species 的 getter。MyMap 没有覆盖这个默认行为，所以 filter 创建了一个 MyMap 实例，同时允许未来的子类(如 MySpecialMap)控制其 filter 方法创建的实例，该实例可以是该子类的，或 MyMap 的，或者 Map 的(或者是其他的，尽管似乎不太可能)。

12.1.6 性能

Map 的实现自然取决于对应的 JavaScript 引擎，但规范要求它们"……使用哈希表或其他机制，基本上实现访问时间与集合中的元素数量呈亚线性关系"。这意味着，例如，一般来说，在 Map 上添加条目的操作会快于先搜索整个数组，确定不存在对应条目后再添加该条目的操作。在代码中，这意味着下面的情况：

```
map.set(key, value);
```

一般来说，以上代码的性能优于下面的代码：

```
const entry = array.find(e => e.key === key);
if (entry){
   entry.value = value;
} else {
   array.push({key, value});
}
```

12.2 Set

Set 是唯一值的集合。上一节介绍的所有关于 Map 键的内容都适用于 Set 中的值。Set 可包含除 -0 以外的任何值，如果你添加 -0，它将被转换为 0(和 Map 键一样)。Set 使用 SameValueZero 操作对值进行比较(和 Map 键一样)。Set 中值的顺序是它们被添加到 Set 中的顺序；如果重复添加相同的值，不会改变它的位置(如果删除一个值，再添加回来，则会改变)。将一个值添加到 Set 中时，Set 首先会检查其中是否已有该值，如果没有，才会将其加入。

在 Set 之前，编程者有时会使用对象来实现此目的(将值都转换为字符串，并存储为属性名)，这与将对象用作 Map的做法有着相同的缺点。另外，我们也经常使用数组或类数组对象来替代 Set，在将一个值添加到数组中之前先搜索数组，确认其中是否已有被添加的值(例如，jQuery 通常是基于 Set 的：jQuery 实例是类数组，但在 jQuery 实例中添加相同 DOM 元素的行为并不会实现二次添加)。如果要在 ES2015+中实现一个类似于 jQuery 的库，可考虑在其内部使用 Set。由于里氏替换原则(Liskov Substitution Principle)，你甚至可让它成为 Set 的子类，但要注意，它可能包含 DOM 元素以外的东西。(jQuery 确实允许这样做，尽管这并不为人所知。)

12.2.1 Set 的基本操作

下面快速了解一下 Set 的基本操作：创建、添加、访问和删除条目。可使用下载的 basic-set-operations.js 文件，运行本节中的所有代码。

要创建 Set，应使用构造函数(本章后面会有更详细的介绍)：

```
const s = new Set();
```

要添加条目，可使用 add 方法：

```
s.add("two");
s.add("four");
```

add 方法只接受一个值。如果向它传递多个值，后面的值将不会被添加。不过它将返回当前的 Set。因此，可将多个 add 调用串联起来：

```
s.add("one").add("three");
```

要检查 Set 中是否包含一个值，可使用 has 方法：

```
console.log(`Has "two"? ${s.has("two")}`); // Has "two"? true
```

Set 条目不是属性，所以不能使用 in 操作符或 hasOwnProperty 方法。

要获取 Set 中的条目数，可使用 size 属性：

```
console.log(`Entries: ${s.size}`);        // Entries: 4
```

就其性质而言，Set 永远不会包含两个相同的值。如果你试图添加一个已经存在的值，则该值不会被再次添加：

```
s.add("one").add("three");
console.log(`Entries: ${s.size}`);        // Entries: 4 (still)
```

要删除 Set 中的条目，可使用 delete 方法：

```
s.delete("two");
console.log(`Has "two"? ${s.has("two")}`);  // Has "two"? false
```

要清空整个 Set，可使用 clear 方法：

```
s.clear();
console.log(`Entries: ${s.size}`);         // Entries: 0
```

虽然本节示例中的值都是字符串，但同样，Set 中的值可以是几乎任何 JavaScript 值(但和 Map 键一样，其中的值不能为 -0)，而且不必都是同一类型。

12.2.2 从可迭代对象中创建 Set

Set 构造函数接受一个可迭代对象，如果向该函数传入一个可迭代对象(有顺序的)，它将用可迭代对象中的值来填充 Set：

```
const s = new Set(["one", "two", "three"]);
console.log(s.has("two")); // true
```

当然，如果可迭代对象中存在两个相同的值，最终 Set 中只会有一个这样的值：

```
const s = new Set(["one", "two", "three", "one", "two", "three"]);
console.log(s.size); // 3
```

12.2.3 迭代 Set 的内容

Set 是可迭代的，迭代的顺序是值被添加到 Set 中的顺序：

```
const s = new Set(["one", "two", "three"]);
for (const value of s){
    console.log(value);
}
// one
// two
// three
```

如果添加一个已存在于 Set 中的值，不会改变它在 Set 中的位置；若完全删除它，再添加回来，则会改变其位置(因为被添加回来时，它已经不在 Set 中了)：

```
const s = new Set(["one", "two", "three"]);
for (const value of s){
    console.log(value);
}
s.add("one"); // Again
for (const value of s){
   console.log(value);
}
// one
// two
```

```
// three

s.delete("one");
s.add("one");
for (const value of s){
   console.log(value);
}
// two
// three
// one
```

因为 Set 可由可迭代对象构造，同时 Set 是可迭代对象，所以可通过将 Set 传入 Set 构造函数来复制 Set：

```
const s1 = new Set(["a", "b", "c"]);
const s2 = new Set(s1);
console.log(s2.has("b"));  // true
s1.delete("b");
console.log(s2.has("b"));  // true (still, removing from s1 doesn't remove from s2)
```

利用 Set 的可迭代性，还可在复制一个数组的同时便捷地删除其中所有重复的条目(很多程序员的工具箱中包含的经典 unique 函数)：

```
const a1 = [1, 2, 3, 4, 1, 2, 3, 4];
const a2 = Array.from(new Set(a1));
console.log(a2.length); // 4
console.log(a2.join(", ")); // 1, 2, 3, 4
```

也就是说，如果只想保留唯一值，应该一开始就使用 Set，而不是数组。

Set 的默认迭代器会迭代它的值，该迭代器也可通过 values 方法获取。同样的迭代器也可通过 keys 方法获取，这样，Map 和 Set 的接口便是相似的。实际上，Set.prototype[Symbol.iterator]、Set.prototype.values 和 Set.prototype.keys 都指向同一个函数。Set 也提供了一个 entries 方法，该方法会返回双条目(two-entry)数组(同 Map 的 entries 类似)，两个条目都包含来自 Set 的值。Set 就像是一个 Map，其中的键映射到自身：

```
const s = new Set(["a", "b", "c"]);
for (const value of s){ // or `of s.values()`
   console.log(value);
}
// a
// b
// c
for (const key of s.keys()){
   console.log(key);
}
// a
// b
// c
for (const [key, value] of s.entries()){
   console.log(`${key} => ${value}`);
}
// a => a
// b => b
// c => c
```

12.2.4　创建 Set 的子类

创建 Set 子类的方式很简单。例如，假设你想实现一个 addAll 方法，以便将一个可迭代对象中的所有值都添加到 Set 中，而不必重复调用 add，但因为你正在编写库的代码，所以不想将它添加到 Set.prototype 中。代码清单 12-2 中有一个包含了所添方法的简单的 Set 子类。

代码清单 12-2　创建 Set 的子类——subclassing-set.js

```
class MySet extends Set {
   addAll(iterable) {
      for (const value of iterable) {
         this.add(value);
      }
      return this;
   }
}

// Usage
const s = new MySet();
s.addAll(["a", "b", "c"]);
s.addAll([1, 2, 3]);
for (const value of s) {
   console.log(value);
}
// a
// b
// c
// 1
// 2
// 3
```

与处理 Map 时一样，如果要添加一个生成新 Set 的方法，你可能会偏向于使用 species 模式来创建新实例。

12.2.5　性能

与 Map 一样，Set 的实现取决于对应的 JavaScript 引擎，但同样地，规范要求它们“……使用哈希表或其他机制，基本上实现访问时间与集合中的元素数量呈亚线性关系”。因此：

```
set.add(value);
```

一般来说，以上代码的性能优于下面的代码：

```
if (!array.includes(value)){
  array.push(value);
}
```

12.3　WeakMap

WeakMap 可存储与对象(即键)相关的值，但不强制键保留在内存中；WeakMap 对键是弱引用。如果 WeakMap 是对象被保留在内存中的唯一原因，那么对应的条目(键和值)将自动从 WeakMap 中删除，这使得键对象能够被当作垃圾回收(如果条目的值是一个对象，那么只要条目存在，就会被

WeakMap 正常持有。只有键被弱引用)。同一个对象即使在多个 WeakMap 中被用作键(或者被保存在 WeakSet 中，详见下一节)，上述功能也是生效的。一旦键对象的唯一剩余引用在 WeakMap(或 WeakSet)中，JavaScript 引擎就会删除该对象的条目，并将该对象当作垃圾回收。

例如，如果你想存储与 DOM 元素相关的信息，但不将其存储在元素自身的属性中，可将 DOM 元素用作键，将想存储的信息当作值存储在 WeakMap 中。如果从 DOM 中移除 DOM 元素，并且没有任何其他引用它的地方，那么该元素的条目就会自动从 WeakMap 中移除，并且 DOM 元素的内存将被回收(为 WeakMap 条目的值分配的全部内存也将被回收，但前提是没有其他任何地方单独从 WeakMap 中引用该值)。

12.3.1 WeakMap 是不可迭代的

WeakMap 的一个重要特性是：如果你没有相应的键，就不能从 WeakMap 中获取值。这是因为在具体实现上，“无法通过其他方式获得键”和“从 WeakMap 中删除条目”这两种状态之间可能会有延迟；如果你能在延迟的时间段内从 WeakMap 上获得键，则会给相关代码带来不确定性。所以如果你没有对应的键，则无法从 WeakMap 中获取值。

WeakMap 不可迭代的特性对其有很大的影响。事实上，WeakMap 提供的关于其内容的信息非常少。下面列出了它所提供的方法。

- has：如果传入一个键，该方法将告诉你 WeakMap 中是否存在对应键的条目。
- get：如果传入一个键，该方法将返回 WeakMap 中对应键的条目(或者如果 WeakMap 中没有匹配的条目，该方法将返回 undefined，类似于 Map 的处理)。
- delete：如果传入一个键，该方法将删除对应的条目(如果有的话)，然后返回一个标识：如果对应的条目存在且被删除，则返回 true，否则返回 false。

WeakMap 中没有 size、forEach、keys、values 等迭代器。WeakMap 并不是 Map 的子类，虽然它们共同的 API 部分被有意设计成了一致的。

12.3.2 用例与示例

下面探讨 WeakMap 的两个用例。

1. 用例：私有信息

WeakMap 的一个经典用例是私有信息。参见代码清单 12-3。

代码清单 12-3 在私有信息中使用 WeakMap——private-info.js

```
const Example = (()=> {
  const privateMap = new WeakMap();

  return class Example {
    constructor(){
      privateMap.set(this, 0);
    }

    incrementCounter(){
      const result = privateMap.get(this)+ 1;
      privateMap.set(this, result);
      return result;
    }
```

```
        showCounter(){
            console.log(`Counter is ${privateMap.get(this)}`);
        }
    };
})();

const e1 = new Example();
e1.incrementCounter();
console.log(e1); // (some representation of the object)

const e2 = new Example();
e2.incrementCounter();
e2.incrementCounter();
e2.incrementCounter();

e1.showCounter(); // Counter is 1
e2.showCounter(); // Counter is 3
```

Example 的实现被封装在一个立即调用函数表达式(IIFE)中，所以在类的实现中，privateMap 是完全私有的。

私有类字段

第 18 章将介绍即将出现在 ES2021 中的有关私有类字段的提案，该提案提供了一种方法，让类能够真正拥有私有信息(包含针对实例的和静态的)。私有类字段在此例中有两种使用方式：简单地用计数器的私有字段取代 WeakMap，或者如果你有理由使用 WeakMap(比如并不是所有实例都需要私有信息)，可将 WeakMap 用作一个静态的私有字段(通过去除 IIFE 封装器来简化实现)。

当你通过 Example 构造函数来创建实例时，该函数将在 WeakMap(privateMap)中保存一个值为 0 的条目，并以新对象(this)作为键。当你调用 incrementCounter 时，privateMap 通过递增值来更新该条目，而当你调用 showCounter 时，privateMap 输出当前值。如要查看 Example 的实际运行情况，最好在包含调试器或可交互控制台的环境中运行。务必深入分析(some representation of the object)那一行打印的对象。分析后，你会发现在任何地方都找不到计数器的值，尽管可以访问对象甚至改变计数器的值。在 Example 类的范围中，计数器的值是 Example 所私有的，其他代码因为无法访问 privateMap，所以不能访问这些信息。

问题：如果在这里使用 Map，而不是 WeakMap，会发生什么？

是的！因为实例对象不断被创建，而且永远不会被清理，随着时间的推移，Map 会变得越来越大，因为 Map 会将实例保留在内存中，即使所有其他代码都已不再需要这些实例，它们也不会被清理。但是在 WeakMap 中，当所有其他代码都完成了对实例对象的处理，并移除了对它的引用时，JavaScript 引擎就会删除该对象的 WeakMap 条目。

2. 用例：存储不受控制的对象的信息

WeakMap 的另一个主要用例是：存储不受控制的对象的相关信息。假设你正在和一个向你提供对象的 API 进行交互，需要保存和这些对象相关的信息。通常不建议往这些对象上添加属性(API 甚至会提供一个代理或冻结的对象，使你无法实现该操作)。

WeakMap 可以解决这个问题！只需要将对象用作键来存储相关的信息。因为 WeakMap 持有的键是弱引用，所以不会影响 API 对象的回收。

代码清单 12-4~12-5 演示了在 WeakMap 中将 DOM 元素用作键来记录有关 DOM 元素信息的例子。

代码清单 12-4　存储 DOM 元素的数据(HTML)——storing-data-for-dom.html

```
<!doctype html>
<html>
<head>
<meta charset="UTF-8">
<title>Storing Data for DOM Elements</title>
</head>
<style>
.person {
   cursor: pointer;
}
</style>
<body>
<label>
<div id="status"></div>
<div id="people"></div>
<div id="person"></div>
<script src="storing-data-for-dom.js"></script>
</body>
</html>
```

代码清单 12-5　存储 DOM 元素的数据(JavaScript)——storing-data-for-dom.js

```
(async() => {
   const statusDisplay = document.getElementById("status");
   const personDisplay = document.getElementById("person");
   try {
      // The WeakMap that will hold the information related to our DOM elements
      const personMap = new WeakMap();
      await init();

      async function init() {
         const peopleList = document.getElementById("people");
         const people = await getPeople();
         // In this loop, we store the person that relates to each div in the
         // WeakMap using the div as the key
         for (const person of people) {
            const personDiv = createPersonElement(person);
         personMap.set(personDiv, person);
         peopleList.appendChild(personDiv);
      }
   }

   async function getPeople() {
      // This is a stand-in for an operation that would fetch the person
      // data from the server or similar
      return [
         {name: "Joe Bloggs", position: "Front-End Developer"},
         {name: "Abha Patel", position: "Senior Software Architect"},
         {name: "Guo Wong", position: "Database Analyst"}
      ];
   }

   function createPersonElement(person) {
```

```
        const div = document.createElement("div");
        div.className = "person";
        div.innerHTML =
            '<a href="#show" class="remove">X</a> <span class="name"></span>';
        div.querySelector("span").textContent = person.name;
        div.querySelector("a").addEventListener("click", removePerson);
        div.addEventListener("click", showPerson);
        return div;
    }

    function stopEvent(e) {
        e.preventDefault();
        e.stopPropagation();
    }

    function showPerson(e) {
        stopEvent(e);
        // Here, we get the person to show by looking up the clicked element
        // in the WeakMap
        const person = personMap.get(this);
        if (person) {
            const {name, position} = person;
            personDisplay.textContent = `${name}'s position is: ${position}`;
        }
    }

    function removePerson(e) {
        stopEvent(e);
        this.closest("div").remove();
    }
  } catch (error) {
    statusDisplay.innerHTML = `Error: ${error.message}`;
  }
})();
```

12.3.3　值反向引用键

在上一节的 DOM 数据示例(storing-data-for-dom.js)中，personMap 为每个展示 div 元素的 person 都存储了一个对象值(对应的 person)。如果 person 对象包含对 DOM 元素的反向引用，会怎样呢？例如，如果 init 中的 for-of 循环将 personDiv 常量替换为 person 对象上的一个属性，如下所示：

```
for (const person of people){
        const person.div = createPersonElement(person);
        personMap.set(person.div, person);
        peopleList.appendChild(person.div);
}
```

现在，WeakMap 条目的键是 person.div，其值是 person，也就是说，值(person)对键(person.div)有一个引用。如果只有 person 对象(和 personMap)引用了键，代码是否会因为 person 对象对键的引用而将键保留在内存中？

你可能猜到了：不会。这一部分的语言在规范中是比较容易理解的部分。该部分如下[1]：

如果一个被用作 WeakMap 键/值对的键的对象只能通过始于该 WeakMap 内的引用链访问，那么该键/值对是不可访问的，并且会自动从 WeakMap 中删除。

下面我们来证明这一点。参见代码清单 12-6。

代码清单 12-6 值反向引用键—— value-referring-to-key.js

```
function log(msg){
    const p = document.createElement("pre");
    p.appendChild(document.createTextNode(msg));
    document.body.appendChild(p);
}

const AAAAExample = (()=> {
    const privateMap = new WeakMap();

    return class AAAAExample {
      constructor(secret, limit){
          privateMap.set(this, {counter: 0, owner: this});
      }

      get counter(){
          return privateMap.get(this).counter;
      }

      incrementCounter(){
         return ++privateMap.get(this).counter;
      }
    };
})();

const e = new AAAAExample();

let a = [];
document.getElementById("btn-create").addEventListener("click", function(e){
    const count = +document.getElementById("objects").value || 100000;
    log(`Generating ${count} objects...`);
    for (let n = count; n > 0; --n){
       a.push(new AAAAExample());
    }
    log(`Done, ${a.length} objects in the array`);
});
document.getElementById("btn-release").addEventListener("click", function(e){
    a.length = 0;
    log("All objects released");
});
```

以上代码创建了一个 AAAAExample 对象，e 对其保持引用并且从不释放。当你单击一个按钮时，代码又创建了许多 AAAAExample 对象，并将它们保存在 a 数组中，当你单击另一个按钮时，代码将释放 a 数组中的所有对象。

1 https://tc39.es/ecma262/#sec-weakmap-objects。

使用以下 HTML 和代码清单 12-6 中的 value-referring-to-key.js 文件，打开一个页面(可使用下载的 value-referring-to-key.html)：

```
<label>
    Objects to create:
    <input type="text" id="objects" value="100000">
</label>
<input type="button" id="btn-create" value="Create">
<input type="button" id="btn-release" value="Release">
<script src="value-referring-to-key.js"></script>
```

打开页面后，按照以下步骤进行操作：

(1) 打开浏览器的开发者工具，并跳转到它的 Memory(内存)或类似的标签页。如图 12-1 所示，devtools 位于 Chrome 浏览器的底部。

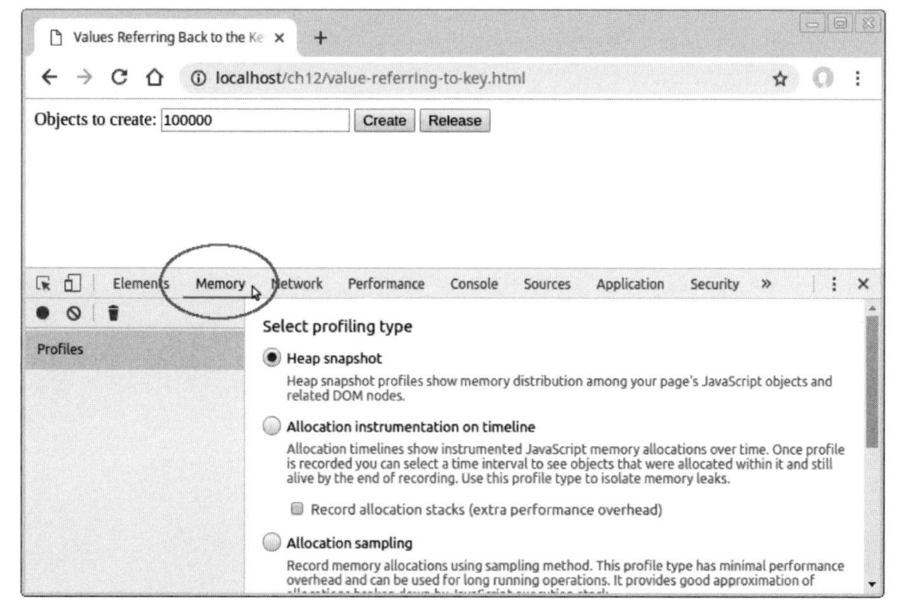

图 12-1

(2) 单击网页中的 Create(创建)按钮。代码将使用 AAAAExample 构造函数创建 100 000(或任何你可能修改的数字)个对象，并将它们保留在数组(a)中。

(3) 使用浏览器提供的工具，查看内存中有多少使用 AAAAExample(此名称将会出现在按字母顺序排列的顶部位置)构造函数创建的对象。为此，在 Chrome 浏览器中，可单击 Take heap snapshot(堆快照)按钮(见图 12-2)，然后在对象列表中通过构造函数名进行查找(可能需要将 Retainers 面板向下拉才能查看构造函数面板的内容)。如图 12-3 所示，内存中有 100 001 个 AAAAExample 对象(初始的那个永远不会被释放的对象，以及响应单击按钮而创建的 100 000 个对象)。你可能会发现，可在 Class filter(类过滤器)框中输入 aaa，这样仅显示 AAAAExample 行(见图 12-4)。

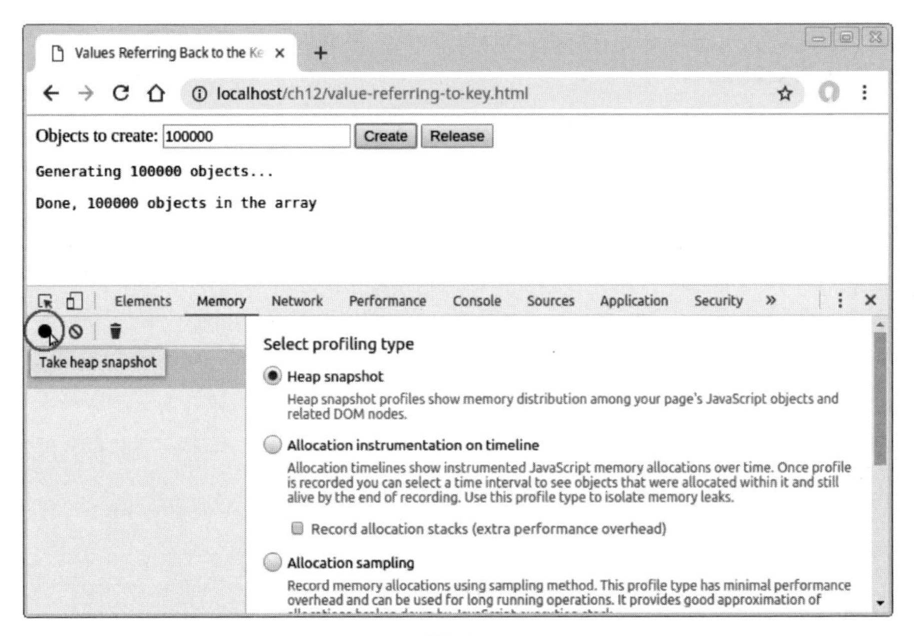
Values Referring Back to the Ke
localhost/ch12/value-referring-to-key.html
Objects to create: 100000
Create
Release
Generating 100000 objects...
Done, 100000 objects in the array
Elements
Memory
Network
Performance
Console
Sources
Application
Security
Take heap snapshot
Select profiling type
Heap snapshot
Heap snapshot profiles show memory distribution among your page's JavaScript objects and related DOM nodes.
Allocation instrumentation on timeline
Allocation timelines show instrumented JavaScript memory allocations over time. Once profile is recorded you can select a time interval to see objects that were allocated within it and still alive by the end of recording. Use this profile type to isolate memory leaks.
Record allocation stacks (extra performance overhead)
Allocation sampling
Record memory allocations using sampling method. This profile type has minimal performance overhead and can be used for long running operations. It provides good approximation of

图 12-2

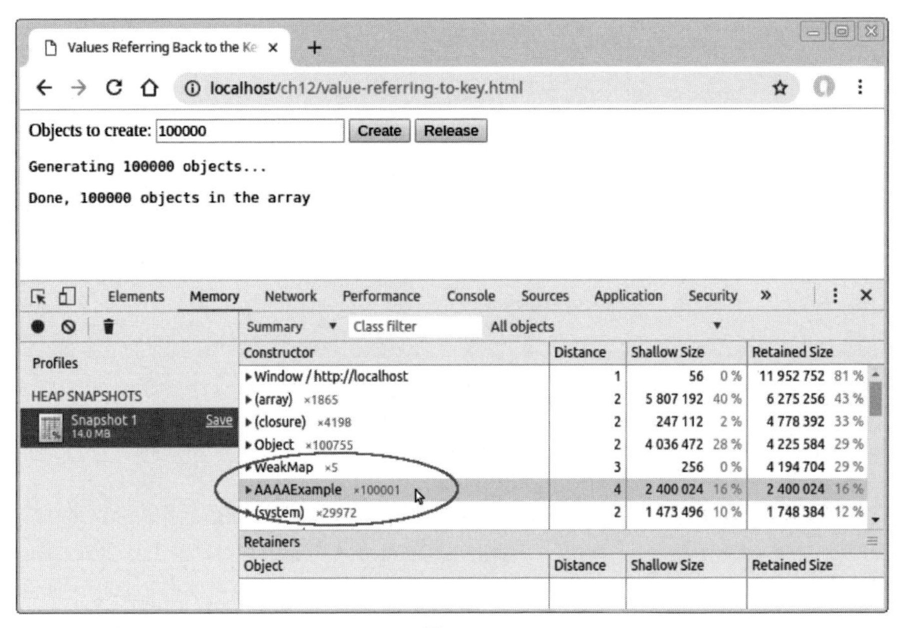
Values Referring Back to the Ke
localhost/ch12/value-referring-to-key.html
Objects to create: 100000
Create
Release
Generating 100000 objects...
Done, 100000 objects in the array
Elements
Memory
Network
Performance
Console
Sources
Application
Security
Summary
Class filter
All objects
Profiles
HEAP SNAPSHOTS
Snapshot 1
Save
Constructor
Distance
Shallow Size
Retained Size
Window / http://localhost 1 56 0 % 11 952 752 81 %
(array) ×1865 2 5 807 192 40 % 6 275 256 43 %
(closure) ×4198 2 247 112 2 % 4 778 392 33 %
Object ×100755 2 4 036 472 28 % 4 225 584 29 %
WeakMap ×5 3 256 0 % 4 194 704 29 %
AAAAExample ×100001 4 2 400 024 16 % 2 400 024 16 %
(system) ×29972 2 1 473 496 10 % 1 748 384 12 %
Retainers
Object
Distance
Shallow Size
Retained Size

图 12-3

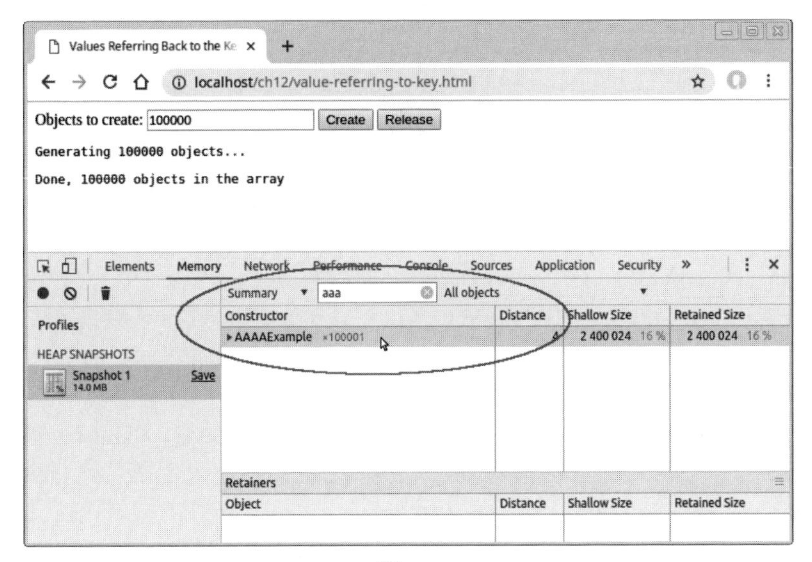

图 12-4

(4) 单击网页中的 Release(释放)按钮，将对象从数组中删除。

(5) 使用浏览器提供的工具，强制进行垃圾回收。在 Chrome 浏览器中，可使用图 12-5 所示的 Collect garbage(垃圾回收)按钮。

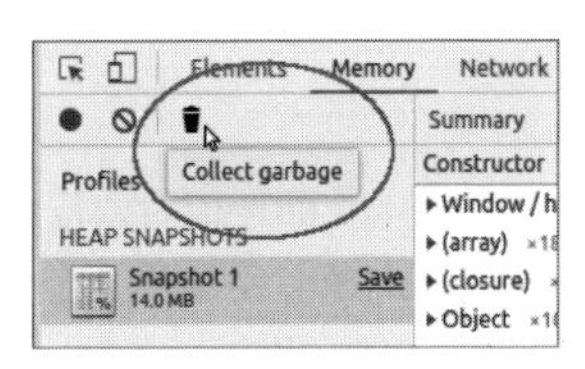

图 12-5

(6) 再取一个堆快照(或类似的)，看看当前有多少个使用 AAAAExample 构造函数创建的对象。在 Chrome 浏览器中，可再取一个快照，然后看看构造函数列表。如果不断滚动，会发现列表中有一个 AAAAExample(见图 12-6)，同时，如果在 Class filter 框中输入 aaa，列表将只显示 AAAAExample 行(见图 12-7)。

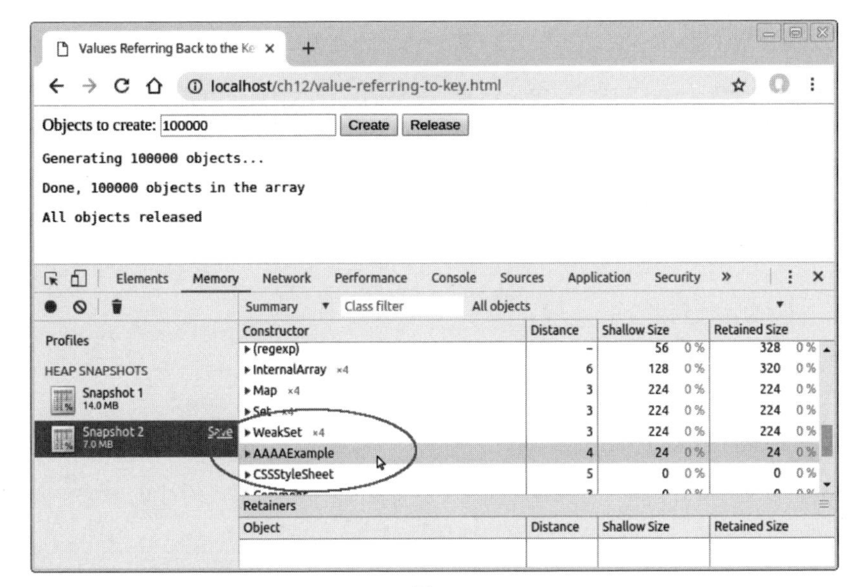

图 12-6

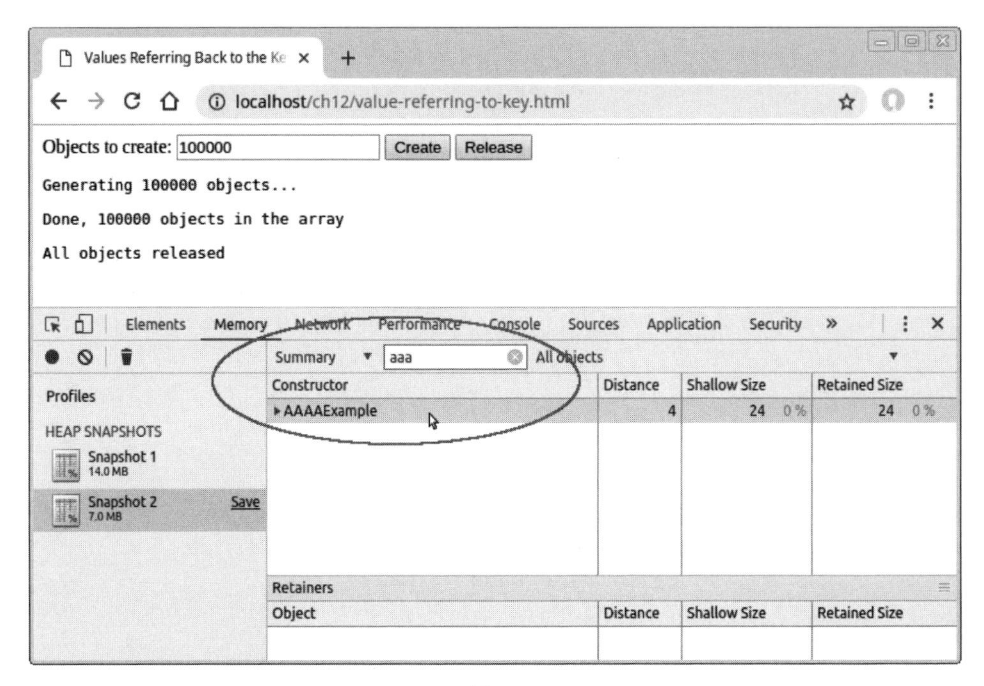

图 12-7

这表明，即使值对象反向引用了它们的键对象，也不会阻止这些条目的内存回收。实际上，一个条目的值对象可引用另一个条目的键对象，同时另一个条目的值又引用了第一个条目(或者其他条目)的键对象(循环引用)；但是一旦其他代码(除 WeakMap 之外)都不再引用这些键对象，JavaScript 引擎就会删除这些条目，并使这些对象可被当作垃圾回收。

12.4 WeakSet

WeakSet 相当于 WeakMap 的集合：WeakSet 是对象的集合，但集合中的对象可被当作垃圾回收。可把 WeakSet 看成 WeakMap，其中键是集合中的值，而值(在概念上)是 true ——含义是“对象在集合中”。或者也可将 Set 看成 key 和 value 是同一个值的 Map(正如 Set 的 entries 迭代器所展示的)，虽然 WeakSet 没有 entries 迭代器。

如前所述，WeakMap 是不可迭代的，因为同样的原因，WeakSet 也是不可迭代的。WeakSet 只提供以下方法。

- add：将对象添加到集合中。
- has：检查对象是否在集合中。
- delete：从集合中删除对象。

因此，WeakSet 并不是 Set 的子类，但与 WeakMap 和 Map 一样，相同的 API 部分是有意保持一致的。

那么 WeakSet 有什么作用呢？如果你只能在拥有对象的时候访问其中的对象，那它主要用于哪些场景呢？

答案可通过本节第一段类推出来：可检查所拥有的某个对象是否在集合中。这可用于确认一个对象是否在特定部分的代码(把对象添加到集合中的代码)中出现过。下面展示了关于这种通用用法的两个示例。

1. 用例：追踪

假设在“使用”某个对象之前，需要知道这个对象是否曾被“使用”过，但不能把它当作一个标志存储在对象上(可能是因为如果它是对象上的标志，那么其他代码也可访问它；或者是因为它不是你的对象)。例如，它可能是某种一次性使用的访问令牌。WeakSet 是一种可以不强制对象留在内存中的简单实现方式。参见代码清单 12-7。

代码清单 12-7 一次性使用的对象——single-use-object.js

```
const SingleUseObject = (()=> {
    const used = new WeakSet();

    return class SingleUseObject {
        constructor(name){
            this.name = name;
        }
        use(){
            if (used.has(this)){
                throw new Error(`${this.name} has already been used`);
            }
            console.log(`Using ${this.name}`);
            used.add(this);
        }
    };
})();
const suo1 = new SingleUseObject("suo1");
const suo2 = new SingleUseObject("suo2");
suo1.use();                                   // Using suo1
try {
    suo1.use();
} catch (e){
    console.error("Error: " + e.message); // Error: suo1 has already been used
}
suo2.use();                                   // Using suo2
```

2. 用例：标记

标记是另一种形式的追踪：假设你正在设计一个库，这个库输出对象，然后将这些对象接收回来，让它们做一些事情。如果需要确保库接受的对象来源于库代码(未被使用库的代码伪造)，可使用 WeakSet 来实现。参见代码清单 12-8。

代码清单 12-8 仅接受已知对象——only-accept-known-objects.js

```
const Thingy = (() => {
    const known = new WeakSet();
    let nextId = 1;

    return class Thingy {
        constructor(name) {
            this.name = name;
            this.id = nextId++;
            Object.freeze(this);
```

```
            known.add(this);
        }

        action() {
            if (!known.has(this)) {
                throw new Error("Unknown Thingy");
            }
            // Code here knows that this object was created
            // by this class
            console.log(`Action on Thingy #${this.id} (${this.name})`);
        }
    }
})();

// In other code using it:

// Using real ones
const t1 = new Thingy("t1");
t1.action(); // Action on Thingy #1 (t1)
const t2 = new Thingy("t2");
t2.action(); // Action on Thingy #2 (t2)

// Trying to use a fake one
const faket2 = Object.create(Thingy.prototype);
faket2.name = "faket2";
faket2.id = 2;
Object.freeze(faket2);
faket2.action(); // Error: Unknown Thingy
```

Thingy 类创建了具有 id 和 name 属性的对象，然后冻结这些对象，使代码不能以任何方式改变它们：其属性是只读的，不能被重新配置；不能添加或删除属性，也不能改变原型。

之后，如果代码试图在一个 Thingy 对象上使用 action 方法，action 会通过搜索 known 集合来验证调用的对象是不是一个真正的 Thingy 对象。如果不是，代码就拒绝执行其动作。因为集合是 WeakSet，所以不会影响 Thingy 对象被当作垃圾回收。

12.5 旧习换新

下面列出了一些可考虑更新的旧习惯。

12.5.1 在通用的映射中使用 Map 替代对象

旧习惯：将对象用作通用的映射。

```
const byId = Object.create(null); // So it has no prototype
for (const entry of entries) {
    byId[entry.id] = entry;
}
// Later
const entry = byId[someId];
```

新习惯：改用 Map。

```
const byId = new Map();
for (const entry of entries) {
```

```
    byId.set(entry.id, entry);
}

// Later
const entry = byId.get(someId);
```

Map 更适用于通用的映射，不会强制将非字符串的键转换为字符串。

12.5.2　以 Set 替代对象作为集合

旧习惯：将对象用作伪集合。

```
const used = Object.create(null);
// Marking something as "used"
used[thing.id] = true;
// Check later if something was used
if (used[thing.id]) {
    // ...
}
```

新习惯：改用 Set。

```
const used = new Set();
// Marking something as "used"
used.add(thing.id);          // Or possibly just use `thing` directly
// Check later if something was used
if (used.has(thing.id)) {   // Or possibly just use `thing` directly
    // ...
}
```

或者如果合适，使用 WeakSet：

```
const used = new WeakSet();
// Marking something as "used"
used.add(thing);
// Check later if something was used
if (used.has(thing)) {
    // ...
}
```

12.5.3　使用 WeakMap 存储私有数据，而不是公共属性

旧习惯：(参考本节“新习惯”部分的注意事项)。使用命名约定(如下画线(_)前缀)来表明对象上的某个属性是私有的，不应被“其他”代码使用。

```
class Example {
    constructor(name){
        this.name = name;
        this._counter = 0;
    }
    get counter(){
        return this._counter;
    }
    incrementCounter(){
        return ++this._counter;
```

```
    }
}
```

新习惯：改用 WeakMap，这样数据才是真正的私有数据(参考代码后面的注意事项)。

```
const Example = (()=> {
    const counters = new WeakMap();

    return class Example {
        constructor(name){
            this.name = name;
            counters.set(this, 0);
        }
        get counter(){
            return counters.get(this);
        }
        incrementCounter(){
           const result = counters.get(this)+ 1;
           counters.set(this, result);
           return result;
        }
    }
})();
```

不过，对于这个新习惯，要注意以下两个事项。

- 如使用 WeakMap 来实现，会增加代码的复杂性；在一些特定的情况下，私密性的提升相比于复杂性的代价可能值得，也可能不值得。很多语言都有“私有”属性，但这些属性仍然有可能被访问；例如，Java 的私有字段可通过反射来访问。因此，仅使用命名惯例和使用 Java 的私有属性相差不大(尽管这会比使用 Java 的反射来访问的做法更简单)。
- 不久之后，类语法将提供(至少)一种不使用 WeakMap 就能拥有私有字段的方法，详见第 18 章。如果你现在就习惯使用 WeakMap 来处理私有数据，可能会给以后的重构工作带来麻烦。

我们要具体情况具体分析。有些信息确实需要被适当地私有化(不过请记住，对于调试器，代码中所有的信息都是可见的)。对于其他信息，用一个约定的标记来表示“不要使用”即可。

第13章 模块

本章内容

- 模块简介
- 导入和导出
- 模块加载原理
- 动态导入：import()
- 摇树(tree shaking)
- 打包
- import.meta

本章代码下载

可通过网址 https://thenewtoys.dev/bookcode 或 https://www.wiley.com/go/javascript-newtoys 下载本章的代码。

本章将介绍ES2015中的模块。通过模块可便捷地将代码分成小的、可维护的片段并按照需求将这些片段组合在一起。

13.1 模块简介

多年来，JavaScript程序员要么把代码放入全局命名空间，要么(由于全局命名空间有限)将代码封装在一个函数(作用域函数)中。作用域函数有时会返回一个对象(在一些地方也被称为命名空间对象)，然后将该对象赋值给一个全局变量。

无论项目规模如何，程序员都有可能会遇到命名冲突、复杂的依赖关系，以及将代码分割成适当大小的文件等问题。这些问题也催生了多种不同的(不兼容的)用于定义和组合代码模块的方案，如CommonJS(CJS)、异步模块定义(Asynchronous Module Definition，AMD)以及它们的变种。多个不兼容的标准使得程序员、工具制作者、库作者以及其他想要使用不同来源模块的人深感困扰。

庆幸的是，ES2015标准化了JavaScript模块，为工具和开发者提供了大部分通用的语法和语义(稍后讨论“大部分”)。之前的首字母缩写列表再增加一项：原生模块通常被称为ESM模块(ESM = ECMAScript Module)，以区别于CJS模块、AMD模块以及其他类型。

13.2 模块的基本概念

本节将简要介绍模块的基本概念，后续章节会在此基础上进行更详细的介绍。

模块是其自身“编译单元”(从宽泛的层面来说是“文件”)中的一个代码单元。它有自己的作用域(而不是和脚本一样在全局作用域内执行代码)。它可加载其他模块，并从其他模块中导入内容(如函数和变量)。模块也可导出内容，供其他模块导入。一组相互导入、导出的模块组成的图形通常被称为模块树。参见图 13-1。

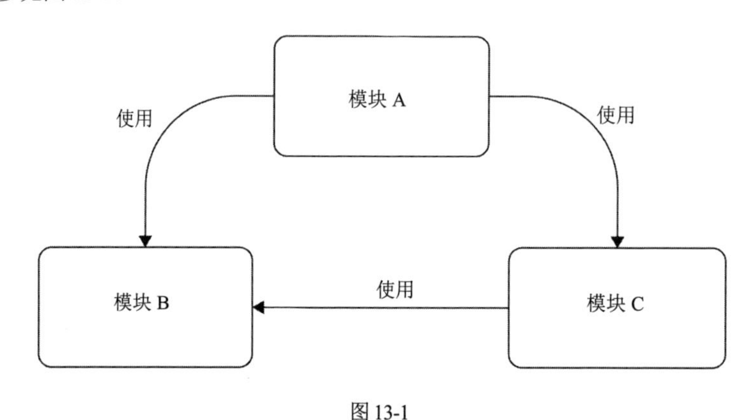

图 13-1

在导入时，通过模块说明符(module specifier，说明模块位置的字符串)来指定要导入的模块。JavaScript 引擎与宿主环境一起运行，加载指定的模块。一个模块在每个领域(realm[1])中只会被 JavaScript 引擎加载一次；如果其他多个模块使用了该模块，那么它们都会使用同一个副本。一个模块可包含多个命名导出(named export)以及单个默认导出。

可使用导出声明指定从模块中导出的内容，声明以关键字 export 开头。下面展示了两个命名导出的示例：

```
export function example(){
    // ...
}
export let answer = 42;
```

可使用导入声明或动态导入来加载模块并从其中导入内容(可选)。本章随后将介绍动态导入；现在先介绍导入声明(也被称为静态导入)。导入声明使用关键字 import，接着是要导入的内容，然后是单词 from，之后是指定从哪一个模块导入的模块说明符的字符串字面量，示例如下：

```
import { example } from "./mod.js";
import { answer } from "./mod.js";
// or
import { example, answer } from "./mod.js";
```

声明中的大括号表明其导入了命名导出(稍后介绍细节)。

---

1 第 5 章介绍过，领域(realm)是一段代码运行的完整容器，其中包含全局环境、该环境的内置对象(Array、Object、Date 等)、加载到该环境中的所有代码，以及其他一些状态等。一个浏览器窗口(无论它是一个标签页、完整的窗口，还是 iframe)是一个领域。一个 Web worker 是一个领域，独立于创建它的窗口的领域。

下面是默认导出(注意单词 default)：

```
export default function example(){
    // ...
}
```

一个模块只能有一个默认导出(或者没有)。可像下面这样导入模块(注意这里没有大括号，同样，稍后介绍细节)：

```
import example from "./mod.js";
```

也可不列举任何要导入的内容，从而只使用导入模块的副作用：

```
import "./mod.js";
```

上面的代码将加载对应的模块(以及它依赖的模块)并执行它的代码，但不导入任何内容。

以上便是 import 和 export 的最常见形式。本章随后将进一步介绍一些不同的形式和细节。

只有模块中的代码才可使用声明式的 export 和 import，非模块代码不能使用。非模块代码可使用后面将介绍的动态导入，但不能导出任何内容。

import 和 export 的声明只能出现在模块的顶层作用域，而不能出现在任何控制流的结构中，比如循环和 if 语句：

```
if (a < b){
    import example from "./mod.js"; // SyntaxError: Unexpected identifier
    example();
}
```

模块只能导出它声明的内容或重新导出它导入的内容。例如，模块不能导出一个全局变量，因为它没有声明该变量。模块不能声明一个全局变量，因为模块代码不在全局作用域中执行(但可通过赋值的方式向全局对象添加属性，例如，在浏览器上执行 window.varName = 42，或者使用第 17 章将要介绍的 globalThis，但这些不是声明)。

最后，简而言之：导入一个 export 时将针对导出项创建一个间接、只读的“实时”绑定。该绑定是只读的：模块可读取它导入的值，即使原始模块改变了对应的值，模块也能获取到新的值，但不能直接改变该值。

接下来将更深入地介绍以上各项内容。

13.2.1 模块说明符

在前面的例子中，模块说明符是"./mod.js"部分：

```
import { example } from "./mod.js";
```

在导入声明中，模块说明符必须是一个字符串字面量，不能只是返回字符串的表达式，因为声明是静态的(JavaScript 引擎和相关环境必须能在执行代码前解析它们)。单引号或双引号都可使用。除此以外，JavaScript 规范几乎没有说明其他关于模块说明符的内容。规范将模块说明符字符串的形式和语义交给了宿主环境(这便是前面“……大部分通用的语法和语义……”中使用“大部分”的原因)。Web 中模块的形式和语义由 HTML 规范定义；Node.js 中的则由 Node.js 定义；以此类推。也就是说，在这些主要环境中负责处理模块说明符的团队已经意识到，模块的创建是为了跨环境使用模块，同时尽力避免不必要的差异。当前不用太关注模块说明符，本章将在后续的“在浏览器中使用模块”和“在Node.js 中使用模块”两个小节中介绍更多的相关内容。

13.2.2 基本命名导出

前面已经介绍了几个基本的命名导出，本节将对它们进行详述。

可使用命名导出来导出任何在模块中声明的带有名称的变量、常量、函数、类构造函数以及从其他模块导入的内容。这可通过多种不同的方式来实现。一种方式是直接把关键字 export 放在声明或定义的前面：

```
export let answer = 42;
export var question = "Life, the Universe, and Everything";
export const author = "Douglas Adams";
export function fn(){
    // ...
}
export class Example {
    // ...
}
```

以上代码创建了五个命名导出：answer、question、author、fn 和 Example。注意，其中所有的语句/声明和它们被导出之前是一样的，只是前面加上了 export。函数声明和类声明仍然是声明，而不是表达式(所以后面没有分号)。

其他模块使用以上名称来声明它们想要从模块中导入的内容。例如：

```
import { answer, question } from "./mod.js";
```

在上面的例子中，模块只需要 answer 和 question 的导出，所以只导入了这两者，而没有导入author、fn 和 Example。

如本章简介中所述，大括号表明你导入的是命名导出，而不是默认导出。虽然大括号使得导入部分看起来有点像对象的解构(参见第 7 章)，但它不是解构。导入和解构的语法是完全独立的。导入不允许嵌套，处理重命名的方式与解构不同，并且不允许使用默认值。它们是表面上语法相似的不同事物。

导出的位置不必和创建的位置相同。可独立使用导出声明。下面展示了一个和前面相同的模块，使用了单个导出声明(在本例的结尾部分)：

```
let answer = 42;
var question = "Life, the Universe, and Everything";
const author = "Douglas Adams";
function fn(){
   // ...
}
class Example {
   // ...
}
export { answer, question, author, fn, Example };
```

也可独立使用多个声明，如下所示：

```
export { answer };
export { question, author, fn, Example };
```

不过，独立使用的声明主要是用于将所有导出聚合在一起(一种代码风格)。

导出声明可在代码结尾、开头或中间的任何位置；下面展示了一个在代码开头放置单个声明的示例。

```
export { answer, question, author, fn, Example };
let answer = 42;
const question = "Life, the Universe, and Everything";
const author = "Douglas Adams";
function fn(){
   // ...
}
class Example {
   // ...
}
```

不同的风格可以被混用，虽然这可能不是最佳实践：

```
export let answer = 42;
const question = "Life, the Universe, and Everything";
const author = "Douglas Adams";
export function fn(){
   // ...
}
class Example {
   // ... }
export { question, author, Example };
```

唯一实际存在的限制是：导出的名称必须是唯一的。在前面的示例中，不能使用名称 answer 两次导出 answer，或者尝试同时导出名为 answer 的变量和名为 answer 的函数。也就是说，如果要导出相同的内容两次(特殊的情况下)，要么重命名其中一个导出(后续内容会详细介绍)，要么同时采用命名导出和默认导出。例如，可使用函数的主名称和别名对其进行导出。

是使用内联、末尾声明、开头声明，还是使用某种组合，完全取决于代码风格。和其他情况下一样，在同一个代码库中，所用的声明最好保持一致。

13.2.3 默认导出

除了命名导出，模块还可以有一个默认导出。默认导出类似于使用 default 这个名称的命名导出，但它有自己专用的语法(并且不创建名为 default 的本地绑定)。可通过在 export 后面添加关键字 default 来设置默认导出：

```
export default function example(){
   // ...
}
```

其他模块可使用编程者喜欢的任意名称进行导入，不需要使用大括号包裹：

```
import x from "./mod.js";
```

如果导出的内容包含名称，在导出中该名称并不会被使用，因为此形式下导出的是 default。例如，因为前面导出了一个名为 example 的函数，所以其他代码可用下面的形式导入：

```
import example from "./mod.js";
// or
```

```
import ex from "./mod.js"; // The name of the import doesn't have to be "example"
```

但是不能使用以下形式，因为它不是命名导出：

```
// WRONG (for importing a default export)
import { example } from "./mod.js";
```

一个模块只能有一个默认导出，如果存在多个，代码则会报错。可先进行声明，然后单独对其进行默认导出：

```
function example(){
}
export default example;
```

第二种默认导出形式可导出任意表达式的结果：

```
export default 6 * 7;
```

导出匿名函数或类的声明

这是一个比较奇特的用法，但请注意：

```
export default function() { /*...*/ }
```

以上代码导出的是函数声明，而不是表达式。默认导出是唯一可在没有名称的情况下进行函数声明的地方，最终函数的名称为 default。因为它是一个函数声明，所以它和其他所有函数声明一样会被提升(函数在模块开始逐步执行前创建)，虽然这不是特别重要。

同样，只有在进行默认导出时才能够声明匿名类：

```
export default class { /*...*/ }
```

但因为它是一个类声明，所以当代码执行到声明时才会创建类；创建之前它在 TDZ 中(本章稍后将详细介绍 TDZ 是如何应用于模块中的)。

第二种默认导出形式几乎与 let 导出一样，只是没有标识符，所以模块中没有代码可访问它。假设你可以使用一个*default*变量，那么：

```
export default 6 * 7;
```

和下面的代码是等价的：

```
// Conceptual, not valid syntax
let *default* = 6 * 7;
export default *default*;
```

但是在模块代码中，*default*无法被访问(后面在介绍绑定时会说明为什么要使用*default*)。

尽管严格意义上讲，在规范定义中，导出的任意表达式是一个 let 变量(不是 const)的等价物，但编程者无法使用代码改变它的值，所以实际上它是一个常量。

在这种形式下，对表达式的求值和 let 导出类似，所以在代码逐步执行到 export 声明之前，它在 TDZ 中而且没有具体的值。

13.2.4 在浏览器中使用模块

在 Web 应用程序中，通常使用单个(虽然可以有多个)入口起点(entry point)模块来加载模块树。入口起点模块导入其他模块(其他模块可能反过来导入其他模块，以此类推)。可使用 type="module"告诉浏览器，script 元素的代码是一个模块：

```
<script src="main.js" type="module"></script>
```

下面是一个简单的基于浏览器的例子。参见代码清单 13-1~13-3。可在任意现代浏览器中使用下载的文件运行该示例。

代码清单 13-1 简单的模块示例(HTML)——simple.html

```
<!doctype html>
<html>
<head>
<meta charset="UTF-8">
<title>Simple Module Example</title>
</head>
<body>
<script src="./simple.js" type="module"></script>
</body>
</html>
```

代码清单 13-2 简单的模块示例(入口模块)——simple.js

```
import { log } from "./log.js";

log("Hello, modules!");
```

代码清单 13-3 简单的模块示例(log 模块)——log.js

```
export function log(msg){
   const p = document.createElement("pre");
   p.appendChild(document.createTextNode(msg));
   document.body.appendChild(p);
}
```

当你在浏览器中加载 simple.html 时，浏览器和 JavaScript 引擎会一起运行：加载 simple.js 模块，检测到它依赖于 log.js，加载并执行 log.js，然后执行 simple.js 的代码 ——该代码使用 log.js 的 log 函数记录一条信息。

注意，HTML 没有包含 log.js。可通过 import 语句看出 simple.js 依赖于它。如果你愿意，可在 simple.js 的 script 标签之前为 log.js 添加一个 script 标签，这样做可能是为了提前开始加载，但通常没有必要。不过即使你这样做，log.js 仍然只会被加载一次。

1. 模块脚本不会延迟解析

带有 type="module"的 script 标签不会像非模块 script 标签那样在获取和执行脚本(script)时阻塞对 HTML 的解析。相反，模块及其依赖项的加载与 HTML 的解析是并行的；然后模块的代码在 HTML 解析完成时执行(或在加载完成时，以最后发生的为准)。

你可能觉得以上描述似曾相识，因为它是处理带有 defer 属性的 script 标签的方式。实际上，script type="module" 标签隐式地设置了 defer 属性(显式指定不会生效)。

不过还是有一个区别：defer 属性仅延迟通过 src 属性加载的外部资源脚本，而不会延迟内联脚本。

type="module" 也会延迟内联脚本。

注意，尽管在 HTML 解析完成之前，模块代码不会被执行，但浏览器和 JavaScript 引擎确实从导入声明开始就一直共同运行：确定模块的依赖项并在 HTML 解析的同时获取所依赖的其他模块。不必通过执行模块的代码来加载依赖项，因为模块是可静态分析的。

与处理非模块的 script 标签时一样，即使 HTML 解析尚未完成，也可通过设置 async 属性让浏览器在适当的时候执行模块的代码。图 13-2 展示了不同的 script 标签是如何被处理的，该图的灵感来自 WHAT-WG HTML 规范中描述 async 和 defer 属性的图表[1]。

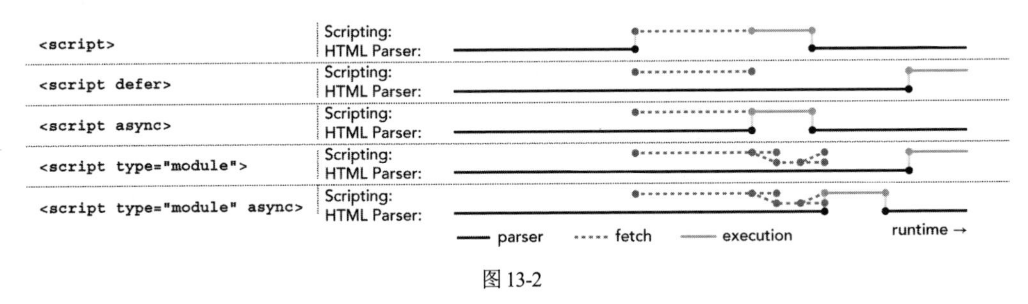

图 13-2

2. nomodule 属性

如果想在支持模块的浏览器中使用模块，并在不支持模块的浏览器(如 Internet Explorer)中使用非模块脚本，可在非模块脚本上设置 nomodule 属性，如下所示：

```
<script type="module" src="./module.js"></script>
<script nomodule src="./script.js"></script>
```

遗憾的是，虽然 Internet Explorer 只会运行 script.js 文件，但两个文件都会被下载。Safari 中有多个版本也是这样的情况，Edge 也是如此(即使它支持模块)，但现在两者都已被修复。

要解决这个问题，可使用内联代码来标识要加载的模块/脚本：

```
<script type="module">
import "./module.js";
</script>
<script nomodule>
document.write('<script defer src="script.js"><\/script>');
</script>
```

如果不喜欢使用 document.write(很多人不喜欢)，可始终使用 createElement 和 appendChild。

3. Web 中的模块说明符

在我撰写本书时，HTML 规范非常严格地定义了模块说明符，以便它们可随着时间的推移而得到完善：模块说明符要么是绝对 URL，要么是以/(斜线，规范称之为“solidus”)、./(点斜线)或 ../(点点斜线)开头的相对 URL。与 CSS 文件中的 URL 一样，相对 URL 对应的是导入声明所在的资源，而不是根文档。模块由最终解析的 URL 确定(因此模块的不同相对路径都会解析为同一个模块)。

以下导入中的说明符均有效：

```
import /*...*/ "http://example.com/a.js";    // Absolute URL
import /*...*/ "/a.js";                      // Starts with /
```

1 https://html.spec.whatwg.org/multipage/scripting.html#attr-script-defer。

```
import /*...*/ './b.js';                     // Starts with ./
import /*...*/ "../c.js";                    // Starts with ../
import /*...*/ './modules/d.js';             // Starts with ./
```

目前在浏览器中，以下导入中的说明符无效，因为它们既不是绝对 URL，也不是以 /、./或../ 开头的相对 URL(但这种情况正在发生变化，随后将介绍更多内容)：

```
import /*...*/ "fs";
import /*...*/ "f.js";
```

对于与导入位于同一位置的模块，./前缀是必需的，而不能只是一个名称(应该是“./mod.js”，而不能只是“mod.js”)。这样，未来才能定义“mod.js”或“mod”这样的名称(bare name)。当前的一项提议—— import maps[1]，允许页面定义模块说明符至 URL 的映射，以便模块的内容使用 bare name，同时允许包含模块的页面灵活地指定这些模块的实际位置。该提案仍在不断变化，但似乎有可能会取得进展。

如果被用于文件上，说明符就必须包括文件扩展名，它并没有默认扩展名。扩展名和非模块脚本一样，可由编程者自定义。许多程序员坚持使用.js。然而，有些人选择用.mjs 来表明文件包含一个模块，而不仅仅是一个脚本。如果使用.mjs，请确保 Web 服务器的配置是以正确的 MIME 类型(text/javascript)来提供服务的，因为模块没有自己的 MIME 类型。对于以上做法的价值，我认为模块才是新常态，所以我坚持使用.js。

除了下一节即将介绍的 Node.js 中的说明符外，本章中提到的说明符都是由 HTML 规范为 Web 定义的。

13.2.5 在 Node.js 中使用模块

Node.js 支持 JavaScript 的原生模块(ESM)，以及其传统的类 CommonJS (CJS)模块[2]。在我撰写本书时，ESM 支持仍被标记为“实验性”，但已经持续了很久的时间。在 v12(包括 v12 长期支持版本)中，需要使用--experimental-modules 标记来启用它，但在 v13 及后续版本中，不再需要此标记。

v8~v11 和 v12 及后续版本之间的变化

Node.js 在 v8~v11 中支持的 ESM 主要基于文件扩展名；本节介绍的是 v12 及后续版本中的新行为。

因为 Node.js 很早就有自己的基于 CJS 的模块系统，所以编程者在使用 ESM 时必须有选择性地引入。可通过以下三种方法使用 ESM。

(1) 将项目中的 package.json 中的 type 字段设置为"module"：

```
{
    "name": "mypackage",
    "type": "module",
    ...other usual fields...
}
```

(2) 将.mjs 用作 ESM 模块文件的扩展名。

(3) 将字符串传递给 node(作为--eval、--print 的参数或管道文本传入 node)时，指定

1 https://wicg.github.io/import-maps/。

2 https://nodejs.org/api/esm.html。

--input-type=module。

以上方法既适用于传入 node 命令行的入口程序，也适用于在 ESM 代码中导入的任何模块。

带有"type": "module"字段的 pacakge.json 的例子如代码清单 13-4~13-6 所示。在 v12 中，可用下面的方法运行这些例子：

```
node --experimental-modules index.js
```

在 v13 以及后续版本中，不再需要标记：

```
node index.js
```

代码清单 13-4　一个简单的 Node.js 模块示例(主入口程序)——index.js

```
import { sum } from "./sum.js";

console.log(`1 + 2 = ${sum(1, 2)}`);
```

代码清单 13-5　一个简单的 Node.js 模块示例(模块 sum)——sum.js

```
export function sum(...numbers){
   return numbers.reduce((a, b)=> a + b);
}
```

代码清单 13-6　一个简单的 Node.js 模块示例(package)——package.json

```
{
    "name": "modexample",
    "type": "module"
}
```

另外，如果你从 package.json 中删除了 type 字段(或将其更改为"commonjs")，可通过将名称更改为 index.mjs 和 sum.mjs 来使用 ESM(文件名和 index 中的 import 语句都要修改)。

默认情况下，在使用 ESM 从文件导入模块时，import 语句中必须包含文件扩展名(详见“Node.js 中的模块说明符”部分)。注意，代码清单 13-4 中使用的是./sum.js，而不仅仅是./sum。导入内置包(例如"fs")或 node_modules 中的包时，不需要使用扩展名，直接使用模块名即可：

```
import fs from "fs";
fs.writeFile("example.txt", "Example of using the fs module\n", "utf8", err => {
   // ...
});
```

内置模块都会提供命名导出，所以上面的代码可以写为：

```
import { writeFile } from "fs";

writeFile("example.txt", "Example of using the fs module\n", "utf8", err => {
   // ...
});
```

无论你是否在 package.json 中设置了"type": "module"，如果导入文件的扩展名为.cjs，Node.js 会将它当作 CJS 模块加载：

```
import example from "./example.cjs"; // example.cjs must be a CJS module
```

ESM 模块可导入 CJS 模块：CJS 模块中的导出值被视为默认导出。例如，如果 mod.cjs 有以下代码：

```
exports.nifty = function(){ };
```

ESM 模块可像下面这样导入它：

```
import mod from "./mod.cjs";
```

然后使用 mod.nifty 或在导入后使用解构赋值来获得单独的 nifty：

```
import mod from "./mod.cjs";
const { nifty } = mod;
```

以上代码不能使用命名导出的形式 import { nifty }，因为这是一个静态的导入声明，这意味着它必须是可静态分析的。但是 CJS 模块的导出是动态的，而不是静态的：可通过运行时代码对 exports 对象赋值来指定 CJS 的导出。支持 CJS 的命名导入需要修改 JavaScript 规范以允许动态命名导出。目前相关人员正在讨论是否以及如何解决这个问题，但目前(或可能永远)只支持将 CJS 的导出值设为默认导出(即使使用动态导入，也是如此，详见后续章节)。

1. Node.js 中的模块说明符

导入模块文件时，Node.js 中的模块说明符定义和默认情况下 Web 中的模块说明符定义非常相似：绝对或相对文件名(而不是 URL)，并且需要文件扩展名。模块的文件扩展名与 Node.js 的 CJS 模块加载器不同，CJS 允许编程者省去扩展名，然后使用多种扩展名(.js、.json 等)检查文件。不过，可使用命令行参数为模块启用该行为。在 v12 中，可像下面这样做：

```
node --experimental-modules --es-module-specifier-resolution=node index.js
```

在 v13 中，上面的标记有小的变化(不再需要启用模块的标记)：

```
node --experimental-specifier-resolution=node index.js
```

如果你使用了上面的标记，代码清单 13-4 中的 import 可省去.js 扩展名：

```
import { sum } from "./sum"; // If node resolution mode is enabled via flag
```

正如之前使用 fs 模块的例子所示，在导入内置包或安装在 node_modules 中的包时，可直接使用名称：

```
import { writeFile } from "fs";
```

2. Node.js 正在添加更多模块特性

Node.js 没有止步于 package.json 中的 type 属性和前面介绍的基本特性。有很多工作正在进行中——导出地图(export map)、多个关于包的特性等。在本书成书过程中，其中大部分仍处于相对早期的阶段，细节还在不断变化，因此这里不详细介绍，具体内容可通过 Node.js 网站的 ECMAScript 模块部分(https://nodejs.org/api/esm.html)了解。

13.3 重命名导出

从模块导出的标识符不必与模块代码中的标识符相同。可使用导出声明中的 as 子句重命名导出：

```
let nameWithinModule = 42;
export { nameWithinModule as exportedName };
```

在另一个模块中使用名称 exportedName 将其导入：

```
import { exportedName } from "./mod.js";
```

nameWithinModule 仅用于模块内部，而不是模块外部。

只能在独立导出时使用重命名，而不能在内联导出时使用重命名(因此在 export let nameWithinModule 或类似的情况下不能重命名)。

如果想创建别名(例如，第 10 章中介绍的 trimLeft/trimStart 之类的情况)，可使用一个内联命名导出，然后使用重命名导出：

```
export function expandStart(){        // expandStart is the primary name
   // ...
}
export { expandStart as expandLeft }; // expandLeft is an alias
```

以上代码为同一个函数创建了两个导出：expandStart 和 expandLeft。

也可使用重命名语法来创建默认导出，尽管这不是最佳实践：

```
export { expandStart as default }; // Not best practice
```

如之前所述，默认导出类似于使用导出名称 default 的命名导出，因此上面的代码等价于之前介绍的默认导出形式：

```
export default expandStart;
```

13.4 重新导出另一个模块的导出

模块可重新导出另一个模块的导出：

```
export { example } from "./example.js";
```

这被称为间接导出(indirect export)。

"聚合"模块是它的使用场景之一。假设你正在编写一个 DOM 操作库，如 jQuery。虽然可编写单个大型模块，并让该模块包含库提供的所有内容，但这意味着任何使用它的代码都必须引用该模块，这会将模块中的所有代码都带入内存，即使不是全部代码都会被使用(稍后在介绍摇树时会进一步讨论)。相反，可将库拆分成更小的部分，以便库的使用者从中导入。例如：

```
import { selectAll, selectFirst } from "./lib-select.js";
import { animate } from "./lib-animate.js";
// ...code using selectAll, selectFirst, and animate...
```

然后，对于可能使用库的所有功能或不介意将整个库都加载到内存中的项目，可提供一个聚合模块(比如 lib.js)，将其所有部分聚合在一起：

```
export { selectAll, selectFirst, selectN } from "./lib-select.js";
export { animate, AnimationType, Animator } from "./lib-animate.js";
export { attr, hasAttr } from "./lib-manipulate.js";
 // ...
```

然后代码在导入所有这些函数时可以只使用 lib.js：

```
import { selectAll, selectFirst, animate } from "./lib.js";
// ...code using selectAll, selectFirst, and animate...
```

但是，如果显式地列出这些导出，会给维护带来问题：比如，如果向 lib-select.js 添加新导出，会很容易忘记更新 lib.js 以导出新的内容。为了避免这种情况，可使用星号(*)的特殊形式来表示“导出其他模块的所有命名导出”：

```
export * from "./lib-select.js";
export * from "./lib-animate.js";
export * from "./lib-manipulate.js";
// ...
```

export * 不导出模块的默认导出，仅导出命名导出。

重新导出操作只是创建了导出，它不会将内容导入重新导出它的模块的作用域内：

```
export { example } from "./mod.js";
console.log(example); // ReferenceError: example is not defined
```

如果需要同时导入和导出项目，可分别执行：

```
import { example } from "./mod.js";
export { example };
console.log(example);
```

重新导出时可使用 as 子句更改导出的名称：

```
export { example as mod1_example } from "./mod1.js";
export { example as mod2_example } from "./mod2.js";
```

正如上面的代码所示，将 mod1.js 的 example 重新导出为 mod1_example，将 mod2.js 的 example 重新导出为 mod2_example。

后续的“导出另一个模块的命名空间对象”一节将介绍导出另一个模块的另一种方法。

13.5 重命名导入

假设你有两个模块都导出了函数 example，并且想在模块中使用这两个函数。或者模块使用的名称与代码中的某些内容相冲突。如果你已经了解了前面关于重命名导出的部分，你可能已经猜到，可用同样的方式重命名导入—— 使用 as 子句：

```
import { example as aExample } from "./a.js";
import { example as bExample } from "./b.js";

// Using them
aExample();
bExample();
```

导入默认导出时，如前所述，总是使用自定义名称，因此它和 as 子句不相关：

```
import someName from "./mod.js";
import someOtherName from "./mod.js";
console.log(someName === someOtherName); // true
```

与导出的重命名形式一样，导入的重命名形式也可用于导入默认导出，尽管这不是最佳实践：

```
import { default as someOtherName }; // Not best practice
```

13.6 导入模块的命名空间对象

除了导入单个导出，也可导入整个模块的命名空间对象。模块命名空间对象是一个具有所有模块导出属性的对象(如果有默认导出，它的属性名称则会是 default)。所以，对于下面的 module.js：

```
export function example(){
   console.log("example called");
}
export let something = "something";
export default function(){
   console.log("default called");
}
```

可使用本章还未介绍过的导入声明的形式导入模块的命名空间对象：

```
import * as mod from "./module.js";
mod.example();                    // example called
console.log(mod.something);       // something
mod.default();                    // default called
```

* as mod 表示导入模块的命名空间对象并将其与本地标识符 mod 相关联(绑定)。

模块命名空间对象与模块不同。它是一个单独的对象，在第一次被调用时被构造成具有模块所有导出属性的对象(如果不被调用，则永远不会被构造出来)。如果源模块更改其导出值，那么属性值会随之进行动态更新。一旦模块命名空间对象被构造出来，如果其他模块也导入该模块的命名空间对象，则该对象会被重用。该对象是只读的：不能写入属性，并且不能添加新的属性。

13.7 导出另一个模块的命名空间对象

由于 ES2020 中的规范变化加快了这个提案[1]，模块可提供指向另一个模块的命名空间对象的导出。假设 module1.js 中有下面的导出：

```
// In module1.js
export * as stuff from "./module2.js";
```

以上代码会在 module1.js 中创建一个名为 stuff 的命名导出，在被导入时，stuff 会导入 module2.js 的模块命名空间对象。这意味着在 module3.js 中，以下导入：

```
// In module3.js
import { stuff } from "./module1.js"
```

以及下面的导入：

```
// In module3.js
import * as stuff from "./module2.js";
```

完成了同样的事情：从 module2.js 导入模块命名空间对象，在需要时创建它，并将其绑定到 module3.js 中的本地名称 stuff。

---

1 https://github.com/tc39/proposal-export-ns-from。

与前面介绍的“重新导出另一个模块的导出”的形式一样，以上形式在构建聚合模块时往往会很有用，同时完善了 import 和 export...from 这两者的一一对应关系。正如以下导入形式：

```
import { x } from "./mod.js";
```

有相应的 export...from 形式：

```
export { x } from "./mod.js";
```

以及下面的 import 形式：

```
import { x as v } from "./mod.js";
```

也有对应的 export…from 形式：

```
export { x as v } from "./mod.js";
```

import 形式：

```
import * as name from "./mod.js";
```

现在也有对应的 export…from 形式了：

```
export * as name from "./mod.js";
```

13.8 仅为副作用导入模块

编程者可导入模块而不从中导入任何内容，仅加载和运行它：

```
import "./mod.js";
```

假设以上导入在模块 main.js 中。这将把 mod.js 添加到 main.js 的依赖模块列表中，但不会从中导入任何内容。加载 mod.js 并执行它的顶层代码(在加载完它所依赖的所有模块之后)，因此，当编程者只需要导入模块的顶层代码可能产生的副作用时，这非常有用。

一般来说，模块的顶层代码最好没有任何副作用，但对于特殊的使用场景，编程者可以破例，上面提供了一种触发模块顶层代码的方法。

前面简要提到过 nomodule 属性的一个可能的使用场景：为支持模块的浏览器提供一个模块入口起点，为不支持模块的浏览器提供一个非模块入口起点，以免一些浏览器(比如 Internet Explorer、一些老版本的 Safari 和 Edge，也许还有其他浏览器)同时下载模块和非模块的代码，尽管它们只会执行其中的一个。

13.9 导入和导出条目列表

JavaScript 引擎在解析一个模块时会构建一个模块的导入条目列表(它导入的内容)，和一个导出条目列表(它导出的内容)。这些列表为规范提供了一种方式来描述模块加载和链接是如何发生的(稍后将介绍更多信息)。虽然代码不能直接访问这些列表，但我们需要了解它们，因为它们对我们理解后续的内容有帮助。

13.9.1 导入条目列表

模块的导入条目列表描述了它所导入的内容。每个导入条目包含如下三个字段：

(1) [[ModuleRequest]]：导入声明中的模块说明符字符串。表示导入来自哪个模块。

(2) [[ImportName]]：导入内容的名称。如果导入的是模块命名空间对象，该字段则为“*”。

(3) [[LocalName]]：用于导入内容的本地标识符(绑定)的名称。通常，该字段与[[ImportName]] 相同，但是如果你在导入声明中使用了 as 来重命名导入，二者则可能会不同。

请参阅下面的表 13-1，了解这些字段如何与不同形式的导入声明相互关联，该表基于规范中的“Table 44 (Informative): Import Forms Mappings to ImportEntry Records”，并与之严格相符。

表 13-1 导入语句和导入条目

导入形式	[[MODULEREQUEST]]	[[IMPORTNAME]]	[[LOCALNAME]]
import v from "mod";	"mod"	"default"	"v"
import * as ns from "mod";	"mod"	"*"	"ns"
import {x} from "mod";	"mod"	"x"	"x"
import {x as v} from "mod";	"mod"	"x"	"v"
import "mod";	不会创建 ImportEntry 记录		

由于这个表格旨在展示模块导入的内容(绑定)，当编程者仅为了模块的副作用而导入模块时(上面表格结尾的 import"mod")，不会创建导入条目。模块请求的其他模块列表是在解析过程中创建的另一个单独列表；仅为其副作用而导入的模块包含在该单独列表中。

JavaScript 引擎通过以上条目列表可以知道一个模块需要哪些内容才能被加载。

13.9.2 导出条目列表

模块的导出条目列表描述了它导出的内容。每个导出条目包含如下四个字段。

(1) [[ExportName]]：导出名称。这是其他模块在导入时使用的名称。默认导出使用字符串"default"。对于从另一个模块重新导出所有内容的 export * from 声明，该字段为 null(使用来自其他模块的导出列表)。

(2) [[LocalName]]：导出的本地标识符(绑定)的名称。通常，该字段与[[ExportName]]相同，但如果你对导出进行了重命名，它们可能会有所不同。如果此条目用于重新导出另一个模块的导出的 export...from 声明，该字段则为 null，因为不涉及本地名称。

(3) [[ModuleRequest]]：对于重新导出，它是 export...from 声明中的模块说明符字符串。对于模块自身的导出，该字段为 null。

(4) [[ImportName]]：对于重新导出，该字段为需要重新导出的其他模块中的导出名称。它通常与[[ExportName]] 相同，但如果你在重新导出声明中使用了 as 子句，则它们可能会不同。对于模块自身的导出，该字段为 null。

要了解这些字段与不同形式的导出声明的关系，请参阅表 13-2，该表基于规范中的“Table 46 (Informative): Export Forms Mappings to ExportEntry Records”，并与之严格相符。

表 13-2

导出声明形式	[[EXPORTNAME]]	[[MODULEREQUEST]]	[[IMPORTNAME]]	[[LOCALNAME]]
export var v;	"v"	null	null	"v"
export default function f(){}	"default"	null	null	"f"
export default function (){}	"default"	null	null	"*default*"

(续表)

导出声明形式	[[EXPORTNAME]]	[[MODULEREQUEST]]	[[IMPORTNAME]]	[[LOCALNAME]]
export default 42;	"default"	null	null	"*default*"
export{x};	"x"	null	null	"x"
export {v as x};	"x"	null	null	"v"
export {x} from "mod";	"x"	"mod"	"x"	null
export {v as x} from "mod";	"x"	"mod"	"v"	null
export * from "mod";	null	"mod"	"*"	null
export * as ns from "mod";	"ns"	"mod"	"*"	null

JavaScript 引擎通过导出条目列表可以知道模块在加载后会提供哪些内容。

13.10 导入是实时且只读的

当你从一个模块中导入一些内容时，会得到一个只读的指向原始内容的实时绑定，称之为间接绑定(indirect binding)。因为它是只读的，所以代码不能对绑定进行重新赋值；同时由于它是一个实时绑定，代码能够获取所有原始模块中新的赋值。例如，假设现在有 mod.js(如代码清单 13-7 所示)和 main.js(如代码清单 13-8 所示)，可使用下载的 main.html 文件运行它们。

代码清单 13-7 包含 counter 的简单模块——mod.js

```
const a = 1;
let c = 0;
export { c as counter };
export function increment(){
    ++c;
}
```

代码清单 13-8 使用 counter 的模块——main.js

```
import { counter, increment as inc } from "./mod.js";
console.log(counter);    // 0
inc();
console.log(counter);    // 1
counter = 42;            // TypeError: Assignment to constant variable.
```

如上面所示，main.js 中的代码可获取 mod.js 对 counter 所做的更改，但无法直接设置其值。代码清单中显示的错误信息是当前 V8 的信息(在 Chrome 中); SpiderMonkey(在火狐中)提示的是 TypeError: "counter" is read-only。

回顾第 2 章中的“绑定：变量、常量以及其他标识符的工作方式”部分，变量、常量和其他标识符在概念上都是环境对象中的绑定(与对象中的属性非常相似)。每个绑定都有一个名称、一个表示它是否可变的标志(mutable =可以改变它的值，immutable=不能改变它的值)，以及当前绑定的值。例如，下面这段代码：

```
const a = 1;
```

在当前环境对象内创建了一个绑定，如图 13-3 所示。

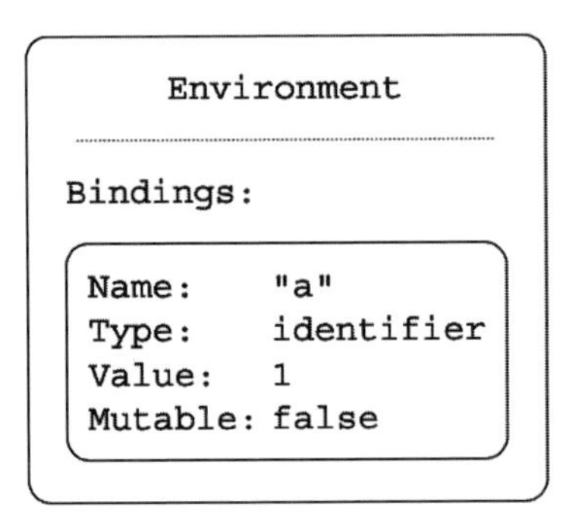

图 13-3

每个模块都有一个模块环境对象(module environment object，不要将其与名称类似的“模块命名空间对象”混淆；它们是不同的概念)。模块环境对象包含该模块的所有导入和导出的绑定以及其他既不导出也不导入的顶层绑定(仅在模块中使用的绑定)，但不包括其他模块的重新导出。在模块环境对象中，绑定可以是直接的(对于导出和非导出绑定)或间接的(对于导入)。间接绑定存储的是指向源模块的链接(链接到源模块的环境对象)和该模块环境中要使用的绑定名称，而不是直接存储绑定的值。

当 main.js 导入 mod.js 时，如前面的代码清单所示，main.js 的模块环境对象有 counter 和 inc 的间接绑定，它们引用了 mod.js 模块及其环境对象 c 和 increment 的绑定，如图 13-4 所示。在间接绑定中，Module 是指向模块的链接，而 Binding Name 是该模块环境要使用的绑定的名称。

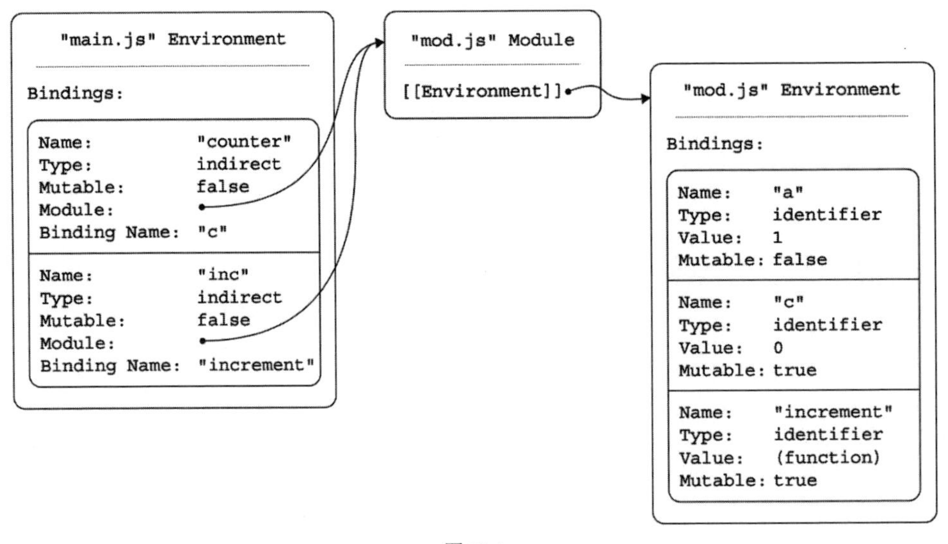

图 13-4

(你可能会问：main.js 如何知道它从 mod.js 导入的 counter 导出的绑定是 c？JavaScript 引擎通过前面介绍的 mod.js 的导出条目列表获取该信息。稍后将介绍更多相关的内容。)

当 main.js 读取 counter 的值时，JavaScript 引擎发现 main.js 的环境对象有一个 counter 的间接绑定，获取 mod.js 的环境对象，然后从环境对象中获取名为 c 的绑定的值并将其用作结果值。

导入绑定具有只读但可能会改变的性质，在模块命名空间对象的属性中，这一性质也很明显：只能读取属性的值，而不能设置它们的值。

模块命名空间对象属性的介绍

如果在导出的模块命名空间对象属性上使用 Object.getOwnPropertyDescriptor，所能获取的描述符始终如下所示：

```
{
   value: /*...the value...*/,
   writable: true,
   enumerable: true,
   configurable: false
}
```

除了 value，描述符的其他方面不变。例如，表示 const 导出的属性的描述符看起来与表示 let 导出的属性的描述符完全相同。但是，尽管该属性表明它是可写的，如果你尝试修改该属性，还是会收到一个错误——它是只读的(模块命名空间对象内部有一个特殊的[[Set]]方法，该方法会禁止设置任何属性的值)。此处无法写入但却标记为 writable:true，这似乎很奇怪，之所以使用这种标记方式，是因为以下几个原因。

- 有关模块内部结构的信息不应该暴露在模块外部，因此有必要让 const 导出和 let 导出(或函数导出等)保持相同的形式(这里可能存在一个争论：导出 const 不仅意味着导出了它自身，还暴露了它是一个 const 的事实，但至少现在这个信息是被隐藏的)。
- 如果属性被标记为 writable:false，编程者可能会错误地认为该值不可改变，但如果它不是 const 并且导出模块的代码修改了它，那么该值是可以改变的。实际中，规范规定对象要遵守的一个重要规则是：如果观察到不可配置、不可写的数据属性具有值(不是访问器)，则之后再次读取它时必须返回相同的值(这是规范的“Invariants of the Essential Internal Methods”部分[1]。第 14 章将介绍更多关于这些不可变行为的规则内容)。任何对象都不可违反该规则。所以这些属性必须被定义为 writable。

13.11 模块实例具有领域特性

前面介绍过，一个模块在每个领域(窗口、选项卡、worker 等)中只加载一次。具体来说，JavaScript 引擎会跟踪领域内加载的模块，并重用被多次请求的模块。这便是领域特性，不同的领域不共享模块实例。

例如，如果你有一个带有 iframe 的窗口，则主窗口和 iframe 的窗口具有不同的领域。如果两个窗口中的代码都加载模块 mod.js，则它会被加载两次：一次在主窗口的领域中，一次在 iframe 窗口的领域中。这两个模块副本彼此之间完全分离，甚至比窗口中的两个全局环境隔离得更加彻底(可通过主窗口的 frames 数组和 iframe 窗口的 parent 变量建立链接)。mod.js 加载的所有模块也会被加载两次，它们的依赖项等也是如此。模块仅在领域内共享，而不是在领域之间共享。

1 https://tc39.github.io/ecma262/#sec-invariants-of-the-essential-internal-methods。

13.12 模块的加载方式

JavaScript 模块系统旨在使简单的用例保持简单，同时可以很好地处理复杂的用例。为此，模块的加载被分为如下三个阶段。

- 获取和解析：获取模块的源文本并对其进行解析，确定其导入和导出。
- 实例化：创建模块环境及其绑定，包括其所有导入和导出的绑定。
- 执行：执行模块代码。

如想了解这个过程，可参考代码清单 13-9~13-12 中的代码。

代码清单 13-9 模块加载示例的 HTML 页面——loading.html

```
<!doctype html>
<html>
<head>
<meta charset="UTF-8">
<title>Module Loading</title>
</head>
<body>
<script src="entry.js" type="module"></script>
</body>
</html>
```

代码清单 13-10 模块加载入口程序——entry.js

```
import { fn1 } from "./mod1.js";
import def, { fn2 } from "./mod2.js";

fn1();
fn2();
def();
```

代码清单 13-11 模块加载 mod1——mod1.js

```
import def from "./mod2.js";

const indentString = " ";

export function indent(nest = 0){
  return indentString.repeat(nest);
}

export function fn1(nest = 0){
   console.log(`${indent(nest)}mod1 - fn1`);
   def(nest + 1);
}
```

代码清单 13-12 模块加载 mod2——mod2.js

```
import { fn1, indent } from "./mod1.js";
```

```
export function fn2(nest = 0){
   console.log(`${indent(nest)}mod2 - fn2`);
   fn1(nest + 1);
}

export default function(nest = 0){
   console.log(`${indent(nest)}mod2 - default`);
}
```

从以上代码清单中可以看出，entry.js 模块导入了另外两个相互依赖的模块：mod1.js 使用 mod2.js 的默认导出，而 mod2.js 使用 mod1.js 的命名导出 fn1 和 indent。这两个模块循环依赖。大部分情况下，模块之间不会存在循环依赖，但这个例子中的循环依赖能够展示处理过程的基本原理。

当你从下载的内容中执行以上代码清单中的代码时，会在控制台中看到以下结果：

```
mod1 - fn1
   mod2 - default
mod2 - fn2
   mod1 - fn1
      mod2 - default
 mod2 - default
```

接下来介绍浏览器(本例中 JavaScript 引擎的宿主)的实现过程。

13.12.1 获取和解析

当宿主(浏览器)看到以下标签：

```
<script src="entry.js" type="module"></script>
```

它将获取 entry.js 并将源文本传递给 JavaScript 引擎，以将其解析为模块。与非模块脚本不同，模块脚本不阻塞 HTML 解析器，因此 HTML 解析器会在解析和加载模块的同时继续执行。具体来说，默认情况下，模块脚本是延迟执行的(如同具有 defer 属性)，这意味着在 HTML 页面解析完成之前，其代码不会被执行(如果希望代码尽快执行，甚至在 HTML 完成解析之前执行，可设置 async)。

当浏览器将 entry.js 的内容传递给 JavaScript 引擎时，引擎会对其进行解析并为其创建模块记录(module record)。模块记录包含解析后的代码、该模块依赖的模块列表、模块的导入条目和导出条目列表(前面的小节已介绍导入和导出条目列表)，以及其他各种细节的详细信息，例如模块的状态(处于加载和执行过程的哪一个阶段)。请注意，所有这些信息都是通过模块代码的静态分析确定的，并没有执行该代码。有关 entry.js 模块记录关键部分的内容，可参见图 13-5(图中的名称来自规范，规范约定使用[[Name]]——被双重中括号包裹的名称，来表示概念对象的字段)。

JavaScript 引擎将该模块记录返回给宿主，宿主将其按完整的模块说明符保存在已完全解析的模块映射(module map)中，例如，如果 loading.html 来自 http://localhost，则为 http://localhost/entry.js，参见图 13-6。

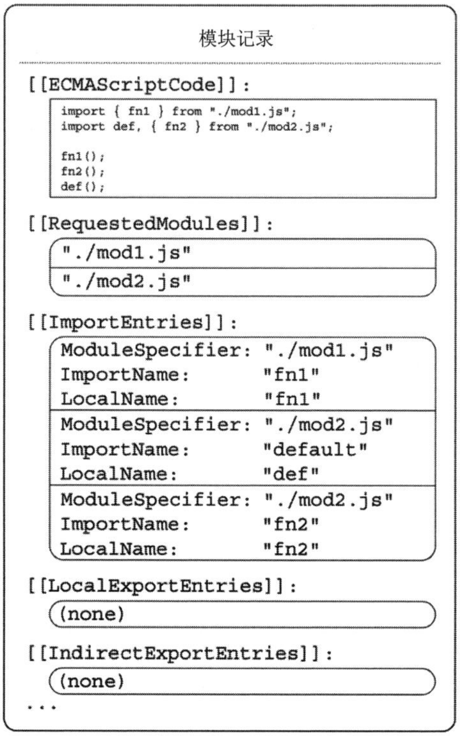

模块记录

[[ECMAScriptCode]]:

```
import { fn1 } from "./mod1.js";
import def, { fn2 } from "./mod2.js";

fn1();
fn2();
def();
```

[[RequestedModules]]:

"./mod1.js"

"./mod2.js"

[[ImportEntries]]:

ModuleSpecifier: "./mod1.js"
ImportName: "fn1"
LocalName: "fn1"

ModuleSpecifier: "./mod2.js"
ImportName: "default"
LocalName: "def"

ModuleSpecifier: "./mod2.js"
ImportName: "fn2"
LocalName: "fn2"

[[LocalExportEntries]]:

(none)

[[IndirectExportEntries]]:

(none)

...

图 13-5

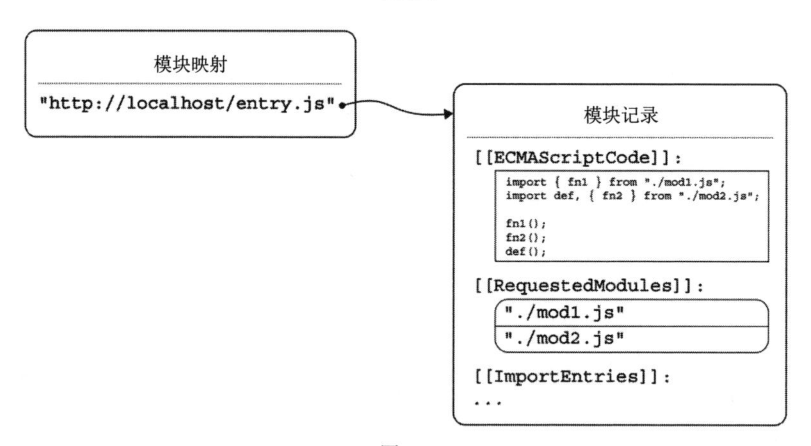

图 13-6

之后，当需要模块记录时，JavaScript 引擎会向宿主索取；宿主在模块映射中查找该记录并返回查找的结果。

此时 JavaScript 引擎已经获取和解析了 entry.js，接下来将开始 entry.js 的实例化阶段(下一节即将介绍)。本质上，首先要做的是让浏览器解析 mod1.js 和 mod2.js，浏览器和 JavaScript 引擎会像处理 entry.js 时一样共同运行。一旦模块记录被获取和解析，浏览器就会拥有包含三个模块的所有条目信息的模块映射，参见图 13-7。

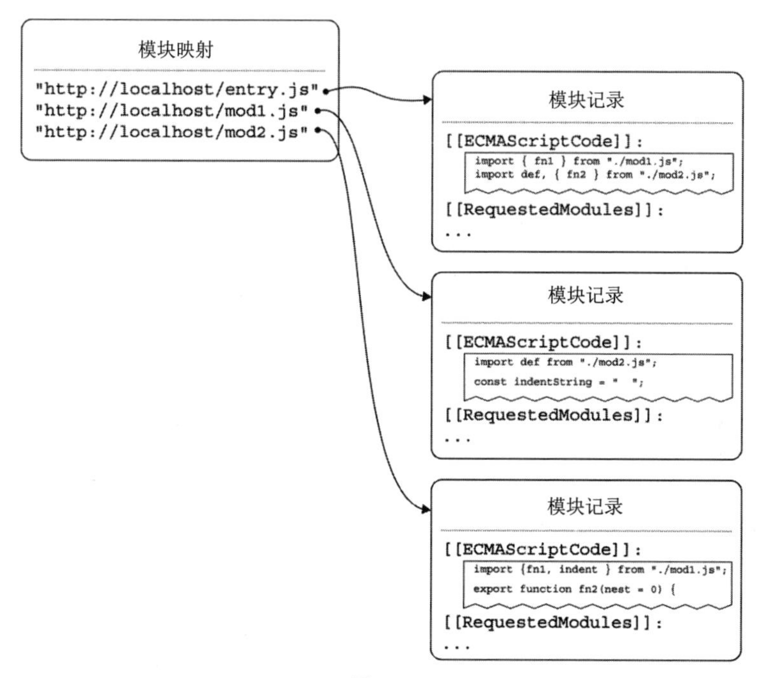

图 13-7

模块记录中的信息能够让 JavaScript 引擎确定需要实例化和执行的模块树[1]。在以上例子中，模块树如图 13-8 所示。

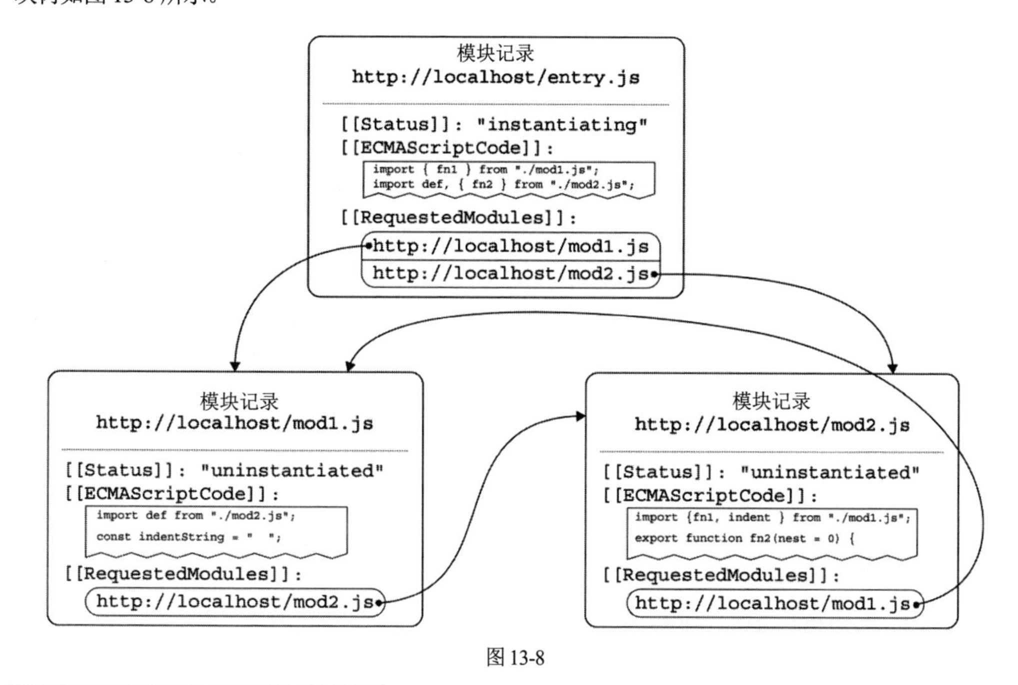

图 13-8

1 也有人认为这是一个图，而不是一棵树，因为它可以有循环关系。但几乎所有人都称它为模块树。

现在，是时候进行实例化了。

13.12.2 实例化

在这个阶段，JavaScript 引擎会创建每个模块的环境对象和其中的顶层绑定，包括所有模块的导入和导出的绑定(以及其他可能包含的本地变量，如 mod1.js 中的 indentString)。对于本地变量(包括导出的)，引擎创建的都是直接绑定。对于导入的变量，引擎创建的都是间接绑定，引擎会将其连接到对应的导出模块的导出绑定。实例化使用的是深度优先遍历，因此最底层的模块会首先被实例化。在当前示例中，生成的环境如图 13-9 所示。

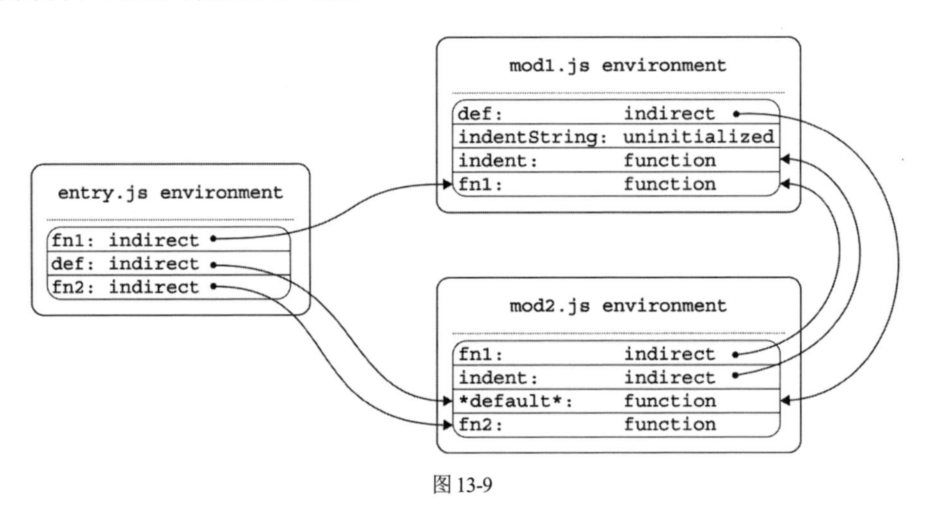

图 13-9

如果仔细观察图 13-9，你可能会对名为*default*的绑定有疑问。如果默认导出的本地绑定是匿名的(匿名函数声明、匿名类声明或任意表达式的结果)，则默认导出的本地绑定将以*default*为名。mod2.js 的默认导出是匿名函数声明，因此它的本地绑定被称为*default* (不过同样，模块中的代码实际上不能使用该绑定)。

模块实例化会创建对应的作用域(环境对象和绑定)，但不会执行代码。这意味着可提升的声明(hoistable declaration，例如本示例模块中的所有函数)会被处理，为它们创建函数，但词法绑定未被初始化——它们位于第 2 章中介绍的暂时性死区(TDZ)中。因此，在图 13-9 中，indent 和*default* 等有值(函数)，但 indentString 未被初始化。稍后会介绍更多关于 TDZ 的内容。

你是否觉得在代码开始逐步执行之前创建环境和处理可提升的声明的做法似曾相识？是的！这就像函数调用的开始部分：为函数调用创建环境，并在代码逐步执行前完成所有的可提升操作。

一旦所有模块都被实例化，就可开始第三阶段：执行。

13.12.3 执行

在这个阶段，JavaScript 引擎再次以深度优先的顺序执行模块的顶层代码，并在执行过程中将每个模块标记为“已执行(evaluated)”。这就像函数调用的第二部分 —— 代码的逐步执行。在代码运行时，任何未初始化的顶层绑定(如 mod1.js 的 indentString)都会随着代码的执行而被初始化。

JavaScript 模块系统确保每个模块的顶层代码只运行一次。这很重要，因为模块可能有副作用，尽管通常不会有(除了页面/应用程序的主模块)。

如前所述，在浏览器中，如果入口程序的脚本没有 async 属性，那么在 HTML 解析器完成对文档的解析之前，脚本不会开始执行。如果存在 async 属性，脚本则会在实例化完成后尽快开始执行，即使 HTML 解析器仍在处理文档。

13.12.4　暂时性死区(TDZ)回顾

模块可包含、导入以及导出那些用 let、const 和 class 创建的顶层词法绑定。第 2 章中介绍过，词法绑定是在创建对应的作用域的环境对象时创建的，但在代码逐步执行到声明之前不会被初始化。在创建和初始化之间，它们处于暂时性死区(Temporal Dead Zone)；如果你尝试使用它们，代码则会出现错误：

```
function example(){
   console.log(a); // ReferenceError: a is not defined
   const a = 42;
}
example();
```

以上示例中，example 调用的环境对象是在 example 开始执行时创建的，因此它包含变量 a 的本地 const 绑定，但该绑定尚未初始化。当代码启动并执行到 console.log 时，因为 a 的绑定未初始化，所以代码尝试使用 a 时会失败。

回想一下，暂时性死区之所以被称为暂时性，是因为它与创建和初始化的时间有关，而与代码在声明“上方”或“下方”的相对位置无关。以下代码可正常执行：

```
function example(){
    const fn = ()=> {
       console.log(a); // 42
   };
   const a = 42;
   fn();
}
example();
```

以上代码之所以能够执行，是因为尽管代码中使用 a 的 console.log 行位于其上方，但该行在代码执行到声明之后才会执行。

最后，注意 TDZ 只与词法绑定有关，而与可提升声明(var 声明的变量或函数声明)创建的绑定无关。使用 var 创建的绑定会立即使用 undefined 值进行初始化，而由函数声明创建的绑定会立即使用其声明的函数进行初始化。

这与模块有什么关系？TDZ 适用于创建环境对象并获取其绑定的所有场景，包括模块的环境对象。正如前几节中所介绍的，模块的环境对象是在模块实例化期间创建的，其代码在模块后续的执行期间运行。因此，从实例化到执行声明之前，模块的顶层作用域内的所有词法绑定都在 TDZ 中。

这意味着，如果一个模块导出一个词法绑定，在某些情况下，代码可能会在初始化之前尝试使用该绑定。例如，在循环依赖(cyclic dependency)的场景下——模块 A 导入模块 B，而模块 B 又(直接或间接地)导入模块 A，这种情况就有可能出现。下面进行更详细的讨论。

13.12.5　循环依赖和 TDZ

在前面的模块加载示例中，mod1.js 和 mod2.js 相互引用；它们处于循环依赖关系(一个简单直接的例子)中。由于加载和执行模块的三阶段过程的存在，循环依赖对于 JavaScript 模块系统来说不是一个问题。

注意，mod1.js 和 mod2.js 都没有在顶层作用域中使用从另一个模块导入的内容，它们只在响应函数调用时使用了导入的内容。假定进行如下修改：复制并修改 mod2.js，在顶层作用域中添加 console.log 的调用，如代码清单 13-13 所示。

代码清单 13-13　模块加载 mod2 (更新后)——mod2-updated.js

```
import { fn1, indent } from "./mod1.js";

console.log(`${indent(0)}hi there`);

export function fn2(nest = 0){
   console.log(`${indent(nest)}mod2 - fn2`);
   fn1(nest + 1);
}

export default function(nest = 0){
   console.log(`${indent(nest)}mod2 - default`);
}
```

现在重新加载 loading.html，会得到以下信息：

```
ReferenceError: indentString is not defined
```

这是因为 mod2.js 在代码执行 mod1.js 之前试图使用 indent。此处对 indent 的调用能够正常执行，因为 mod1.js 已经被实例化，所以它的可提升声明已经被处理，但是当 indent 尝试使用 indentString 时，它会失败，因为 indentString 仍在 TDZ 中。

现在尝试将 indentString 的声明更改为 var(而不是 const)，并重新加载 loading.html。你将会得到一个不同的错误：

```
TypeError: Cannot read property 'repeat' of undefined
```

因为 indentString 是用 var 声明的，词法绑定在实例化过程中被初始化为 undefined；由于 mod1.js 中的顶层代码还没有被执行，indentString 还没有被赋值为两个空格的字符串。

通常，循环依赖意味着你可能需要重构。但在无法避免的情况下，请记住，已被提升的声明是可用的(除了使用 var 声明的变量，其值为 undefined)，其他的导入如果只用于函数(不能直接从顶层代码调用的函数)，而不用于顶层模块代码，那就是没问题的。

13.13　导入/导出语法回顾

本章介绍了几种不同的导入和导出语法。下面将快速总结并展示所有的语法类型。

13.13.1　不同的导出语法

下面是各种导出形式的概览。

下面的每一种形式都声明了一个本地绑定(变量、常量、函数或类)并使用绑定名称进行导出：

```
export var a;
export var b = /*...some value...*/;
export let c;
```

```
export let d = /*...some value...*/;
export const e = /*...some value...*/;
export function f(){ // (and async and generator forms)
}
export class G(){
}
```

以下代码为在模块的其他地方声明的本地绑定(可在导出声明的上方或下方)声明了导出：

```
export { a };
export { b, c };
export { d as delta };         // The exported name is `delta`
export { e as epsilon, f };    // The local `e` is exported as `epsilon`
export { g, h as hotel, i};    // You can mix the various forms
```

对于以上每个绑定，导出使用绑定的名称，除非其中包含 as 子句，在这种情况下，导出使用 as 之后的名称。导出列表(大括号内的部分)可根据需要包含任意数量的导出。

以下每行代码声明了一个或多个间接导出，从当前模块重新导出了一个或多个 mod.js 的导出，可以选择性地通过 as 子句进行重命名：

```
export { a } from "./mod.js";
export { b, c } from "./mod.js";
export { d as delta } from "./mod.js";
export { e, f as foxtrot } from "./mod.js"; // You can do a mix of the above
```

以下代码为 mod.js 中的所有命名导出声明了间接导出：

```
export * from "./mod.js";
```

以下每行代码都声明了一个本地绑定(变量、常量、函数或类)并将其声明为默认导出：

```
// Only one of these can appear in any given module, since there can
// only be one default export in a module
export default function a(){ /*...*/ }
export default class B { /*...*/ }
export default let c;
export default let d = "delta";
export default const e = "epsilon";
export default var f;
export default var g = "golf";
```

以下每行代码都声明了一个名为*default*的本地绑定(因为它们都是匿名的)，由于*default*是一个无效的标识符，模块代码无法访问*default*。以下代码将其导出为默认导出：

```
export default function(){ /*...*/ }
export default class { /*...*/ }
export default 6 * 7; // Any arbitrary expression
```

通过匿名函数声明创建的函数将以“default”作为其名称，通过匿名类声明创建的类构造函数也是如此。

13.13.2　不同的导入语法

下面是各种导入形式的概览。

以下代码从 mod.js 导入命名导出 example，同时以 example 作为本地名称：

```
import { example } from "./mod.js";
```

以下代码从 mod.js 导入命名导出 example，并将 e(而不是 example)设为本地名称：

```
import { example as e } from "./mod.js";
```

以下代码导入 mod.js 的默认导出，将 example 用作本地名称：

```
import example from "./mod.js";
```

以下代码使用本地名称 mod 导入 mod.js 的模块命名空间对象：

```
import * as mod from "./mod.js";
```

可将默认导入与模块命名空间对象导入或命名导入结合起来使用，但为了避免解析的复杂性，不能将命名空间导入与命名导入结合起来使用，而且不能同时进行以上三种类型的导入；如果存在默认导入，它必须首先出现，且在命名空间对象的*或在命名导入列表开始的{之前：

```
import def, * as ns from "./mod.js";           // Valid
import * as ns, def from "./mod.js";           // INVALID, default must be first
import def, { a, b as bee} from "./mod.js";     // Valid
import * as ns, { a, b as bee} from "./mod.js"; // INVALID, can't combine these
```

最后，以下代码仅为了副作用而导入 mod.js，不导入它的任何导出：

```
import "./mod.js";
```

13.14 动态导入

到目前为止，本章介绍的导入机制都是静态的：

- 模块说明符是字符串字面量，而不是表达式返回的字符串。
- 导入和导出只能在模块的顶层声明，不能在 if 或 while 等控制流语句中声明。
- 模块的导入和导出可通过代码解析来确定(代码可被静态分析)，而不必运行代码。

因此，模块不能使用在运行时获得的信息来决定要导入什么或从哪里导入。

绝大多数情况下，这种导入机制就是我们想要的。它使得工具可以实现强大的功能，例如摇树(稍后将介绍)和自动打包(不需要费力维护一个单独的打包模块清单，即可确定要包含在 bundle 中的模块)等。

但是，在某些场景下，模块需要在运行时确定导入的内容或从何处导入。因此，ES2020 中添加了动态导入[1]。在我撰写本书时，该机制在主流浏览器中已经得到了广泛支持，不过，那些不是基于 Chromium 的旧 Edge 版本以及 Internet Explorer 除外。

13.14.1 动态导入模块

动态导入添加了新的语法，允许编程者像调用函数一样调用 import。被调用时，import 返回模块命名空间对象的 Promise：

```
import(/*...some runtime-determined name...*/)
.then(ns => {
   // ...use `ns`...
})
```

1 https://github.com/tc39/proposal-dynamic-import。

```
.catch(error => {
   // Handle/report error
});
```

注意，虽然以上代码看起来像一个函数调用，但 import(...)不是一个函数调用；这是一种被称为 ImportCall 的新语法。因此，不能使用以下代码：

```
// DOESN'T WORK
const imp = import;
imp(/*...some runtime-determined name...*/)
.then(// ...
```

这有以下两个原因：

- import 调用需要携带普通函数调用没有携带的上下文信息。
- 别名的禁用(如前面 imp 的例子)使得静态分析可以感知模块中是否使用了动态导入(尽管无法确定动态导入的具体内容)。后面的摇树部分将详细介绍为什么这很重要。

动态导入的一个常见应用场景是插件：假设你正在用 JavaScript 编写图形编辑器，它是一个 Electron 或 Windows 通用应用程序或类似应用程序，你希望通过扩展程序提供转换或自定义画笔或类似功能。代码可在某些插件的位置查找插件，然后使用如下代码加载它们：

```
// Loads the plugins in parallel, returns object with `plugins` array
// of loaded plugins and `failed` array of failed loads (with `error`
// and `pluginFile` properties).
async function loadPlugins(editor, discoveredPluginFiles){
   const plugins = [];
   const failed = [];
   await Promise.all(
       discoveredPluginFiles.map(async (pluginFile)=> {
           try {
               const plugin = await import(pluginFile);
               plugin.init(editor);
               plugins.push(plugin);
           } catch (error){
               failed.push({error, pluginFile});
           }
       })
   )
   return {plugins, failed};
}
```

或者，可根据不同的区域为应用程序加载本地化的程序：

```
async function loadLocalizer(editor, locale){
    const localizer = await import(`./localizers/${locale}.js`);
    localizer.localize(editor);
}
```

和静态加载的模块一样，动态加载的模块也会被缓存。

和加载入口程序模块类似，动态导入模块会启动一个流程：加载它声明的所有静态依赖项及其依赖项等。

下面是一个具体的示例。

13.14.2 动态模块示例

通过运行 dynamic-example.html 来运行代码清单 13-14~13-19 中的代码。

代码清单 13-14 动态模块加载示例(HTML)——dynamic-example.html

```
<!doctype html>
<html>
<head>
<meta charset="UTF-8">
<title>Dynamic Module Loading Example</title>
</head>
<body>
<script src="dynamic-example.js" type="module"></script>
</body>
</html>
```

代码清单 13-15 动态模块加载示例(静态入口程序)——dynamic-example.js

```
import { log } from "./dynamic-mod-log.js";

log("entry point module top-level evaluation begin");
(async ()=> {
   try {
      const modName = `./dynamic-mod${Math.random()< 0.5 ? 1 : 2}.js`;
      log(`entry point module requesting ${modName}`);
      const mod = await import(modName);
      log(`entry point module got module ${modName}, calling mod.example`);
      mod.example(log);
   } catch (error){
      console.error(error);
   }
})();
log("entry point module top-level evaluation end");
```

代码清单 13-16 动态模块加载示例(静态导入)——dynamic-mod-log.js

```
log("log module evaluated");
export function log(msg){
    const p = document.createElement("pre");
    p.appendChild(document.createTextNode(msg));
    document.body.appendChild(p);
}
```

代码清单 13-17 动态模块加载示例(动态导入 1)——dynamic-mod1.js

```
import { log } from "./dynamic-mod-log.js";
import { showTime } from "./dynamic-mod-showtime.js";

log("dynamic module number 1 evaluated");
export function example(logFromEntry){
```

```
    log("Number 1! Number 1! Number 1!");
    log(`log === logFromEntry? ${log === logFromEntry}`);
    showTime();
}
```

代码清单 13-18　动态模块加载示例(动态导入 2)——dynamic-mod2.js

```
import { log } from "./dynamic-mod-log.js";
import { showTime } from "./dynamic-mod-showtime.js";

log("dynamic module number 2 evaluated");
export function example(logFromEntry){
    log("Meh, being Number 2 isn't that bad");
    log(`log === logFromEntry? ${log === logFromEntry}`);
    showTime();
}
```

代码清单 13-19　动态模块加载示例(动态导入依赖)——dynamic-mod-showtime.js

```
import { log } from "./dynamic-mod-log.js";

log("showtime module evaluated");
function nn(n){
    return String(n).padStart(2, "0");
}
export function showTime(){
    const now = new Date();
    log(`Time is ${nn(now.getHours())}:${nn(now.getMinutes())}`);
}
```

在上面的例子中，两个动态模块具有相同的形式，Number 1 和 Number 2 只是用于标识而已。加载了 dynamic-example.html 页面后，你会看到如下输出(在页面中而不是控制台中)：

```
log module evaluated
entry point module top-level evaluation begin
entry point module requesting ./dynamic-mod1.js
entry point module top-level evaluation end
showtime module evaluated
dynamic module number 1 evaluated
entry point module got module ./dynamic-mod1.js, calling mod.example
Number 1! Number 1! Number 1!
log === logFromEntry? true
Time is 12:44
```

在上面的例子中，动态模块 Number 1 被加载，但是 Number 2 同样有可能被加载。

接下来看看发生了什么：

- 宿主(浏览器)和 JavaScript 引擎完成入口程序模块和它静态导入的 dynamic-mod-log.js 模块(此处称之为“log 模块”)的获取、解析、实例化和执行过程；这就是整个静态树——只含两个模块(见图 13-10)。执行是深度优先的，因此首先执行 log 模块，然后执行入口程序模块。

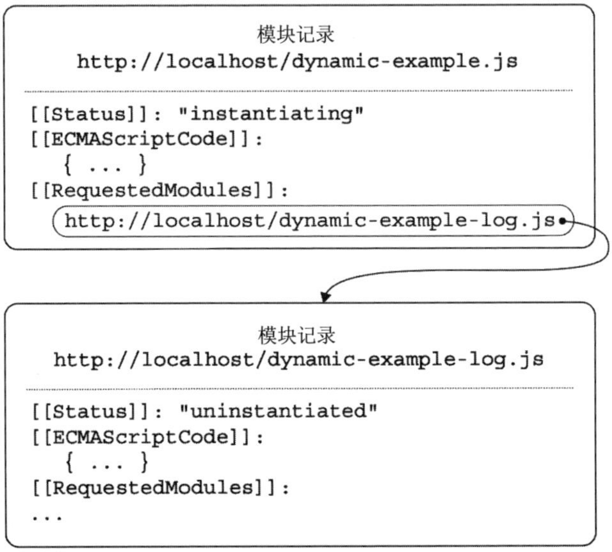

```
模块记录
http://localhost/dynamic-example.js
[[Status]]: "instantiating"
[[ECMAScriptCode]]:
   { ... }
[[RequestedModules]]:
  http://localhost/dynamic-example-log.js
```

```
模块记录
http://localhost/dynamic-example-log.js
[[Status]]: "uninstantiated"
[[ECMAScriptCode]]:
   { ... }
[[RequestedModules]]:
...
```

图 13-10

- 在执行过程中，入口程序模块随机选择要动态加载的模块并调用 import()加载它，使用 await 等待结果。现在模块顶层执行已完毕，稍后，当 import()的 Promise 变为已成功状态时，它将继续执行并使用该模块。
- 浏览器和 JavaScript 引擎再次从动态模块开始获取、解析、实例化和执行的过程。动态模块有两个静态导入：来自 log 模块的 log 和来自 dynamic-mod-showtime.js 模块的 showTime(此处称之为“showtime 模块”)。showtime 模块还从 log 模块导入了 log。解析完成后，import 调用要处理的模块树包含这三个模块，不过它和最开始的静态导入的模块树之间存在链接，具体见图 13-11。注意，log 模块的状态([[Status]])是"evaluated"，因此它已经完成了整个加载过程(共三个部分)，不会再次被执行。但 showtime 模块还没有被加载，所以它与动态模块一起完成加载过程，并且由于它在加载树中位于更深的位置，它将首先被执行(“执行 showtime 模块”)。然后动态模块将被执行(“执行动态模块 Number 1”)。(本示例之所以添加 showtime 模块，是为了演示它与 log 模块的不同之处，因为 log 模块已经被执行，但 showtime 模块第一次被动态模块加载。)
- import()调用的加载过程结束，然后 Promise 以动态模块的模块命名空间对象变为已成功状态。
- 入口程序模块的 async 函数从 await 处继续执行(“入口程序获取了模块./dynamic-mod1.js，调用 mod.example”)并调用 mod.example，传入 log 模块中 log 函数的引用。
- 执行动态模块的 example 函数，输出其模块特定的消息，然后判断“log === logFromEntry”是否为 true。结果 true 表明静态和动态模块中使用的是相同的模块记录集和相关环境；此处只加载了一个 log 模块的副本，因此只有一个 log 函数。
- 最后，动态模块调用 showTime。

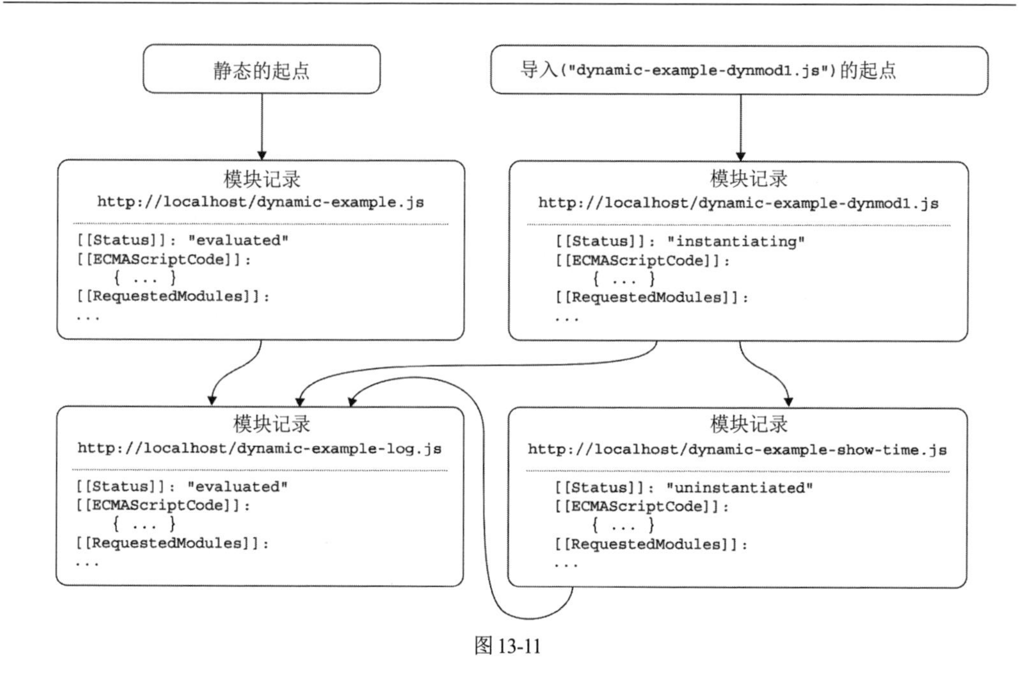

图 13-11

13.14.3　非模块脚本中的动态导入

与静态导入不同，动态导入也可用于非模块脚本中，而不仅仅是模块中。代码清单 13-20~13-21 展示的 HTML 页面和入口程序与前面的动态模块加载示例有所不同(其他文件重用)。

代码清单 13-20　在脚本中加载动态模块(HTML)——dynamic-example-2.html

```
<!doctype html>
<html>
<head>
<meta charset="UTF-8">
<title>Dynamic Module Loading in Script - Example</title>
</head>
<body>
<script src="dynamic-example-2.js"></script>
</body>
</html>
```

代码清单 13-21　在脚本中加载动态模块(入口程序)——dynamic-example-2.js

```
(async()=> {
   try {
        const {log} = await import("./dynamic-mod-log.js");
        log("entry point module got log");
        const modName = `./dynamic-mod${Math.random()< 0.5 ? 1 : 2}.js`;
        log(`entry point module requesting ${modName}`);
        const mod = await import(modName);
        log(`entry point module got module ${modName}, calling mod.example`);
        mod.example(log);
```

```
    } catch (error){
        console.error(error);
    }
})();
```

如上所示，dynamic-example-2.js 作为脚本被加载；script 标签上没有 type="module"。如果查看具体的代码，会发现这与之前的 dynamic-example.js 代码在很多方面是相似的，但这里使用的是 import()调用，而不是静态导入声明。运行这段代码后，输出与之前相同，但入口程序代码无法记录顶层代码执行的开始和结束时间，因为 log 模块是在顶层代码执行完毕之后才完成获取的：

```
log module evaluated
entry point module got log
entry point module requesting ./dynamic-mod1.js
showtime module evaluated
dynamic module number 1 evaluated
entry point module got module ./dynamic-mod1.js, calling mod.example
Number 1! Number 1! Number 1!
log === logFromEntry? true
Time is 12:44
```

在底层，以上工作原理大致相同，不过，入口程序和 log 模块之间的关系无法再通过静态分析确定(但由于代码中 import()的调用都使用字符串字面量，有智能的工具可实现静态分析)。

不过，一个关键的区别在于，动态导入的版本不是从 log 模块导入命名导出 log，而是导入 log 模块的整个命名空间对象(使用解构来选择 log 函数)。相比之下，静态导入的例子没有使用模块命名空间对象，因此不会创建模块命名空间对象。

13.15 摇树

摇树(tree shaking)是移除无用代码(dead code)的一种形式。活代码(live code)是页面或应用程序可能使用的代码；无用代码是绝对不会被页面或应用程序(以其当前形式)使用的代码。摇树是一种通过分析模块树以移除无用代码的过程。(“摇树”一词来源于一个比喻：用力摇动树木以甩出枯木，但不影响活木。)

下面修改本章的第一个例子：在它使用的 log 模块中添加一个函数。参见代码清单 13-22~13-24。

代码清单 13-22 更新后的简单模块示例(HTML)——simple2.html

```
<!doctype html>
<html>
<head>
<meta charset="UTF-8">
<title>Revised Simple Module Example</title>
</head>
<body>
<script src="simple2.js" type="module"></script>
</body>
</html>
```

代码清单 13-23 更新后的简单模块示例(入口程序模块)——simple2.js

```
import { log } from "./log2.js";

log("Hello, modules!");
```

代码清单 13-24 更新后的简单模块示例(log 模块)——log2.js

```
export function log(msg){
     const p = document.createElement("pre");
     p.appendChild(document.createTextNode(msg));
     document.body.appendChild(p);
}
export function stamplog(msg){
    return log(`${new Date().toISOString()}: ${msg}`);
}
```

查看代码清单中的代码时，需要注意以下 5 点：

(1) 没有任何地方请求命名导出 stamplog。

(2) 没有任何地方请求 log 模块的模块命名空间对象(如果有的话，智能摇树工具仍然能对结果对象执行引用分析，以确认其 stamplog 属性是否被用过)。

(3) log 模块的顶层代码中没有任何地方使用 stamplog。

(4) log 模块的其他导出函数或它们调用的函数中，没有任何地方使用 stamplog。

(5) 只使用了静态导入声明，没有使用 import()调用。

需要补充的是，所有这些信息都可通过静态分析得出(不需要运行代码，仅解析和检测代码即可)。这意味着，如果使用 JavaScript 打包器打包 simple.html 并将所有代码都打包到一个优化后的文件中，则可在不需要运行代码的情况下，确定 stamplog 没有被任何地方使用并且可被移除。

以上过程被称为摇树。这也是尽管浏览器具有原生模块支持，JavaScript 打包器在可预见的未来仍然不会消失的原因之一。下面展示了在这个简单示例中使用一个打包器所得到的结果。在本例中，使用 Rollup.js 并将其输出选项设置为 iife(立即调用函数表达式)，不过，无论使用哪种支持摇树的打包器，都会得到类似的结果，下一节会介绍更多相关内容：

```
(function (){
    "use strict";

    function log(msg){
        const p = document.createElement("pre");
        p.appendChild(document.createTextNode(msg));
        document.body.appendChild(p);
    }

    log("Hello, modules!");
}());
```

这段代码是 simple.js 和 log.js 合并优化后(但没有压缩)的结果。如你所见，stamplog 函数的代码已经被去掉了。

还记得前面“需要注意以下 5 点”中的最后一项吗？

- 只使用了静态导入声明，没有使用 import()调用。

理论上，只要模块树中有一个地方的 import()使用了字符串字面量以外的其他任何内容，相关工具就无法进行摇树，因为无法确认是否有未被使用的内容。在实际中，不同的打包器会以不同的方式优化动态导入带来的影响，并提供可选的配置项来控制是否以及以怎样的频率对它们进行摇树。

13.16 打包

目前，尽管现代浏览器具有原生模块支持，但在这之前，人们已经通过 JavaScript 打包器将模块转换为优化后的文件来使用模块语法，优化后的文件可在没有模块支持的浏览器上运行。比如，Rollup.js(https://rollupjs.org)和 Webpack(https://webpack.js.org/)等项目就非常受欢迎且具有丰富的功能。

无论项目规模如何，即使仅针对具有原生模块支持的浏览器，你也可能需要使用打包器。摇树是原因之一，另一个简单的原因是：通过 HTTP(甚至 HTTP/2)传输所有独立模块资源的速度仍然可能比传输单个资源的速度慢(如果只使用 HTTP/1.1，速度肯定会更慢)。

Google 做过一个分析[1]，它比较了原生模块加载和打包后的文件加载，使用了两个被广泛用于现实场景的库—— Moment.js 和 Three.js，以及许多综合的模块来确定打包是否仍然有用以及 Chrome 加载流程中的瓶颈在哪里。它测试的 Moment.js[2] 版本使用了 104 个模块，最大深度为 6；测试的 Three.js[3] 版本使用了 333 个模块，最大深度为 5。

根据分析结果，Google 的 Addy Osmani 和 Mathias Bynens 给出了以下建议[4]：

- 在开发过程中使用原生模块支持。
- 在生产环境中，对小型 Web 应用程序使用原生模块支持。在这类应用程序中，依赖树较浅(最大深度小于 5)，所含模块不到 100 个，且仅针对现代浏览器。
- 在生产环境中，如果项目复杂度高于以上描述，或者项目针对的是没有模块支持的浏览器，则使用打包后的结果。

无论你采用哪种方式，都需要进行权衡，特别是在由于某些原因而只能使用 HTTP 1.1 时。相关的完整文章值得一读，随着时间的推移，Google 可能会添加最新研究的链接。

13.17 导入元数据

在一些场景下，模块需要知道关于其自身的一些信息，比如它是从什么 URL 或路径加载的，是不是“main”模块(在只有一个 main 模块的环境中，例如 Node.js)，等等。在 ES2015 中，模块无法获取以上信息。ES2020 为模块添加了一种方法—— import.meta[5]，使其能够获取关于其自身的一些信息。

import.meta 是模块特有的对象，它包含有关模块的属性。属性是宿主指定的，并且是因环境而异的(例如，浏览器与 Node.js)。

在 Web 环境中，import.meta 的属性由 HTML 规范在其 HostGetImportMetaProperties[6] 部分中定义。目前，规范只定义了一个属性：url。它是一个字符串，给出了模块解析后的完整 URL。例如，从

1 https://docs.google.com/document/d/1ovo4PurT_1K4WFwN2MYmmgbLcr7v6DRQN67ESVA-wq0/pub。

2 https://momentjs.com/。

3 https://threejs.org/。

4 https://developers.google.com/web/fundamentals/primers/modules。

5 https://github.com/tc39/proposal-import-meta。

6 https://html.spec.whatwg.org/multipage/webappapis.html#hostgetimportmetaproperties。

http://localhost 加载的 mod.js 中的 import.meta.url 将是"http://localhost/mod.js"。Node.js 也支持 url[1]，它给出的是完整的文件路径：模块 URL。未来其中一个或两个环境可能会添加更多属性。

import.meta 对象在第一次被访问时，由 JavaScript 引擎和宿主共同创建。因为它是模块特有的，所以主要受模块控制，在实际使用中并没有受到任何的限制：可根据自己的目的为其添加属性(尽管不确定这么做的理由)，甚至更改其附带的默认属性(如果宿主不阻止，这就是可行的)。

13.18 worker 模块

默认情况下，Web worker 以传统脚本的方式(而不是以模块的方式)被加载。worker 可通过 importScripts 加载其他脚本，但这是一种过时的方式：需要通过 worker 的全局环境与加载脚本进行通信。现在 Web worker 可以是模块的形式，因此它们可使用导入和导出声明。

同样，Node.js 的 worker 现在也可以是 ESM 模块。

下面分别介绍这两者。

13.18.1 将 Web worker 加载为模块

可使用 worker 构造函数的第二个参数 options 对象中的 type 配置项将 worker 加载为模块，并获得其作为模块所带来的所有常见的优势：

```
const worker = new Worker("./worker.js", {type: "module"});
```

可在模块或传统脚本中使用以上方式启动 worker。此外，与传统脚本的 worker 不同，模块 worker 可跨域使用，只要提供服务的跨源资源共享(CORS)的配置允许对应的域使用它们。

如果浏览器支持 worker 模块，worker 将作为模块被加载。在我撰写本书时(2020 年初)，虽然 Chrome 和其他基于 Chromium 项目(Chromium，Edge 的较新版本)的浏览器支持它们，但 worker 模块还没有得到浏览器的广泛支持。

代码清单 13-25~13-27 展示了将 worker 加载为一个模块的例子。

代码清单 13-25 Web worker 模块(HTML)——worker-example.html

```
<!doctype html>
 <html>
 <head>
 <meta charset="UTF-8">
 <title>Web Worker Module Example</title>
 </head>
 <body>
 <script>
 const worker = new Worker("./worker-example-worker.js", {type: "module"});
 worker.addEventListener("message", e => {
    console.log(`Message from worker: ${e.data}`);
});
 </script>
 </body>
 </html>
```

1 https://nodejs.org/api/esm.html#esm_import_meta。

代码清单 13-26　Web worker 模块(worker)——worker-example-worker.js

```
import { example } from "./worker-example-mod.js";

postMessage(`example(4)= ${example(4)}`);
```

代码清单 13-27　Web worker 模块(模块)——worker-example-mod.js

```
export const example = a => a * 2;
```

13.18.2　将 Node.js worker 加载为模块

Node.js 对 ESM 模块的支持扩展到了 worker 线程。woker 模块的运行规则和前面介绍的规则一致，可通过在最近的 package.json 文件中设置 type: "module"或为 worker 提供扩展名.mjs 来将 worker 启动为模块。

13.18.3　每个 worker 都在自己的领域中

当 worker 被创建时，它会被放入一个新的领域(realm)中：有自己的全局环境、自己的内部对象等。如果 worker 是一个模块，它加载的任何模块都将在该领域内加载，独立于其他领域中的模块。例如，在浏览器中，如果主窗口中的模块加载了 mod1.js 并启动一个也加载了 mod1.js 的 worker，则 mod1.js 会被加载两次：一次在主窗口的领域中，一次在 worker 的领域中。如果 worker 加载了另一个模块(比如 mod2.js)，该模块也从 mod1.js 导入，则其他模块和 worker 模块共享 mod1.js 的公共副本；但它们不共享主窗口加载的副本，如图 13-12 所示。

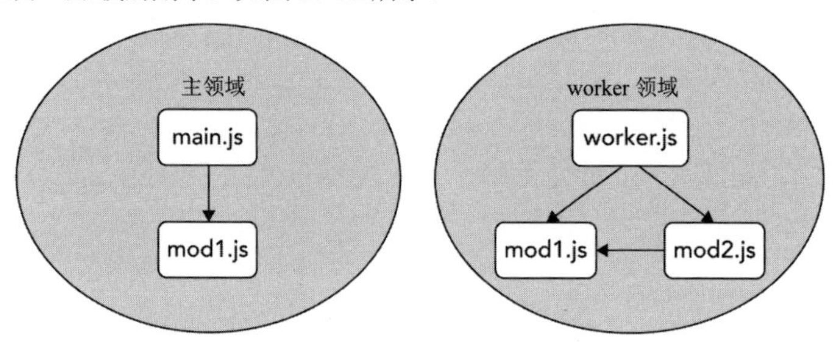

图 13-12

各 worker 的领域不仅与主窗口的领域隔离，而且彼此隔离，因此，如果你启动了 10 个加载了 mod1.js 的 worker，那么 mod1.js 将被加载 10 次(每个 worker 一次)。每个 worker 都在自己的领域中，因此每个 worker 都有自己的模块树。

在 Web 浏览器和 Node.js 中，情况都是如此。

13.19　旧习换新

下面列出了一些可能需要更新的旧习惯。

13.19.1　使用模块替代伪命名空间

旧习惯：使用“命名空间”对象为代码提供单个公共标识符(可能在库代码中，比如 jQuery 的$全局对象)。

```
var MyLib = (function(lib){
   function privateFunction(){
       // ...
    }
    lib.publicFunction = function(){
       // ...
    };
    return lib;
})(MyLib || {});
```

新习惯：改用模块。

```
function privateFunction(){
    // ...
}
export function publicFunction(){
    // ...
}
```

注意：不要导出属性/方法应单独使用的对象，应改用命名导出。

13.19.2　使用模块替代作用域函数

旧习惯：使用“作用域函数”包裹代码，以免创建全局变量。

```
(function(){
    var x = /* ... */;
    function doSomething(){
        // ...
    }
    // ...
})();
```

新习惯：使用模块，因为模块的顶层作用域不是全局作用域。

```
let x = /* ... */;
function doSomething(){
    // ...
}
// ...
```

13.19.3　使用模块避免巨石代码文件的创建

旧习惯：使用单个冗长的代码文件，从而省去了在生产环境中组合小文件所带来的烦恼。(但你没有这个习惯吧？对吧？)

新习惯：改用多个大小合适的模块，并在它们之间静态声明依赖项。模块的合适大小取决于编码风格以及团队所达成的共识。将每个函数都单独写成一个模块的做法可能有点矫枉过正，但是在单个巨大模块中导出各种不同内容的做法可能是不够模块化的。

13.19.4 将 CJS、AMD 和其他模块格式转换为 ESM

旧习惯：使用 CJS、AMD 和其他模块格式(因为没有原生 JavaScript 模块格式)。

新习惯：使用 ESM 改写旧的模块(可能是在一个大的迭代中，但更可能是缓慢地逐步改写)。

13.19.5 使用维护良好的打包器，而不是自研

旧习惯：使用一种或几种特殊机制将开发的单个文件组合成可用于生产环境的组合文件(或一小组文件)。

新习惯：使用维护良好、有社区支持的打包器。

第14章 反射和代理

本章内容

- Reflect 对象
- Proxy 对象

本章代码下载

可通过网址 https://thenewtoys.dev/bookcode 或 https://www.wiley.com/go/javascript-newtoys 下载本章的代码。

在本章中，你将了解 Reflect 对象和 Proxy 对象。Reflect 为编程者构造对象并与之交互提供了大量实用特性。Proxy 为 JavaScript 提供了最佳的外观模式。在向客户端代码提供 API 时，该模式非常重要。

按照设计，Reflect 和 Proxy 本应组合起来使用，但两者也可独立使用。本章先简要介绍 Reflect，随后在介绍 Proxy 时再展开说明。

14.1 反射

ES2015 在 JavaScript 中添加了反射(Reflect)对象，其中包含与对象的基本操作相对应的各种方法：获取和设置属性的值，获取和设置对象的原型，从对象中删除属性，等等。

你的第一个想法可能是："为什么我们需要使用 Reflect 来进行这些操作呢？ 我们不是已经可以直接在对象上使用运算符来完成这些操作吗？" 这个想法不完全正确，因为有些情况下，Object 上通常会有一个函数(或多个函数的组合)来完成这些任务。但是，Reflect 提供了如下功能。

- Reflect 可为所有基本的对象操作提供非常轻量级的包装函数，以免其中一部分是语法形式，而另外一部分却是 Object 对象的函数或者函数的组合。这意味着你可以传入基本的对象操作，而不必针对 in 或 delete 之类的操作符自行编写包装函数。

- 在一些场景下，Reflect 的函数提供成功/失败的返回值，而不是像 Object 对象的函数那样直接抛出错误(稍后会详细介绍)。
- 关于代理(Proxy)的后续章节将会提到，Reflect 提供了与 Proxy 对象的“劫持(trap)函数”完美匹配的函数，并实现了劫持函数的默认行为。这使劫持函数的正确实现变得简单，使劫持函数仅修改行为，而不完全替换行为。
- Reflect 还提供了一个原本仅能在 class 语法中使用的操作：带有 newTarget 参数的 Reflect.construct 方法。

Reflect 和 Object 包含几个同名函数，而且这些函数的用途大致相同：

- defineProperty
- getOwnPropertyDescriptor
- getPrototypeOf
- setPrototypeOf
- preventExtensions

它们在本质上作用相同，但存在细微的差异：

- 一般来说，如果 Reflect 期望的参数是对象，而你传入的值不是对象，Reflect 将抛出错误，而 Object(在很多情况下但并非全部)要么将原始类型数据强制转换为对象并对其结果进行操作，要么直接忽略该调用。(Object.defineProperty 是个例外，如果你传递给它的值不是对象，它则会抛出异常，这和 Reflect 的函数是一样的。)
- 通常，对于执行修改操作的函数，Reflect 会返回成功/失败的标识，而 Object 则会返回传入的要修改的对象(如果你传给它一个原始类型数据，那么它要么返回原始类型数据强制转换后的对象，要么忽略该调用，直接返回原始类型数据；该调用对原始类型的数据没有执行任何操作)。Object 通常会在失败时抛出错误。

另外，Reflect 还包含一个 ownKeys 函数，它看起来与 Object.keys 相似，但有两个重要的区别，后面将详细阐述。

虽然 Reflect 的大多数函数主要用于代理的实现，但让我们先看一些本身也有用的函数。

14.1.1 Reflect.apply

Reflect.apply 是一个实用函数，和 apply 方法的作用一样。它以指定的 this 值以及参数列表调用函数，参数列表为数组(或类数组对象)形式：

```
function example(a, b, c){
   console.log(`this.name = ${this.name}, a = ${a}, b = ${b}, c = ${c}`);
}

const thisArg = {name: "test"};
const args = [1, 2, 3];
Reflect.apply(example, thisArg, args); // this.name = test, a = 1, b, = 2, c = 3
```

在该示例中，可将对 Reflect.apply 的调用替换为对 example.apply 的调用：

```
example.apply(thisArg, args); // this.name = test, a = 1, b, = 2, c = 3
```

但是，Reflect.apply 具有如下优点：

- 即便示例中的 apply 属性已被 Function.prototype.apply 之外的方法覆盖或重写，它照样可以生效。
- 一个细微的变化：它适用于真正晦涩难懂的情况，即函数的原型已被更改(例如，使用 Object.setPrototypeOf 方法修改了原型)，此时该函数不再继承自 Function.prototype，如此一来，函数就没有 apply 方法了。
- 它适用于任何可调用的对象(具有[[Call]]内部操作的对象)，即便该对象不是一个真正的 JavaScript 函数。现在这种情况比以前少了，但在不久之前，宿主环境提供的“函数”往往不是真正的 JavaScript 函数，因此没有 apply 之类的方法。

14.1.2 Reflect.construct

Reflect.construct 通过构造函数创建一个新实例，虽然这类似于 new 操作符，但是 Reflect.construct 提供了 new 操作符所不具备的两个特性：

- 构造函数可接受数组(或类数组对象)参数。
- 允许将 new.target 设置为你所调用的函数以外的对象。

下面先来看下传入的参数，这非常容易理解。假定你需要向构造函数(Thing)传入数组结构的参数，这在 ES5 中实现起来相当复杂。最简单的做法是：创建一个对象，然后通过 apply 方法将构造函数当作一个普通函数来调用。

```
// In ES5
var o = Thing.apply(Object.create(Thing.prototype), theArguments);
```

在 ES5 中，如果 Thing 使用调用它的 this 对象(这是常见的事情)，而不是创建自己的对象，那也是可行的。

在 ES2015+中，有两种方式可以采用：展开语法(spread syntax)和 Reflect.construct：

```
// In ES2015+
let o = new Thing(...theArguments);
// or
let o = Reflect.construct(Thing, theArguments);
```

展开语法是用于迭代器对象的，因此它的用途比 Reflect.construct 更多，它可直接访问参数数组的 length、0、1 等属性(通常并不重要)。这意味着展开语法可处理非数组形式的可迭代对象，而 Reflect.construct 却不行。Reflect.construct 可处理类数组的不可迭代的对象，而展开语法则不能。

Reflect.construct 可实现而 new 语法无法实现的第二个特性就是，对 new.target 的控制，该特性主要用于综合使用 Reflect 与 Proxy 的场景(后面的章节中有更多介绍)。这个特性也可用于创建实例，如 Error 或 Array(众所周知，若仅使用 ES5 特性，就无法正确创建子类)等内置的子类型的实例，而不需要使用 class 语法。有些程序员不喜欢使用 class 或者 new 关键字，而是偏爱以其他方式创建对象。但是他们可能仍想创建自己的 Error 或 Array 或 HTMLElement(用于 Web 组件)实例，这些实例具有不同的原型(具有自己的额外特性)。如果你不想为此而使用 class 和 new 关键字，则可使用 Reflect.construct：

```
// Defining the function that builds custom errors
function buildCustomError(...args){
```

```
    return Reflect.construct(Error, args, buildCustomError);
}
buildCustomError.prototype = Object.assign(Object.create(Error.prototype),{
    constructor: buildCustomError,
    report(){
        console.log(`this.message = ${this.message}`);
    }
});

// Using it
const e = buildCustomError("error message here");
console.log("instanceof Error", e instanceof Error);
e.report();
console.log(e);
```

突出显示的一行调用了 Error 构造函数，但将传入的 buildCustomError 用作 new.target 参数，这意味着 buildCustomError.prototype 被分配给了新创建的对象，而不是 Error.prototype。由此产生的实例继承了自定义的 report 方法。

14.1.3 Reflect.ownKeys

Reflect.ownKeys 函数看起来与 Object.keys 相似，但它返回的数组包含对象自身所有的属性键，包括不可枚举的和以 Symbols(而非字符串)命名的键。尽管名称相似，但与 Object.keys 相比，它更像是 Object.getOwnPropertyNames 和 Object.getOwnPropertySymbols 的组合。

14.1.4 Reflect.get 和 Reflect.set

这两个函数获取并设置对象的属性，不过，它们还有更有用的功能：如果要访问的属性是访问器(accessor)属性，则可控制调用访问器时的 this 值。实际上，它们是 Reflect.apply 函数的访问器属性版本。

如果 this 对象被设置得与要获取的访问器属性所在的对象不同，这似乎是一件很奇怪的事情，但是如果回想一下，你会发现第 4 章中出现过这样的情形：super。考虑下面这个基类以及它的一个子类，其中，基类计算其构造函数参数的乘积，子类将该结果加倍：

```
class Product {
    constructor(x, y){
        this.x = x;
        this.y = y;
    }
    get result(){
        return this.x * this.y;
    }
}
class DoubleProduct extends Product {
    get result(){
        return super.result * 2;
    }
```

```
}

const d = new DoubleProduct(10, 2);
console.log(d.result);          // 40
```

DoubleProduct 类的 result 访问器需要使用 super.result 来运行来自 Product 类(而不是 DoubleProduct 类)的 result 访问器，因为如果它使用来自 DoubleProduct 类的 result 访问器，则会递归调用自身并导致堆栈溢出。但是，在调用 Product 的 result 访问器时，务必将 this 设置为实例(d1)，以便正确使用 x 和 y 的值。要获取的访问器所在的对象(Product.prototype，即 d1 的原型的原型)和访问器(d1)调用中的 this 对象是不同的对象。

如果你需要在没有 super 的情况下做到这一点，则可使用 Reflect.get。如果没有 Reflect.get，则必须获取 result 的属性描述符，并通过 get.call/apply 或 Reflect.apply 调用其 get 方法，这个过程很复杂：

```
get result(){
   const proto = Object.getPrototypeOf(Object.getPrototypeOf(this));
   const descriptor = Object.getOwnPropertyDescriptor(proto, "result");
   const superResult = descriptor.get.call(this);
   return superResult * 2;
}
```

如果使用 Reflect.get，代码会更简单一些：

```
get result(){
   const proto = Object.getPrototypeOf(Object.getPrototypeOf(this));
   return Reflect.get(proto, "result", this)* 2;
}
```

当然，在这种特定的情况下，你不需要这样做，因为你有 super。Reflect.get 可让你处理没有 super(例如，在一个 Proxy handler 对象中，稍后会有详细介绍)或 super 不适用的情况。

Reflect.get 函数具有以下签名：

```
value = Reflect.get(target, propertyName[, receiver]);
```

- target 是要获取的属性所在的对象。
- propertyName 是要获取的属性的名称。
- receiver 是可选参数，如果要获取的属性是访问器属性，那么 receiver 在访问器调用过程中被用作 this 对象。

Reflect.get 函数返回该属性的值。

Reflect.get 从 target 中获取 propertyName 的属性描述符，如果该描述符是针对数据属性的，则返回该属性的值。但如果描述符是针对访问器的，Reflect.get 就会将 receiver 用作 this 来调用访问器方法(就像之前的“复杂”代码那样)。

Reflect.set 与 Reflect.get 的工作方式相同，但 Reflect.set 是设置属性，而不是获取属性。它具有以下签名：

```
result = Reflect.set(target, propertyName, value[, receiver]);
```

Reflect.set 的 target、propertyName 和 receiver 参数与 Reflect.get 函数中的都相同，value 是要设置

的值。如果 value 设置成功，则该函数返回 true；否则，返回 false。

这两个函数对 Proxy 都特别有用，本章稍后将详细介绍。

14.1.5 其他 Reflect 函数

其余的 Reflect 函数如表 14-1 所示。

表 14-1 其他 Reflect 函数

defineProperty	与 Object.defineProperty 类似，但成功时返回 true，失败时返回 false，而不是抛出一个错误
deleteProperty	delete 操作符的函数版本，但它总是在成功时返回 true，在失败时返回 false，即使在严格模式下，也是如此(而在严格模式下，delete 操作符会在失败时抛出一个错误)
getOwnPropertyDescriptor	与 Object.getOwnPropertyDescriptor 类似，区别在于，如果你将非对象传给它，它会抛出异常(而不是强制类型转换)
getPrototypeOf	与 Object.getPrototypeOf 类似，区别在于，如果你将非对象传递给它，它会抛出异常(而不是强制类型转换)
has	in 运算符的函数版本(不像 hasOwnProperty，has 也会检查原型)
isExtensible	与 Object.isExtensible 类似，区别在于，如果你将非对象传递给它，它会抛出异常，而不是返回 false
preventExtensions	与 Object.preventExtensions 类似，区别在于：①如果你将非对象传递给它，它会抛出一个错误，而不是不做任何事情并将该值返回给你；②如果操作失败，它会返回 false(而不是抛出一个错误)
setPrototypeOf	与 Object.setPrototypeOf 类似，区别在于：①如果你将非对象传递给它，它会抛出一个错误，而不是不做任何事情并将该值返回给你；②如果操作失败，它会返回 false(而不是抛出一个错误)

14.2 代理

代理(Proxy)对象被用来拦截针对目标对象的基本对象操作。创建代理时，可为要处理的操作(例如，获取属性值或定义新属性)定义一个或多个劫持函数。

代理有很多用例：

- 记录发生在对象上的操作。
- 使代码读取/写入不存在的属性时直接抛出错误(而不是返回 undefined 或创建属性)。
- 在两段代码(例如，API 和它的消费侧代码)之间提供边界。
- 创建可变对象的只读视图。
- 隐藏对象中的信息，或使其中的信息看起来比实际的更多。

还有很多用例，此处不一一列举。代理可让你劫持并(在大多数情况下)修改基本操作，因此几乎可用它们完成任何事情。

下面介绍一个简单的例子，见代码清单 14-1。

代码清单 14-1　初始的 Proxy 示例——initial-proxy-example.js

```
const obj = {
   testing: "abc"
};
const p = new Proxy(obj, {
   get(target, name, receiver){
       console.log(`(getting property '${name}')`);
       return Reflect.get(target, name, receiver);
   }
});
console.log("Getting 'testing' directly...");
console.log(`Got ${obj.testing}`);
console.log("Getting 'testing' via proxy...");
console.log(`Got ${p.testing}`);
console.log("Getting non-existent property 'foo' via proxy...");
console.log(`Got ${p.foo}`);
```

代码清单 14-1 中的代码创建了一个代理，定义了包含 get 劫持函数(获取属性的值)的 handler 对象。当运行它时，你会看到：

```
Getting 'testing' directly...
Got abc
Getting 'testing' via proxy...
(getting property 'testing')
Got abc
Getting non-existent property 'foo' via proxy...
(getting property 'foo')
Got undefined
```

在此要注意以下几点。

- 创建代理时，要向 Proxy 构造函数传递目标对象和带有劫持函数的对象。该示例定义了一个劫持函数：用于 get 操作。
- 直接在目标对象上执行的操作不会触发代理，只有通过代理对象执行的操作才会触发。注意，“Getting 'testing' directly...”和“Got abc”之间没有“(getting property 'testing')”信息。
- get 劫持函数并非专门针对某个单独的属性：代理对象上的所有属性访问都要经过它，即使是不存在的属性，例如示例末尾的 foo，也是如此。

即使代理仅能监听基本操作，它们也是非常有用的，但它们还可改变操作的结果，甚至完全取缔该操作。在前面的示例中，劫持函数直接返回了目标对象的值，并未进行更改，但劫持函数可对其进行修改。运行代码清单 14-2 来看一个这样的示例。

代码清单 14-2　修改值的简单 Proxy 示例——simple-mod-proxy-example.js

```
const obj = {
   testing: "abc"
};
const p = new Proxy(obj, {
```

```
    get(target, name, receiver){
        console.log(`(getting property '${name}')`);
        let value = Reflect.get(target, name, receiver);
        if (value && typeof value.toUpperCase === "function"){
            value = value.toUpperCase();
        }
        return value;
    }
});
console.log("Getting directly...");
console.log(`Got ${obj.testing}`);
console.log("Getting via proxy...");
console.log(`Got ${p.testing}`);
```

在代码清单 14-2 的示例中，劫持函数在返回值之前修改了该值(如果它有 toUpperCase 方法)，结果产生了以下输出：

```
Getting directly...
Got abc
Getting via proxy...
(getting property 'testing')
Got ABC
```

每个基本对象操作都对应一个代理劫持，劫持函数几乎可做任何事情(稍后将介绍一些限制)。有关劫持函数的名称以及它们所劫持的基本操作(名称是规范中基本操作的名称)，请参见表 14-2。一旦掌握了基础知识，我们将更详细地研究这些劫持函数。

ES2015 最初定义了第 14 个劫持函数—— enumerate。它由代理的 for-in 循环的初始化触发(以及通过相应的 Reflect.enumerate 函数)，但由于 JavaScript 引擎的实现者提出了性能和可观察性问题，ES2016 已将其移除：当他们开始研究实现的细节时，发现它可能是高效的，也可能是低效的并且有可观察到的副作用(例如，你可以判断出要处理的是代理还是非代理)。(这个示例说明了为什么第 1 章描述的新特性处理流程值得肯定，仅在有多个实现的情况下，某些东西才会被纳入规范，以便在特性被纳入规范之前解决此类问题。)

如果你没有指定一个劫持函数，代理会直接将操作作用到目标对象上。这就是代码清单 14-2 中的代码只需要定义 get 劫持函数的原因。

本章随后将详细介绍每个劫持函数，但现在先来看一个可展示所有劫持函数的代理示例：一个记录对象的所有基本操作的代理。

14.2.1 示例：日志代理

本节将介绍一个日志记录代理，其中记录了发生在对象上的所有基本操作。该示例展示了代码调用了哪些劫持函数，以及调用它时使用的参数值。示例中的所有代码都在下载文件(logging-proxy.js)中，你可以在本地运行该文件以查看结果，本节会对这段代码的各个部分进行说明。

为了使输出的结果更清晰，我们将跟踪对象的名称，然后输出日志消息，表明该对象是对应参数的值，此时，我们将使用对象名称，而不是输出对象的内容。(此示例这样做的另一个原因在于：当需要输出的对象是代理对象时，输出其内容的行为将触发代理对象的劫持函数，并且在其中某些劫持函数的使用场景中，该行为将引起递归调用并进而导致堆栈溢出。)

表 14-2　代理的劫持函数

劫持函数的名称	内部操作名称	触发时机
apply	[[Call]]	代理作为函数被调用时(仅在代理函数时可用)
construct	[[Construct]]	代理被用作构造函数时(仅在代理构造函数时可用)
defineProperty	[[DefineOwnProperty]]	代理上的属性被定义或者重新定义时(包括数据属性的值被设置时)
deleteProperty	[[Delete]]	从代理上删除属性时
get	[[Get]]	从代理上获取属性值时
getOwnPropertyDescriptor	[[GetOwnProperty]]	从代理上获取属性描述符时(这种情况可能比你预想的要多得多)
getPrototypeOf	[[GetPrototypeOf]]	获取代理的原型时
has	[[HasProperty]]	通过代理检查属性的存在时(例如，使用 in 操作符或类似的操作符)
isExtensible	[[IsExtensible]]	检查代理是否可扩展时(也就是说，它还没有被标记为不再可扩展)
ownKeys	[[OwnPropertyKeys]]	获取代理自有的属性名时
preventExtensions	[[PreventExtensions]]	代理被标记为不再可扩展时
set	[[Set]]	设置代理上的属性值时
setPrototypeOf	[[SetPrototypeOf]]	设置代理的原型时

该示例的代码以执行日志记录的 log 函数开头：

```
const names = new WeakMap();
function log(label, params){
    console.log(label + ": " + Object.getOwnPropertyNames(params).map(key =>{
        const value = params[key];
        const name = names.get(value);
        const display = name ? name : JSON.stringify(value);
        return `${key} = ${display}`;
    }).join(", "));
}
```

代码使用 names 来记录对象的名称。例如，以下代码：

```
const example = {"answer": 42};
names.set(example, "example");
log("Testing 1 2 3", {value: example});
```

将输出名称 example，而不是对象的内容：

```
Testing 1 2 3: value = example
```

定义了 log 函数后，代码继续定义了一个 handlers 对象，其中包含所有劫持函数。

```
const handlers = {
    apply(target, thisValue, args){
        log("apply", {target, thisValue, args});
        return Reflect.apply(target, thisValue, args);
```

```
    },
    construct(target, args, newTarget){
      log("construct", {target, args, newTarget});
      return Reflect.construct(target, args, newTarget);
    },
    defineProperty(target, propName, descriptor){
      log("defineProperty", {target, propName, descriptor});
      return Reflect.defineProperty(target, propName, descriptor);
    },
    deleteProperty(target, propName){
      log("deleteProperty", {target, propName});
      return Reflect.deleteProperty(target, propName);
    },
    get(target, propName, receiver){
      log("get", {target, propName, receiver});
      return Reflect.get(target, propName, receiver);
    },
    getOwnPropertyDescriptor(target, propName){
      log("getOwnPropertyDescriptor", {target, propName});
      return Reflect.getOwnPropertyDescriptor(target, propName);
    },
    getPrototypeOf(target){
      log("getPrototypeOf", {target});
      return Reflect.getPrototypeOf(target);
    },
    has(target, propName){
      log("has", {target, propName});
      return Reflect.has(target, propName);
    },
    isExtensible(target){
      log("isExtensible", {target});
      return Reflect.isExtensible(target);
    },
    ownKeys(target){
      log("ownKeys", {target});
      return Reflect.ownKeys(target);
    },
    preventExtensions(target){
      log("preventExtensions", {target});
      return Reflect.preventExtensions(target);
    },
    set(target, propName, value, receiver){
      log("set", {target, propName, value, receiver});
      return Reflect.set(target, propName, value, receiver);
    },
    setPrototypeOf(target, newProto){
      log("setPrototypeOf", {target, newProto});
      return Reflect.setPrototypeOf(target, newProto);
    }
};
```

为了清晰起见，本示例以这种冗长的方式进行了定义，这样，log 函数才可以显示劫持函数接收到的参数值对应的名称。(如果不想这样做，可改用一个简单的循环，因为一些 Reflect 方法的名称与代理的劫持函数相同，并且参数也一样。)

接下来，代码定义了一个简单的计数器(Counter)类：

```
class Counter {
    constructor(name){
      this.value = 0;
      this.name = name;
    }
    increment(){
      return ++this.value;
    }
}
```

然后，为该类创建一个实例，用代理对其进行包装，并将这两个对象保存在 names 中：

```
const c = new Counter("counter");
const cProxy = new Proxy(c, handlers);
names.set(c, "c");
names.set(cProxy, "cProxy");
```

现在，开始在代理上执行一些操作，触发劫持函数。首先，通过代理获取计数器的初始值：

```
console.log("---- Getting cProxy.value (before increment):");
console.log(`cProxy.value (before)= ${cProxy.value}`);
```

你已经见过代理的 get 劫持函数，因此不会对如下输出感到惊讶：

```
---- Getting cProxy.value (before increment):
get: target = c, propName = "value", receiver = cProxy
cProxy.value (before) = 0
```

如第二行所示，get 劫持函数被触发，同时 target 被设置为目标对象 c，propName 被设置为"value"，而接收对象 receiver 被设置为代理本身—— cProxy(后面的小节会阐明接收对象的重要性)。第三行告诉我们返回的值为 0，这是有道理的，因为计数器(Counter)是从 0 开始计数的。

接下来，代码调用代理上的 increment 函数：

```
console.log("---- Calling cProxy.increment():");
cProxy.increment();
```

输出似乎有点令人惊讶：

```
---- Calling cProxy.increment():
get: target = c, propName = "increment", receiver = cProxy
get: target = c, propName = "value", receiver = cProxy
set: target = c, propName = "value", value = 1, receiver = cProxy
getOwnPropertyDescriptor: target = c, propName = "value"
defineProperty: target = c, propName = "value", descriptor = {"value":1}
```

有 4 种不同类型的劫持函数被触发，其中一种还被触发了 2 次！

第一部分很简单：cProxy.increment()执行[[Get]]来查找代理上的 increment 属性，get 劫持函数为此而被触发。然后，记住 increment 方法的实现：

```
increment(){
   return ++this.value;
}
```

在表达式 cProxy.increment()中，调用 increment 的代码中的 this 被设置为 cProxy，所以++this.value 中的 this 是代理对象(cProxy)：首先引擎对 value 执行了[[Get]](得到 0)，然后执行了[[Set]](赋值 1)。

你可能会想："到目前为止，一切都很好理解，但是 getOwnPropertyDescriptor 的作用是什么呢？以及为什么会有 defineProperty？"

普通对象[1]默认的[[Set]]操作的实现，是设计者为了使用代理而专门这样设计的。首先，它检查该属性是数据属性还是访问器属性(这个检查是直接完成的，不需要通过代理)。如果要设置的是访问器属性，则调用 setter 函数。但如果它是一个数据属性，属性值的设置则较为复杂：代理通过[[GetOwnProperty]]获得属性的描述符，设置它的 value 属性，然后使用[[DefineOwnProperty]]和修改后的描述符来更新它。(如果该属性尚不存在，则[[Set]]会为该属性定义一个数据属性描述符，并使用[[DefineOwnProperty]]来创建它。)

使用[[DefineOwnProperty]]来设置值的做法似乎很奇怪，但这样做可确保所有修改属性的操作(它的可写性、可配置性、可扩展性，甚至它的值)都通过一个中央操作进行：[[DefineOwnProperty]]。(在继续执行示例的过程中，你将看到其他内容。)

接下来的代码：

```
console.log("---- Getting cProxy.value (after increment):");
console.log(`cProxy.value (after)= ${cProxy.value}`);
```

输出了更新后的值：

```
---- Getting cProxy.value (after increment):
get: target = c, propName = "value", receiver = cProxy
cProxy.value (after) = 1
```

到目前为止，该示例已触发了 13 个劫持函数中的 4 个：get、set、getOwnPropertyDescriptor 和 defineProperty。

接下来，使用 Object.keys 获取 cProxy 对象自己的、可枚举的、以字符串命名的属性键：

```
console.log("---- Getting cProxy's own enumerable string-named keys:");
console.log(Object.keys(cProxy));
```

这触发了 ownKeys 劫持函数，因为 Object.keys 必须在将键写入数组之前检查键是否可枚举，所以我们看到它获得了两个键的属性描述符：

```
---- Getting cProxy's own enumerable string-named keys:
ownKeys: target = c
getOwnPropertyDescriptor: target = c, propName = "value"
getOwnPropertyDescriptor: target = c, propName = "name"
["value", "name"]
```

1 https://tc39.es/ecma262/#sec-ordinaryset。

接下来，删除 value 属性：

```
console.log("---- Deleting cProxy.value:");
delete cProxy.value;
```

删除属性的操作非常简单直接，因此仅触发 deleteProperty 劫持函数：

```
---- Deleting cProxy.value:
deleteProperty: target = c, propName = "value"
```

然后使用 in 操作符查看 value 属性是否仍然存在：

```
console.log("---- Checking whether cProxy has a 'value' property:");
console.log(`"value" in cProxy? ${"value" in cProxy}`);
```

这会触发 has 劫持函数。由于代理刚才并没有阻止删除，该对象不再具有 value 属性：

```
---- Checking whether cProxy has a 'value' property:
has: target = c, propName = "value"
"value" in cProxy? false
```

接下来，代码获取对象的原型：

```
console.log("---- Getting the prototype of cProxy:");
const sameProto = Object.getPrototypeOf(cProxy)=== Counter.prototype;
console.log(`Object.getPrototypeOf(cProxy)=== Counter.prototype? ${sameProto}`);
```

这会触发 getPrototypeOf 劫持函数：

```
---- Getting the prototype of cProxy:
getPrototypeOf: target = c
Object.getPrototypeOf(cProxy) === Counter.prototy? true
```

记住，代理把操作传递给目标对象(除非某个劫持函数干预)，因此代码返回的是 c 的原型，而不是代理的原型(实际上，由于代理有这样的行为，它们根本没有原型，并且 Proxy 构造函数没有 prototype 属性)。

设置对象的原型，触发下一个劫持函数：

```
console.log("---- Setting the prototype of cProxy to Object.prototype:");
Object.setPrototypeOf(cProxy, Object.prototype);
```

如你所料，setPrototypeOf 劫持函数被触发了：

```
---- Setting the prototype of cProxy to Object.prototype:
setPrototypeOf: target = c, newProto = {}
```

然后查看 cProxy 的原型是否还是 Counter.prototype：

```
console.log("---- Getting the prototype of cProxy again:");
const sameProto2 = Object.getPrototypeOf(cProxy)=== Counter.prototype;
console.log(`Object.getPrototypeOf(cProxy)=== Counter.prototype? ${sameProto2}`);
```

它已经不是了，因为代码刚才把它改成了 Object.prototype：

```
---- Getting the prototype of cProxy again:
getPrototypeOf: target = c
Object.getPrototypeOf(cProxy) === Counter.prototype? false
```

接下来，检查可扩展性：

```
console.log("---- Is cProxy extensible?:");
console.log(`Object.isExtensible(cProxy)(before)? ${Object.isExtensible(cProxy)}`);
```

可扩展性检查是非常简单直接的操作，仅涉及对 isExtensible 劫持函数的一次调用：

```
---- Is cProxy extensible?:
isExtensible: target = c
Object.isExtensible(cProxy) (before)? true
```

接下来，代码阻止对 cProxy 的扩展：

```
console.log("---- Preventing extensions on cProxy:");
Object.preventExtensions(cProxy);
```

这会触发 preventExtensions 劫持函数：

```
---- Preventing extensions on cProxy:
preventExtensions: target = c
```

然后查看对象是否仍然可扩展：

```
console.log("---- Is cProxy still extensible?:");
console.log(`Object.isExtensible(cProxy)(after)? ${Object.isExtensible(cProxy)}`);
```

对象已不再可扩展，因为劫持函数并未阻止该操作：

```
---- Is cProxy still extensible?:
isExtensible: target = c
Object.isExtensible(cProxy) (after)? false
```

到目前为止，你已经看到了 13 个劫持函数中的 11 个。其余 2 个劫持函数仅对函数对象上的代理有意义，因此示例代码创建了一个函数并用代理对其进行封装(把这两个对象保存到 names 上，以告诉代码输出其名称，而不是内容)：

```
const func = function(){ console.log("func ran"); };
const funcProxy = new Proxy(func, handlers);
names.set(func, "func");
names.set(funcProxy, "funcProxy");
```

然后调用该函数：

```
console.log("---- Calling funcProxy as a function:");
funcProxy();
```

这触发了 apply 劫持函数：

```
---- Calling funcProxy as a function:
```

```
apply: target = func, thisValue = undefined, args = []
func ran
```

之后，以构造函数的方式调用该函数来演示最后一个劫持函数—— construct:

```
console.log("---- Calling funcProxy as a constructor:");
new funcProxy();
```

这会输出:

```
----  Calling funcProxy as a constructor:
construct: target = func, args = [], newTarget = funcProxy
get: target = func, propName = "prototype", receiver = funcProxy
func ran
```

这之所以可行，是因为传统函数都可被用作构造函数。但如果你尝试以这种方式调用非构造函数(如箭头函数或方法)，则不会触发劫持函数，因为代理对象根本没有[[Construct]]内部函数。相反，若尝试调用，只会失败。下面的示例通过创建箭头函数及其代理来说明这一点:

```
const arrowFunc = ()=> { console.log("arrowFunc ran"); };
const arrowFuncProxy = new Proxy(arrowFunc, handlers);
names.set(arrowFunc, "arrowFunc");
names.set(arrowFuncProxy, "arrowFuncProxy");
```

然后尝试将其当作函数和构造函数来调用:

```
console.log("---- Calling arrowFuncProxy as a function:");
arrowFuncProxy();
console.log("---- Calling arrowFuncProxy as a constructor:");
try {
   new arrowFuncProxy();
} catch (error){
   console.error(`${error.name}: ${error.message}`);
}
```

这会输出:

```
---- Calling arrowFuncProxy as a function:
apply: target = arrowFunc, thisValue = undefined, args = []
arrowFunc ran
---- Calling arrowFuncProxy as a constructor:
TypeError: arrowFuncProxy is not a constructor
```

最后强调一下，请记住函数是对象，因此所有其他的劫持函数也适用于它们。该示例以获取箭头函数的 name 属性结尾:

```
console.log("---- Getting name of arrowFuncProxy:");
console.log(`arrowFuncProxy.name = ${arrowFuncProxy.name}`);
```

上面的代码会触发 get 劫持函数:

```
----  Getting name of arrowFuncProxy:
```

```
get: target = arrowFunc, propName = "name", receiver = arrowFuncProxy
arrowFuncProxy.name = arrowFunc
```

14.2.2 代理劫持函数

上面的日志记录示例已经在实战中向你展示了所有劫持函数。本节将详细介绍每个劫持函数，包括它们受到的一些限制。

1. 通用特性

尽管存在一些限制，但代理劫持函数几乎可以做任何事情。一般来说，劫持函数可以：

- 仅处理操作本身，并不会使用目标对象(或函数)。
- 调整操作(有时会有限制)。
- 拒绝操作，返回错误标识或者抛出错误。
- 执行你期望的任何副作用代码(比如上面日志记录示例中的日志输出语句)，因为劫持函数可以是任何代码。

但劫持函数也存在一些限制，这些限制是为了强制所有对象(包括代理这样的奇异对象)都有预期的基本不变式行为(essential invariant behavior[1])。后续章节将详细介绍针对特定劫持函数的限制。

2. apply 劫持函数

apply 劫持函数是针对可调用对象(比如函数)的[[Call]]内置操作。只有当被代理的目标对象有[[Call]]操作时，代理才会有[[Call]]操作(否则，尝试调用代理的行为将会因其不可调用而产生类型错误)，所以 apply 劫持函数仅可运用于那些可调用的目标对象的代理。

apply 劫持函数接收三个参数。

- target：代理的目标对象。
- thisValue：调用时被用作 this 的值。
- args：调用时的参数数组。

它的返回值将会被用作调用操作的返回值(不论它实际上是否调用了目标函数)。

劫持函数可调用目标对象，也可不调用，并且可返回任何值(或抛出错误)。与其他一些劫持函数不同，apply 劫持函数可做的事情没有任何限制。

3. construct 劫持函数

construct 劫持函数用于构造函数的[[Construct]]内部操作。只有当被代理的目标对象有[[Construct]]操作时，代理才会有[[Construct]]操作(否则，尝试将代理当作构造函数来调用的行为会产生类型错误，因为它不是构造函数)，因此，construct 劫持函数仅适用于目标对象是构造函数(class 的构造函数或传统函数都可被用作构造函数)的代理。

construct 劫持函数接收三个参数。

- target：代理的目标对象。
- args：调用时的参数数组。

1 https://tc39.github.io/ecma262/#sec-invariants-of-the-essential-internal-methods。

- newTarget：new.target 的值(参见第 4 章)。

该函数的返回值被用作构造操作的结果(无论它实际是否这么做)。

construct 劫持函数几乎可做任何事情。construct 劫持函数受到的一个限制是，如果它返回一个值(而不是抛出错误)，它的返回值必须是一个对象(不能是 null 或原始类型)。如果它返回 null 或原始类型，代理将抛出错误。

4. defineProperty 劫持函数

defineProperty 劫持函数用于对象的[[DefineOwnProperty]]内部操作。如日志记录示例所示，[[DefineOwnProperty]]不仅可在代码(在对象上)调用 Object.defineProperty(或 Reflect.defineProperty)时使用，还可在设置数据属性值或者通过赋值创建一个属性时使用。

defineProperty 劫持函数接收三个参数。

- target：代理的目标对象。
- propName：需要定义或者重新定义的属性的名称。
- descriptor：应用的属性描述符。

如果调用成功，该函数将返回 true(属性定义成功或已经匹配到现有属性)；如果调用失败，它将返回 false。(真值和假值将根据需要进行强制类型转换。)

defineProperty 劫持函数可拒绝更改(返回 false 或抛出错误)，在使用属性描述符之前对其进行调整，或做其他所有劫持函数可做的任何事情，等等。

如果 defineProperty 劫持函数返回 true(成功)，这时会有一些限制。从根本上讲，当操作显然未完成时，该函数不能说操作成功。具体来说，如果属性满足以下情况且 defineProperty 劫持函数报告成功，代码则会抛出错误：

- 属性不存在且目标对象不可扩展。
- 属性不存在，并且传入的描述符将属性标记为不可配置。
- 属性存在并且是可配置的，但是传入的描述符将属性标记为不可配置。
- 如果属性存在，那么对其使用描述符的行为将导致错误(例如，如果属性存在并且不可配置，但是描述符正在更改其配置)。

这些限制之所以存在，是因为前面提到的对象的基本不变式行为约束。但是，它们仍然具有很大的灵活性。例如，当属性的值不是(现在)应该设置的值时，defineProperty 劫持函数可以认为，设置属性值的调用生效了，尽管属性是可写的数据属性。

当 defineProperty 劫持函数返回 false(失败)时，则没有任何限制，即使该属性的存在完全符合描述符的描述(这通常意味着它会返回 true)。

如前所述，设置数据属性(而不是访问器属性)的值时，会触发 defineProperty 劫持函数，但这并不意味着 set 劫持函数是多余的。设置访问器属性的值时，也会触发 set 劫持函数，但不会触发 defineProperty。

代码清单 14-3 展示了一个简单的 defineProperty 劫持函数，它禁止你将目标对象上的任何现有属性设置为不可写。

代码清单 14-3　defineProperty 劫持函数示例——defineProperty-trap-example.js

```
const obj = {};
const p = new Proxy(obj, {
   defineProperty(target, propName, descriptor){
      if ("writable" in descriptor && !descriptor.writable){
         const currentDescriptor =
            Reflect.getOwnPropertyDescriptor(target, propName);
         if (currentDescriptor && currentDescriptor.writable){
            return false;
         }
      }
      return Reflect.defineProperty(target, propName, descriptor);
   }
});
p.a = 1;
console.log(`p.a = ${p.a}`);
console.log("Trying to make p.a non-writable...");
console.log(
   `Result of defineProperty: ${Reflect.defineProperty(p, "a", {writable: false})}`
);
console.log("Setting pa.a to 2...");
p.a = 2;
console.log(`p.a = ${p.a}`);
```

在代码清单 14-3 中，注意：在使用代理时，代码试图使用 Reflect.defineProperty(而不是 Object.defineProperty)将属性标记为不可写。你能想到为什么此处这样写吗？这与 Object 和 Reflect 这两个版本的函数之间的一个主要区别有关……

这是因为我想告诉你调用的结果为 false，而且在 defineProperty 调用之后，a 属性仍然可写。如果此处使用 Object.defineProperty，它将抛出错误，而不是返回 false，为此这里必须写一个 try/catch 语句块。这种情况下，你选用的方式取决于你是想要返回值还是想要抛出错误，这两种方式在不同的场景下有各自的用处。

最后一点：如果劫持函数是由对 defineProperty 的调用(无论是 Object 还是 Reflect 的版本)触发的，该函数就不会收到传递给它的描述符对象的直接引用，而是会收到专门为劫持函数创建的对象，该对象上只有有效的属性名称。因此，即使传递给该函数的属性描述符包含额外的非描述符属性，劫持函数也不会收到它们。

5. deleteProperty 劫持函数

deleteProperty 劫持函数用于[[Delete]]内部对象操作，该操作从对象中删除属性。

deleteProperty 劫持函数接收两个参数。

- target：代理的目标对象。
- propName：要删除的属性的名称。

与 delete 操作符在非严格模式下的行为类似(在严格模式下，如删除失败，它会抛出错误)，deleteProperty 劫持函数会在成功时返回 true，并在出错时返回 false。真值和假值将根据需要进行强制类型转换。

劫持函数可拒绝删除该属性(通过返回 false 或抛出错误)，也可做其他所有劫持函数能做的任何事情。

如果要删除的属性存在于目标对象上并且是不可配置的，那么该函数不能返回 true，因为这将违反基本不变式行为。这样做会导致错误。

代码清单 14-4 展示了一个拒绝删除 value 属性的 deleteProperty 劫持函数。

代码清单 14-4　deleteProperty 劫持函数示例——deleteProperty-trap-example.js

```
const obj = {value: 42};
const p = new Proxy(obj, {
   deleteProperty(target, propName, descriptor){
       if (propName === "value"){
           return false;
       }
       return Reflect.deleteProperty(target, propName, descriptor);
   }
});
console.log(`p.value = ${p.value}`);
console.log("deleting 'value' from p in loose mode:");
console.log(delete p.value); // false
(()=> {
   "use strict";
   console.log("deleting 'value' from p in strict mode:");
   try {
       delete p.value;
   } catch (error){
       // TypeError: 'deleteProperty' on proxy: trap returned
       // falsish for property 'value'
       console.error(error);
   }
})();
```

6. get 劫持函数

如前所述，get 劫持函数用于[[Get]]内部对象操作：获取属性的值。

get 劫持函数接收三个参数。

- target：代理的目标对象。
- propName：属性名称。
- receiver：接收[[Get]]调用的对象。

它的返回值被用作[[Get]]操作的结果(属性的值)。

当属性是访问器属性(而不是数据属性)时，receiver 参数很重要：如果没有劫持函数，则该值为调用访问器过程中 this 的值。通常，receiver 是一个代理对象，但也可以是以代理为原型的对象——要知道代理也是对象，而且你没有理由不将代理用作原型。根据使用场景，如果将调用传递给 Reflect.get，则可选择不传递 receiver，这种情况下，访问器中的 this 就是目标对象(target)，或者可将它替换为其他目标对象。

get 劫持函数几乎可做任何事情，如修改返回值等，不过，和其他劫持函数一样，它也不能违反某些基本不变式行为，这意味着，如果它属于以下情况，则会导致错误：

- 如果该属性是不可配置的只读数据属性，且返回的值与目标对象属性的值不同。
- 如果目标的属性是不可配置的只写访问器属性(没有 getter，只有 setter)，且返回值不是 undefined。

前面展示过几个 get 劫持函数的示例，这里就不再赘述了。但是后面的“示例：隐藏属性”一节会再次提到该函数。

7. getOwnPropertyDescriptor 劫持函数

getOwnPropertyDescriptor 劫持函数用于[[GetOwnProperty]]内部对象操作，该操作从对象获取属性的描述符对象。正如前面的日志记录示例所述，[[GetOwnProperty]]在处理其他内部对象操作的过程中会被多次调用，而不仅限于代码使用 Object.getOwnPropertyDescriptor 或 Reflect.getOwnPropertyDescriptor 时。

getOwnPropertyDescriptor 劫持函数接收两个参数。

- target：代理的目标对象。
- propName：属性名称。

它应该返回一个属性描述符对象，如果该属性不存在，它则应返回 undefined；如果它返回任何其他内容(包括 null)，将导致错误。通常，可从 Reflect.getOwnPropertyDescriptor 获取描述符对象，但是也可手动生成描述符对象或修改从该调用中返回的内容(在限制范围内)。下面列出了属性描述符对象的属性。根据不同的属性，它们会有不同的组合使用方式。

- writable：如果该属性是可写的，则为 true；否则为 false(仅数据属性)；如果缺省，则默认为 false。
- enumerable：如果该属性可枚举，则为 true；否则为 false；如果缺省，则默认为 false。
- configurable：如果属性是可配置的，则为 true；否则为 false；如果缺省，则默认为 false。
- value：如果该属性是数据属性，则表示属性的值，否则不存在。
- get：访问器属性的 getter 函数(不能与 value 或 writable 结合使用)。
- set：访问器属性的 setter 函数(不能与 value 或 writable 结合使用)。

getOwnPropertyDescriptor 劫持函数返回的描述符对象不会直接返回给请求描述符的代码；相反，它会创建一个新的描述符对象，该对象仅提供有效属性，任何其他属性都将被忽略。

为了保持基本不变式行为，getOwnPropertyDescriptor 劫持函数所能做的事情受到了一些限制。如果出现以下情况，会导致错误：

- 要获取描述符的属性存在于目标对象上，且目标对象不可扩展，同时函数返回 undefined。
- 要获取描述符的属性存在于目标对象上，且该属性不可配置，同时函数返回 undefined。
- 函数返回具有不可配置属性的描述符，但是该属性不存在或可配置。
- 函数返回属性的描述符，但该属性不存在，且目标对象是不可扩展的。

getOwnPropertyDescriptor 劫持函数的主要使用场景可能是：使用代理将目标对象拥有的属性隐藏起来。然而这种做法不容易实现，而且涉及多个劫持函数。请参阅本章后面的“示例：隐藏属性”一节。

8. getPrototypeOf 劫持函数

getPrototypeOf 劫持函数用于[[GetPrototypeOf]]内部对象操作。当你使用 Object 或 Reflect 对象的 getPrototypeOf 函数(直接使用，或通过 Web 浏览器上的 Object.prototype.__proto__getter 方法间接使用)时，或者当任何内部操作需要获取代理原型时，就会触发该劫持函数。当你在代理上使用[[Get]]时，该劫持函数不会被触发，即便代码因为代理没有 prototype 属性而沿着代理的原型链进行查找，该函数也不会被触发，因为[[Get]]调用是作用到目标对象上的(在正常情况下)，所以从这一点来看，沿着原型链查找时使用的[[GetPrototypeOf]]操作是作用到目标对象(而不是代理)上的。

getPrototypeOf 仅接收一个参数。

- target：代理的目标对象。

该函数应该返回一个对象或 null。它可返回你想要的任何对象，除非目标对象是不可扩展的。这种情况下，必须返回目标对象的原型。

代码清单 14-5 展示了一个隐藏目标对象原型的代理，尽管原型上的属性还可以被解析。

代码清单 14-5　getPrototypeOf 劫持函数示例——getPrototypeOf-trap-example.js

```
const proto = {
   testing: "one two three"
};
const obj = Object.create(proto);
const p = new Proxy(obj, {
   getPrototypeOf(target){
       return null;
   }
});
console.log(p.testing);                  // one two three
console.log(Object.getPrototypeOf(p)); // null
```

9. has 劫持函数

has 劫持函数用于[[HasProperty]]内部对象操作，以确定对象是否具有给定的属性(本身或通过其原型)。

该函数接收两个参数。

- target：代理的目标对象。
- propName：属性名称。

如果目标对象有给定的属性(直接或通过其原型)，该函数则返回 true；否则，返回 false(真值和假值在必要时将进行强制类型转换)。

根据先前劫持函数的限制，你可能猜到了 has 劫持函数受到的限制：

- 属性存在且不可配置时，如果该函数返回 false，将导致错误。
- 对于不可扩展的目标对象上存在的属性，如果该函数返回 false，将导致错误。

对于不存在的属性，即使在不可扩展的目标对象上，has 劫持函数也可返回 true。

has 劫持函数显而易见的用途是：隐藏对象拥有的属性或声称对象拥有它没有的属性。有关示例，请参阅本章后面的“示例：隐藏属性”一节。

10. isExtensible 劫持函数

isExtensible 劫持函数用于[[IsExtensible]]内部对象操作：检查对象是否可扩展(即尚未对其执行[[PreventExtensions]]操作)。

isExtensible 劫持函数仅接收一个参数。

- target：代理的目标对象。

如果对象是可扩展的，该函数则返回 true；否则，返回 false(真值和假值在必要时将进行强制类型转换)。isExtensible 是所受限制最为严格的劫持函数之一：它必须与目标对象本身返回相同的值。因此，如前面的日志记录示例所述，这个劫持函数仅对副作用(如记录)代码有用。

11. ownKeys 劫持函数

ownKeys 劫持函数用于[[OwnPropertyKeys]]内部对象操作，它创建对象自己的属性键的数组，包括不可枚举的属性和以 Symbols(而不是字符串)命名的属性。

ownKeys 劫持函数仅接收一个参数。

- target：代理的目标对象。

它应该返回一个数组或类数组的对象(不能只是可迭代的对象，必须是类数组对象)。

如果劫持函数返回的数组出现以下情况，则会导致错误：

- 其中有重复项。
- 具有非字符串、非 Symbol 的条目。
- 如果目标对象不可扩展，且数组中有缺失或多余的条目。
- 缺失对应目标对象上存在的且不可配置属性的条目。

这意味着 ownKeys 劫持函数可隐藏属性(只要它们是可配置的，并且目标对象是可扩展的)，或者包括额外的属性(只要目标对象是可扩展的)。

ownKeys 常用于隐藏属性，“示例：隐藏属性”一节中有相关的介绍。

12. preventExtensions 劫持函数

preventExtensions 劫持函数用于[[PreventExtensions]]内部对象操作，它将对象标记为不可扩展的。

该劫持函数仅接收一个参数。

- target：代理的目标对象。

如果成功，该函数应该返回 true；否则，返回 false(真值和假值在必要时将进行强制类型转换)。如果该函数返回 true 但目标对象是可扩展的，则会导致错误，但当目标对象不可扩展时，它可以返回 false。

preventExtensions 劫持函数可以通过返回 false 来防止目标对象变得不可扩展，如代码清单 14-6 所示。

代码清单 14-6　preventExtensions 劫持函数示例——preventExtensions-trap-example.js

```
const obj = {};
const p = new Proxy(obj, {
   preventExtensions(target){
       return false;
```

```
    }
});
console.log(Reflect.isExtensible(p));          // true
console.log(Reflect.preventExtensions(p));  // false
console.log(Reflect.isExtensible(p));     // true
```

13. set 劫持函数

set 劫持函数用于[[Set]]内部对象操作：设置属性的值。设置数据属性或访问器属性的值时，将触发该函数。如前所述，如果 set 劫持函数允许该操作并且所设置的属性是数据属性，那么 defineProperty 劫持函数也会被触发，以设置数据属性的值。

set 劫持函数接收四个参数。

- target：代理的目标对象。
- propName：属性名称。
- value：要设置的值。
- receiver：接收该操作的对象。

如果成功，该函数应该返回 true；否则，返回 false(真值和假值在必要时将进行强制类型转换)。基本不变式操作约束意味着，出现以下情况时，如果劫持函数返回 true，则会导致错误：

- 存在于目标对象上的属性是不可配置、不可写的数据属性，并且其值与设置的值不匹配。
- 存在于目标对象上的属性是不可配置的访问器属性，并且没有 setter 函数。

请注意，set 可通过返回 false 来阻止值的设定，即使对于不可配置的属性，甚至是不可扩展的目标对象，set 也能这样做。本章后面的“示例：隐藏属性”一节将介绍相关内容。

14. setPrototypeOf 劫持函数

setPrototypeOf 劫持函数用于[[SetPrototypeOf]]内部对象操作，该操作(我知道这会让你感到惊讶)用于设置对象的原型。

该劫持函数接收两个参数。

- target：代理的目标对象。
- newProto：要设置的原型。

如果成功，该函数应该返回 true；否则，返回 false(真值和假值在必要时将进行强制类型转换)。为了不违反基本不变式操作约束，如果目标对象是不可扩展的，则 setPrototypeOf 不能返回 true，除非要设置的原型对象已经是目标对象的原型。但是，它可以拒绝设置新的原型，如代码清单 14-7 所示。

代码清单 14-7　setPrototypeOf 劫持函数示例——setPrototypeOf-trap-example.js

```
const obj = {foo: 42};
const p = new Proxy(obj, {
   setPrototypeOf(target, newProto){
       // Return false unless `newProto` is already `target`'s prototype
       return Reflect.getPrototypeOf(target)=== newProto;
   }
});
```

```
console.log(Reflect.getPrototypeOf(p)=== Object.prototype);    // true
console.log(Reflect.setPrototypeOf(p, Object.prototype));      // true
console.log(Reflect.setPrototypeOf(p, Array.prototype));       // false
```

14.2.3 示例：隐藏属性

本节介绍一个隐藏属性的示例。如果想在一个不可变的对象中隐藏属性，这是相当容易实现的，但当对象上的操作可更改隐藏属性时，隐藏属性的实现就要复杂得多。

首先值得注意的是，隐藏属性通常不是必要的。大多数具有声明性私有属性的语言都有一个后门(通过反射)，如果编程者确实想获取私有信息，可使用它们(有趣的是，JavaScript 语言中的私有属性没有这样的后门，详见第 18 章)。因此，对于大多数用例而言，一个简单的命名约定或一些说明“不要访问此属性”的文档通常可以满足要求。但是，若这些还不能满足要求，你还有 4 种选择(至少)：

- 在构造函数中将方法创建为闭包(而不是将它们放在原型上)，然后将“属性”存储在构造函数调用范围内的变量/参数中。
- 使用第 12 章中展示的 WeakMap，这样，要隐藏的属性根本不在对象上。
- 使用私有字段(详见第 18 章)，不过浏览器要支持这些字段(在我撰写本书时，它们处于阶段 3)；或者通过编译。
- 使用代理隐藏属性。

如果你因为某种原因而不能使用前三种方法中的任何一个(也许是因为你不能修改所代理的对象的实现)，那么第四个选择(使用代理的方式)就能派上用场了。

接下来看看隐藏属性的实际效果。假设你有一个简单的计数器类，如下所示：

```
class Counter {
   constructor(name){
      this._value = 0;
      this.name = name;
   }
   increment(){
      return ++this._value;
   }
   get value(){
      return this._value;
   }
}
```

下面的代码可直接观察和修改_value：

```
const c = new Counter("c");
console.log("c.value before increment:");
console.log(c.value);                         // 0
console.log("c._value before increment:");
console.log(c._value);                        // 0
c.increment();
console.log("c.value after increment:");
console.log(c.value);                         // 1
console.log("c._value after increment:");
```

```
console.log(c._value);                   // 1
console.log("'_value' in c:");
console.log('_value' in c);              // true
console.log("Object.keys(c):");
console.log(Object.keys(c));          // ["name", "_value"]
c._value = 42;
console.log("c.value after changing _value:");
console.log(c.value);                 // 42
```

(可从本章代码下载中的 not-hiding-properties.js 文件执行上述代码。)

假设你要隐藏_value 属性，以免计数器类的实例就不能对其进行观察或更改，并且你不希望或不能使用其他任何一种机制。为此，你至少需要实现以下几个劫持函数。

- get：返回 undefined，而不是属性值。
- getOwnPropertyDescriptor：使返回的是 undefined，而不是它的属性描述符。
- has：不公布属性的存在。
- ownKeys：同上。
- defineProperty：禁止设置属性(直接设置或通过 Object.defineProperty 或 Reflect.defineProperty 设置)，也不允许更改属性的可枚举性等。
- deleteProperty：使得该属性无法被删除。

此处没必要使用 set 劫持函数，因为如前所述，所有修改数据属性的操作最终都会通过 defineProperty 劫持函数执行。如果你要隐藏访问器属性，就需要使用 set 劫持函数，因为只有数据属性的更改会通过 defineProperty 执行。

下面介绍其实现方式：

```
function getCounter(name){
    const p = new Proxy(new Counter(name), {
      get(target, name, receiver){
          if (name === "_value"){
              return undefined;
          }
          return Reflect.get(target, name, receiver);
      },
      getOwnPropertyDescriptor(target, propName){
          if (name === "_value"){
              return undefined;
          }
          return Reflect.getOwnPropertyDescriptor(target, propName);
      },
      defineProperty(target, name, descriptor){
          if (name === "_value"){
              return false;
          }
          return Reflect.defineProperty(target, name, descriptor);
      },
      has(target, name){
          if (name === "_value"){
              return false;
```

```
            }
            return Reflect.has(target, name);
        },
        ownKeys(target){
            return Reflect.ownKeys(target).filter(key => key !== "_value");
        }
    });
    return p;
}
```

上面的代码看起来应该可以解决问题，对吗？下面对它执行与之前相同的一系列操作，但是这次使用 const p = getCounter("p")，而不是 const c = new Counter("c")：

```
const p = getCounter("p");
console.log("p.value before increment:");
console.log(p.value);          // 0
console.log("p._value before increment:");
console.log(p._value);         // undefined
p.increment();                 // Throws an error!
```

前面几行代码还可正常运行，但随后 increment 函数调用失败了(通过运行本章代码下载中的 hiding-properties-1.js 文件来尝试一下)，错误指向++ this._value;这行代码：

```
TypeError: 'defineProperty' on proxy: trap returned falsish for property '_value'
```

为什么 Counter 代码中的那一行调用的是代理对象？

让我们看一下执行 p.increment()时发生了什么：

- 调用对象的[[Get]]以获取 increment 属性；由于该名称不是_value，get 劫持函数会通过 Reflect.get 返回 increment 函数。
- [[Call]]在 increment 函数上被调用，此时 this 被设置为……你看到问题了，不是吗？ this 被设置为代理对象，而不是目标对象。要知道，调用语句是 p.increment()，因此在调用 increment 时，this 指向的是 p。

那么，如何在调用 increment 时使 this 指向目标对象(而不是代理对象)呢？你有几种选择：通过一个函数将 increment 封装起来，或者通过一个代理对其进行封装(毕竟本章是介绍代理的，同时，函数的 name、length 等属性都会通过封装器反射出来)。但这样做相当低效，基本上每次调用函数时都要创建一个新的代理(或封装器)。第 12 章介绍了一种更方便的技术，通过这种技术，可在不强制键保留在内存中的情况下保留映射表：WeakMap。代码可使用 WeakMap，以原始函数为键，并以其代理对象为值。可根据需要修改 get 劫持函数来使用代理封装函数，并存储这些代理，以便重用：

```
function getCounter(name){
    const functionProxies = new WeakMap();
    const p = new Proxy(new Counter(name), {
        get(target, name){
            if (name === "_value"){
                return undefined;
            }
            let value = Reflect.get(target, name);
```

```
            if (typeof value === "function"){
                let funcProxy = functionProxies.get(value);
                if (!funcProxy){
                    funcProxy = new Proxy(value,{
                        apply(funcTarget, thisValue, args){
                            const t = thisValue === p ? target : thisValue;
                            return Reflect.apply(funcTarget, t, args);
                        }
                    });
                    functionProxies.set(value, funcProxy);
                    value = funcProxy;
                }
            }
            return value;
        },
        // ...no changes to the other trap handlers...
    });
    return p;
}
```

请注意，在调用 increment 时，代理使用的是原始目标对象(Counter 类的实例，target)，而不是代理对象。这种做法生效了：用本章代码下载中的 hiding-properties-2.js 文件来尝试运行。你可以看到，increment 仍然是可调用的，但是无法从外部访问_value。

如果从计数器的原型(而不是代理)来获取 increment，仍然有可能使这个被代理的计数器失败(本章代码下载中的 hiding-properties-fail.js 文件)：

```
const { increment } = Object.getPrototypeOf(p);
increment.call(p);
// => Throws TypeError: 'defineProperty' on proxy: trap returned falsish...
```

如果再用一个代理来封装代理，或将被代理的计数器(p)用作原型对象，都会导致调用失败(因为在两种情况下，apply 劫持函数中的 thisValue === p 检查都不会返回 true)，但是基本使用场景的处理是正确的。将代理用作原型的使用场景是可以实现的(通过循环 thisValue 的原型以查看代理是否在其中)，但是你可能无法解决代理封装代理所产生的问题。

这里要注意的是，虽然要“非常详细地测试你的代理”，但代理还是很强大的，不过，在实际使用中，它也可能会很复杂。

14.2.4　可撤销代理

如本章起始部分所述，如果要在两段代码之间提供边界，如在一个 API 和它的消费侧代码之间设立边界，代理可派上用场。可撤销代理(revocable proxy)在这方面尤其有用，因为你可在合适的时机撤消提供的代理。撤销代理的行为有两个重要作用：

- 使得被撤销的代理上的所有操作都报错。防卫得非常好！
- 将会释放代理对其目标对象的引用。这意味着，尽管消费侧的代码仍可使用该代理，但是目标对象可被当作垃圾回收。这样可最大限度地减少消费侧的代码因完全保留已撤销的代理而对内存造成的影响。例如，一个快速测试表明，一个被撤销的代理在 Chrome V8 引擎上只有 32 个字节(当然，这可能会改变)，但目标对象可能会更大。

如果创建可撤销的代理，要调用 Proxy.revocable 方法，而不是使用 new Proxy。Proxy.revocable 方法返回具有 proxy 属性(代理对象)和 revoke 方法(用于撤销代理)的对象。参见代码清单 14-8。

代码清单 14-8　可撤销代理的示例——revocable-proxy-example.js

```
const obj = {answer: 42};
const { proxy, revoke } = Proxy.revocable(obj, {});
console.log(proxy.answer);    // 42
revoke();
console.log(proxy.answer);    // TypeError: Cannot perform 'get' on
                              // a proxy that has been revoked
```

请注意，一旦撤销代理，再尝试使用它时就会失败。

代码清单 14-8 中的示例未指定包含任何劫持函数的 handler 对象，但这只是为了使示例简短一些。可撤销代理可以具有与本章中介绍的代理相同的劫持函数，并且具有相同的行为。

14.3　旧习换新

从根本上说，反射和代理提供的特性是 JavaScript 的新特性，通常可用于解决新问题，而不是为旧问题提供新的解决方案。但仍然有一些可以更改的做法。

14.3.1　使用代理，而不是禁止消费侧代码修改 API 对象

旧习惯：直接向消费侧代码提供 API 对象。

新习惯：改用代理(或许是可撤销的)。这让你可以控制消费侧代码对对象的访问，包括(如果提供了可撤销的代理)在适当的时候取消对对象的所有访问。

14.3.2　使用代理将实现代码与检测代码分开

旧习惯：将检测代码(用于确定对象的使用模式、性能等的代码)与实现代码(确保对象正确完成其工作的代码)混合在一起。

新习惯：使用代理添加检测层，使对象本身的代码保持整洁。

第15章 正则表达式更新

本章内容

- flags 属性
- y、u 和 s 标志
- 命名捕获组
- 反向预查
- Unicode 码点转义
- Unicode 属性转义

本章代码下载

可通过网址 https://thenewtoys.dev/bookcode 或 https://www.wiley.com/go/javascript-newtoys 下载本章的代码。

本章将介绍 ES015 和 ES2018 中添加的许多新的正则表达式特性，其中包括：可反映实例所有标志信息的 flags 属性，使正则表达式更易读、更可维护的命名捕获组，反向预查，以及访问匹配类的 Unicode 属性转义。

15.1 flags 属性

在 ES2015 中，正则表达式有一个 flags 访问器属性，该属性返回一个包含正则表达式的标志信息的字符串。在 flags 属性出现之前，如想知道 RegExp 对象的标志信息，只能查看反映单独标志的独立属性(rex.global、rex.multiline 等)，或者使用 toString 方法查看字符串的尾部。flags 属性使你可以直接在一个字符串中放入这些标志信息：

```
const rex = /example/ig;
console.log(rex.flags); // "gi"
```

规范要求编程者按字母顺序来提供标志，而不管创建表达式 gimsuy 时是如何指定标志的(后续章节将介绍 s、u 和 y 这三个新标志)。如上例所示，使用带顺序的标志 ig 创建的表达式，在显示 flags

属性的值时输出了 gi。

15.2 新标志

在 ES2015 和 ES2018 中，TC39 增加了新的正则表达式模式标志。

- y: 粘连标志(ES2015)指仅从正则表达式对象的 lastIndex 索引后的字符串开始搜索匹配项(它不会在字符串的后面搜索匹配项)。
- u：Unicode 标志(ES2015)启用默认情况下禁用的多种 Unicode 特性。
- s：dot all 标志(ES2018)使“任意字符”(.)可匹配到行终止符。

下面深入探讨其中的每一个。

15.2.1 粘连标志(y)

y 标志指当对字符串执行正则表达式匹配时，JavaScript 引擎不会遍历整个字符串，它只从正则表达式对象的 lastIndex 索引开始的字符串开始检查匹配情况。参见代码清单 15-1。

代码清单 15-1 粘连标志示例——sticky-example.js

```
function tryRex(rex, str){
   console.log(`lastIndex: ${rex.lastIndex}`);
   const match = rex.exec(str);
   if (match){
      console.log(`Match: ${match[0]}`);
      console.log(`At: ${match.index}`);
   } else {
      console.log("No match");
   }
}
const str = "this is a test";

// Non-sticky, searches string:
tryRex(/test/, str);
// lastIndex: 0
// Match:     test
// At:        10

// Sticky, doesn't search, matches only at `lastIndex`:
const rex1 = /test/y; // `rex.lastIndex` defaults to 0
tryRex(rex1, str);
// lastIndex: 0
// No match

const rex2 = /test/y;
rex2.lastIndex = 10; // Sets where in the string we want to match
tryRex(rex2, str);
// lastIndex:  10
// Match:      test
// At:         10
```

运行代码清单 15-1 中的代码，可以看到，没有粘连标志的正则表达式(/test/)会遍历字符串来搜索匹配项：lastIndex 是 0，但正则表达式在字符串的索引 10 处匹配到单词 test。设置粘连标志(/test/y)后，当 lastIndex 为 0 时，正则表达式匹配不到 test，因为 test 不在字符串的索引 0 处。但是当 lastIndex 为 10 时，它则会匹配到该单词，因为 test 在字符串"this is a test"的索引 10 处。

当你需要用正则表达式遍历字符串，对字符逐一进行匹配时，例如在解析时，粘连标志就能派上用场了。在粘连标志被添加之前，要做到这一点，必须在表达式的开头使用插入符^(输入起点)，并在进行匹配之前截掉字符串中已经处理过的字符，这样匹配过程就会从字符串的开头开始。如果使用粘连标志来处理，该过程则会更简单、更有效率，因为不需要截断字符串。

可通过 flags 属性来确认代码中是否设置了粘连标志，或检查表达式的 sticky 属性，如果其中设置了该标志，代码则返回 true。

15.2.2　Unicode 标志(u)

ES2015 在许多方面(包括在正则表达式中)改进了 JavaScript 对 Unicode 的支持(关于字符串方面的改进，请参见第 10 章)。不过，为了避免给现有的代码带来问题，正则表达式中的新 Unicode 特性在默认情况下是禁用的，需要使用 u 标志来启用。本章后面的“Unicode 特性”一节将描述这些特性。

可通过 flags 属性来确认代码中是否设置了 Unicode 标志，或检查表达式的 unicode 属性，如果其中设置了该标志，代码则返回 true。

15.2.3　dot all 标志(s)

ES2018 为 JavaScript 的正则表达式添加了 s 标志(dotAll)。许多语言(包括 JavaScript)的正则表达式经常让人们误以为“任意字符”(.)不匹配行终止符，如\r 和\n(以及两个额外的 Unicode 字符：\u2028 和\u2029)。dot all 是一种常见的解决方案，它修改了“任意字符”(.)的行为，以使其匹配行终止符。在 ES2018 之前，JavaScript 不支持它，这迫使人们使用[\s\S](任何属于/不属于空格的东西)、[\w\W](任何属于/不属于“单词字符”的东西)之类的变通方法，或高度针对 JavaScript 的[^](一个空的排除型字符集合，“没有可排除的”等于“匹配任何字符”)等方法。

有关 dot all 的示例，请参见代码清单 15-2。

代码清单 15-2　dotAll 标志示例 —— dotAll-example.js

```
const str = "Testing\nAlpha\nBravo\nCharlie\nJavaScript";
console.log(str.match(/.[A-Z]/g)); // ["aS"]
console.log(str.match(/.[A-Z]/gs)); // ["\nA", "\nB", "\nC", "aS"]
```

如上面的例子所示，当没有 s 标志时，只有 JavaScript 中的 aS 匹配，字母 a 和 S 分别由“任意字符”(.)和[A-Z]匹配。有了 s 标志后，Alpha 中的 A、Bravo 中的 B 和 Charlie 中的 C 之前的行终止符也会被匹配到。

可通过 flags 属性来确认表达式是否设置了 dot all 标志，或检查它的 dotAll 属性，若其中设置了该标志，代码则返回 true。

15.3　命名捕获组

ES2018 为 JavaScript 的正则表达式添加了命名捕获组(named capture group)，对现有的匿名捕获组进行了补充。命名捕获组的书写形式如下：

```
(?<name>pattern)
```

捕获组的名称应放到捕获组开头的问号(?)后面的尖括号中。命名捕获组与匿名捕获组的工作机制完全相同，所以它在匹配结果(result[1]等)中是可访问的，也可用于表达式后面的反向引用(\1 等)，而且在与 replace 一起使用时，可用于替换符号($1 等)。也可通过其名称来引用命名捕获组，接下来的章节会介绍这一内容。

15.3.1 基本功能

命名捕获组除了会出现在匹配结果中的常规位置，还会作为属性(使用分组的名称)出现在匹配结果的新对象 groups 上。

为了说明这一点，我们先来看一下通过匿名捕获组匹配的结果：

```
const rex = /testing (\d+)/g;
const result = rex.exec("This is a test: testing 123 testing");
console.log(result[0]);     // testing 123
console.log(result[1]);     // 123
console.log(result.index); // 16
console.log(result.input); // This is a test: testing 123 testing
```

因为匹配成功了，所以 result 是一个增强的数组，result[0]是完整的匹配文本，result[1]是匿名捕获组的匹配结果，匹配内容的索引在 result 对象的 index 属性上，匹配操作的初始字符串在 input 属性上。

下面改用一个名为 number 的命名捕获组：

```
const rex = /testing (?<number>\d+)/g;
const result = rex.exec("This is a test: testing 123 testing");
console.log(result[0]);      // testing 123
console.log(result[1]);      // 123
console.log(result.index);   // 16
console.log(result.input);   // This is a test: testing 123 testing
console.log(result.groups);  // {"number": "123"}
```

捕获组的匹配结果仍在 result[1]上，但注意此处有个新的属性 groups，它是一个对象，每个命名捕获组的名称都是这个对象的属性(这个例子中只有一个：number)。

新添加的 groups 对象没有原型，就好像它是用 Object.create(null)创建的。所以它根本没有任何其他属性，甚至连 toString 和 hasOwnProperty 这样的属性也没有，要知道，大多数对象都会从 Object.prototype 继承这些属性。因此，不必担心你命名的捕获组名称与 Object.prototype 定义的属性之间是否会发生冲突(当运行前面的示例时，根据运行环境，你可能会在输出中看到，groups 对象有一个 null 原型)。

对捕获组设置的名称是非常有用的。假设你要解析一个美国日期格式的日期：mm/dd/yyyy。如使用匿名捕获组，你可能会像代码清单 15-3 那样解析该日期格式。

代码清单 15-3 使用匿名捕获组解析美国日期格式——anon-capture-groups1.js

```
const usDateRex =
   /^(\d{1,2})[-\/](\d{1,2})[-\/](\d{4})$/;
function parseDate(dateStr){
   const parts = usDateRex.exec(dateStr);
   if (parts){
      let year = +parts[3];
      let month = +parts[1] - 1;
```

```
        let day = +parts[2];
        if (!isNaN(year)&& !isNaN(month)&& !isNaN(day)){
            if (year < 50){
                year += 2000;
            } else if (year < 100){
                year += 1900;
            }
            return new Date(year, month, day);
        }
    }
    return null;
}
function test(str){
    let result = parseDate(str);
    console.log(result ? result.toISOString(): "invalid format");
}

test("12/25/2019"); // Parses; shows date
test("2019/25/12"); // Doesn't parse; shows "invalid format"
```

如采用这种方式，就必须记住年份(year)在索引 3(parts [3])处，月份(month)在索引 1 处，日期(day)在索引 2 处，这有些不方便。假设你决定增强解析能力：先尝试匹配 yyyy-mm-dd，如果不匹配，就使用美国日期格式尝试匹配。如代码清单 15-4 所示，这就有点棘手了。

代码清单 15-4　用匿名捕获组添加第二种日期格式——anon-capture-groups2.js

```
const usDateRex =
    /^(\d{1,2})[-\/](\d{1,2})[-\/](\d{4})$/;
const yearFirstDateRex =
    /^(\d{4})[-\/](\d{1,2})[-\/](\d{1,2})$/;
function parseDate(dateStr){
    let year, month, day;
    let parts = yearFirstDateRex.exec(dateStr);
    if (parts){
        year = +parts[1];
        month = +parts[2] - 1;
        day = +parts[3];
    } else {
        parts = usDateRex.exec(dateStr);
        if (parts){
            year = +parts[3];
            month = +parts[1] - 1;
            day = +parts[2];
        }
    }
    if (parts && !isNaN(year)&& !isNaN(month)&& !isNaN(day)){
        if (year < 50){
            year += 2000;
        } else if (year < 100){
            year += 1900;
        }
        return new Date(year, month, day);
    }
    return null;
}
```

```
function test(str){
   let result = parseDate(str);
   console.log(result ? result.toISOString(): "invalid format");
}

test("12/25/2019");  // Parses; shows date
test("2019-12-25");  // Parses; shows date
test("12/25/19");    // Doesn't parse; shows "invalid format"
```

这么做是有效的，但你必须依赖匹配到的正则表达式，根据捕获组在表达式中的顺序，在匹配结果数组中使用索引来获得相应的值。这种方式笨拙且难以阅读，维护起来也很麻烦，容易出错。

假设你一开始就使用命名捕获组，如代码清单 15-5 所示。

代码清单 15-5　使用命名捕获组解析美国日期格式——named-capture-groups1.js

```
const usDateRex =
   /^(?<month>\d{1,2})[-\/](?<day>\d{1,2})[-\/](?<year>\d{4})$/;
function parseDate(dateStr){
   const parts = usDateRex.exec(dateStr);
   if (parts){
       let year = +parts.groups.year;
       let month = +parts.groups.month - 1;
       let day = +parts.groups.day;
       if (!isNaN(year)&& !isNaN(month)&& !isNaN(day)){
           if (year < 50){
               year += 2000;
           } else if (year < 100){
               year += 1900;
           }
           return new Date(year, month, day);
       }
   }
   return null;
}
function test(str){
   let result = parseDate(str);
   console.log(result ? result.toISOString(): "invalid format");
}

test("12/25/2019"); // Parses; shows date
test("12/25/19");   // Doesn't parse; shows "invalid format"
```

这种方式显然更方便，因为你不必记住捕获组的顺序，直接用它们的名称(parts.groups.year 等)来引用即可。而且，如要增加一种格式，实现起来也非常简单，请查看代码清单 15-6，并注意突出显示的部分，这是与代码清单 15-5 相比唯一的变化。

代码清单 15-6　用命名捕获组添加第二种日期格式——named-capture-groups2.js

```
const usDateRex =
   /^(?<month>\d{1,2})[-\/](?<day>\d{1,2})[-\/](?<year>\d{4})$/;
const yearFirstDateRex =
   /^(?<year>\d{4})[-\/](?<month>\d{1,2})[-\/](?<day>\d{1,2})$/;
function parseDate(dateStr){
   const parts = yearFirstDateRex.exec(dateStr)|| usDateRex.exec(dateStr);
```

```
    if (parts){
        let year = +parts.groups.year;
        let month = +parts.groups.month - 1;
        let day = +parts.groups.day;
        if (!isNaN(year)&& !isNaN(month)&& !isNaN(day)){
            if (year < 50){
                year += 2000;
            } else if (year < 100){
                year += 1900;
            }
            return new Date(year, month, day);
        }
    }
    return null;
}
function test(str){
    let result = parseDate(str);
    console.log(result ? result.toISOString(): "invalid format");
}

test("12/25/2019"); // Parses; shows date
test("2019-12-25"); // Parses; shows date
test("12/25/19"); // Doesn't parse; shows "invalid format"
```

简单多了！

15.3.2 反向引用

命名捕获组让反向引用(backreference)变得更清晰和易于维护。

你也许已经知道，可在表达式的后面通过反向引用来匹配前面捕获组的值。例如，下面的正则表达式匹配单引号或者双引号中的文本，通过使用一个捕获组((["']))来匹配前面的引号，通过一个反向引用(\1)来匹配后面的引号。

```
const rex = /(["']).+?\1/g;
const str = "testing 'a one', \"and'a two\", and'a three";
console.log(str.match(rex)); // ["'a one'", "\"and'a two\""]
```

注意反向引用是如何确保第一个匹配结果的两边都是单引号，而第二个匹配结果的两边都是双引号的。

命名捕获组可更清楚地表达反向引用的内容。命名反向引用的形式为\k<name>：

```
const rex = /(?<quote>["']).+?\k<quote>/g;
const str = "testing 'a one', \"and'a two\", and'a three";
console.log(str.match(rex)); // ["'a one'", "\"and'a two\""]
```

现在你不需要数捕获组就能知道反向引用指的是什么。捕获组的名称让这一切变得简单。

你可能在想：“嘿，等一下，那个用于反向引用的文本\k<name>已经有意义了！”你是对的，确实如此：它是一个没必要的转义字符 k，后面是文本<name>。因为这样的事情可能广泛存在于现实中(人们经常进行一些不必要的转义，尽管对 k 转义的行为有些奇怪)，所以只有当表达式中存在命名捕获组时，\k<name>格式才表示命名反向引用。否则，它就回到了原来的含义。只有新的表达式中有命名捕获组(被添加之前，序列(?<name>x)是一个语法错误)，因此，如在有命名捕获组的表达式中使用命名反向引用，这其实是安全的。

最后：为了清晰起见，最好把命名反向引用和命名捕获组结合起来使用，但你也可用旧的匿名形式(如\1)来引用命名捕获组，因为命名捕获组类似于加了与名称有关的特性的匿名捕获组。

15.3.3 替换符号

当用正则表达式来进行替换时(通常通过 String.prototype.replace)，除了像往常一样使用$1、$2 之类的符号来引用捕获组外，也可使用$<name>形式的命名符号。例如，假设你想把字符串中的日期从 yyyy-mm-dd 格式转换为 dd/mm/yyyy 这种常见的欧洲日期格式：

```
const rex = /^(?<year>\d{2}|\d{4})[-\/](?<month>\d{1,2})[-\/](?<day>\d{1,2})$/;
const str = "2019-02-14".replace(rex, "$<day>/$<month>/$<year>");
console.log(str); // "14/02/2019"
```

同处理反向引用和匹配结果时一样，如果你愿意，也可把匿名形式($1 等)和命名捕获组结合起来使用。

15.4 反向预查

ES2018 为正则表达式添加了反向预查(lookbehind assertion)功能，该功能包含反向肯定预查(只在 X 跟随 Y 时匹配 X，不匹配 Y)和反向否定预查(只在 X 不跟随 Y 时匹配 X，不匹配 Y 后面的任何东西)。这对 JavaScript 中已经存在很多年的正向预查进行了很好的补充。

与其他一些语言不同，JavaScript 的反向预查并不局限于固定长度的结构，你可以在反向预查中使用 JavaScript 正则表达式的所有功能。

用 JavaScript 实现的反向预查的一个关键点是，它们是从右到左进行匹配的，而正则表达式通常是从左到右进行处理的。下面几节会再次讨论这一点。

下面详细介绍反向预查。可在下载的 lookbehind.js 文件中找到并运行本节中的所有示例(按顺序)。

15.4.1 反向肯定预查

反向肯定预查的形式是(?<=Y)，其中 Y 是所要查找的内容。例如，为了匹配英镑符号(£，英国使用的货币)后面的数字，而不匹配英镑符号，可使用反向肯定预查来断言它一定存在：

```
const str1 = "We sold 10 cases for £20 each, and 5 cases for £12.99 each";
const rex1 = /(?<=£)[\d.]+/g;
console.log(str1.match(rex1)); // ["20", "12.99"]
```

(为了使该示例保持简单，这里只用[\d.]+来匹配数字，这并不严谨。)注意，10 和 5 没有被匹配，因为它们没有跟在英镑符号(£)后面。

为了进行匹配，从概念上讲，引擎会对非预查部分([\d.]+)进行匹配，然后使用反向预查把表达式中的每个部分与匹配内容前的预查文本进行从右到左[1]、逐个字符的匹配。在本示例中，反向预查只有一个字符(£)，但可以更复杂一些：

```
const str2 = 'The codes are: 1E7 ("blue fidget"), 2G9 ("white flugel"),' +
             'and 17Y7 ("black diamond")';
const rex2 = /(?<=\d+[a-zA-Z]\d+ \(").+?(?="\))/g;
```

1 实际的实现很可能比这更有效，但这种思考方式有助于理解后面要讲解的一些内容。

```
console.log(str2.match(rex2));
// => ["blue fidget", "white flugel", "black diamond"]
```

这个表达式有以下几个部分。

- 一个反向肯定预查，以匹配格式为 1E7、2G9 等的编码和一个左括号与引号的组合：(?<=\d+[a-zA-Z]\d+ \(")
- 匹配描述信息的表达式：.+?
- 一个正向肯定预查，以匹配结尾的引号与右括号的组合：(?="\))

引擎会先匹配.+?，然后从右到左检查匹配前的文本是否能够匹配预查文本的各部分(?<=\d+[a-zA-Z]\d+\(")，如图 15-1 所示。(同样，引擎也许会优化这一过程，但这为该操作提供了良好的思维模型。)

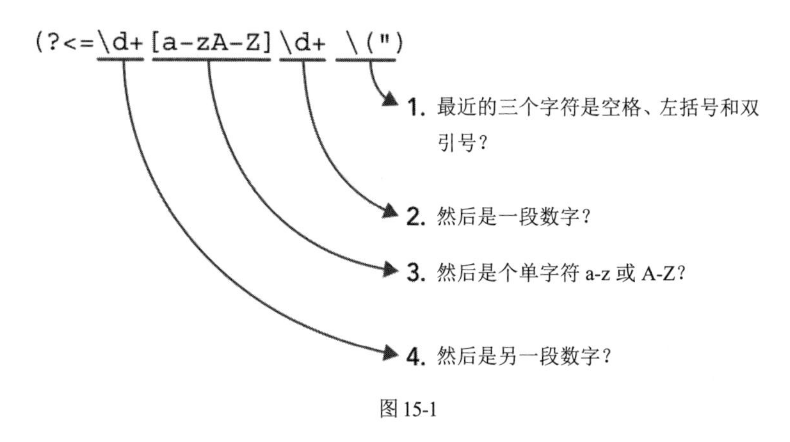

(?<=\d+ [a-zA-Z] \d+ \(")
1. 最近的三个字符是空格、左括号和双引号？
2. 然后是一段数字？
3. 然后是个单字符 a-z 或 A-Z？
4. 然后是另一段数字？

图 15-1

15.4.2 反向否定预查

反向否定预查的形式是(?<!Y)，其中 Y 是不应该出现的。因此，如果你想匹配前面例子中的 10 和 5，而不是匹配英镑符号后的数字，你的第一个想法可能是将(?<=£)改为(?<!£)：

```
const str3 = "We sold 10 cases for £20 each, and 5 cases for £12.99 each";
const rex3 = /(?<!£)[\d.]+/g;
console.log(str3.match(rex3)); // ["10", "0", "5", "2.99"]
```

嗯，为什么会匹配额外的数字？

如果你期望的并非如此，请想一想为什么(例如)£20 中的 0 会匹配。

没错！因为£20 中的 0 前面并不是£(它前面的字符是 2)，£12.99 中的 2.99 也是如此(2.99 前面的字符是 1)。因此，你需要在反向否定预查中添加数字和小数点(同样，为了使该示例保持简单，这里的代码并不像你在生产代码中所要求的那样严格)：

```
const str4 = "We sold 10 cases for £20 each, and 5 cases for £12.99 each";
const rex4 = /(?<![£\d.])[\d.]+/g;
console.log(str4.match(rex4)); // ["10", "5"]
```

与反向肯定预查一样，反向否定预查也是从右到左、逐个进行的。

15.4.3 反向预查中的贪婪匹配是从右到左的

在使用贪婪量词(greedy quantifier)的反向预查中，贪婪匹配是从右到左的，而通常情况下是从左到右的。这自然是由反向预查从右到左的处理机制导致的。

如果你在反向预查中有一个或多个捕获组，就可观察到这一点：

```
const behind = /(?<=(?<left>\w+)(?<right>\w+))\d$/;
const behindMatch = "ABCD1".match(behind);
console.log(behindMatch.groups.left);
// => "A"
console.log(behindMatch.groups.right);
// => "BCD"
```

注意，left 捕获组的\w+仅匹配了一个字符，而 right 捕获组的\w+则匹配了其他所有的字符——贪婪匹配是从右向左的。而在反向预查之外，包括在正向预查中，贪婪匹配都是从左向右的。

```
const ahead = /\d(?=(?<left>\w+)(?<right>\w+))/;
const aheadMatch = "1ABCD".match(ahead);
console.log(aheadMatch.groups.left);
// => "ABC"
console.log(aheadMatch.groups.right);
// => "D"
```

这是 JavaScript 中反向预查从右到左特性的一部分。

15.4.4 捕获组的编号和引用

尽管反向预查是从右到左进行的，但其中捕获组的编号仍保持不变(它们在正则表达式中开始的顺序，从左到右)。前面贪婪匹配的例子使用了命名捕获组，并通过名称来引用它们。下面使用匿名捕获组来看看同样的例子，并按其位置来引用它们。

```
const behindAgain = /(?<=(\w+)(\w+))\d$/;
const behindMatchAgain = "ABCD1".match(behindAgain);
console.log(behindMatchAgain[1]);
// => "A"
console.log(behindMatchAgain[2]);
// => "BCD"
```

贪婪匹配是从右到左的，但捕获组的编号仍然是从左到右分配的。这是为了保持编号的简单性。捕获组是根据其在表达式中的位置来编号的，而不是根据其被处理的顺序来编号的。

尽管它们在结果中是这样排序的，但它们仍然是按从右到左的顺序进行计算的。你可以通过反向引用看到这一点。在反向预查外，如果引用位于捕获组的左侧，则无法有效地引用捕获组。

```
const rex = /\1\w+(["'])/; // Doesn't make sense
```

这不是语法错误，但是反向引用值(\1)不会匹配任何内容，因为当表达式使用该引用时，捕获组还没有进行计算。

出于完全相同的原因，在反向预查中，位于捕获组右边的引用是没有作用的。

```
const referring1 = /(?<=(["'])\w+\1)X/; // Doesn't make sense
console.log(referring1.test("'testing'X"));
// => false
```

相反，因为处理机制是从右到左的，所以可将捕获组放在右边，并从左边引用它。

```
const referring2 = /(?<=\1\w+(["']))X/;
console.log(referring2.test("'testing'X"));
// => true
```

无论是匿名捕获组还是命名捕获组，都是如此：

```
const referring3 = /(?<=\k<quote>\w+(?<quote>["']))X/;
console.log(referring3.test("'testing'X"));
// => true
```

此处仍然使用术语“反向引用”。把“反向引用”中的“反向”看作表达式处理过程中的反向，而不是表达式定义时的反向。

15.5　Unicode 特性

如第 10 章所述，在 ES2015 及以后的版本中，JavaScript 对 Unicode 的处理得到了明显的改进，这种改进也扩展到了正则表达式。为了启用 Unicode 新特性，正则表达式必须有 u 标志，以保证可能会使用新语法(可能无意地或不必要)的现有正则表达式具有向后兼容性。例如，其中一个新的语法特性为序列\p 和\P 赋予了意义，但\p 和\P 以前分别是字母 p 和 P 的不必要的转义。如果简单地改变其含义，会破坏那些在 p 或 P 上使用不必要转义的正则表达式。但是，如果在使用新的 u 标志创建的表达式中为它们赋予新的含义，这其实是安全的。

15.5.1　码点转义

旧的 Unicode 转义序列\uNNNN 定义了一个 UTF-16 代码单元。不过，你可能还记得第 10 章提到过，一个代码单元可能只是一个代理对的一半。例如，如果要使用转义序列(而不直接使用表情符号😊)来匹配“带着笑眼的笑脸”这个表情符号(U+1F60A)，需要两个基本的 Unicode 转义序列来表示该表情符号的两个 UTF-16 代码单元(0xD83D 和 0xDE0A)。

```
const rex = /\uD83D\uDE0A/;
const str = "Testing: 😊";
console.log(rex.test(str)); // true
```

Unicode 码点(通常是“字符”)对应的 UTF-16 代码单元是很难弄清楚的。

从 ES2015 开始，使用 u 标志的正则表达式可改用码点转义序列(code point escape sequence)：\u 后面有一个左大括号({)，其后是十六进制的码点值，然后是一个右大括号(})：

```
const rex = /\u{1F60A}/u;
const str = "Testing:😊";
console.log(rex.test(str)); // true
```

码点转义不仅可单独使用，还可以以字符集的方式使用，以匹配码点区间。下面这个示例可匹配“Emoticons” Unicode 区间[1]中所有的码点：/[\u{1F600}-\u{1F64F}]。

1 https://en.wikipedia.org/wiki/Emoticons_(Unicode_block)。

15.5.2 Unicode 属性转义

Unicode 标准不仅为字符分配数值，还提供了大量与字符本身有关的信息。例如，Unicode 标准可以告诉你字符“i”是拉丁文，它是字母，而不是数字，也不是标点符号；该标准可以告诉你字符“¿”是多种文字通用的标点符号；等等。这些被称为 Unicode 属性。从 ES2018 开始，使用 u 标志的正则表达式可包含 Unicode 属性转义，通过它们的 Unicode 属性来匹配字符。这是一个相当新的特性，因此请一如既往地检查目标环境是否支持该特性。

Unicode 存在几种类型的属性。与 JavaScript 正则表达式相关的属性有两个：一个是二进制属性(如它的名称所示)，即要么是 true，要么是 false；另一个是有一系列可能值的枚举属性。例如，表达式\p{Alphabetic}使用二进制属性 Alphabetic 来匹配任何被 Unicode 标准视为字母的字符：

```
const rex1 = /\p{Alphabetic}/gu;
const s1 = "Hello, I'm James.";
console.log(s1.match(rex1));
// => ["H", "e", "l", "l", "o", "I", "m", "J", "a", "m", "e", "s"]
```

如你所见，转义以\p{开始，以}结尾，大括号内的是要匹配的属性。

(可在下载的 unicode-property-escapes.js 文件中找到并运行本节中的所有示例。)

将\p 用于肯定的 Unicode 属性匹配。对于否定的属性匹配(例如，匹配所有非字母字符)，可使用大写字母 P，而不是小写字母 p(这与其他转义相一致，例如\d 表示数字，而\D 表示非数字)：

```
const rex2 = /\P{Alphabetic}/gu;
const s2 = "Hello, I'm James.";
console.log(s2.match(rex2));
// => [",", " ", "\"", " ", "."]
```

也可使用指定的别名(例如，用 Alpha 替代 Alphabetic)。如想了解可使用的二进制属性值和别名，可参阅规范中的“Unicode 二进制属性别名及其规范属性名称(Binary Unicode property aliases and their canonical property names)”表[1]。

下面列出了可使用的三个枚举属性。

- General_Category(别名：gc)：最完整的基本字符属性，将 Unicode 字符分为字母、标点、符号、标记、数字、分隔符和其他类别(有各种子类别)。如想了解可使用的 General_Category 值和别名，可参阅规范中的“Unicode 属性 General_Category 的值别名和规范值(Value aliases and canonical values for the Unicode property General_Category)”表[2]。可在 Unicode 技术标准#18 中找到关于 General_Category 属性的更多信息[3]。
- Script(别名：sc)：为字符指定一个脚本类别，例如拉丁文(Latin)、希腊文(Greek)、西里尔文(Cyrillic)等；Common 指的是跨多种文字使用的字符；Inherited 指的是跨多个脚本使用的字符，这些脚本从前一个基本字符继承其脚本；Unknown 用于不适合脚本分类的各种代码点。如想了解可使用的值和别名，可参阅规范中的“Unicode 属性 Script 和 Script_Extensions 的值别名和规范值(Value aliases and canonical values for the Unicode properties Script and

1 https://tc39.es/ecma262/#table-binary-unicode-properties。

2 https://tc39.es/ecma262/#table-unicode-general-category-values。

3 https://unicode.org/reports/tr18/#General_Category_Property。

Script_Extensions)”表[1]。可在 Unicode 技术标准#24 的“The Script Property”中找到关于 Script 属性的更多信息[2]。

- Script_Extensions(别名：scx)：为字符指定一组脚本类别(而不只是 Common)，以便更精确地指定字符所在位置的脚本。有效的值名称和别名与 Script 相同。可在 Unicode 技术标准 #24 的“The Script_Extensions Property”中找到关于 Script_Extensions 属性的更多信息[3]。

例如，如果要在一个字符串中找到所有希腊脚本的字符：

```
const rex3 = /\p{Script_Extensions=Greek}/gu;
const s3 = "The greek letters alpha (α), beta (β), and gamma (γ)are used...";
console.log(s3.match(rex3));
// => ["α", "β", "γ"]
```

(可改用别名 scx：/\p{scx=Greek}/gu。)

最有用的枚举属性是 General_Category，因为该属性的存在，你可使用一种简写形式：省略 General_Category=部分。例如，通过\p{General_Category=Punctuation}和\p{Punctuation}，都可找到字符串中的标点符号：

```
const rex4a = /\p{General_Category=Punctuation}/gu;
const rex4b = /\p{Punctuation}/gu;
const s4 = "Hello, my name is Pranay. It means \"romance\" in Hindi.";
console.log(s4.match(rex4a));
// => [",", "'", ".", "\"", "\"", "."]
console.log(s4.match(rex4b));
// => [",", "'", ".", "\"", "\"", "."]
```

你可能会想：“但你不是这样指定 Alphabetic 这样的二进制属性的吗？”的确如此。因为 General_Category 属性的有效值/别名和二进制属性的名称/别名之间没有重合，所以对于正则表达式解析器来说，这并不会有歧义。但如果代码的阅读者碰巧不知道这个别名的话，可能会略感困惑。是否使用 General_Category 属性的简写形式，只是一个风格问题。

属性名称和值是区分大小写的；Script 是有效的属性名称，script 则不是。

如果你习惯了其他语言中正则表达式 (regex)的类似功能，那么请注意， JavaScript 的 Unicode 属性转义相当严格且范围较小(至少目前是这样)。规范不支持各种简写或替代形式，也不支持额外的 Unicode 属性(并且不允许引擎以插件的方式来支持)。例如：

- 省略大括号。在某些语言的正则表达式中，\p{L}(使用 General_Category 中 Lower 值的别名)可写成\pL，但这在 JavaScript 中是不受支持的。
- 在指定名称和值时使用“:”替代“=”。一些语言的正则表达式不仅允许使用\p{scx=Greek}，还允许使用\p{scx:Greek}。在 JavaScript 中，必须用等号 (=)。
- 允许在不同地方使用“is”。一些语言的正则表达式允许在属性名称或值上添加“is”，例如\p{Script=**Is**Greek}。这在 JavaScript 中是不允许的。
- 支持二进制属性、General_Category、Script 和 Script _ Extensions 之外的属性。一些语言的正则表达式支持其他属性，例如 Name 属性。但至少现在，JavaScript 不支持这些属性。

采用一个小的、明确定义的范围和严格的规则去添加新的属性转义特性，可使引擎实现者更容易添加该属性，人们也更容易使用该属性。新的特性总能通过后续的提案被添加进来，只要这些提案能

1 https://tc39.es/ecma262/#table-unicode-script-values。
2 https://unicode.org/reports/tr24/#Script。
3 https://unicode.org/reports/tr24/#Script_Extensions。

够获得足够的支持，并且能顺利通过流程中的各个环节。

此前的示例都有点刻意。就实际使用而言，Unicode 转义提案[1]中的一个例子就很有用：\w 的 Unicode-aware 版本。众所周知，\w 基本只匹配英文，被定义为[A-Za-z0-9_]。而且，它甚至不匹配英语中常用的许多从其他语言借来的单词中的所有字符(如 résumé 或 naïve)，更不用说用其他语言写的单词了。例如，在 Unicode 技术标准 #18[2]中，Unicode-aware 版本被描述为：

```
[\p{Alphabetic}\p{Mark}\p{Decimal_Number}\p{Connector_Punctuation}\p{Join_Control}]
```

或使用简写别名：

```
[\p{Alpha}\p{M}\p{digit}\p{Pc}\p{Join_C}]
```

如想了解提案中完整的 Unicode-aware 版本的\w 示例，请参见代码清单 15-7。

代码清单 15-7 Unicode-aware 版本的\w——unicode-aware-word.js

```
// From: https://github.com/tc39/proposal-regexp-unicode-property-escapes
// (Modified to use shorthand properties for page-formatting reasons)
const regex = /([\p{Alpha}\p{M}\p{digit}\p{Pc}\p{Join_C}]+)/gu;
const text = `
Amharic: የኔ ማንዣበቢያ መኪና በዓሣዎች ተሞልቷል
Bengali: আমার হভারক্রাফ্ট কুঁচে মাছ-এ ভরা হয়ে গেছে
Georgian: ჩემი ხომალდი საჰაერო ბალიშზე სავსეა გველთევზებით
Macedonian: Моето летачко возило е полно со јагули
Vietnamese: Tàu cánh ng m c a tôi đ y lươn
`;

let match;
while (match = regex.exec(text)){
   const word = match[1];
   console.log(`Matched word with length ${ word.length }: ${ word }`);
}

// Result:
// Matched word with length 7: Amharic
// Matched word with length 2: የኔ
// Matched word with length 6: ማንዣበቢያ
// Matched word with length 3: መኪና
// Matched word with length 5: በዓሣዎች
// Matched word with length 5: ተሞልቷል
// Matched word with length 7: Bengali
// Matched word with length 4: আমার
// Matched word with length 11: হভারক্রাফ্ট
// Matched word with length 5: কুঁচে
// Matched word with length 3: মাছ
// Matched word with length 1: এ
// Matched word with length 3: ভরা
// Matched word with length 3: হয়ে
// Matched word with length 4: গেছে
// Matched word with length 8: Georgian
// Matched word with length 4: ჩემი
```

1 https://github.com/tc39/proposal-regexp-unicode-property-escapes。

2 http://unicode.org/reports/tr18/#word。

```
// Matched word with length 7: ხომალდი
// Matched word with length 7: საჰაერო
// Matched word with length 7: ბალიშზე
// Matched word with length 6: სავსეა
// Matched word with length 12: გველთევზებით
// Matched word with length 10: Macedonian
// Matched word with length 5: Моето
// Matched word with length 7: летачко
// Matched word with length 6: возило
// Matched word with length 1: е
// Matched word with length 5: полно
// Matched word with length 2: со
// Matched word with length 6: јагули
// Matched word with length 10: Vietnamese
// Matched word with length 3: Tàu
// Matched word with length 4: cánh
// Matched word with length 4: ng m
// Matched word with length 3: c a
// Matched word with length 3: tôi
// Matched word with length 3: đ y
// Matched word with length 4: lươn
```

15.6 旧习换新

如果你愿意，可将很多旧习惯改为新习惯，只要你的目标环境支持新特性(或者代码可通过编译器编译，在我撰写本书时，Babel 为本章中的大多数特性提供了插件)。

15.6.1 在解析时使用粘连标志(y)，而不是创建子字符串并使用插入符(^)

旧习惯：当对指定位置的字符串进行正则表达式匹配时，在该位置对字符串进行分隔，以便使用 start-of-input 插入符(^)。

```
const digits = /^\d+/;
// ...then somewhere you have `pos`...
let match = digits.exec(str.substring(pos));
if (match){
   console.log(match[0]);
}
```

新习惯：使用粘连标志 (y)，而不需要分隔字符串，也不必使用插入符(^)。

```
const digits = /\d+/y;
// ...then somewhere you have `pos`...
digits.lastIndex = pos;
let match = digits.exec(str);
if (match){
   console.log(match[0]);
}
```

15.6.2 使用 dot all 标志(s)，而不是使用一些变通方法匹配所有的字符(包括换行符)

旧习惯：使用各种变通方法来匹配所有字符，如[\s\S]或[\d\D]或高度针对 JavaScript 的[^]等方法。

```
const inParens = /\(([\s\S]+)\)/;
const str =
`This is a test (of
line breaks inside
parens)`;
const match = inParens.exec(str);
console.log(match ? match[1] : "no match");
// => "of\nline breaks inside\nparens"
```

新习惯：改用 dot all 标志(s)和“任意字符”(.)。

```
const inParens = /\((.+)\)/s;
const str =
`This is a test (of
line breaks inside
parens)`;
const match = inParens.exec(str);
console.log(match ? match[1] : "no match");
// => "of\nline breaks inside\nparens"
```

15.6.3 使用命名捕获组替代匿名捕获组

旧习惯：使用多个匿名捕获组(因为你别无选择)，并费力地确保你在匹配结果、表达式后面的反向引用等处使用了正确的索引。

```
// If you change this, be sure to change the destructuring assignment later!
const rexParseDate = /^(\d{2}|\d{4})-(\d{1,2})-(\d{1,2})$/;
const match = "2019-02-14".match(rexParseDate);
if (match){
   // Depends on the regular expression's capture order!
   const [, year, month, day] = match;
   console.log(`day: ${day}, month: ${month}, year: ${year}`);
} else {
   console.log("no match");
}
// => "day: 14, month: 02, year: 2019"
```

新习惯：改用命名捕获组 ((?<captureName>content))，以及 groups 对象上的命名属性(match.groups.captureName)或正则表达式中的命名反向引用(\k{captureName})等。

```
const rexParseDate = /^(?<year>\d{2}|\d{4})-(?<month>\d{1,2})-(?<day>\d{1,2})$/;
const match = "2019-02-14".match(rexParseDate);
if (match){
   const {day, month, year} = match.groups;
   console.log(`day: ${day}, month: ${month}, year: ${year}`);
} else {
   console.log("no match");
}
// => "day: 14, month: 02, year: 2019"
```

15.6.4 使用反向预查替代各种变通方法

旧习惯：使用各种变通方法(不必要的捕获等)，因为 JavaScript 当时还没有反向预查功能。

新习惯：改用 JavaScript 强大的反向预查功能。

15.6.5　在正则表达式中使用码点转义替代代理对

旧习惯：如果在正则表达式中使用代理对，有时会使其明显复杂化 (因为你别无选择)。例如，若要同时匹配正则表达式中的“Emoticons” Unicode 区间(前面已提到)和“Dingbats”区间[1]：

```
const rex = /(?:\uD83D[\uDE00-\uDE4F]|[\u2700-\u27BF])/;
```

请注意，这里需要使用或选项，因为它需要处理 Emoticons 的代理对，然后是 Dingbats。

新习惯：改用码点转义。

```
const rex = /[\u{1F600}-\u{1F64F}\u{1F680}-\u{1F6FF}]/u;
```

注意，现在它是一个包含几个范围的单个字符集。

15.6.6　使用 Unicode 模式替代变通方法

旧习惯：使用难以维护的大字符集选出 Unicode 范围以进行匹配，从而解决缺少 Unicode 模式的问题。

新习惯：使用 Unicode 属性转义(首先确保你的目标环境或编译器支持它们)。

1 https://en.wikipedia.org/wiki/Dingbat#Dingbats_Unicode_block。

第16章 共享内存

本章内容

- 跨线程共享内存(SharedArrayBuffer)
- Atomics 对象

本章代码下载

可通过网址 https://thenewtoys.dev/bookcode 或 https://www.wiley.com/go/javascript-newtoys 下载本章的代码。

本章将介绍 JavaScript 的共享内存特性(在 ES2017+中)和 Atomics 对象。共享内存特性允许跨线程共享内存，而 Atomics 对象可用于执行底层共享内存操作，以及基于共享内存中的事件暂停和恢复线程。

16.1 引言

在过去的十多年里，浏览器上的 JavaScript 不是单线程的(这要归功于 Web worker)，因此，编程者无法在浏览器中跨线程共享内存。最初，线程之间可互相发送带有数据的信息，但数据是被复制的。当数据量很大，或者需要频繁来回发送数据时，这会带来问题。几年后，类型化数组(参见第 11 章)得以定义，最初 JavaScript 并没有引入该特性，之后被加入 ES2015 中。许多情况下，它可将数据从一个线程传输到另一个线程而不必进行复制，但如发送线程，就必须放弃对所发送数据的访问权限。

ES2017 中新增的 SharedArrayBuffer 改变了这一切。通过使用 SharedArrayBuffer，在一个线程上运行的 JavaScript 代码可与在另一个线程上运行的 JavaScript 代码共享内存。

在讨论共享内存在 JavaScript 中的工作原理之前，我们先来探讨一下是否真的需要使用它。

16.2 务必谨慎

或者说，你真的需要共享内存吗？

跨线程共享内存带来了大量的数据同步问题，这是在传统的 JavaScript 环境中工作的开发者以前从未遇到过的问题。我们可用整本书来讨论共享内存的细节，例如数据竞争、存储乱序、读取旧值、CPU 线程缓存等。由于篇幅有限，本章仅讨论这些问题的最基本内容，但是为了实际使用共享内存，你需要彻底了解它们，或者至少知道并严格遵守最佳实践方式和模式，以避免发生这些问题。否则，你将花费数小时或数天的时间来定位通常难以复现的细小错误，或更糟糕的是，你无法复现这个错误，但是随后在实际运行时还会遇到这个几乎无法复现的错误。掌握这些知识和最佳实践的过程是一项重要的时间投资。要想深入理解共享内存，其实并不容易。

在大多数情况下，编程者都不需要共享内存，这在一定程度上要归功于可转移对象(transferable)：可在线程之间转移(而不是复制)的对象。很多对象都是可转移的(包括一些图像类型和浏览器上的画布)，包括 ArrayBuffer。因此，如果你需要在两个线程之间来回传递数据，则可通过转移数据来避免复制数据的开销。例如，以下代码创建一个 Uint8Array 数组并将其传递到 worker 线程，通过其缓冲区转移底层数据，而不是复制数据：

```
const MB = 1024 * 1024;
let array = new Uint8Array(20 * MB);
// ...fill in 20MB of data...
worker.postMessage({array}, [array.buffer]);
```

第一个参数是要发送的数据(数组)，第二个参数是一个要转移(而不是复制)的可转移对象数组。worker 线程接收到数组对象的克隆，但它的数据是被转移过来的：这个克隆数组重用了原数组的数据，因为数组的 ArrayBuffer 在可转移对象数组中。这就像在接力赛中移交接力棒一样：发送线程将缓冲区(接力棒)传递给 worker 线程，worker 线程接收后继续运行。在调用 postMessage 之后，发送线程的数组对缓冲区不再有访问权限：在该示例中，数组实际上变为一个零长度的数组。

当 worker 线程接收到数组时，它可使用并操作这些数据，而不必担心其他线程会对其进行操作，然后在适当的情况下，worker 线程可将其转移回原始线程(或其他线程)。

这种来回转移数据的方式非常有效，并且避免了在线程之间真正共享底层缓冲区时可能出现的所有问题。在使用共享内存之前，务必思考一下可转移对象能否满足需求。这样可为你自己省去大量时间和麻烦。

16.3 浏览器的支持

在讨论共享内存的细节之前，此处还要澄清一件事：2018 年 1 月，浏览器禁用了共享内存，以应对 CPU 的 Spectre(幽灵)和 Meltdown(熔毁)漏洞。同年 7 月，Chrome 在开启了站点隔离特性的平台上为某些用例增加了共享内存的支持，但通过一大批人的辛勤工作，2019 年底，一种更通用的方法出现了，这种方法从 2020 年初开始出现在浏览器中。现在开发人员又可共享内存了，但只能在安全的上下文[1]之间共享。

如果你对“为什么”不感兴趣，而只对“怎么做”感兴趣，那么简单来说，要共享内存，你需要做两件事：第一，安全地或在本地提供文档和脚本(即通过 https 或 localhost 的方式)；第二，将如下这两个 HTTP 头放入文档和脚本中。

```
Cross-Origin-Opener-Policy: same-origin
Cross-Origin-Embedder-Policy: require-corp
```

1 https://w3c.github.io/webappsec-secure-contexts/。

(针对框架的内容不需要第一个 HTTP 头，脚本上也不需要，但是如果有的话，也可以。)

如果你对这些细节不感兴趣，现在可以跳到下一节。

(短暂停顿……)

还要继续么？很好！

简而言之，上下文是一个 Web 规范概念，用作窗口/标签/框架或 worker(如 Web/dedicated worker 或 service worker)的容器。当在窗口中进行导航时，包含窗口的上下文被重复使用，甚至从一个源移到另一个源时，也是如此。在导航过程中，丢弃旧的 DOM 和 JavaScript 领域(realm)，并创建新的，但仍在同一个上下文中，至少通常情况下是这样。

浏览器将相关的上下文组合成上下文组。例如，如果一个窗口包含一个 iframe，那么窗口和 iframe 的上下文通常在同一上下文组中，因为它们彼此之间可以交互(通过 window.parent、window.frames 等)。同样，一个窗口和它所打开的弹出窗口的上下文通常也在同一上下文组中，因为它们彼此之间可以交互。如果这些上下文来自不同的源，则默认情况下它们的交互会受到限制，但是仍然可以有一些交互。

为什么上下文和上下文组很重要？因为通常情况下，一个上下文组中的所有上下文都使用同一操作系统进程中的内存。现代浏览器是多进程应用程序，通常至少有一个总的协调进程，然后为每个上下文组分配一个单独的进程。这种架构使浏览器更加强大：一个上下文组中的崩溃不会影响其他任何一个上下文组或协调过程，因为它们处于完全不同的操作系统进程中。但是，同一上下文组中的所有内容通常都在同一进程中。

这就是 Spectre (幽灵)和 Meltdown (熔毁)出现的原因。

Spectre 和 Meltdown 是硬件漏洞。它们利用现代 CPU 中的分支预测，使代码可绕过任何进程中的访问检查来访问当前进程中的所有内存。它们并不局限于浏览器，但在浏览器中，共享内存和高精度计时器使得攻击者可在 JavaScript 代码中利用这些漏洞。这意味着，恶意代码可读取进程中的任何内存，甚至是另一个窗口或 Web worker 的内存。它可绕过浏览器可能在进程内设置的任何访问检查，例如来自不同源的上下文之间的限制。

解决方案是：确保资源(脚本、文档)的内容没有被篡改(通过安全地或在本地提供资源)，并设立限制，确定资源可被加载到哪些上下文组(通过 HTTP 头)。

下面介绍这些 HTTP 头。

第一个，Cross-Origin-Opener-Policy[1]，确保顶层窗口仅和同源且有相同 HTTP 标头值(通常是 same-origin)的其他顶层窗口在同一上下文组中。当在顶层窗口进行导航时，如果新内容的源和 HTTP 头与前一个内容的不一致，浏览器会在新的上下文组中创建一个新的上下文，来保存新资源的内容。

第二个，Cross-Origin-Embedder-Policy[2]，指定资源只能由同源窗口或通过跨源资源策略(Cross Origin Resource Policy[3]，CORP)HTTP 头或跨源资源共享(Cross Origin Resource Sharing[4]，CORS)HTTP 头明确授权的窗口加载。这确保了资源不被嵌入不信任的容器中。

总之，这些措施都是为了防止攻击者使用共享内存和高精度计时器，利用 Spectre 或 Meltdown 来访问未授权的数据。如果想更详细地了解相关内容，请参阅 Artur Janc、Charlie Reis 和 Anne Van Kesteren 撰写的“COOP and COEP Explained”[5]。

1 https://docs.google.com/document/d/1Ey3MXcLzwR1T7aarkpBXEwP7jKdd2NvQdgYvF8_8scI/edit。

2 https://wicg.github.io/cross-origin-embedder-policy/。

3 https://fetch.spec.whatwg.org/#cross-origin-resource-policy-header。

4 https://fetch.spec.whatwg.org/#http-cors-protocol。

5 https://docs.google.com/document/d/1zDlfvfTJ_9e8Jdc8ehuV4zMEu9ySMCiTGMS9y0GU92k/edit。

16.4 共享内存的基础知识

本节将介绍关于共享内存的一些基础知识，例如什么是临界区，如何创建、共享和使用共享内存，以及如何使用锁来保护具有锁和条件变量的代码的临界区。

16.4.1 临界区、锁和条件变量

临界区是指在线程上运行的需要访问(读和/或写)共享内存的代码，相对于共享内存的并发线程执行的任何操作而言，其访问方式是原子性的。例如，在一个临界区中，两次读取相同的内存时必须始终得到相同的值：

```
const v1 = shared[0];
const v2 = shared[0];
// In a critical section, `v1` and `v2` MUST contain the same value here
```

同样，在临界区中，如果代码从共享内存中读取数据、更新值后将其写回共享内存中，该值一定不可能覆盖在此期间被另一个线程写入的其他值：

```
const v = shared[0] + 1;
shared[0] = v; // MUST NOT overwrite a value written by another thread after
               // the read above (in a critical section)
```

锁(lock)是一种保护临界区的手段，为使用锁的线程提供对共享内存的排他性访问：锁一次只能由一个线程获得，并且仅允许该线程访问共享内存(锁有时被称为互斥锁)。

条件变量(condition variable)为线程提供了一种使用互斥锁的方法：等待条件变量变为真并在其为真时通知其他等待线程。当线程得知条件变量为真时，它可尝试获取与条件变量相关的锁，这样它就可在条件为真的情况下完成它需要做的工作。

在一些简单情况下，你只需要一个锁的条件变量，有时锁和条件变量会被结合起来：条件是“锁是可用的”。例如，如果你有多个线程都需要在一个共享缓冲区上做同样的工作，这就足够了。

但是情况通常比这要复杂得多，你需要为同一个锁和共享内存提供多个条件变量。共享内存的一个经典用法是通过队列将任务分配给线程：生产者线程将任务片段放入队列中，消费者线程从队列中获取任务并执行。这个队列就是共享内存。把任务放到队列的代码即临界区：为了在不破坏队列的前提下做到这一点，线程需要对队列进行临时的独占访问。不能让两个线程同时改变队列的内部状态，因为它们会相互影响对方的改变。同样，从队列中取出任务的代码是另一个临界区。线程使用锁来保护这些临界区，这样队列就不会被一个以上的线程同时修改。到目前为止，一切还算顺利。

如果队列中没有任务，则消费者线程必须等待，直到任务被添加到队列中。由于队列的大小是有限的(假设它能容纳 100 个条目)，如果它满了，生产者线程就必须等待，直到队列有空间了，再向其添加任务。这就是与同一把锁相关的两个不同条件变量：消费者线程等待“队列有任务”这个条件变量，生产者线程等待 “队列有空间”这个条件变量。

虽然可以只用一个条件变量(“锁是可用的”)来实现这个生产者/消费者队列，但由于以下几个原因，它的效率很低。

- 如果只有一个条件变量，那么生产者线程和消费者线程需要因不同的原因而等待这个条件变量，尽管当这个条件变为真时，它们也未必可以执行任务。例如，如果有 4 个 worker 正在等待任务，这时一个任务被添加到队列中，它们都会得到通知并竞争锁，然后拿到锁的那个 worker 获取了任务，而其他 3 个 worker 继续等待。一旦这个消费者线程从队列中取走了任务，

它就会释放锁，并通知其他所有的消费者线程，使它们竞争锁，尽管队列中没有添加新的任务——第二个通知是针对生产者线程(而不是消费者线程)的，让它知道队列中又有了空间。

- 如果只有一个条件变量，那么当条件变为真时，必须通知所有使用该锁的线程(生产者线程和所有消费者线程)。相反，如果有两个单独的条件变量("队列有任务"和"队列有空间")，那么当这些条件变量中的一个变为真时，只需要通知一个线程。当"队列有任务"变为真时，没有必要唤醒所有的消费者线程。它们都竞争锁，而只有一个线程能拿到锁。而且，在"队列有空间"变为真时，没必要唤醒任何消费者线程，因为只有生产者线程关心这个条件。

因此，锁和条件变量是两个相互独立但又紧密相关的概念。本章后面将展示一个用两个条件变量实现的生产者/消费者的示例。

16.4.2 创建共享内存

要用共享内存创建数组，首先要创建 SharedArrayBuffer，然后在创建数组时使用它。因为你指定 SharedArrayBuffer 的大小以字节(而不是条目的数量)为单位，所以通常要将数组构造函数的 BYTES_PER_ELEMENT[1]属性与你想要的条目数量相乘。例如，创建一个包含 5 个条目的共享 Uint16Array：

```
const sharedBuf = new SharedArrayBuffer(5 * Uint16Array.BYTES_PER_ELEMENT);
const sharedArray = new Uint16Array(sharedBuf);
```

如果要与浏览器中的 Web worker 共享该数组，可通过 postMessage 将数组包含在一条消息中。例如，假设下面的 worker 指的是 Web worker，可像下面这样共享前面的 sharedArray：

```
worker.postMessage(sharedArray);
```

worker 在 message 事件的 event 对象上的 data 属性接收共享数组。通常情况下，与其只发送数组，不如发送一个以共享数组为属性且带有某种指示消息的对象：

```
worker.postMessage({type: "init", sharedArray});
```

这将发送一个具有 type("init")和 sharedArray(共享数组)属性的对象，worker 将在事件的 data 属性接收该对象。(稍后有更多关于实际共享的内容。)

下面将上面的代码放到一个基本的示例中。如代码清单 16-1 所示，主线程代码与 Web worker 线程共享一个 Uint16Array。

代码清单 16-1 SharedArrayBuffer 的基本用法(主线程)——basic-SharedArrayBuffer-main.js

```
const sharedBuf = new SharedArrayBuffer(5 * Uint16Array.BYTES_PER_ELEMENT);
const sharedArray = new Uint16Array(sharedBuf);
const worker = new Worker("./basic-SharedArrayBuffer-worker.js");
let counter = 0;
console.log("initial: " + formatArray(sharedArray));
worker.addEventListener("message", e => {
    if (e.data && e.data.type === "ping") {
        console.log("updated: " + formatArray(sharedArray));
        if (++counter < 10) {
            worker.postMessage({type: "pong"});
```

---

1 条目(entry)通常被称为元素(element)，这就解释了为什么该属性的名称是 BYTES_PER_ELEMENT。本书中使用条目一词，以免其与 DOM 元素产生混淆。

```
        } else {
            console.log("done");
        }
    }
});
worker.postMessage({type: "init", sharedArray});

function formatArray(array) {
    return Array.from(
        array,
        b => b.toString(16).toUpperCase().padStart(4, "0")
    ).join(" ");
}
```

代码清单 16-2 显示了 worker 线程的代码。

代码清单 16-2 SharedArrayBuffer 的基本用法(worker 线程)——basic-SharedArrayBuffer-worker.js

```
let shared;
let index;
const updateAndPing = () => {
    ++shared[index];
    index = (index + 1) % shared.length;
    this.postMessage({type: "ping"});
};
this.addEventListener("message", e => {
    if (e.data) {
        switch (e.data.type) {
            case "init":
                shared = e.data.sharedArray;
                index = 0;
                updateAndPing();
                break;
            case "pong":
                updateAndPing();
                break;
        }
    }
});
```

当 worker 收到“init”消息时，它将共享数组赋值给 shared 变量。这时，主线程和 worker 共享该数组的内存，参见图 16-1。

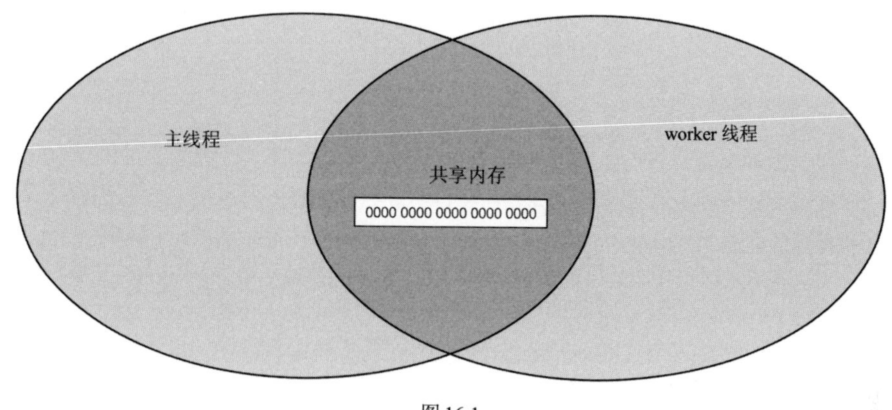

图 16-1

worker 线程将 index 设置为 0，并调用其 updateAndPing 方法。updateAndPing 递增了数组中位于 index 索引处的条目，递增 index(最后绕回到 0)，然后向主线程发送“ping”消息。worker 更新的条目在共享内存中，因此 worker 线程和主线程都可看到更新，参见图 16-2。

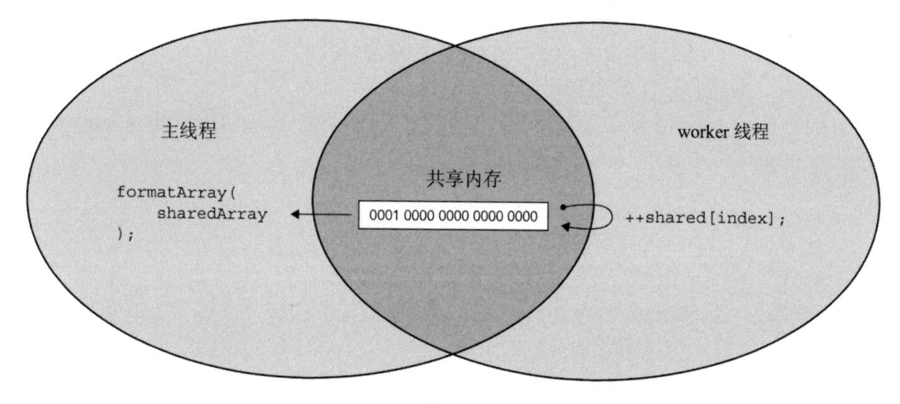

图 16-2

主线程通过递增 counter 并发送“pong”消息来响应“ping”消息。worker 通过再次调用 updateAndPing 来响应“pong”，以此类推，直到主线程的 counter 达到 10，worker 停止发送“ping”。发送给 worker 的每条消息都会使共享数组中的下一个条目值递增，并在到达数组末尾时绕回到开头。

使用本章代码下载中的这些代码清单文件和 basic-SharedArrayBuffer-example.html 在浏览器中运行这段代码。请记住，必须从 Web 服务器提供这些文件(不能只是从文件系统中打开.html 文件)，它们必须被安全地或在本地提供，并且必须携带“浏览器的支持”一节中介绍的 HTTP 头。如果你愿意，可以使用本书配套网站上托管的版本，而不必运行自己的副本：https://thenewtoys.dev/bookcode/live/16/basic-SharedArrayBuffer-example.html。在控制台中，应该可从主线程中看到如下输出(如果你的浏览器启用了 SharedArrayBuffer)：

```
initial: 0000 0000 0000 0000 0000
updated: 0001 0000 0000 0000 0000
updated: 0001 0001 0000 0000 0000
updated: 0001 0001 0001 0000 0000
updated: 0001 0001 0001 0001 0000
```

```
updated: 0001 0001 0001 0001 0001
updated: 0002 0001 0001 0001 0001
updated: 0002 0002 0001 0001 0001
updated: 0002 0002 0002 0001 0001
updated: 0002 0002 0002 0002 0001
updated: 0002 0002 0002 0002 0002
done
```

如以上输出所示，主线程看到了 worker 线程对共享内存的更新。

如果你在其他环境中使用过共享内存和多线程，你可能会想：如何知道这些更新已准备好被主线程读取？如果这些更新位于一个特定线程的缓存(在 JavaScript 虚拟机中，甚至在每个线程的 CPU 缓存)中呢？

这个具体例子的答案是：postMessage 被定义为一个同步边缘(即发生同步的边界)。因为 worker 线程使用 postMessage 通知主线程其工作已完成，而主线程只有在收到该消息时才会尝试读取结果，所以，这样可确保写入在读取发生之前已完成，并且任何线程缓存中的陈旧内容都已经失效了(试图读取它们时不会读取旧值，而是会获取新值)。因此，主线程可安全地读取数组，因为它知道线程在发布消息时任何更新都是可见的。这个示例还基于这样一个事实：在主线程向其发送"ping"之前，worker 不会再次修改该数组，因此主线程不必担心读取的是正在进行的写入(稍后会有关于此内容的更多信息)。

postMessage 不是唯一的同步边缘；本章后面将介绍更多同步边缘(Atomics.wait 和 Atomics.notify)。

在这个示例中，数组使用了整个 SharedArrayBuffer，但它本可只使用其中的一部分，也许另一个数组会使用缓冲区的另一部分来达到不同的目的。例如，在下面的例子中，Uint8Array 使用 SharedArrayBuffer 的前一半，而 Uint32Array 使用其后一半：

```
const sab = new SharedArrayBuffer(24);
const uint8array = new Uint8Array(sab, 0, 12);
const uint32array = new Uint32Array(sab, 12, 3);
```

缓冲区长度为 24 字节。Uint8Array 占用了前 12 个字节，其中有 12 个 1 字节长的条目；Uint32Array 占用了后 12 个字节，其中有 3 个 4 字节长的条目。

假设你只需要 Uint8Array 的 10 个条目，而不是 12 个。你可能会想将缓冲区变小 2 个字节，然后移动 Uint32Array，使其从缓冲区的索引 10 开始。但这行不通：

```
const sab = new SharedArrayBuffer(22);
const uint8array = new Uint8Array(sab, 0, 10);
const uint32array = new Uint32Array(sab, 10, 3);
// => RangeError: start offset of Uint32Array should be a multiple of 4
```

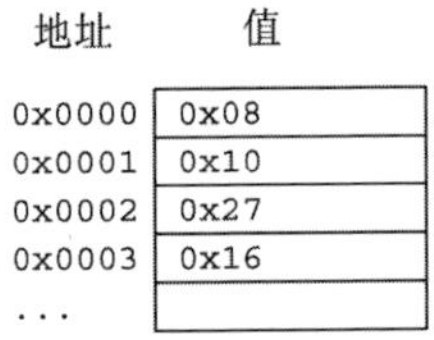

地址	值
0x0000	0x08
0x0001	0x10
0x0002	0x27
0x0003	0x16
...	

图 16-3

问题出在内存对齐上。现代计算机 CPU 可用超过一个字节的块读取和写入内存。当块在内存中对齐时，也就是说，当块在内存中的位置可被块的大小整除时，这样会更有效率。图 16-3 显示了一系列字节。例如，当读取一个 16 位的值时，从 0x0000 或 0x0002 位置读取数据比从 0x0001 位置读取数据更高效，其原因在于 CPU 指令的优化方式。因此，SharedArrayBuffer 实例总是指以 CPU 的最大粒度对齐的块(由 JavaScript 引擎处理)，并且你只能使用与数组类型对齐的缓冲区中的偏移量来创建多字节类型的数组。因此，编程者可在缓冲区的任意偏移处创建 Uint8Array，但是 Uint16Array 需要在偏移量 0、2、4 等处。同样，Uint32Array 必须位于偏移量 0、4、8 等处。

16.5　共享的是内存，而不是对象

当你使用共享内存时，只有内存是共享的。封装对象(SharedArrayBuffer 和使用它的任何类型的数组)不是共享的。例如，前面的示例将使用 SharedArrayBuffer 的 Uint16Array 从主线程传递给了 worker 线程，但 Uint16Array 和 SharedArrayBuffer 对象并不是共享的。相反，接收端创建了新的 Uint16Array 和 SharedArrayBuffer 对象，并使用发送线程的 SharedArrayBuffer 的底层内存块。参见图 16-4。

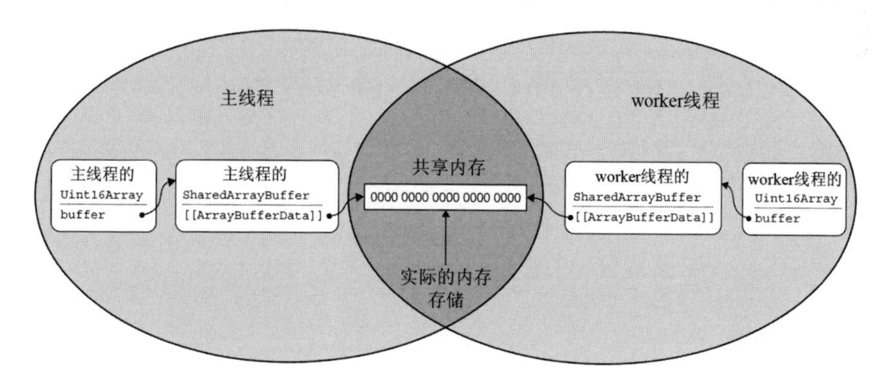

图 16-4

如果愿意，你可以向缓冲区和数组对象添加自定义属性，你将发现在 worker 线程中看不到这些自定义属性，从而轻松地证明这一点。请参见代码清单 16-3 和代码清单 16-4，可使用本章代码下载中的 objects-not-shared.html 文件来运行(或在本书的网站 https://thenewtoys.dev/bookcode/live/16/objects-not-shared.html，因为同样需要安全地提供资源并使用正确的 HTTP 头)。

代码清单 16-3　对象不共享(主线程)——objects-not-shared-main.js

```
const sharedBuf = new SharedArrayBuffer(5 * Uint16Array.BYTES_PER_ELEMENT);
const sharedArray = new Uint16Array(sharedBuf);
sharedArray[0] = 42;
sharedBuf.foo = "foo";
sharedArray.bar = "bar";
const worker = new Worker("./objects-not-shared-worker.js");
console.log("(main) sharedArray[0] = " + sharedArray[0]);
console.log("(main) sharedArray.buffer.foo = " + sharedArray.buffer.foo);
console.log("(main) sharedArray.bar = " + sharedArray.bar);
worker.postMessage({type: "init", sharedArray});
```

代码清单 16-4　对象不共享(worker 线程)——objects-not-shared-worker.js

```
this.addEventListener("message", e => {
    if (e.data && e.data.type === "init") {
        let {sharedArray} = e.data;
```

```
        console.log("(worker) sharedArray[0] = " + sharedArray[0]);
        console.log("(worker) sharedArray.buffer.foo = " + sharedArray.buffer.foo);
        console.log("(worker) sharedArray.bar = " + sharedArray.bar);
    }
});
```

运行该示例，输出结果为：

```
(main)sharedArray[0] = 42
(main)sharedArray.buffer.foo = foo
(main)sharedArray.bar = bar
(worker)sharedArray[0] = 42
(worker)sharedArray.buffer.foo = undefined
(worker)sharedArray.bar = undefined
```

如上所示，尽管缓冲区使用的内存是共享的，但缓冲区对象和使用它的数组对象却不是共享的。

16.6 竞争条件、存储乱序、旧值、撕裂等

再次提醒，使用共享内存时，务必谨慎。这里仅介绍这些问题的基本内容，但请记住，关于正确处理跨线程共享内存的细节，足以写成一本专著了。

下面看一个场景。假设你有一个使用 SharedArrayBuffer 进行存储的 Uint8Array，并且你已经给前几个条目赋值：

```
const sharedBuf = new SharedArrayBuffer(10);
const sharedArray = new Uint8Array(sharedBuf);
sharedArray[0] = 100;
sharedArray[1] = 200;
```

条目设置完成后，你就将它分享给另一个线程了。现在，两个线程都在运行，在本示例中，没有对任何线程进行同步或协调。接着，主线程往这两个条目写入新值(首先是索引为 0 的条目，接着是索引为 1 的条目)：

```
sharedArray[0] = 110;
sharedArray[1] = 220;
```

与此同时，worker 线程以相反的顺序读取这两个条目(首先是索引为 1 的条目，接着是索引为 0 的条目)：

```
console.log(`1 is ${sharedArray[1]}`);
console.log(`0 is ${sharedArray[0]}`);
```

worker 线程的输出结果完全有可能如下所示：

```
1 is 220
0 is 110
```

很简单，在主线程更新后，worker 线程读取这些值，更新后的值对 worker 线程可见。

worker 线程同样有可能输出：

```
1 is 200
0 is 100
```

worker 线程有可能在主线程更新之前就读取了这些值。但是(这可能令人惊讶)worker 线程也有可

能在主线程更新后才读取数据，却仍然看到旧值。为了最大限度地提高性能，操作系统、CPU 和 JavaScript 引擎可能会为每个线程保留一小部分内存的缓存副本，但保存时间很短(有时，保存时间较长)。因此，如果不采取一些措施来确保内存的同步性，那么在新的值被写入之后，可能会出现不直观的结果：worker 线程看到的仍然是旧值。

不过，真正棘手的是，worker 线程还可能输出如下内容：

```
1 is 220
0 is 100
```

再看下最后的输出。worker 线程怎么会看到 sharedArray[1]的更新值(220)，但之后却看到 sharedArray[0]的原始值(100)呢？

主线程在向 sharedArray[1]写入新值之前，明明先向 sharedArray[0]写入了新值，而 worker 线程却在读取 sharedArray[0]之前先读取了 sharedArray[1]！

答案是：为了提高性能，JavaScript 编译器或 CPU 会对读写操作重排序。在一个线程中，这种重新排序并不明显，但是当线程之间共享内存时，如果线程之间没有正确同步，这种重新排序就会变得可见。

根据代码所运行的平台的架构，除了完整的值可能会被读取成旧值或出现其他类似的问题外，读取操作还可能被“撕裂”(tear)：只读正在写的部分内容。假设一个线程正在向一个 Float32Array(一个条目占用 4 个字节)数组中写入条目。读取该条目的线程可能会读取部分旧值(例如，前 2 个字节)和部分新值(例如，后 2 个字节)。同样，对于 Float64Array(一个条目占用 8 个字节)，该线程可能会读取旧值的前 4 个字节和新值的后 4 个字节。通过 DataView 读取多字节值时也可能遇到这个问题。而整数类型的数组(如 Int32Array)并不会出现这个问题；规范要求整数类型上的这些操作是无撕裂(tear-free)的。当被问及这个问题时，该提案的作者之一——Lars T. Hansen 则表示，这个保证存在于所有可能运行 JavaScript 引擎的相关硬件上，所以提案将这个保证纳入了规范中(在不提供保证的硬件上实现的 JavaScript 引擎，则需要自己处理)。

以上这些看似合乎逻辑却让我们束手无策的代码，只在涉及共享内存和多线程时出现。

解决方案(如果需要在一个线程中写，在另一个线程中读)是：确保在同一个共享内存上操作的线程之间有某种形式的同步。可使用前面介绍的特定于浏览器环境的方法：postMessage。还可使用 JavaScript 本身定义的 Atomics 对象。

16.7 Atomics 对象

为了处理数据竞争、读取旧值、乱序写入、撕裂等问题，JavaScript 提供了 Atomics 对象。该对象提供了一些高阶和底层方法，以一致的、按顺序的、同步的方式处理共享内存。如本章后面所述，Atomics 对象提供的方法对操作施加了顺序，并确保“读-修改-写”操作不被打断。Atomics 对象还提供了线程之间的信号，保证了同步边缘(正如浏览器通过 postMessage 提供的消息)。

“Atomic”

你可能会问：“为什么叫 Atomics？这是编程，不是物理……”之所以这样命名，是因为 Atomics 对象支持原子操作：从外面看，这些操作似乎只发生在一个步骤中。在操作进行过程中，其他线程没有机会与操作的数据交互，操作是不可分割的。尽管在物理学中，人们早就知道原子是不可分割的，但“原子(atom)”一词最初的意思正是如此 (源自希腊语 atomos，意思是“未切割，未凿开，不可分割”)，因此，John Dalton(约在 1805 年)用该词来指代他认为的自然元素(如铁和氧)不可分割的组成部分。

在上一节的示例中，主线程有一个 sharedArray，其中索引 0 处为 100，索引 1 处为 200，如下所示：

```
sharedArray[0] = 100;
sharedArray[1] = 200;
```

然后，进行如下赋值：

```
sharedArray[0] = 110;
sharedArray[1] = 220;
```

如上一节所述，读取这些条目的其他线程可能会读到旧值，甚至可能看到这些值被乱序写入。为了确保这些写操作对共享该数组的其他线程可见(按顺序)，主线程可使用 Atomics.store 来存储新值。Atomics.store 接受 3 个参数：数组、要写入的条目的索引和要写入的值。

```
Atomics.store(sharedArray, 0, 110);
Atomics.store(sharedArray, 1, 220);
```

同样，worker 线程将使用 Atomics.load 来获取值：

```
console.log(Atomics.load(sharedArray, 1));
console.log(Atomics.load(sharedArray, 0));
```

现在，如果主线程在 worker 线程读取之前进行写入，则 worker 线程肯定会看到更新后的值。worker 线程也肯定不会在看到索引 0 的更新前，看到索引 1 的更新。使用了 Atomics 对象后，可确保这些操作不会被 JavaScript 编译器或 CPU 重新排序。(但如果 worker 线程以其他顺序读取这些值，它仍然有可能看到索引 0 的更新值和索引 1 的原始值，前提是它进行读取的时间正好处于主线程已在索引 0 写入但未在索引 1 写入的那段时间内。)

Atomics 还提供了用于通用操作的方法。例如，假设有几个 worker 线程，所有这些线程都定期递增共享内存中计数器的值。你可能会编写如下代码：

```
// INCORRECT
const old = Atomics.load(sharedArray, index);
Atomics.store(sharedArray, index, old + 1);
```

该代码的问题在于，load 和 store 操作之间有一个间隙。在这个间隙中，另一个线程可读写该条目(即使你使用 Atomics，情况也是如此，因为它发生在 Atomics 的两个调用之间)。如果这段相同的代码在两个 worker 线程中运行，可能会出现如图 16-5 所示的竞争。

如你所见，worker 线程 B 的递增被 worker 线程 A 的递增所覆盖，致使计数器的数值错误。

那么，应该如何解决该问题呢？答案是使用 Atomics.add。Atomics.add 接受 3 个参数：数组、条目索引和一个值。它读取索引处条目的值，将给定的值加入其中，并将结果存储到该条目中(所有这些都是一个原子操作)，并返回该条目的旧值：

```
oldValue = Atomics.add(sharedArray, index, 1);
```

另一个线程不能在 add 读取旧值之后、写入新值之前更新指定索引处的值。前面描述的线程 A 和线程 B 之间的竞争不会发生。

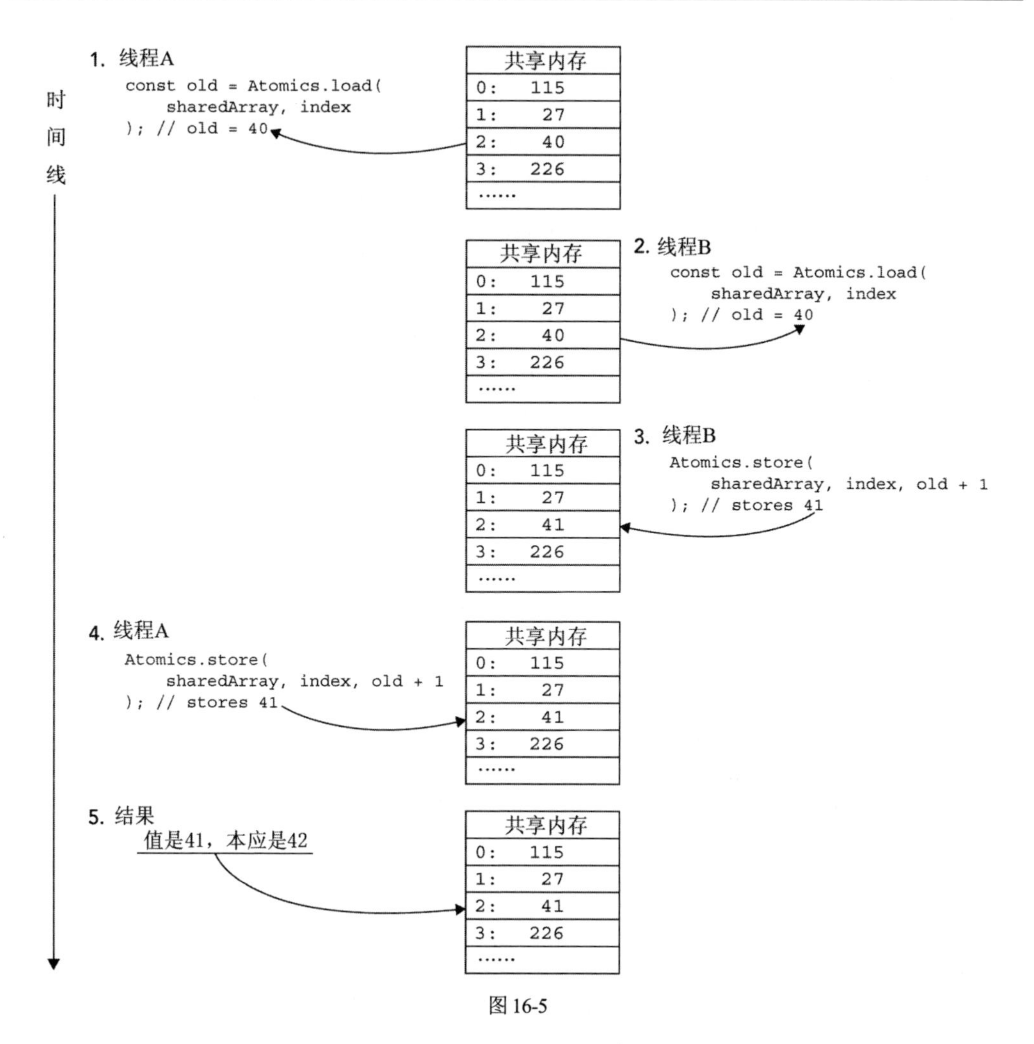

图 16-5

Atomics 提供了几个操作，除了对条目的值执行的操作不同外，其余操作的工作方式与 add 完全一样：它们接受一个值，根据操作修改条目的值，存储结果，并返回条目的旧值。参见表 16-1。

表 16-1

方法	操作	等价的原子操作
Atomics.add	加	array[index] = array[index] + newValue
Atomics.sub	减	array[index] = array[index] - newValue
Atomics.and	按位与	array[index] = array[index] & newValue
Atomics.or	按位或	array[index] = array[index] | newValue
Atomics.xor	按位异或	array[index] = array[index] ^ newValue

16.7.1 Atomics 对象的底层特性

高级的共享内存算法需要的不只是简单的 load、store、add 等方法。Atomics 还提供了这些算法的构成要素。

“原子交换”操作是多线程处理中的一个相当经典的构成要素：以原子方式将一个值交换为另一个值。这个操作由 Atomics.exchange(array, index, value)提供：读取数组中索引处的值，将给定的值存储到数组，并返回前一个值。所有这些都是一个原子操作。

“原子比较并交换”操作是另一个经典的构成要素：仅当旧值与预期值相匹配时，才以原子方式将一个值交换为另一个值。这是由 Atomics.compareExchange(array, index, expectedValue, replacementValue)提供的：从数组条目中读取旧值，仅当旧值与 expectedValue 匹配时才用 replacementValue 替换条目的值。该方法返回旧值(无论是否匹配)。compareExchange 可用于实现锁：

```
if (Atomics.compareExchange(locksArray, DATA_LOCK_INDEX, 0,  1) === 0) {
    //                                                  ↑   ↑      ↑
    //                                                  |   |      |
    //                              Expect it to be 0--/    |      |
    //                                If it is, write 1 --/        |
    //  Check that the previous value was the expected value(0)--/
    // Got the lock, do some work on the data the lock protects
    for (let i = 0; i < dataArray.length; ++i) {
        dataArray[i] *= 2;
    }
    // Release the lock
    Atomics.store(locksArray, DATA_LOCK_INDEX, 0);
}
```

在该示例中，locksArray 中的一个条目被用作 dataArray 的“守护者”：一个线程只有成功地用原子方式将 DATA_LOCK_INDEX 索引处的条目值从 0 改为 1 时，才可访问或修改 dataArray。在该示例中，代码得到锁后将数组中每个条目的值增加了一倍，开发者清楚这个操作是安全的，因为此处有锁。更新完数组后，代码以原子方式将 0 写回锁所在索引处的条目中，以释放锁。

重点：务必确保所有可能访问 dataArray 的代码都使用同一个锁，这样该锁才能发挥作用。如以这种方式使用 compareExchange，可确保当前线程“拥有”共享数组，并且数组是最新的(CPU 的每个线程的缓存中没有待处理的更改)。

为什么要自己编写这样的锁，而不是使用 Atomics 的某个特性(比如在 for 循环中使用 Atomics.load 等方法)？有以下两个原因。

- 确保整个数组的处理方式都是原子的：Atomics.load 等方法只确保其单独的操作以原子方式处理，数组的其他部分可能被其他代码同时访问，这些代码甚至可能试图在同一时间对同一条目操作。
- 为了提高效率：当访问多个条目时，与其让 Atomics 在每个单独的操作上进行同步和锁定，不如一次性锁定整个操作，这样有效得多。

下面假设前面的代码只使用 Atomics 调用来修改 dataArray：

```
for (let i = 0; i < dataArray.length; ++i) {
   let v;
   do {
      v = Atomics.load(dataArray[i]);
   } while (v !== Atomics.compareExchange(dataArray, i, v, v * 2));
}
```

这与之前的代码略有不同：在 locksArray 版本中，整个 dataArray 被当作一个整体来处理。而在这个版本中，两个线程可同时对数组的不同部分进行操作。(这可能有用，也可能没用，取决于具体的使用场景——除非你特别想允许这种并发访问，否则这很可能成为一个让你犯错的 bug。)

第二个版本的代码也更加复杂。注意，每个循环迭代在更新其条目时都必须有一个 do-while 循环，因为其他代码可能会在获取值和试图保存更新值的时间段内更改条目值(回想一下图 16-5 可知，不能只使用 Atomics.load 和 Atomics.store，因为这可能会引发线程竞争)。

另外，第二个版本还需要大量单独的底层锁定/解锁操作。(dataArray 中的每个条目不少于两个，如果 do-while 循环因为另外一个线程也在更新数组而需要循环，则操作数会更多。)

16.7.2 使用 Atomics 对象挂起和恢复线程

从 ES2017 开始，线程可在任务中间被暂停，然后恢复，继续处理该任务。大多数环境不允许挂起主线程[1]，但允许挂起 worker 线程。Atomics 对象提供了一些挂起 worker 线程的方法。

要挂起一个线程，可在共享的 Int32Array 的一个条目上调用 Atomics.wait：

```
result = Atomics.wait(theArray, index, expectedValue, timeout);
```

例如：

```
result = Atomics.wait(sharedArray, index, 42, 30000);
```

在上面的示例中，Atomics.wait 从 sharedArray[index]中读取值，若值为 42，则挂起线程。线程会保持挂起状态，直到有方法调用恢复它或发生超时(在上面的示例中，超时时间为 30 000ms，即 30s)。如果不设置超时时间，则默认值是 Number.Infinity，表示线程会一直保持挂起状态。

Atomics.wait 返回一个字符串，这些字符串的含义如下。

- "ok"：线程被挂起且随后恢复(而不是超时)。
- "timeout"：线程被挂起，而后由于超时恢复。
- "not-equal"：线程并未被挂起，因为数组中条目的值并不等于给定值。

为了恢复在数组的条目上等待的线程，可调用 Atomics.notify：

```
result = Atomics.notify(theArray, index, numberToResume);
```

例如：

```
result = Atomics.notify(sharedArray, index 1);
```

传入的数字(上面示例中为 1)表示要恢复多少个在等待的线程；对于上面的示例，即使条目上有多个线程在等待，也只会恢复一个线程。Atomics.notify 返回实际被恢复的线程数(如果没有任何等待的线程，则返回 0)。

如果线程被挂起，则不会再处理来自任务队列的任何任务，这是因为 JavaScript 具有运行至完成(run-to-completion)的语义特点。线程在完成当前任务之前，不能从队列中选取下一个任务，而且当任务执行到一半被挂起时，线程也无法选取下一个任务。这也是在大多数环境中主线程不能被挂起的原因：主线程通常需要持续地处理任务。(例如，浏览器中的主线程是 UI 线程，如果挂起 UI 线程，会使 UI 无法响应。)

---

1 总之，大多数环境不允许编程者通过这种机制挂起主线程。浏览器上的 alert、confirm 和 prompt 等过时的功能会挂起 UI 线程上的 JavaScript，直到它们显示的模态对话框被关闭，尽管浏览器制造商正在慢慢移除他们过去提供的这些绝对阻塞的操作(例如，后台选项卡中的 alert 不再阻塞 Chrome)。

下一节将介绍一个挂起/恢复线程的示例。

16.8 共享内存示例

本节的示例汇集了本章介绍的有关共享内存和 Atomics 方法的各种内容。该示例实现了前面“共享内存的基础知识”一节中提到的生产者/消费者队列，其任务是计算内存块的哈希值(MD5、SHA-1等)。队列在主线程、一个生产者线程和几个消费者线程之间共享内存，生产者线程向需要哈希的内存块添加数据，并将其放到队列中，消费者线程从队列中获取内存块并进行哈希计算，并将结果发送给主线程。(实际上存在两个队列，一个队列用于存放等待哈希计算的内存块，另一个存放可用于添加新数据的内存块。)示例使用了由锁保护的临界区；条件变量在条件为真时，发出信号；Atomics.wait挂起线程，直到条件变为真；在条件变为真时，Atomics.notify 通知(恢复)线程。

示例从可复用的 Lock 和 Condition 类开始，参见代码清单 16-5。

代码清单 16-5　Lock 和 Condition 类——lock-and-condition.js

```
// Lock and Condition are inspired by Lars T. Hansen's work in this github repo:
// https://github.com/lars-t-hansen/js-lock-and-condition
// The API of these is not the same as the ones there, but the inner workings are
// very similar. But if you find a bug, assume it's mine, not Hansen's.

/**
 * Utility function used by `Lock` and `Condition` to check arguments to their
 * constructors and certain methods that take the arguments this function takes.
 *
 * @param    {SharedArrayBuffer} sab         The buffer to check.
 * @param    {number}            byteOffset  The offset to validate.
 * @param    {number}            bytesNeeded The number of bytes needed at
 *                                           that offset.
 * @throws {Error} If any of the requirements aren't met.
 */
function checkArguments(sab, byteOffset, bytesNeeded) {
   if (!(sab instanceof SharedArrayBuffer)) {
       throw new Error("`sab` must be a SharedArrayBuffer");
       }
       // Offset must be an integer identifying a position within the buffer,
       // divisible by four because we use an Int32Array so we can use
       // `Atomics.compareExchange`. It needs to have at least the given number of
       // bytes available at that position.
       if ((byteOffset|0) !== byteOffset
           || byteOffset % 4 !== 0
           || byteOffset < 0
           || byteOffset + bytesNeeded > sab.byteLength
         ) {
          throw new Error(
              ```byteOffset`` must be an integer divisible by 4 and identify a ` +
              `buffer location with ${bytesNeeded} of room`
          );
       }
   }

   // State values used by `Lock` and `Condition`; these MUST be the values 0, 1,
   // and 2 as below or the implementation of `unlock` will fail (the names are
```
```

```
// just for reading clarity):
const UNLOCKED = 0;       // The lock is unlocked, available to be acquired.
const LOCKED = 1;         // The lock is locked, and no threads are waiting.
const CONTENDED = 2;      // The lock is locked, and there may be at least one
                          // thread waiting to be notified that the lock was
                          // released.
/**
 * Class implementing a lock using a given region of a `SharedArrayBuffer`.
 *
 * You create a new lock within a SAB by using `new Lock` to initialize the SAB
 * and get a `Lock` instance for accessing it. To use an existing `Lock` in a
 * SAB, you must use `Lock.deserialize` to deserialize the object created by
 * `serialize`, **NOT** `new Lock`.
 */
export class Lock {
    // Implementation Notes:
    //
    // Lock state is a single 32-bit entry in a SharedArrayBuffer (via
    // Int32Array). That entry must be initialized to a known state before it
    // can be used for locking (`Lock.initialize`). Once initialized, the entry
    // may have the value `UNLOCKED`, `LOCKED`, or `CONTENDED`.
    //
    // This class makes no attempt to ensure that the code unlocking a lock
    // is the code that acquired the lock in the first place. This is for
    // simplicity and performance.

    /**
     * Creates a lock in the given `SharedArrayBuffer` and returns a `Lock`
     * instance that can use the lock or be serialized to be given to other code
     * to use (via `Lock.deserialize`).
     *
     * @param {SharedArrayBuffer} sab           The buffer to use.
     * @param {number}            byteOffset    The offset of the region in the
     *                                          buffer to use. The `Lock` object
     *                                          will use `Lock.BYTES_NEEDED`
     *                                          bytes.
     */
constructor(sab, byteOffset) {
    checkArguments(sab, byteOffset, Lock.BYTES_NEEDED);
    this.sharedState = new Int32Array(sab);
    this.index = byteOffset / 4; // byte offset => Int32Array index
    Atomics.store(this.sharedState, this.index, UNLOCKED);
}

/**
 * Gets the `SharedArrayBuffer` this `Lock` instance uses.
 */
get buffer() {
    return this.sharedState.buffer;
}

/**
 * Gets the lock. Waits forever until it succeeds. Cannot be used by the main
 * thread of many environments (including browsers), because the thread may
 * need to enter a wait state, and the main thread isn't allowed to do that in
 * many environments.
```

```
     */
    lock() {
        const {sharedState, index} = this;
        // Try to get the lock by replacing an existing `UNLOCKED` value with
        // `LOCKED`. `compareExchange` returns the value that was at the given
        // index before the exchange was made, whether the exchange was made
        // or not.
        let c = Atomics.compareExchange(
                    sharedState,
                    index,
                    UNLOCKED, // If the entry contains `UNLOCKED`,
                    LOCKED // replace it with `LOCKED`.
                );
        // If `c` is `UNLOCKED`, this thread got the lock. If not, loop until
        // it does.
        while (c !== UNLOCKED) {
            // Wait if `c` is already `CONTENDED` or if this thread's attempt
            // to replace `LOCKED` with `CONTENDED` didn't find that it has
            // been replaced with `UNLOCKED` in the meantime.
            const wait =
                c === CONTENDED
                ||
                Atomics.compareExchange(
                    sharedState,
                    index,
                    LOCKED, // If the entry contains `LOCKED`,
                    CONTENDED // replace it with `CONTENDED`.
                ) !== UNLOCKED;
            if (wait) {
                // Only enter a wait state if the value as of when this thread
                // starts waiting is `CONTENDED`.
                Atomics.wait(sharedState, index, CONTENDED);
            }
            // The thread gets here in one of three ways:
            // 1. It waited and got notified, or
            // 2. It tried to replace `LOCKED` with `CONTENDED` and found that
            // `UNLOCKED` was there now.
            // 3. It tried to wait, but the value that was there when it would
            // have started waiting wasn't `CONTENDED`.
            // Try to replace `UNLOCKED` with `CONTENDED`.
            c = Atomics.compareExchange(sharedState, index, UNLOCKED, CONTENDED);
        }
    }

    /**
     * Releases the lock.
     */
    unlock() {
        const {sharedState, index} = this;
        // Subtract one from the current value in the state and get the old value
        // that was there. This converts `LOCKED` to `UNLOCKED`, or converts
        // `CONTENDED` to `LOCKED` (or if erroneously called when the lock is not
        // locked) converts `UNLOCKED` to `-1`.
        const value = Atomics.sub(sharedState, index, 1);
        // If the old value was `LOCKED`, we're done; it's `UNLOCKED` now.
        if (value !== LOCKED) {
```

```
            // The old value wasn't `LOCKED`. Normally this means it was
            // `CONTENDED` and one or more threads may be waiting for the lock to
            // be released. Do so, and notify up to one thread.
            Atomics.store(sharedState, index, UNLOCKED);
            Atomics.notify(sharedState, index, 1);
            // max number of threads to notify ^
        }
    }

    /**
     * Serializes this `Lock` object into an object that can be used with
     * `postMessage`.
     *
     * @returns The object to use with `postMessage`.
     */
     serialize() {
        return {
            isLockObject: true,
            sharedState: this.sharedState,
            index: this.index
        };
    }

    /**
     * Deserializes the object from `serialize` back into a useable `Lock`.
     *
     * @param {object} obj The serialized `Lock` object
     * @returns The `Lock` instance.
     */
    static deserialize(obj) {
        if (!obj || !obj.isLockObject ||
            !(obj.sharedState instanceof Int32Array) ||
            typeof obj.index !== "number"
            ) {
            throw new Error("`obj` is not a serialized `Lock` object");
        }
        const lock = Object.create(Lock.prototype);
        lock.sharedState = obj.sharedState;
        lock.index = obj.index;
        return lock;
    }
}
Lock.BYTES_NEEDED = Int32Array.BYTES_PER_ELEMENT; // Lock uses just one entry

/**
 * Class implementing condition variables using a given lock and a given region of
 * a `SharedArrayBuffer` (a different region in the same buffer the `Lock` uses).
 *
 * A new condition variable is created in a SAB by using `new Condition`, which
 * sets the region of the SAB to initial values and returns a `Condition` object
 * that can be used to access the condition variable. Other code can use the
 * condition variable by using `Condition.deserialize` (**NOT** `new Condition`)
 * on the object created by `serialize` to gain access to the condition variable.
 */
export class Condition {
    /**
```

```
    * Creates a `Condition` object that uses the given `Lock` and state
    * information in the given region of the buffer the `Lock` uses. This region
    * must have been initialized at some point by `Condition.initialize` and
    * must not overlap regions used by the `Lock` or any other `Condition`.
    *
    * @param  {Lock}     lock        The lock to use.
    * @param  {number}   byteOffset  The offset of the region in the `Lock`'s
    *                                buffer to use. Will use
    *                                `Condition.BYTES_NEEDED` bytes starting
    *                                at that offset.
    */
    constructor(lock, byteOffset, noInit = false) {
        if (!(lock instanceof Lock)) {
            throw new Error("`lock` must be a `Lock` instance");
        }
        const sab = lock.buffer;
        checkArguments(sab, byteOffset, Condition.BYTES_NEEDED);
        this.sharedState = new Int32Array(sab);
        this.index = byteOffset / 4; // byte offset => Int32Array index
        this.lock = lock;
        Atomics.store(this.sharedState, this.index, 0);
    }

    /**
     * Unlocks this `Condition`'s `Lock` and waits to be notified of the condition.
     * The calling code must have the lock.
     */
wait() {
    const {sharedState, index, lock} = this;
    const sequence = Atomics.load(sharedState, index);
    lock.unlock();
    Atomics.wait(sharedState, index, sequence);
    lock.lock();
}

/**
 * Notify one waiting thread. Typically code does this when the condition has
 * become "true" (whatever meaning that has for a particular condition).
 * The calling code must have the lock.
 */
notifyOne() {
    const {sharedState, index} = this;
    Atomics.add(sharedState, index, 1);      // Move the sequence on by one
    Atomics.notify(sharedState, index, 1);  // 1 = notify one thread
}

/**
 * Notify all waiting threads. Typically code does this when the condition has
 * become "true" (whatever meaning that has for a particular condition).
 * The calling code must have the lock.
 */
notifyAll() {
    const {sharedState, index} = this;
    Atomics.add(sharedState, index, 1); // Move the sequence on by one
    Atomics.notify(sharedState, index); // No 3rd arg = notify all threads
}
```

```
        /**
         * Serializes this `Condition` object into an object that can be used with
         * `postMessage`.
         *
         * @returns The object to use with `postMessage`.
         */
        serialize() {
            return {
                isConditionObject: true,
                sharedState: this.sharedState,
                index: this.index,
                lock: this.lock.serialize()
            };
        }

        /**
         * Deserializes the object from `serialize` back into a useable `Condition`.
         *
         * @param {object} obj The serialized `Condition` object
         * @returns The `Lock` instance.
         */
        static deserialize(obj) {
            if (!obj || !obj.isConditionObject ||
            !(obj.sharedState instanceof Int32Array) ||
            typeof obj.index !== "number"
            ) {
            throw new Error("`obj` is not a serialized `Condition` object");
        }
        const condition = Object.create(Condition.prototype);
        condition.sharedState = obj.sharedState;
        condition.index = obj.index;
        condition.lock = Lock.deserialize(obj.lock);
        return condition;
    }
}
Condition.BYTES_NEEDED = Int32Array.BYTES_PER_ELEMENT;
```

Lock 提供了一个基本的、简单的锁。通过将 SharedArrayBuffer 和要创建的锁的偏移量传递给 Lock 构造函数，可在 SharedArrayBuffer 中创建一个锁：

```
const lock = new Lock(sab, offset);
```

Lock 构造函数为 SharedArrayBuffer 中的锁设置了初始状态信息，并返回要使用的 Lock 实例。因为锁使用的是 Int32Array 实例，所以偏移量必须能被 4 整除，以确保数组条目是内存对齐的(否则你将会得到一个 RangeError，参见本章前面“创建共享内存”一节中关于内存对齐的讨论)。Lock 类通过一个名为 Lock.BYTES_NEEDED 的属性来说明它需要多少字节的 SharedArrayBuffer(以应对需要在缓冲区里存储其他内容，或者需要使缓冲区的大小刚好够锁使用的情况)。

锁的意义在于跨线程共享，因此，如要共享 Lock，可调用它的 serialize 方法，得到一个可以通过 postMessage 方法发送的简单对象：

```
worker.postMessage({ type: 'init', lock: lock.serialize()});
```

在接收线程中，使用 Lock.deserialize 方法来获取该线程要使用的 Lock 实例：

```
const lock = Lock.deserialize(message.lock);
```

发送线程的 Lock 实例和接收线程的 Lock 实例将共享 SharedArrayBuffer 中相同的底层数据。

为了获得锁(取得它的所有权)以防止其他线程拥有它，你要调用锁的 lock 方法：

```
lock.lock();
```

lock 将会无限期地等待，直到它能够获得锁。(更复杂的 Lock 类可提供一个超时机制。)它会让当前的线程等待(通过 Atomics.wait)，因此在大多数环境中你不能在主线程中调用 lock 方法，而必须在 worker 线程中调用。这个示例稍后将在生产者和消费者线程的代码中使用 lock。

一旦拥有了锁，就可执行其临界区的代码。完成后，通过 unlock 方法释放锁：

```
lock.unlock();
```

Condition 类的工作方式与 Lock 类似。使用 Condition 构造函数创建一个 Condition，并传入它要使用的 Lock 实例和 SharedArrayBuffer 中用于保存条件的状态信息的偏移量：

```
const myCondition = new Condition(lock, conditionOffset);
```

注意，此处为 Condition 构造函数提供了一个 Lock 实例。这是因为条件使用的锁必须和其他条件或代码所用的相同(使用相同的共享内存)。例如，在生产者/消费者线程的示例中，队列有一个单独的锁。该锁用于基本的队列操作，如放入一个值和取出一个值，还用于给这些操作提供条件变量，如“队列有空间”和“队列有任务”。

和 Lock 一样，Condition 使用 Int32Array，因此你在调用构造函数时提供的偏移量必须能够被 4 整除，它通过 Condition.BYTES_NEEDED 属性来说明它在 SharedArrayBuffer 中需要多少空间。

如要让线程等待某个条件，需要调用该条件的 wait 方法。当线程调用 wait 方法时，它必须拥有条件使用的锁，这看起来似乎令人惊讶，但当你了解了条件的使用方式后，就会明白它的意义。例如，在一个共享队列中，比如本例将使用的队列，put 操作(将值放入队列)是一个临界区，因为它需要访问和更新队列的数据。因此在开始 put 操作前，线程必须拥有锁的所有权。但如果队列是满的，该线程则必须等待“队列有空间”的条件变为真。这样需要先释放锁，等待“条件为真”的通知，然后重新获得锁。Condition 类的 wait 方法以适当的方式处理这些操作，所以只有在线程已经拥有锁的情况下，才可以调用它。下面是一个简化示例：

```
put(value) {
   this.lock.lock();
   try {
      while (/*...the queue is full...*/) {
         this.hasRoomCondition.wait();
      }
      // ...put the value in the queue...
   } finally {
      this.lock.unlock();
   }
}
```

(再次提醒，this.lock 必须与 this.hasRoomCondition 使用相同的锁，这个锁对整个队列生效。)因为你难免会遇到一种情况：当条件为真而等待线程并没有锁时，不能假设当线程有了锁，条件仍然为真，另一个线程可能在这之前就把任务放到队列中了！因此，前面的 put 代码片段中的 wait 调用被放在 while 循环中，而不只是用一个 if。

那么，如何让条件变为真？在条件是“队列有空间”这种情况下，另一个线程必须从队列中移除一个条目，然后通知所有等待的线程——队列又有了空间。这就是队列的 take 方法所执行的操作，代码如下所示：

```
    take() {
      this.lock.lock();
      try {
      // ...ensure the queue isn't empty...
      const value = /* ...take the next value from the queue, making room... */;
      this.hasRoomCondition.notifyOne();
      return value;
    } finally {
      this.lock.unlock();
    }
}
```

Condition 的 notifyOne 方法使用 Atomics.notify 恢复了一个等待这个条件的线程(如代码清单 16-6 所示)。

前面的那些代码片段忽略了队列使用的第二个条件，即“队列有任务”。此处仍通过 put 和 take 方法来处理，只是处理方式相反(take 方法用来等待，put 方法用来通知)。接下来看一个完整的锁定共享内存队列的实现，参见代码清单 16-6。

代码清单 16-6　LockingInt32Queue 的实现——locking-int32-queue.js

```
// Ring buffer implementation drawn in part from
// https://www.snellman.net/blog/archive/2016-12-13-ring-buffers/
// Note that it relies on Uint32 wrap-around from 2**32-1 to 0
// on increment.

import {Lock, Condition} from "./lock-and-condition.js";

// Indexes of the head and tail indexes in the `indexes` array of
// `LockingInt32Queue`.
const HEAD = 0;
const TAIL = 1;

/**
 * Validates the given queue capacity, throws error if invalid.
 *
 * @param {number} capacity The size of the queue
 */
function validateCapacity(capacity) {
   const capLog2 = Math.log2(capacity);
   if (capLog2 !== (capLog2|0)) {
       throw new Error(
           "`capacity` must be a power of 2 (2, 4, 8, 16, 32, 64, etc.)"
       );
   }
}

/**
 * Converts the given number to Uint32 (and then back to number), applying
 * standard unsigned 32-bit integer wrap-around. For example, -4294967294 converts
 * to 2.
 *
```

```
 * @param {number} n The number to convert.
 * @returns The result.
 */
function toUint32(n) {
    // The unsigned right-shift operator converts its operands to Uint32 values,
    // so shifting `n` by 0 places converts it to Uint32 (and then back to number)
    return n >>> 0;
}

// Utility functions for LockingInt32 Queue
// These will be useful private methods when private methods are further along.

/**
 * Gets the size of the given queue (the number of unconsumed entries in it).
 * **MUST** be called only from code holding the queue's lock.
 *
 * @param {LockingInt32Queue} queue The queue to get the size of.
 * @returns The number of unconsumed entries in the queue.
 */
function size(queue) {
    // Conversion to Uint32 (briefly) handles the necessary wrap-around so that
    // when the head index is (for instance) 1 and the tail index is (for
    // instance) 4294967295, the result is 2 (there's an entry at index
    // 4294967295 % capacity and also one at index 0), not -4294967294.
    return toUint32(queue.indexes[HEAD] - queue.indexes[TAIL]);
}

/**
 * Determines whether the given queue is full.
 * **MUST** be called only from code holding the queue's lock.
 *
 * @param {LockingInt32Queue} queue The queue to check.
 * @returns `true` if the queue is full, `false` if not.
 */
function full(queue) {
    return size(queue) === queue.data.length;
}

/**
 * Determines whether the given queue is empty.
 * **MUST** be called only from code holding the queue's lock.
 *
 * @param {LockingInt32Queue} queue The queue to check.
 * @returns `true` if the queue is full, `false` if not.
 */
function empty(queue) {
    return queue.indexes[HEAD] === queue.indexes[TAIL];
}

/**
 * Checks the value to see that it's valid for the queue.
 * Throws an error if the value is invalid.
 *
 * @param {number} v The value to check.
 */
function checkValue(v) {
```

```
    if (typeof v !== "number" || (v|0) !== v) {
        throw new Error(
            "Queue values must be integers between -(2**32) and 2**32-1, inclusive"
        );
    }
}

/**
 * Puts the given value into the given queue. Caller **MUST** check that there is
 * room in the queue before calling this method, while having the queue locked.
 * **MUST** be called only from code holding the queue's lock.
 *
 * @param {LockingInt32Queue} queue The queue to put the value in.
 * @param {number} value The value to put.
 */
function internalPut(queue, value) {
    queue.data[queue.indexes[HEAD] % queue.data.length] = value;
    ++queue.indexes[HEAD];
}

/**
 * A queue of Int32 values with an associated `Lock` instance whose `put` method
 * blocks until there's room in the queue and whose `take` method blocks until
 * there's an entry in the queue to return.
 */
export class LockingInt32Queue {
/**
 * Gets the number of bytes this queue implementation requires within a
 * `SharedArrayBuffer` to support a queue of the given capacity.
 *
 * @param {number} capacity The desired queue capacity.
 */
static getBytesNeeded(capacity) {
    validateCapacity(capacity);
    const bytesNeeded = Lock.BYTES_NEEDED +
                        (Condition.BYTES_NEEDED * 2) +
                        (Uint32Array.BYTES_PER_ELEMENT * 2) +
                        (Int32Array.BYTES_PER_ELEMENT * capacity);
    return bytesNeeded;
}

/**
 * Creates a new queue with the given capacity, optionally using the given
 * `SharedArrayBuffer` at the given byte offset (if not given, a new buffer
 * of the appropriate size is created). The constructor is **only** for
 * creating a new queue, not using an existing one; for that, use
 * `LockingInt32Queue.deserialize` on the object returned by the `serialize`
 * method of the queue instance.
 *
 * @param   {number}          capacity     The maximum number of entries
 *                                         the queue can contain.
 * @param  {SharedArrayBuffer} sab         The `SharedArrayBuffer` the
 *                                         queue should be maintained in.
 *                                         If you're supplying this arg,
 *                                         use the `getBytesNeeded` static
 *                                         method to get the number of
```

```
     *                                              bytes the queue will need.
     * @param {number}       byteOffset             The byte offset within the SAB
     *                                              where the queue's state
     *                                              information should be stored.
     * @param {number[]}     initialEntries         Optional entries to pre-seed
     *                                              the queue with.
     */
    constructor(capacity, sab = null, byteOffset = 0, initialEntries = null) {
        const bytesNeeded = LockingInt32Queue.getBytesNeeded(capacity);
        if (sab === null) {
            if (byteOffset !== 0) {
                throw new Error(
                    "`byteOffset` must be omitted or 0 when `sab` is " +
                    "omitted or `null`"
                );
            }
            sab = new SharedArrayBuffer(byteOffset + bytesNeeded);
        }
        // Offset must be an integer identifying a position within the buffer,
        // divisible by four because we use an Int32Array so we can use
        // `Atomics.compareExchange`. It needs to have at least the given number of
        // bytes available at that position.
        if ((byteOffset|0) !== byteOffset
            || byteOffset % 4 !== 0
            || byteOffset < 0
            || byteOffset + bytesNeeded > sab.byteLength
        ) {
            throw new Error(
                `\`byteOffset\` must be an integer divisible by 4 and ` +
                `identify a buffer location with ${bytesNeeded} of room`
            );
        }

        // Create the lock and conditions
        this.byteOffset = byteOffset;
        let n = byteOffset;
        this.lock = new Lock(sab, n);
        n += Lock.BYTES_NEEDED;
        this.hasWorkCondition = new Condition(this.lock, n);
        n += Condition.BYTES_NEEDED;
        this.hasRoomCondition = new Condition(this.lock, n);
        n += Condition.BYTES_NEEDED;
        // Create the indexes and data arrays
        this.indexes = new Uint32Array(sab, n, 2);
        Atomics.store(this.indexes, HEAD, 0);
        Atomics.store(this.indexes, TAIL, 0);
        n += Uint32Array.BYTES_PER_ELEMENT * 2;
        this.data = new Int32Array(sab, n, capacity);
        if (initialEntries) {
            if (initialEntries.length > capacity) {
                throw new Error(
                    `\`initialEntries\` has ${initialEntries.length} entries, ` +
                    `queue only supports ${capacity} entries`
                );
            }
            for (const value of initialEntries) {
```

```
            checkValue(value);
            internalPut(this, value);
        }
    }
}

/**
 * The capacity of this queue.
 */
get capacity() {
   return this.data.length;
}

/**
 * Locks the queue, puts the given value into it, and releases the lock.
 * Waits forever for the lock (no timeout) and for the queue to have room for
 * a new entry.
 *
 * @param   {number}    value       The value to put. Must be a number
 *                                  representing a 32-bit unsigned integer.
 * @returns The size of the queue as of just after this value was put in (may
 *          be out of date the instant the caller receives it, though).
 */
put(value) {
    checkValue(value);
    this.lock.lock();
    try {
        // If the queue is full, wait for the "queue has room" condition to
        // become true. Since waiting releases and reacquires the lock, after
        // waiting check again whether the queue is full in case another thread
        // snuck in and used up the space that became available before this
        // thread could use it.
        while (full(this)) {
           this.hasRoomCondition.wait();
        }
        internalPut(this, value);
        const rv = size(this);
        // Notify one thread waiting in `take`, if any, that the queue has work
        // available now
        this.hasWorkCondition.notifyOne();
        return rv;
      } finally {
         this.lock.unlock();
      }
  }

  /**
   * Locks the queue, takes the next value from it, unlocks the queue, and
   * returns the value. Waits forever for the lock and for the queue to have
   * at least one entry in it.
   */
  take() {
      this.lock.lock();
      try {
          // If the queue is empty, wait for the "queue has work" condition to
          // become true. Since waiting releases and reacquires the lock, after
```

```
            // waiting check again whether the queue is empty in case another
            // thread snuck in and took the work that was just added before this
            // thread could use it.
            while (empty(this)) {
                this.hasWorkCondition.wait();
            }
            const value = this.data[this.indexes[TAIL] % this.data.length];
            ++this.indexes[TAIL];
            // Notify one thread waiting in `put`, if any, that there's room for
            // a new entry in the queue now
            this.hasRoomCondition.notifyOne();
            return value;
        } finally {
            this.lock.unlock();
        }
    }

    /**
     * Serializes this `LockingInt32Queue` object into an object that can be used
     * with `postMessage`.
     *
     * @returns The object to use with `postMessage`.
     */
    serialize() {
        return {
            isLockingInt32Queue: true,
            lock: this.lock.serialize(),
            hasWorkCondition: this.hasWorkCondition.serialize(),
            hasRoomCondition: this.hasRoomCondition.serialize(),
            indexes: this.indexes,
            data: this.data,
            name: this.name
        };
    }

    /**
     * Deserializes the object from `serialize` back into a useable `Lock`.
     *
     * @param {object} obj The serialized `Lock` object
     * @returns The `Lock` instance.
     */
    static deserialize(obj) {
        if (!obj || !obj.isLockingInt32Queue ||
        !(obj.indexes instanceof Uint32Array) ||
        !(obj.data instanceof Int32Array)
        ) {
        throw new Error(
            "`obj` is not a serialized `LockingInt32Queue` object"
        );
    }
    const q = Object.create(LockingInt32Queue.prototype);
    q.lock = Lock.deserialize(obj.lock);
    q.hasWorkCondition = Condition.deserialize(obj.hasWorkCondition);
    q.hasRoomCondition = Condition.deserialize(obj.hasRoomCondition);
    q.indexes = obj.indexes;
    q.data = obj.data;
```

```
    q.name = obj.name;
    return q;
  }
}
```

LockingInt32Queue 是一个在共享内存中实现的简单环形缓冲队列，它使用一个锁和两个条件：“队列有任务(hasWorkCondition)”和“队列有空间(hasRoomCondition)”。队列的创建和共享，与 Lock 和 Condition 遵循相同的方式：使用构造函数来创建队列，并通过 serialize 和 deserialize 方法来共享队列。由于它所占用的内存量取决于队列的大小，队列提供了 LockingInt32Queue.getBytesNeeded 方法来说明它需要多少字节的队列容量。

队列可能在主线程(它不能等待)中创建，而且主线程可能需要提前往队列中填充一些值，因此构造函数可选择接收队列的初始值。如代码清单 16-7 所示，其中，主线程创建了一个可用的缓冲区队列。

若要把任务放进队列，线程只需要调用 put。队列的代码会获取锁，必要时等待队列空间释放，在有空间时将值放入队列中，并将“队列有任务”的消息通知给任何可能正在等待的线程(通过 hasWorkCondition)。同样，如果要从队列中取值，代码只需要调用 take；队列的代码获取锁，必要时等待，以便从队列中取值，并将“队列有空间”的消息通知给任何可能正在等待的线程(通过 hasRoomCondition)。

代码清单 16-7~16-8 展示了这个示例的主入口模块和一个非常小的工具方法模块。主模块创建了 8 个数据缓冲区和用来存放缓冲区 ID 的 2 个队列：一个队列用于填充等待哈希计算的数据的缓冲区(availableBuffersQueue)，另一个用于已满且准备对其内容进行哈希计算的缓冲区(pendingBuffersQueue)。然后，创建一个生产者线程和 4 个消费者线程，并把缓冲区、序列化后的队列以及其他初始信息发送给它们。主模块为每个消费者线程添加了一个消息监听器，以便接收消费者线程计算的哈希值。最后，1 秒钟后，主模块告诉生产者线程停止生成新的值，并告诉消费者线程停止工作。

暂时不用担心 fullspeed 标志，我们一会儿再来讨论这个问题。

代码清单 16-7　示例的主模块——example-main.js

```
// This example uses one producer worker and multiple consumer workers to calculate
// hashes of data buffers. The work is managed using two queues. The queues and the
// data buffers are all contained in a single `SharedArrayBuffer`. The producer
// gets an available buffer ID from the `availableBuffersQueue`, fills that buffer
// with random data, and then adds the buffer's ID to the `pendingBuffersQueue` to
// be processed by consumers. When a consumer takes a buffer ID from the pending
// queue, it calculates the hash, then puts the buffer ID back into the available
// queue and posts the hash to the main thread.

import {log, setLogging} from "./example-misc.js";
import {LockingInt32Queue} from "./locking-int32-queue.js";
const fullspeed = location.search.includes("fullspeed");
setLogging(!fullspeed);

// The capacity of the queues
const capacity = 8;

// The size of each data buffer
const dataBufferLength = 4096;
```

```
// The number of buffers, must be at least as many as queue capacity
const dataBufferCount = capacity;

// The size of the SAB we'll need; note that since the data buffers are byte
// arrays, there's no need to multiply by Uint8Array.BYTES_PER_ELEMENT.
const bufferSize = (LockingInt32Queue.getBytesNeeded(capacity) * 2) +
                   (dataBufferLength * dataBufferCount);

// The number of consumers we'll create
const consumerCount = 4;

// The number of hashes received from consumers
let hashesReceived = 0;

// Create the SAB, the data buffers, and the queues. Again, since the data buffers
// are byte arrays this code doesn't need to use `Uint8Array.BYTES_PER_ELEMENT`.
let byteOffset = 0;
const sab = new SharedArrayBuffer(bufferSize);
const buffers = [];
for (let n = 0; n < dataBufferCount; ++n) {
    buffers[n] = new Uint8Array(sab, byteOffset, dataBufferLength);
    byteOffset += dataBufferLength;
}
const availableBuffersQueue = new LockingInt32Queue(
    capacity, sab, byteOffset, [...buffers.keys()]
    //                         ^-- Initially, all the buffers are available
);
byteOffset += LockingInt32Queue.getBytesNeeded(capacity);
const pendingBuffersQueue = new LockingInt32Queue(
   capacity, sab, byteOffset // Initially empty
);

// Handle a message posted from a consumer.
function handleConsumerMessage({data}) {
   const type = data && data.type;
   if (type === "hash") {
      const {consumerId, bufferId, hash} = data;
      ++hashesReceived;
      log(
         "main",
         `Hash for buffer ${bufferId} from consumer${consumerId}: ${hash}, ` +
         `${hashesReceived} total hashes received`
      );
   }
}

// Create the producer and the consumers, get them started
const initMessage = {
    type: "init",
    availableBuffersQueue: availableBuffersQueue.serialize(),
    pendingBuffersQueue: pendingBuffersQueue.serialize(),
    buffers,
    fullspeed
};
const producer = new Worker("./example-producer.js", {type: "module"});
producer.postMessage({...initMessage, consumerCount});
```

```
const consumers = [];
for (let n = 0; n < consumerCount; ++n) {
    const consumer = consumers[n] =
        new Worker("./example-consumer.js", {type: "module"});
    consumer.postMessage({...initMessage, consumerId: n});
    consumer.addEventListener("message", handleConsumerMessage);
}

// Tell the producer to stop producing new work after one second
setTimeout(() => {
    producer.postMessage({type: "stop"});
    setLogging(true);
    const spinner = document.querySelector(".spinner-border");
    spinner.classList.remove("spinning");
    spinner.role = "presentation";
    document.getElementById("message").textContent = "Done";
}, 1000);
// Show the main thread isn't blocked
let ticks = 0;
(function tick() {
    const ticker = document.getElementById("ticker");
    if (ticker) {
        ticker.textContent = ++ticks;
        setTimeout(tick, 10);
    }
})();
```

代码清单 16-8　示例的其他模块——example-misc.js

```
let logging = true;
export function log(id, message) {
   if (logging) {
      console.log(String(id).padEnd(10, " "), message);
   }
}
export function setLogging(flag) {
   logging = flag;
}
```

生产者线程在代码清单 16-9 中。它从初始化方法中获取缓冲区和队列，并开始一个循环，从 availableBuffersQueue 中获取一个可用的缓冲区 ID(可能需要等待，如果消费者线程在后面运行)，用随机数填充这个缓冲区(在这个示例中)，然后把缓冲区 ID 放入 pendingBuffersQueue 中。每隔 500ms 左右中止这个循环并使用 setTimeout 让循环立即再次启动，这是为了让生产者线程能够接收编程者通过 postMessage 发布给它的任何消息。当接收到 stop 消息，生产者线程在 pendingBuffersQueue 中填充标志值(而不是缓冲区 ID)，来告诉消费者线程停止工作。

代码清单 16-9　示例的生产者线程——example-producer.js

```
import {log, setLogging} from "./example-misc.js";
import {LockingInt32Queue} from "./locking-int32-queue.js";

// The basic flag for whether this producer should keep running. Set by
// `actions.init` (called by an `init` message from the main thread), cleared by
// the `stop` message or on receipt of a buffer ID of -1.
```

```
let running = false;

// The ID this producer uses when calling `log`, set by `actions.init`
let logId = "producer";

// The queues and buffers to use, and the number of consumers main has running (set
// by `actions.init`).
let availableBuffersQueue;
let pendingBuffersQueue;
let buffers;
let consumerCount;
let fullspeed;

// Fills buffers until either the `running` flag is no longer true or it's time
// to yield briefly to the event loop in order to receive any pending messages.
function fillBuffers() {
    const yieldAt = Date.now() + 500;
    while (running) {
        log(logId, "Taking available buffer from queue");
        const bufferId = availableBuffersQueue.take();
        const buffer = buffers[bufferId];
        log(logId, `Filling buffer ${bufferId}`);
        for (let n = 0; n < buffer.length; ++n) {
           buffer[n] = Math.floor(Math.random() * 256);
        }
        log(logId, `Putting buffer ${bufferId} into queue`);
        const size = pendingBuffersQueue.put(bufferId);
        if (Date.now() >= yieldAt) {
           log(logId, "Yielding to handle messages");
           setTimeout(fillBuffers, 0);
           break;
        }
    }
}

// Handle messages, take appropriate action
const actions = {
   // Initialize the producer from data in the message
   init(data) {
      ({consumerCount, buffers, fullspeed} = data);
      setLogging(!fullspeed);
      log(logId, "Running");
      running = true;
      availableBuffersQueue =
         LockingInt32Queue.deserialize(data.availableBuffersQueue);
      pendingBuffersQueue =
         LockingInt32Queue.deserialize(data.pendingBuffersQueue);
      fillBuffers(data);
   },
   // Stop this producer
   stop() {
      if (running) {
         running = false;
         log(logId, "Stopping, queuing stop messages for consumers");
         for (let n = 0; n < consumerCount; ++n) {
            pendingBuffersQueue.put(-1);
```

```
            }
            log(logId, "Stopped");
        }
    }
}
self.addEventListener("message", ({ data }) => {
    const action = data && data.type && actions[data.type];
    if (action) {
        action(data);
    }
});
```

代码清单 16-10 中的消费者线程代码与生产者线程代码非常类似：从 pendingBuffersQueue 中获取缓冲区 ID(可能需要等待一个可用的 ID)，计算“哈希值”(在该示例中，用一个简单的带有任意延迟的异或来模拟一个更复杂的哈希函数)，将该缓冲区的 ID 放入 availableBuffersQueue 中，并将哈希值发送给主线程。当看到缓冲区的 ID 为 - 1 时，消费者线程就会停止。

代码清单 16-10 示例的消费者线程——example-consumer.js

```
import {log, setLogging} from "./example-misc.js";
import {LockingInt32Queue} from "./locking-int32-queue.js";

// The basic flag for whether this consumer should keep running.
// Set by the `init` message, cleared by the `stop` message or on receipt of a
// buffer ID of -1.
let running = false;

// The ID this consumer uses when calling `log`, set by `init`
let logId;

// This consumer's ID, and the queues and buffers to use (set by `init`)
let consumerId = null;
let availableBuffersQueue;
let pendingBuffersQueue;
let buffers;
let fullspeed;

// The "now" function we'll use to time waiting for queue operations
const now = typeof performance !== "undefined" && performance.now
                ? performance.now.bind(performance)
                : Date.now.bind(Date);

// An array we use to wait within `calculateHash`, see below
const a = new Int32Array(new SharedArrayBuffer(Int32Array.BYTES_PER_ELEMENT));

// Calculates the hash for the given buffer.
function calculateHash(buffer) {
    // A real hash calculation like SHA-256 or even MD5 would take much longer than
    // the below, so after doing the basic XOR hash (which isn't a reliable hash,
    // it's just to keep things simple), this code waits a few milliseconds to
    // avoid completely overloading the main thread with messages. Real code
    // probably wouldn't do that, since the point of offloading the work to a
    // worker is to move work that takes a fair bit of time off the main thread.
    const hash = buffer.reduce((acc, val) => acc ^ val, 0);
    if (!fullspeed) {
```

```
        Atomics.wait(a, 0, 0, 10);
    }
    return hash;
}

// Processes buffers until either the `running` flag is no longer true or it's time
// to yield briefly to the event loop in order to receive any pending messages.
function processBuffers() {
    const yieldAt = Date.now() + 500;
    while (running) {
        log(logId, "Getting buffer to process");
        let waitStart = now();
        const bufferId = pendingBuffersQueue.take();
        let elapsed = now() - waitStart;
        log(logId, `Got bufferId ${bufferId} (elapsed: ${elapsed})`);
        if (bufferId === -1) {
            // This is a flag from the producer that this consumer should stop
            actions.stop();
            break;
        }
        log(logId, `Hashing buffer ${bufferId}`);
        const hash = calculateHash(buffers[bufferId]);
        postMessage({type: "hash", consumerId, bufferId, hash});
        waitStart = now();
        availableBuffersQueue.put(bufferId);
        elapsed = now() - waitStart;
        log(logId, `Done with buffer ${bufferId} (elapsed: ${elapsed})`);
        if (Date.now() >= yieldAt) {
            log(logId, `Yielding to handle messages`);
            setTimeout(processBuffers, 0);
            break;
        }
    }
}

// Handle messages, take appropriate action
const actions = {
    // Initialize this consumer with data from the message
    init(data) {
        ({consumerId, buffers, fullspeed} = data);
        setLogging(!fullspeed);
        logId = `consumer${consumerId}`;
        availableBuffersQueue =
            LockingInt32Queue.deserialize(data.availableBuffersQueue);
        pendingBuffersQueue =
            LockingInt32Queue.deserialize(data.pendingBuffersQueue);
        log(logId, "Running");
        running = true;
        processBuffers();
    },
    // Stop this consumer
    stop() {
        if (running) {
            running = false;
            log(logId, "Stopped");
        }
```

```
    }
}
self.addEventListener("message", ({data}) => {
    const action = data && data.type && actions[data.type];
    if (action) {
        action(data);
    }
});
```

使用本章代码下载中的 example.html 文件，并使用最新版本的 Chrome 浏览器打开控制台，运行该示例(也可使用 https://thenewtoys.dev/bookcode/live/16/example.html 运行示例，它可安全地提供文件并有正确的 HTTP 头)。你会看到这个示例运行 1s 多的时间，计算数百个缓冲区的哈希值，通过 JavaScript 的共享内存、等待和通知功能，在各个 worker 线程间有效地调度工作。从主线程的 spinner 组件和计数器可以看出，这一切都是在不占用浏览器的 UI 线程的情况下完成的(得益于 worker 线程)。

16.9 务必谨慎(再次)

说真的，你真的需要共享内存吗？

再次申明：跨线程共享内存带来了大量的数据同步问题，这是在传统的 JavaScript 环境中工作的开发者以前从未遇到过的问题。

大多数情况都不需要共享内存，这在一定程度上要归功于可转移对象(transferable)。代码清单 16-11~16-13 展示了一个与前面块哈希计算的示例相同的另一种实现：使用 postMessage 和可转移的内存缓冲区，而不是共享内存和 Atomics.wait 或 Atomics.notify。此处不需要锁、条件变量和 LockingInt32Queue(下面的示例没有使用这些文件，但复用了 example-misc.js)。剩余文件中的代码更为简单，更容易理解。

代码清单 16-11 postMessage 示例的主模块——pm-example-main.js

```
// This is the `postMessage`+transferables version of example-main.js

import {log, setLogging} from "./example-misc.js";

const fullspeed = location.search.includes("fullspeed");
setLogging(!fullspeed);

// The capacity of the queues (which is also the number of data buffers we have,
// which is really how the queues in this example are limited)
const capacity = 8;

// The size of each data buffer
const dataBufferLength = 4096;

// The number of buffers, must be at least as many as queue capacity
const dataBufferCount = capacity;

// The number of consumers we'll create
const consumerCount = 4;

// The number of hashes received from consumers
let hashesReceived = 0;
```

```
// Flag for whether we're running (producer and consumers no longer need this flag,
// they just respond to what they're sent)
let running = false;

// Create the data buffers and the queues (which can be simple arrays, since
// only this thread accesses them)
const buffers = [];
const availableBuffersQueue = [];
for (let id = 0; id < dataBufferCount; ++id) {
    buffers[id] = new Uint8Array(dataBufferLength);
    availableBuffersQueue.push(id);
}
const pendingBuffersQueue = [];

// Handle messages, take appropriate action
const actions = {
    hash(data) {
        // Got a hash from a consumer
        const {consumerId, bufferId, buffer, hash} = data;
        buffers[bufferId] = buffer;
        availableBuffersQueue.push(bufferId);
        availableConsumersQueue.push(consumerId);
        ++hashesReceived;
        log(
            "main",
            `Hash for buffer ${bufferId} from consumer${consumerId}: ` +
            `${hash}, ${hashesReceived} total hashes received`
        );
        if (running) {
            sendBufferToProducer();
            sendBufferToConsumer();
        }
    },
    buffer(data) {
        // Got a buffer from the producer
        const {buffer, bufferId} = data;
        buffers[bufferId] = buffer;
        pendingBuffersQueue.push(bufferId);
        sendBufferToProducer();
        sendBufferToConsumer();
    }
};
function handleMessage({data}) {
    const action = data && data.type && actions[data.type];
    if (action) {
        action(data);
    }
}

// Create the producer and the consumers, get them started
const initMessage = { type: "init", fullspeed };
const producer = new Worker("./pm-example-producer.js", {type: "module"});
producer.addEventListener("message", handleMessage);
producer.postMessage(initMessage);
const availableConsumersQueue = [];
const consumers = [];
```

```
for (let consumerId = 0; consumerId < consumerCount; ++consumerId) {
   const consumer = consumers[consumerId] =
      new Worker("./pm-example-consumer.js", {type: "module"});
   consumer.postMessage({...initMessage, consumerId});
   consumer.addEventListener("message", handleMessage);
   availableConsumersQueue.push(consumerId);
}

// Send a buffer to the producer to be filled, if we're running and there are
// any buffers available
function sendBufferToProducer() {
   if (running && availableBuffersQueue.length) {
      const bufferId = availableBuffersQueue.shift();
      const buffer = buffers[bufferId];
      producer.postMessage(
         {type: "fill", buffer, bufferId},
         [buffer.buffer] // Transfer underlying `ArrayBuffer` to producer
      );
   }
}

// Send a buffer to a consumer to be hashed, if there are pending buffers and
// available consumers
function sendBufferToConsumer() {
   if (pendingBuffersQueue.length && availableConsumersQueue.length) {
      const bufferId = pendingBuffersQueue.shift();
      const buffer = buffers[bufferId];
      const consumerId = availableConsumersQueue.shift();
      consumers[consumerId].postMessage(
         {type: "hash", buffer, bufferId},
         [buffer.buffer] // Transfer underlying `ArrayBuffer` to consumer
      );
   }
}

// Start producing work
running = true;
while (availableBuffersQueue.length) {
   sendBufferToProducer();
}

// Stop producing new work after one second.
setTimeout(() => {
   running = false;
   setLogging(true);
   const spinner = document.querySelector(".spinner-border");
   spinner.classList.remove("spinning");
   spinner.role = "presentation";
   document.getElementById("message").textContent = "Done";
}, 1000);

// Show the main thread isn't blocked
let ticks = 0;
(function tick() {
   const ticker = document.getElementById("ticker");
   if (ticker) {
```

```
        ticker.textContent = ++ticks;
        setTimeout(tick, 10);
    }
})();
```

代码清单 16-12　postMessage 示例的生产者线程——pm-example-producer.js

```
// This is the `postMessage`+transferables version of example-producer.js

import {log, setLogging} from "./example-misc.js";

// The ID this producer uses when calling `log`, set by `actions.init`
let logId = "producer";

// Handle messages, take appropriate action
const actions = {
    // Initialize the producer from data in the message
    init(data) {
        const {fullspeed} = data;
        setLogging(!fullspeed);
        log(logId, "Running");
    },
    // Fill a buffer
    fill(data) {
        const {buffer, bufferId} = data;
        log(logId, `Filling buffer ${bufferId}`);
        for (let n = 0; n < buffer.length; ++n) {
            buffer[n] = Math.floor(Math.random() * 256);
        }
        self.postMessage(
            {type: "buffer", buffer, bufferId},
            [buffer.buffer] // Transfer the underlying `ArrayBuffer` back to main
        );
    }
}
self.addEventListener("message", ({ data }) => {
    const action = data && data.type && actions[data.type];
    if (action) {
        action(data);
    }
});
```

代码清单 16-13　postMessage 示例的消费者线程——pm-example-consumer.js

```
// This is the `postMessage`+transferables version of example-consumer.js

import {log, setLogging} from "./example-misc.js";

// The ID this consumer uses when calling `log`, set by `init`
let logId;
// This consumer's ID and the fullspeed flag
let consumerId = null;
let fullspeed;

// An array we use to wait within `calcluateHash`, see below
const a = new Int32Array(new SharedArrayBuffer(Int32Array.BYTES_PER_ELEMENT));
```

```
// Calculates the hash for the given buffer.
function calculateHash(buffer) {
    // A real hash calculation like SHA-256 or even MD5 would take much longer than
    // the below, so after doing the basic XOR hash (which isn't a reliable hash,
    // it's just to keep things simple), this code waits a few milliseconds to
    // avoid completely overloading the main thread with messages. Real code
    // probably wouldn't do that, since the point of offloading the work to a
    // worker is to move work that takes a fair bit of time off the main thread.
    const hash = buffer.reduce((acc, val) => acc ^ val, 0);
    if (!fullspeed) {
        Atomics.wait(a, 0, 0, 10);
    }
    return hash;
}

// Handle messages, take appropriate action
const actions = {
    // Initialize this consumer with data from the message
    init(data) {
        ({consumerId, fullspeed} = data);
        setLogging(!fullspeed);
        logId = `consumer${consumerId}`;
        log(logId, "Running");
    },
    // Hash the given buffer
    hash(data) {
        const {buffer, bufferId} = data;
        log(logId, `Hashing buffer ${bufferId}`);
        const hash = calculateHash(buffer);
        self.postMessage(
            {type: "hash", hash, consumerId, buffer, bufferId},
            [buffer.buffer] // Transfer the underlying `ArrayBuffer` back to main
        );
    }
}
self.addEventListener("message", ({data}) => {
    const action = data && data.type && actions[data.type];
    if (action) {
        action(data);
    }
});
```

将代码清单中的这些文件放在你的本地服务器上，通过 pm-example.html 运行它们，和之前运行 example.html 一样(或者使用 https://thenewtoys.dev/bookcode/live/16/pm-example.html)。

与 example.html 一样，pm-example.html 不会在运行时占用浏览器的 UI。它还能得到几乎相同数量的哈希值计算(例如，该示例总共约 350 个，而共享内存版本约 380 个，具体取决于设备)。现在试试在 URL 中加入查询字符串 ?fullspeed(例如，http://localhost/example.html?fullspeed 和 http://localhost/pm-example.html?fullspeed，或者 https://thenewtoys.dev/bookcode/live/16/example.html?fullspeed 和 https://thenewtoys.dev/bookcode/live/16/pmexample.Html?fullspeed)。这禁用了大部分的日志，并从消费者线程的哈希计算中移除了人为的延迟。在这个 fullspeed 的版本中，你会看到更大的差异(postMessage 和可转移对象的版本大约执行了 1 万次哈希值计算，而共享内存版本大约执行了 1.8 万次哈希值计算，同样取决于硬件)。所以这种情况下，共享内存的版本更快，尽管这两个版本都可能被进一步优化。最后要说的是：除非你真的需要，否则不要使用共享内存，因为它非常复杂并且会增加出错的可能性。如果你真的需要，那么希望本章提供的一些基础工具能够帮助你掌握它。

16.10 旧习换新

你之前可能并不需要本章所介绍的大部分内容，以后也几乎不需要，除非在非常特殊的情况下。但在下面这些情况中，可以用到本章介绍的内容。

16.10.1 使用共享内存块，而不是重复交换大数据块

旧习惯：在线程之间来回发送大数据块。

新习惯：如果真的需要，可通过适当的同步或协调机制在线程之间共享数据块(即在可转移对象不能满足需求的情况下)。

16.10.2 使用 Atomics.wait 和 Atomics.notify，而不是拆解 worker 任务以支持事件循环(在适当的地方)

旧习惯：人为地将 worker 线程中的任务拆解为它能完成的任务，以便其处理任务队列中的下一个消息。

新习惯：在适当的地方(有时可能适合，有时不适合)，考虑通过使用 Atomics.wait 和 Atomics.notify 来挂起或恢复 worker 线程。

第17章 其他特性

本章内容

- BigInt
- 二进制整数字面量
- 八进制整数字面量，采用 ES2015 新形式
- 省略 catch 绑定的异常
- 新的 Math 方法
- 取幂运算符
- 尾递归优化
- 空值合并
- 可选链
- 其他语法微调及标准库扩展
- 规范附录 B：仅与浏览器相关的特性

本章代码下载

可通过网址 https://thenewtoys.dev/bookcode 或 https://www.wiley.com/go/javascript-newtoys 下载本章的代码。

在本章中，你将了解那些不适合放到本书其他地方的各种特性：BigInt —— 一种新的数字字面量形式；各种新的 Math 方法；新的取幂运算符(以及与其优先级有关的“陷阱”)；尾递归优化(包括为何目前甚至永远不能依赖它)；一些语法的微调；最后，规范附录 B 中添加的一些仅与浏览器相关的特性(用来记录那些已普遍存在的特性)。

17.1 BigInt

BigInt[1]是 ES2020 中新添加的基本类型，用于处理 JavaScript 中的大整数。BigInt 可表示任何大小的整数，仅受限于可用的内存和 JavaScript 引擎实现者施加的合理限制(这类限制可能极其高，V8 目前允许高达十亿比特)。你想在一个变量中保存数字 1 234 567 890 123 456 789 012 345 678(一个有 28 位有效数字的整数)吗？JavaScript 的普通数字类型(Number)无法做到，且无论怎样都不能精确地实现；但 BigInt 可满足你的需求。

因为 BigInt 是一种新的基本类型，所以 typeof 将其标识为"bigint"。

BigInt 有一个字面量形式(带后缀 n 的数字，稍后介绍更多细节)，所有常见的数学操作符(+、* 等)均可使用。例如：

```
let a = 10000000000000000000n;
let b = a / 2n;
console.log(b); // 5000000000000000000n
let c = b * 3n;
console.log(c); // 15000000000000000000n
```

像 Math.min 这样的标准 Math 方法对它们无效；这些方法是针对 Number 的。(后续可能会有一个提案，为 BigInt 类型提供其中的一些方法，如 min、max 和 sign 等；其他的方法，如 sin 和 cos，可能对纯整数类型没有什么意义。)

那么什么情况下需要使用 BigInt？下面有两个主要用例。

- 顾名思义：你正在处理的是大整数(即一个大于 2^{53} 的数)，它可能超出了 Number 类型的能力范围，以至于无法用 Number 准确表达。
- 处理财务数据。Number 类型浮点的不精确性(著名的 0.1 + 0.2 !== 0.3 问题)使其不适合用于处理财务任务。然而，基于原生 JavaScript 代码的购物车还是经常使用 Number 类型。但你可以使用 BigInt：使用货币的最小单位(某些情况下甚至更小)来处理整数。例如，在美国，可使用$1=100n，也就是说，用美分代替美元来计算。(虽然在某些情况下，可使用$1=10000n——美分的 100 倍，但这并不常见，将任何关于美分的四舍五入推迟到计算最终结果时进行。)说到这里，有个可能适用于处理财务数据的 Decimal 类型[2]的提案当前处于阶段 1。目前还不清楚这项提案是否会取得进展，但考虑到数据库和其他语言(如 C#和 Java)中 Decimal 类型的先例，我不会反对它。

现在来看更多关于 BigInt 的细节。

17.1.1 创建 BigInt

创建 BigInt 的简单方法是使用字面量，类似于 Number 的整数字面量(几乎一样)，后面加字母 n：

```
let i = 1234567890123456789012345678n;
console.log(i);        // 1234567890123456789012345678n
```

十进制、十六进制和现代八进制(不是陈旧的！)都支持：

```
console.log(10n);      // 10n
console.log(0x10n);    // 16n
```

1 https://github.com/tc39/proposal-bigint。

2 https://github.com/tc39-transfer/proposal-decimal。

```
console.log(0o10n); // 8n
```

不支持科学记数法(特别是 e 符号，如 1e3 表示 1000)；不能将 1000000000n 写成 1e9n。这主要是因为其他具有类似符号的语言也不支持，不过这些语言没有后缀 n，所以它们不支持的理由可能并不完全适用于此。如果使用情况允许，可通过后续提案增加对 e(科学记数法符号)的支持。

也可使用 BigInt 函数来创建 BigInt，给函数传入一个字符串或数字：

```
let i;
// Calling BigInt with a string:
i = BigInt("1234567890123456789012345678");
console.log(i);                // 1234567890123456789012345678n
// Calling BigInt with a number:
i = BigInt(9007199254740991);
console.log(i);               // 9007199254740991n
```

你可能想知道：为什么在上面的例子中，通过字符串调用 BigInt 时使用一个 28 位的数字，而通过数字调用 BigInt 时则使用一个较小的数字。你能想到这么做的原因吗？

对了！BigInt 的全部意义在于它可以可靠地保存一个比 Number 类型大得多的数字。虽然 Number 类型可保存与上述例子中量级一致的数字，但在精度上无法保证。如果试图通过 Number 类型访问这个数，你实际得到的值会有 610 亿以上的偏差：

```
// Don't do this
let i = BigInt(1234567890123456789012345678);
console.log(i);               // 1234567890123456850245451776n ?!??!!
```

原因是，数字字面量 1234567890123456789012345678 定义了一个 Number 类型的值；它被传入 BigInt 函数时已失去精度——在 BigInt 函数处理前，它已是数字 1 234 567 890 123 456 850 245 451 776，而不是 1 234 567 890 123 456 789 012 345 678。这就是我们需要 BigInt 的原因。

17.1.2 显式转换和隐式转换

不论是 BigInt 还是 Number，都不可隐式地相互转换；也不可将它们与数学运算符的操作数混在一起：

```
console.log(1n + 1);
// => TypeError: Cannot mix BigInt and other types, use explicit conversions
```

这主要是因为隐式转换会丢失精度：Number 不能处理 BigInt 处理的大整数，BigInt 也不能处理 Number 处理的小数值。因此，与其向程序员提供一套复杂规则，告诉他们在同一计算中混用不同类型会发生什么，不如干脆禁止混合使用不同类型。这样，在未来某个时间点，人们才可能在 JavaScript 中增加通用值类型。

显式转换是可用的。如前所述，可用 BigInt 函数将 Number 类型显式地转换为 BigInt 类型。如果 Number 有小数部分，BigInt 则会抛出错误：

```
console.log(BigInt(1.7));
// => RangeError: The numer 1.7 cannot be converted to a BigInt
//    because it is not an integer
```

可使用 Number 函数将 BigInt 类型转换为 Number 类型。如果 Number 因为数值过大而无法精确地保存值，Number 类型通常会选择它能保存的最接近的值，并一如既往地默默损失精度。如果你想要实现不损失精度的转换(改为抛出错误或返回 NaN)，可编写下面这个工具函数来进行处理：

```
function toNumber(b){
      const n = Number(b);
      if (BigInt(n)!== b) {
         const msg = typeof b === "bigint"
              ? `Can't convert BigInt ${b}n to Number, loss of precision`
              : `toNumber expects a BigInt`;
         throw new Error(msg);
         // (or return NaN, depending on your needs)
      }
      return n;
}
```

不同于字符串的处理，不能用一元加或一元减将 BigInt 转换成 Number：

```
console.log(+"20");
// => 20
console.log(+20n);
// => TypeError: Cannot convert a BigInt value to a number
```

初看上面的代码，你可能会感到惊讶，因为到目前为止+n 和 Number(n)一直都是一样的(假设 Number 并没有被遮蔽，而且没有其他函数调用)，但事实证明，它对 asm.js[1]很重要。(asm.js 是 JavaScript 的一个严格子集，旨在实现超常的优化。)尽管你可以手写 asm.js 代码，但它的主要作用是充当编译器的输出，这些编译器以其他语言(如 C、C++、Java、Python 等)作为输入。不违背 asm.js 所做的假设，是 BigInt 的一个重要设计宗旨。

可通过常用方式将 BigInt 隐式地转换为字符串：

```
console.log("$"+ 2n); // $2
```

BigInt 也支持 toString 和 toLocaleString 方法。

BigInt 可隐式地转换为布尔类型：0n 是虚值，其他所有的 BigInt 则为真值。

最后，BigInt 只有一种 0(而不像 Number 那样有 0 和“负 0”)，BigInt 总是有限的(所以 BigInt 没有 Infinity 或者 - Infinity)，而且它们总是有一个数值(BigInt 没有 NaN)。

17.1.3 性能

因为 BigInt 并不像 32 位或 64 位整数类型那样是固定大小的(相反，它可根据需要变为任意大小)，BigInt 的性能不像 Number 的性能那样稳定。通常，越大的 BigInt 数值，其需要的操作时间越长，当然这也受制于具体的实现。此外，像大多数新特性一样，随着时间的推移，BigInt 的性能无疑会得到改善，因为 JavaScript 引擎实现者会收集真实世界的使用信息，并将优化目标放在对实际使用有益的地方。

17.1.4 BigInt64Array 和 BigUint64Array

许多应用需要的整数值比 Number 所能保存的更大，但开发人员可用 64 位整数类型来保存这些整数。出于这个原因，BigInt 提案提供了两个额外的类型数组：BigInt64Array 和 BigUint64Array。它们都是 64 位整数的数组，当你在 JavaScript 代码中获取其值时，该值是 BigInt 类型(就像 Int32Array，它们和 Uint32Array 是 32 位整数的数组，当你在 JavaScript 代码中获取其值时，该值是 Number 类型)。

1 http://asmjs.org/。

17.1.5 工具函数

BigInt 函数包含两个方法，可用于将一个 BigInt 值封装为给定位数，它可以是有符号的(asIntN)，也可以是无符号的(asUintN)：

```
console.log(BigInt.asIntN(16, -20000n));
// => -20000n
console.log(BigInt.asUintN(16, 20000n));
// => 20000n
console.log(BigInt.asIntN(16, 100000n));
// => -31072n
console.log(BigInt.asUintN(16, 100000n));
// => 34464n
```

第一个参数是位数，第二个参数是可能要封装的 BigInt 值。请注意，100 000 不能放入 16 位的整数中，因此通常以补码方式封装该值。

当把 BigInt 封装成有符号的整数时，代码会认为 BigInt 被写入 N 位补码。当把它封装成无符号值时，就像用 2^n 进行取余运算，其中 n 是位数。

17.2 新的整数字面量

从 BigInt 开始，ES2015 新增了两种整数字面量形式(没有小数的数字字面量)：二进制(binary)和八进制(octal)。

17.2.1 二进制整数字面量

二进制整数字面量是用二进制编写的数字字面量(基数是 2，即数字为 0 和 1)。它以 0b 开始(0 后面是字母 B，不区分大小写)，其后是数字的二进制数：

```
console.log(0b100); // 4(in decimal)
```

与十六进制字面量一样，二进制字面量中没有小数点。它们是整数字面量，而不是数字字面量，只能用来表示整数。尽管如此，像十六进制字面量一样，二进制字面量产生的数字是 JavaScript 的标准 Number 类型，也就是浮点数。

你可以在 b 后添加任意数量的前导 0，它们并没有实际意义，但可用于对齐代码或强调位域宽度。例如，如果想要定义 8 位内的标志(也许要放在 Uint8Array 的条目中)，就可以这么做：

```
const bitFlags = {
    something:        0b00000001,
    somethingElse:    0b00000010,
    anotherThing:     0b00000100,
    yetAnotherThing:  0b00001000
};
```

但 0b 后面那些额外的 0 完全是可有可无的。下面的代码定义了完全相同的标志，只是(从样式角度看)不那么清晰：

```
const bitFlags = {
    something:        0b1,
    somethingElse:    0b10,
    anotherThing:     0b100,
```

```
    yetAnotherThing: 0b1000
};
```

17.2.2 八进制整数字面量，采用 ES2015 新形式

ES2015 增加了一个新的八进制整数字面量形式(基数 8)。它使用前缀 0o(0 后面是字母 O，不区分大小写)，其后是八进制数字(0 到 7)：

```
console.log(0o10); // 8 (in decimal)
```

类似于十六进制和二进制，这些是整数字面量，但它们定义的是标准浮点数。

你可能会想："等等，JavaScript 不是已经有一个八进制的形式了吗？" 没错！过去，只要前导 0 后面跟着八进制数字，就可定义八进制数字。例如，06 代表数字 6，而 011 代表数字 9。但这种格式存在一些问题，因为其很容易和十进制混淆，而且如果数字包含 8 或 9，JavaScript 引擎就会把这个数字解析为十进制，进而导致 011 和 09 都被定义为数字 9 的混乱情况：

```
// 仅在非严格模式下
console.log(011 === 09); // true
```

多么令人困惑啊！在第三版规范(1999 年)中，这种旧的八进制形式已不再是语言的一部分，但被保留在了"兼容性"部分，实现者可选择是否支持它。ES5(2009 年)进一步指出，在严格模式下，JavaScript 实现不再允许支持旧的八进制字面量，并将"兼容性"信息移至浏览器专用的规范附录 B 中。(ES2015 进一步禁用了类似于八进制的十进制字面量，如 09)。陈旧格式的禁用是开发者使用严格模式的众多原因之一：011 和 09 在严格模式下都属于语法错误，以避免混淆。

但这都是历史了。现在，如果要写八进制，就使用新的 0o11 格式；如果要写十进制，就去掉不必要的前导 0[1](例如，使用 9，而不是 09，来表示数字 9)。

17.3 新的 Math 方法

ES2015 为 Math 对象增加了一系列的新函数。通常，它们可分为以下两类：

- 通用数学函数，通常用于一系列应用中，尤其是图形、几何学等。
- 提供底层操作的函数，如数字信号处理(Digital Signal Processing，DSP)和从其他语言编译而来的 JavaScript 代码。

当然，这些类别之间存在一些重叠，因为这种分类方法有一点随意。本节中大部分重叠的内容都位于底层支持类别中。

17.3.1 通用数学函数

ES2015 增加了一系列通用数学函数，主要是三角函数和对数函数。这些函数对于图形处理、三维几何等场景都很有用。它们中的每一个都返回其数学运算的"与实现有关的近似值"。表 17-1 按字母顺序列出了这些函数，并给出了每个函数执行的运算。

1 前导 0 后面可以跟着一个小数点，如 0.1。不过，前导 0 后面不能跟着一个数字(例如，03 或 01.1)。

表 17-1 通用数学函数

函数	运算
Math.acosh(x)	x 的反双曲余弦值
Math.asinh(x)	x 的反双曲正弦值
Math.atanh(x)	x 的反双曲正切值
Math.cbrt(x)	x 的立方根
Math.cosh(x)	x 的双曲余弦值
Math.expm1(x)	x 的指数函数减 1(e 的 x 次方，其中 e 是自然对数的底)
Math.hypot(v1, v1, …)	所有参数的平方和的平方根
Math.log10(x)	x 以 10 为底的对数
Math.log1p(x)	x + 1 的自然对数
Math.log2(x)	x 以 2 为底的对数
Math.sinh(x)	x 的双曲正弦值
Math.tanh(x)	x 的双曲正切值

这些新方法大多提供了基本的三角函数和对数运算。

Math.expm1 和 Math.log1p 初看起来可能很奇怪，因为 Math.expm1(x)在逻辑上等同于 Math.exp(x)–1，而 Math.log1p(x)在逻辑上等同于 Math.log(x+1)。但在这两种情况下，当 x 接近 0 时，由于 JavaScript 的 Number 类型的限制，expm1 和 log1p 提供的结果可能比使用 exp 或 log 的等价代码所提供的更准确。Math.expm1(x)的实现比 JavaScript 的 Number 类型支持更高的精度，然后将最终结果转换为 JavaScript 的 Number(失去一些精度)，而不是执行 Math.exp(x)，并将结果转换为 JavaScript 的 Number(失去一些精度)，然后在 Number 类型的精度范围内对 Math.exp(x)的执行结果减 1。这样做，当 x 趋于 0 时，有助于把精度损失推迟到执行 - 1 或 1+运算之后。

17.3.2 提供底层操作的数学函数

过去几年，人们着迷于把 JavaScript 当作其他语言(如 C 和 C++)交叉编译的目标并投入了大量工作。通常，做交叉编译的工具会把其他语言编译成 asm.js[1]，这是一个高度优化的 JavaScript 子集。(它们通常也能输出 WebAssembly[2]，以替代或补充 JavaScript。)例如，假设有两个项目在进行这项工作：Emscripten[3](它是 LLVM 编译器的后端)和 Cheerp[4](以前被称为 Duetto)。为了将其他语言编译成 asm.js，这些工具需要以既快速又与内置 32 位整数和浮点数的语言一致的方式执行一些底层操作。底层操作函数在代码压缩和数字信号处理中也非常有用。

ES2015 增加了一些用于支持这些工具的函数。通过提供特定的函数，同时给 JavaScript 引擎提供优化目标，可用一条 CPU 指令代替函数调用。表 17-2 按字母顺序列出了这些函数。

像其他 Math 函数一样，如果传入的不是 Number 类型，则代码会在操作前将其转换为 Number 类型。

1 http://asmjs.org/。

2 https://webassembly.org/。

3 https://github.com/kripken/emscripten。

4 https://leaningtech.com/cheerp/。

17.4 取幂运算符(**)

取幂运算符(**)等价于 Math.pow 函数：将一个数字用作另外一个数字的幂。(实际上，Math.pow 函数的定义已经更新，简单而言，它返回使用**运算符后的结果。)下面是一个示例：

```
console.log(2**8); // 256
```

这里有个“陷阱”需要注意：在基数(x)前混用 x**y 与一元运算符，例如－2**2。数学里，-2^2 等价于$-(2^2)$，即－4。但在 JavaScript 中，我们习惯性地认为一元运算符“－”具有非常高的优先级，因此许多人(也许大多数人)会将－2**2 读作(－2)**2(即 4)，而不管该运算符在数学上的读取方式。

表 17-2 提供底层操作的数学函数

函数	操作
Math.clz32(x)	将 x 转换成 32 位整数，而后计算前导 0 的位数。例如，如果调用 Math.clz32(0b1000)，则结果是 28，因为当 0b1000 被转换成 32 位整数时，在 1 前面有 28 个 0： 0b00000000000000000000000000001000 ^^^^^^^^^^^^^^^^^^^^^^^^^^^^ 这对数字信号处理、压缩、加密等场景非常有用。许多有 32 位整数类型的语言(例如 C 和 Java)都对该函数有内置支持
Math.fround(x)	获取离 x 最近的 32 位浮点数的值。JavaScript 的数字是 64 位二进制浮点数(IEEE-754 规范中的 binary64，通常被称为 double)。许多语言支持 32 位版本，即 binary32(通常被称为 float)。这个方法为许多语言提供了(float)x 操作：将 double(x)转换为最近的 float。fround 使用“舍入到最接近，在一样接近的情况下偶数优先”的模式将 x 转换为 binary32，然后转换为 binary64，除非这一步可根据结果的处理进行优化。(“舍入到最接近，在一样接近的情况下偶数优先”指的是，如果没有能够精确匹配 binary64 的值，也就是说，有两个 binary32 的值，一个小一些，一个大一些，则选择偶数值)
Math.imul(x, y)	使用 32 位补码整数乘法规则对 x 和 y 进行乘法运算。这相当于一个 x * y 操作，其中 x 和 y 是 32 位整数
Math.sign(x)	返回 x 的符号。这是许多底层算法中的一个常见操作。x 是一个 JavaScript 数字，因此该函数有 5 种可能的结果(尽管其中 2 个总是被使用结果的代码认为是一致的)：如果 x 为 NaN，结果则为 NaN；如果 x 为－0，则为－0；如果 x 为负数，则为－1；如果 x 为正数，则为 1
Math.trunc(x)	将一个数字截断为整数部分，简单地去除(不进行四舍五入)小数部分。这相当于 32 位补码整数类型(int)语言中的(int)x，当然，x 和其结果都是 JavaScript 数字，此外，还有一些更复杂的情况：对于 NaN、正无穷大、负无穷大、+0 和－0，结果都是它们自己；对于一个大于 0 小于 1 的数，结果是+0；对于一个大于－1 但小于 0 的数，结果是－0。与 Math.floor 和 Math.ceil 不同，该函数的结果永远是原始数字的整数部分，而(例如)Math.floor(－14.2)是－15，因为 Math.floor 永远向下取整，即使 x 是负数。你可能见过类似于 x = x < 0 ? Math.ceil(x): Math.floor(x)的代码；现在只需要使用 n = Math.trunc(x)。同样，你可能见过 x = ~~x 或 x = x | 0 或类似代码，但所有这些调用都是将 x 转换为 32 位整数；Math.trunc 可处理大于 32 位整数的数字

经过广泛的论辩[1]，TC39 将－2**2 定为语法错误，所以你必须将它写成(－2)**2 或－(2**2)，以

1 https://esdiscuss.org/topic/exponentiation-operator-precedence。

免产生歧义。对于是否使用数学表达习惯，以及是否保留一元运算符高于幂运算符的优先级，存在着很大争议。最后，TC39 没有在这场争论中选择任何一方，而提出："这样写是一个语法错误，之后需要的时候再定义它。"

不同的实现在这种情况下使用不同的错误信息，其有用程度各不相同：

- Unexpected token **
- Unparenthesized unary expression can't appear on the left-hand side of'**'
- Unary operator used immediately before exponentiation expression. Parenthesis(sic) must be used to disambiguate operator precedence

所以，如果你发现一个错误，其所指之处乍一看似乎是对**运算符完全合理的使用，请检查一下取幂运算符前面是否有一元减或者一元加运算符。

17.5　Date.prototype.toString 调整

在 ES2018 中，Date.prototype.toString 首次被标准化。直到 ES2017，该方法返回的字符串都是："……一个依赖于实现的字符串值，用一种方便的、人类可读的形式将日期表示为当前时区的日期和时间。" 但最后所有主流的 JavaScript 引擎实现都是一致的，所以 TC39 决定把这种一致性纳入规范。根据规范，这个方法目前是可靠的：

- 英语中星期几的三个字母缩写(如"Fri")
- 英语中月份的三个字母缩写(如"Jan")
- 日期，必要时补充 0(如"05")
- 年份(如"2019")
- 24 小时制的时间(如"19:27:11")
- 时区，GMT 后面是+/－和偏移量
- 可选，括号中"由实现定义"的字符串给出时区名称(如"太平洋标准时间")

每一部分通过空格和前面分隔开。例如：

```
console.log(new Date(2018, 11, 25, 8, 30, 15).toString());
// => Tue Dec 25 2018 08:30:15 GMT-0800 (Pacific Standard Time)
// or
// => Tue Dec 25 2018 08:30:15 GMT-0800
```

17.6　Function.prototype.toString 调整

最近 JavaScript 规范使 Function.prototype.toString 实现了标准化，ES2019 继续完善了该标准[1]：通过使用创建函数时的实际源代码提高返回内容的保真度，但并不要求宿主环境保留源代码(出于内存占用的原因，它可能在解析完成后丢弃源代码)。绑定函数和其他由 JavaScript 引擎或宿主环境提供的函数通过下面的 native function 形式返回函数定义：

```
Function name(parameters){ [native code] }
```

直接由 JavaScript 源码定义的函数要么返回定义它们的实际源代码(如果有的话)，要么返回前面例子中所示的 native function 形式。这一改变从 ES2018 开始，ES2018 提到，JavaScript 引擎将提供符合标准的"……由实现定义的字符串……"。

1 https://github.com/tc39/Function-prototype-toString-revision。

(还有一个处于阶段 2 的提案[1]，该提案为开发者提供了一种选择性加入“审查”形式的方法：其函数源代码永远不会被存储，所以 toString 将永远返回 native function 的形式。)

17.7 Number 扩展

ES2015 为 Number 构造函数新增了一些属性和方法。

17.7.1 “安全”整数

你可能知道， JavaScript 的 Number 类型[2]并不完全精确；它不可能在只使用 64 位的情况下，仍能处理包括小数在内的巨大范围的数。通常，Number 类型保存的是一个非常接近该数字的值，而不是精确的值。例如，Number 类型无法精确保存 0.1，而是保存一个非常、非常接近 0.1 的数字。0.2 和 0.3 也是如此，这导致了一个著名的例子，即 0.1+0.2!=0.3。我们倾向于认为这种不精确性只与小数有关，但如果你有一个足够大的数字，这种不精确性也会发生在整数中。例如：

```
console.log(3333333333333333333); // 3333333333333330000
```

把数字字面量 3333333333333333333 解析成 JavaScript 的 Number 类型的数后，得到的数明显没有达到那个量级的精确度。Number 类型无法精确地处理这个数字，它不得不把该数四舍五入到它可以精确处理的最接近的数字，该数比原来的数要小一些。

考虑到这一点，JavaScript 提出了安全整数的概念。如果一个数字是值大于 -2^{53} 并小于 2^{53} 的整数，那么它是安全整数。(之所以是 53，是因为 Number 类型有 53 位有效二进制精度，剩余的是指数位。)在该范围内，你可以确保：

- 整数是用 Number 类型精确表示的。
- 整数不会由于浮点不精确性而变成另一个整数四舍五入的结果。

第二条规则很重要。例如，2^{53} 可用 Number 类型精确地表示，但 Number 类型不能表示 $2^{53}+1$。如果你进行尝试，结果则是 2^{53}：

```
const a = 2**53;
console.log(a);     // 9007199254740992 (2**53)
const b = a + 1;
console.log(b);     // 9007199254740992 (2**53)(again)
```

因为其值可能是四舍五入后的结果，所以 2^{53} 并不“安全”。但是 $2^{53}-1$ 是安全的，因为 Number 类型不会将任何不精确的整数四舍五入为该数：

```
const a = 2**53 - 1;
console.log(a);     // 9007199254740991
const b = a + 1;
console.log(b);     // 9007199254740992
const c = a + 2;
console.log(c);     // 9007199254740992
const d = a + 3;
console.log(d);     // 9007199254740994
```

为了帮助你避免在代码里写出像 2**53 和 -(2**53)这样晦涩难懂的魔法数，Number 构造函数提

1 https://github.com/domenic/proposal-function-prototype-tostring-censorship。

2 此为 IEEE-754 双精度二进制浮点标准的实现。.

供了两个属性和一个非常重要的方法。下面介绍这两个属性和方法。

1. Number.MAX_SAFE_INTEGER 和 Number.MIN_SAFE_INTEGER

Number.MAX_SAFE_INTEGER 是数字 $2^{53}-1$——最大的安全整数。
Number.MIN_SAFE_INTEGER 是数字 $-2^{53}+1$——最小的安全整数。

2. Number.isSafeInteger

Number.isSafeInteger 是接受一个参数的静态方法。如果参数为 Number 类型、整数且在安全整数范围内，该方法则返回 true；如果参数不是数字，或者不是整数，又或者超过了安全整数的范围，该方法则返回 false：

```
console.log(Number.isSafeInteger(42));            // true
console.log(Number.isSafeInteger(2**53 - 1));     // true
console.log(Number.isSafeInteger(-(2**53)+ 1));   // true
console.log(Number.isSafeInteger(2**53));         // false (not safe)
console.log(Number.isSafeInteger(-(2**53)));      // false (not safe)
console.log(Number.isSafeInteger(13.4));          // false (not an integer)
console.log(Number.isSafeInteger("1"));           // false (string, not number)
```

在处理可能超出安全整数极限的数量级的整数时，可参考两个方便的规则：当执行操作 c = a + b 或 c = a – b 时，如果 Number.isSafeInteger(a)、Number.isSafeInteger(b)和 Number.isSafeIntegr(c)都为 true，你就可确认 c 的结果；否则，结果可能不正确。如果只验证 c，则不足以得出正确判断。

17.7.2 Number.isInteger

Number.isInteger 是接受一个参数的静态方法。如果参数是一个数字，而且是整数，该方法则返回 true。(你猜对了！)它并不试图将其参数强制转换为数字，所以 Number.isInteger('1')返回 false。

17.7.3 Number.isFinite 和 Number.isNaN

Number.isFinite 和 Number.isNaN 与全局方法 isFinite 和 isNaN 相似，只是它们在进行检查之前不会将参数强制转换为数字。相反，如果你传入一个非数字符，该方法则会返回 false。

Number.isFinite 判断其参数是不是一个数字，如果是，则检查该数字是不是有限的。若参数是 NaN，该方法则返回 false。

```
const s = “42”;
console.log(Number.isFinite(s));          // false: it's a string, not a number
console.log(isFinite(s));                 // true: the global function coerces
console.log(Number.isFinite(42));         // true
console.log(Number.isFinite(Infinity)); // false
console.log(Number.isFinite(1 / 0));      // false: in JavaScript x / 0 = Infinity
```

Number.isNaN 判断其参数是不是数字，如果是，则检查该数字是不是 NaN 值：

```
const s = "foo";
console.log(Number.isNaN(s));  // false: it's a string, not a number
console.log(isNaN(s));         // true: the global function coerces
const n1 = 42;
console.log(Number.isNaN(n1)); // false
console.log(isNaN(n1));        // false
const n2 = NaN;
```

```
console.log(Number.isNaN(n2)); // true
console.log(isNaN(n2));        // true
```

17.7.4 Number.parseInt 和 Number.parseFloat

这些函数和全局的 parseInt 和 parseFloat 相同(完全一样，Number.parseInt === parseInt 返回 true)。它们旨在减少编程者对默认全局函数的依赖，是相关持续措施的一部分。

17.7.5 Number.EPSILON

Number.EPSILON 是一个数据属性，它的值为 1 和 JavaScript 的 Number 类型可表示的大于 1 的最小数值(大约是 $2.220446049250313080847263336181 6 \times 10^{-16}$)之间的差值。这个术语来自机械极小值(machine epsilon)——在数学分析中用于度量浮点数四舍五入的误差，以希腊字母(€)或粗体罗马字母 **u** 表示。

17.8 Symbol.isConcatSpreadable

如你所知，数组的 concat 方法接受任意数量的参数，用原数组的条目以及你提供的参数创建一个新数组。如果其中任何一个参数是数组，该方法则会将数组的条目“平铺”(一层)到结果数组中：

```
const a = ["one", "two"];
const b = ["four", "five"];
console.log(a.concat("three", b));
// => ["one", "two", "three", "four", "five"]
```

最初，concat 只能以这种方式展开标准数组。众所周知，它无法处理 arguments 这样的伪数组，或者其他类数组对象，如 DOM 的 NodeList 对象。

从 ES2015 开始，concat 被更新为可展开任意参数的方法，但该参数必须是标准数组(根据 Array.isArray 判断)，或者具有 Symbol.isConcatSpreadable 属性且该属性值为真。

例如，在下面的例子中，obj 是一个类数组，但 concat 并没有把 obj 对象展开，而是将对象放到结果数组中：

```
const a = ["one", "two"];
const obj = {
      0: "four",
      1: "five",
      length: 2
};
console.log(a.concat("three", obj));
// => ["one", "two", "three", {"0": "four", "1": "five", length: 2}]
```

但如果你在 obj 对象中添加 Symbol.isConcatSpreadable 属性并给定一个真值，concat 将展开该对象：

```
const a = ["one", "two"];
const obj = {
      0: "four",
      1: "five",
      length: 2,
      [Symbol.isConcatSpreadable]: true
};
```

```
console.log(a.concat("three", obj));
// => ["one", "two", "three", "four", "five"]
```

如果一个类数组对象并非继承于 Array，那么你或许可以方便地在它的原型上添加该属性：

```
class Example {
        constructor(...entries){
                this.length = 0;
                this.add(...entries);
        }
        add(...entries){
                for (const entry of entries){
                        this[this.length++] = entry;
                }
        }
}
Example.prototype[Symbol.isConcatSpreadable] = true;

const a = ["one", "two"];
const e = new Example("four", "five");
console.log(a.concat("three", e));
// => ["one", "two", "three", "four", "five"]
```

在定义 ES2015 的时候，有人提出 DOM 的 NodeList 对象和类似的对象可能需要增加该属性，这样这些对象就可用 concat 方法展开，但最终没有实现(迄今为止)。

在 JavaScript 标准库中，没有一个对象默认有 Symbol.isConcatSpreadable 属性(甚至连数组也没有该属性，但如前所述，concat 会明确地检查参数是不是数组)。

17.9　其他语法微调

在这一节，你将了解一些最新的语法微调，其中一些真的很有用。

17.9.1　空值合并

在处理对象的可选属性时，开发者通常会使用非常强大的逻辑或运算符(||)为可能缺失的属性提供一个默认值。

```
const delay = this.settings.delay || 300;
```

如你所知，|| 运算符对其左边的操作数求值，如果值为真值，就以该值作为运算结果；否则，对其右边的操作数求值，并以该值作为运算结果。因此，如果 this.settings.delay 为真值，那么这个例子中的 delay 常量将被设置为 this.settings.delay 的值；如果 this.settings.delay 是虚值，则 delay 常量将被设置为 300。但这存在一个问题：开发者可能只想在该属性不存在或者其值为 undefined 的情况下使用 300，但当 this.settings.delay 为 0 时，该运算符也会以 300 作为运算结果，因为 0 为虚值。

ES2020[1]中的一个新运算符 ——“空值合并运算符”(??)解决了这个问题：

```
const delay = this.settings.delay ?? 300;
```

如果 this.settings.delay 的值不为 null 或 undefined，这个例子就把 delay 设为 this.settings.delay 的值；如果 this.settings.delay 值为 null 或 undefined，则把 delay 的值设为 300。使用??的语句等效于使用

1 https://github.com/tc39/proposal-nullish-coalescing。

条件运算符的语句，只是 this.settings.delay 在??表达式里只被求值一次。

```
// Recall that `== null` (loose equality)checks for both `null` and `undefined`
const delay = this.settings.delay == null ? 300 : this.settings.delay;
```

因为空值合并运算符是短路运算(和||一样)，如果它左边的操作数不是 null 或者 undefined，那么右边的操作数根本不会被求值。这意味着，如果其右侧操作数未被使用，那么右侧的任何副作用都不会实现。例如：

```
obj.id = obj.id ?? nextId++;
```

在该代码中，nextId 仅在 obj.id 为 null 或 undefined 时才会递增。

17.9.2 可选链

你是否曾经不得不写这样的代码？

```
x = some && some.deeply && some.deeply.nested && some.deeply.nested.value;
y = some && some[key] && some[key].prop;
```

或者像下面这样？

```
if (x.callback){
    x.callback();
}
```

使用 ES2020 中的可选链运算符[1]，你可以这样写：

```
x = some?.deeply?.nested?.value;
y = some?.[key]?.prop;
```

以及像下面这样：

```
x.callback?.();
```

?.运算符对其左边的操作数求值，如果值为 null 或 undefined，则返回 undefined 的运算结果并对其余链路进行短路处理；否则，它会继续访问该属性且允许链路继续。在第二种形式(x.callback?.())中，如果其左边的操作数不是 null 或 undefined，它则允许继续调用。

当一个对象上的属性可能存在也可能不存在(或者值为 undefined 或 null)，或者当你从一个可能返回 null 的 API 函数获得一个对象，而你想从该对象获得一个属性时，这个运算符很方便：

```
const x = document.getElementById("#optional")?.value;
```

在这段代码中，如果 id 为 optional 的元素不存在，getElementById 则返回 null，所以可选链运算符的结果是 undefined，且 x 被设置为 undefined。但如果该元素存在，getElementById 则返回该元素，且 x 被设置为该元素的 value 属性的值。

同样，如果一个元素可能存在也可能不存在，而你想要在它上面调用方法：

```
document.getElementById("optional")?.addEventListener("click", function(){
        //…
});
```

1 https://github.com/tc39/proposal-optional-chaining。

如果元素不存在，则不进行函数调用。下面列出了一些更详细的例子：

```
const some = {
    deeply: {
        nested: {
            value: 42,
            func(){
                return "example";
            }
        },
        nullAtEnd: null
    },
    nullish1: null,
    nullish2: undefined
};
console.log(some?.deeply?.nested?.value);    // 42
console.log(some?.missing?.value);           // undefined, not an error
console.log(some?.nullish1?.value);          // undefined, not an error, not null
console.log(some?.nullish2?.value);          // undefined, not an error
let k = "nested";
console.log(some?.deeply?.[k]?.value);       // 42
k = "nullish1";
console.log(some?.deeply?.[k]?.value);       // undefined, not an error, not null
k = "nullish2";
console.log(some?.deeply?.[k]?.value);       // undefined, not an error
k = "oops";
console.log(some?.deeply?.[k]?.value);       // undefined, not an error
console.log(some?.deeply?.nested?.func?.()); // "example"
console.log(some?.missing?.stuff?.func?.()); // undefined, not an error
console.log(some?.deeply?.nullAtEnd?.());    // undefined, not an error
console.log(some?.nullish1?.func?.());       // undefined, not an error
k="nullish2";
console.log(some?.[k]?.func?.());            // undefined, not an error
```

注意，即使被检验的属性值为 null，可选链运算符的结果也是 undefined。在前面的例子中，你可以通过下面这行代码发现这一点：

```
console.log(some?.nullish?.value);  // undefined, not an error, not null
```

还要注意的是，如果只在开始时使用一次可选链运算符，并不能使“可选性”作用到后续的属性访问器或函数调用。例如：

```
const obj = {
    foo: {
        val: 42
    }
};
console.log(obj?.bar.val);  // TypeError: Cannot read property 'val' of undefined
```

如果 obj 是 null 或 undefined，则输出结果为 undefined，因为可选链运算符通过 obj?.bar 来避免 obj 是 null 或 undefined 的情况。但 obj 是一个对象，所以 obj.bar 被求值。obj 没有 bar 属性，因此结果为 undefined。因为你访问 val 时没有使用可选链，所以代码试图从 undefined 中获取 val，结果出错了。

为了避免该错误，需要在访问 val 时使用可选链运算符：

```
console.log(obj?.bar?.val);
```

同样，对于相同的对象，如果像下面这样编写代码，也会出错：

```
obj?.bar();  // TypeError: obj.bar is not a function
```

因为bar后面并没有?.，所以代码在试图调用前并不会对bar进行检验。规则是：?.紧跟在值可能为空的变量后。

17.9.3 省略 catch 绑定的异常

有时你并不关心发生了什么错误，你只需要知道代码执行成功还是失败。这种情况下，你常会看到如下代码：

```
try {
    theOperation();
} catch (e){
    doSomethingElse();
}
```

注意代码中没有使用异常对象(e)。

从 ES2019 开始，你可以完全不写括号以及绑定的异常(e)：

```
try {
    theOperation();
} catch {
    doSomethingElse();
}
```

几乎所有现代浏览器都支持这个语法，只有 Edge 浏览器的旧版本不支持(但 Chromium 版本的 Edge 浏览器支持)。当然，像 Internet Explorer 这样过时的浏览器也不支持。

17.9.4 JSON 中的 Unicode 行终止符

本节介绍的内容不太可能对你的日常编码工作产生影响。

理论上，JSON 是 JavaScript 的严格子集，但实际上并非如此，直到 ES2019 对此进行了调整，允许以不必转义的方式在字符串字面量中使用之前必须转义的两个字符：Unicode 的“行分隔符(U+2028)”和“段分隔符(U+2029)”。JSON 允许它们在字符串中不转义，但 JavaScript 不允许，这使得规范中出现了不必要的复杂性。

从 ES2019[1]开始，它们在 JavaScript 的字符串字面量中都是合法的，不需要额外转义。

17.9.5 JSON.stringify 输出符合语法规则的 JSON

该特性原本可能不会出现在你的面前，但技术上，在一些边缘场景中，JSON.stringify 会输出无效的 JSON。你可能还记得第 10 章曾提到，JavaScript 中的字符串是一串允许无效(未配对)代理对的 UTF-16 代码单元。如果一个被序列化的字符串包含未配对的代理，那么生成的 JSON 中未配对的代理会以字符常量的方式显示，这使其成为一个无效的 JSON。

ES2019 中的调整简单地将未配对的代理输出为 Unicode 转义[2]。所以，它不会将未配对的代理

1 https://github.com/tc39/proposal-json-superset。

2 https://github.com/gibson042/ecma262-proposal-well-formed-stringify。

U+DEAD 输出为字符常量，而是输出对应的 Unicode 转义序列\uDEAD。

17.10 标准库/全局对象的各类扩展

在本节中，你将了解 JavaScript 标准库中出现的各种新方法，以及规范对现有方法的一些调整。

17.10.1 Symbol.hasInstance

你可以使用 Symbol.hasInstance 这个内置的 Symbol 值来为给定函数定制 instanceof 的行为。通常情况下，x instanceof F 会检查 F.prototype 是否在 x 的原型链上。但如果 F[Symbol.hasInstance]是一个函数，那么这个函数会被调用，它返回的任何值都会被转换为布尔值并充当 instanceof 运算的结果：

```
function FakeDate(){}
Object.defineProperty(FakeDate, Symobl.hasInstance, {
      value(value){ return value instanceof Date; }
});
console.log(new Date()instanceof FakeDate); // true
```

这对于一些宿主提供的对象和某些代码库来说很有用，这些代码库基本不使用原型和构造函数，而使用直接给每个对象指定所有属性和方法的构建函数。对于有合适属性/方法的对象，可使用 Symbol.hasInstance 来返回 true，即使原型并不匹配。

17.10.2 Symbol.unscopables

这个 Symbol 值旨在支持旧代码，你的代码可能不需要使用它，除非你编写的库：①可能被添加到一个有旧代码的网站；②为内置对象的原型添加方法。

借助 Symbol.unscopables，当你通过 with 语句访问一个对象时，可指定对象的哪些属性应该被移除。现代 JavaScript 代码通常不使用 with 语句，而且 with 语句在严格模式下是禁用的，但你可能知道，with 会将对象的所有属性都添加到 with 块内的作用域链中，甚至包括不可枚举的和继承的属性(如 toString)：

```
const obj = {
      a: 1,
      b: 2
};
with (obj){
     console.log(a, b, typeof toString); // 1 2 "function"
}
```

可在 Symbol.unscopables 属性上用一个属性值都是真值的对象，来告诉 with 移除一个或多个属性：

```
const obj = {
      a: 1,
      b: 2,
      [Symbol.unscopables]: {
            b: true         // Makes `b` unscopable, leaving it out of `with` blocks
      }
};
with (obj){
     console.log(a, b, typeof toString);  // ReferenceError: b is not defined
}
```

此处为什么需要这个 Symbol？也许是因为 TC39：当向 Array.prototype 添加方法时，TC39 需要它；新方法和使用 with 的现有代码相冲突。例如，假设一些旧代码包含下面这个函数：

```
function findKeys(arrayLikes){
    var keys = [];
    with (Array.prototype){
        forEach.call(arrayLikes, function(arrayLike){
            push.apply(keys, filter.call(arrayLike, function(value){
                Return rexIsKey.test(value);
            }));
        });
    }
    return keys;
}
```

这段代码使用 with 将 forEach、push 和 filter 方法放到 with 块内的作用域中，这样它们可以很容易地被用于所传入的类数组对象。ES2015 添加了 keys 方法后，这段代码本应运行异常，因为在 with 块内，keys 标识符将被解析成 Array.prototype 对象的属性，而不是函数使用的变量 keys。

得益于 Symbol.unscopables，这段代码并没有因 keys 方法而无法运行。因为 Array.prototype 的 Symbol.unscopables 属性列出了被添加到 Array.prototype(ES2015 及后续版本)中的所有以字符串命名的方法，包括 keys；所以 keys 在 with 块中被移除了。

17.10.3 globalThis

JavaScript 增加了一个默认全局对象：globalThis[1]。globalThis 的值和全局作用域中 this 的值相同，虽然宿主环境(如浏览器)可把全局作用域中的 this 定义为任何值，因此 globalThis 的值也会被修改，但该值通常是对全局对象的引用。如果你习惯在浏览器上编写代码，那么你可能知道浏览器已经给 this 定义了一个全局变量：window。(实际上，它至少有三个全局变量，但这并不是重点。)但在 globalThis 出现之前，浏览器外并没有一个标准的全局对象，在跨环境操作的情况下，如要访问全局对象(相对罕见)，这将会相当困难：

- Node.js 提供了 global 对象(事实证明，该对象不能在浏览器上被标准化，因为这会破坏网络上的一些现有代码)。
- 在全局作用域下，可使用 this(这就是 globalThis 名称的由来)，但是很多代码并不在全局作用域下运行(例如，第 13 章介绍的运行在模块内的代码)。

通过 globalThis，编程者可轻松访问和全局作用域中的 this 相同的值，几乎在所有的环境中，globalThis 都是对全局对象的引用。

17.10.4 Symbol 的 description 属性

如第 5 章所述，创建 Symbol 时可添加描述：

```
const s = Symbol("example");
console.log(s);   // Symbol(example)
```

最初，开发者只能通过 toString 来获取描述。从 ES2019 开始，Symbol 提供了一个 description 属性，该属性返回 Symbol 的描述[2]：

---

1 https://github.com/tc39/proposal-global。

2 https://github.com/tc39/proposal-Symbol-description。

```
const s = Symbol("example");
console.log(s.description); // example
```

17.10.5 String.prototype.matchAll

通常，如果你有一个带有全局或者粘连标志的正则表达式，就表示你想要处理字符串中的所有匹配项。为此，可使用 RegExp 对象的 exec 函数和一个循环：

```
const s = "Testing 1 2 3";
const rex = /\d/g;
let m;
while ((m = rex.exec(s))!== null){
     console.log(`"${m[0]}" at ${m.index}, rex.lastIndex: ${rex.lastIndex}`);
}
// => "1" at 8, rex.lastIndex: 9
// => "2" at 10, rex.lastIndex: 11
// => "3" at 12, rex.lastIndex: 13
```

不过这有点复杂，这段代码修改了 RegExp 对象的 lastIndex 属性(RegExp 对象经常出现的问题)。ES2020[1]添加了 String.prototype.matchAll 方法，该方法为所有匹配项返回一个迭代器，而且并不修改 RegExp 对象的属性：

```
const rex = /\d/g;
for (const m of "Testing 1 2 3".matchAll(rex)){
     console.log(`"${m[0]}" at ${m.index}, rex.lastIndex: ${rex.lastIndex}`);
}
// => "1" at 8, rex.lastIndex: 0
// => "2" at 10, rex.lastIndex: 0
// => "3" at 12, rex.lastIndex: 0
```

除了不修改 lastIndex 属性，该方法还提供了一个方便的迭代器，可使代码更简洁。该方法如果与解构(尤其是命名捕获组)相结合，其功能就更强大了：

```
const s = "Testing a-1, b-2, c-3";
for (const {index, groups: {type, num}} of s.matchAll(/(?<type>\w)-(?<num>\d)/g)){
     console.log(`"${type}": "${num}" at ${index}`);
}
// => "a": "1" at 8
// => "b": "2" at 13
// => "c": "3" at 18
```

17.11 规范附录 B：浏览器相关特性

在学习本节内容之前，请注意：这里的一些语法特性在严格模式下无法使用，而且你可能根本就不该使用本节中介绍的语法[2]。规范附录 B 涵盖运行在 Web 浏览器中的 JavaScript 引擎定义的旧用法。在新代码中，不要依赖旧用法。

鉴于此，你可能会想到两个问题。

- 规范附录 B 的意义是什么？

1 https://github.com/tc39/proposal-string-matchall。

2 只有一个例外：如果你真的需要内联脚本，那么在真正的、正确输出的 XHTML 页面中会有类似 HTML 的注释。真正的、正确输出的 XHTML 页面是很少的。

- 为何要在一本介绍新特性的书里描述定义旧特性的规范附录 B?

规范附录 B 记录和约束了 Web 浏览器中的 JavaScript 引擎可以做的事情，这些事情大部分都在标准语言之外，但对于构建 JavaScript 引擎的人来说，如果他们想在处理实际代码的 Web 浏览器内使用该引擎，就需要知道(并实现)这些旧特性。为了完整起见，ES2015+中新记录的旧特性(非常少)也被包含在本书中。

那么，规范附录 B 中有什么呢？早期的 JavaScript 特性存在太多问题(例如，日期的 getYear 和 setYear 方法，而不是 getFullYear 和 setFullYear)，尽管 ES2 记录了它们，但注明它们“不是规范的一部分”。ES3 将这些特性和其他的一些(比如那些容易与十进制混淆的旧的八进制字面量)归到规范最后的“提供信息的”兼容性一节：附录 B。另外，几乎从 JavaScript 诞生以来，浏览器就一直在扩展 JavaScript，使之超出了规范所描述的范围，浏览器定义的一些小特性(如 escape、unescape 等)都被包含在规范附录 B 中，作为记录和规定浏览器的通用行为的一种手段。ES5 在其附录 B 中增加了一个方法，但除此之外，并没有什么变化。

ES2015 积极地记录了 Web 浏览器中大量常见扩展的共同用法，并首次要求浏览器中的 JavaScript 引擎必须提供规范附录 B 的特性。理论上，Web 浏览器以外的 JavaScript 引擎不会实现规范附录 B 中的特性，但实际上，为浏览器环境和非浏览器环境的使用而构建的引擎不太可能在非浏览器环境中禁用这些特性，因为这样会增加复杂性。

本节涵盖 ES2015+对其附录 B 的补充，内容包括：类似 HTML 的注释、正则表达式的扩展/调整、Object.prototype、String.prototype 以及 RegExp.prototype 上的扩展属性和方法，对象初始化语法的扩展，为向后兼容而编写的各种松散或晦涩的语法片段，以及 document.all 的一些非常特殊的用法。

但说真的：不要在新代码中使用它们。

17.11.1 类似 HTML 的注释

长期以来，JavaScript 引擎一直允许编程者用 HTML 注释包裹脚本代码。这主要是为了支持在 script 标签内“注释”内联代码的做法，这一做法针对的是那些根本不能处理 script 标签的非常老的浏览器(在文档中显示其内容)，或者是 XHTML 页面中的 CDATA 标记部分。该注释如下所示(或者其他变化形式，或者实际错误的使用形式)：

```
<script type="text/javascript"><!--//--><![CDATA[//><!--
//...code...
//—><!]]></script>
```

注意，这里本应使用 JavaScript 代码，在这段代码中，处于第一位的是一个类似 HTML 的注释。ES2015 在其附录 B 中记录了该用法。

17.11.2 正则表达式微调

规范附录 B 对正则表达式进行了微调：字符集合中控制字符转义的一个非常小的扩展，允许不匹配的右中括号( ])和无效的量词组({}，{foo})，并增加了 compile 方法。

1. 控制字符转义(\cX)的扩展

规范附录 B 允许编程者在控制字符转义(\cX)内使用数字(除了字母)，但前提是控制字符转义在字符集合([ ])内。适用于字母的同样的公式决定了要匹配的控制字符：x 的码点%32。例如，下面是一个有效的控制字符转义：

```
console.log(/\cC/.test(“\u0003”)); // true
```

上述匹配是成功的，\cC 指定了控制字符#3(“control c”)，因为 C 的码点是 67，并且 67% 32 的结果是 3。

在标准的正则表达式(不支持规范附录 B)中，如前面的例子，\c 后面只能跟一个英文字母(A~Z，不区分大小写)。规范附录 B 允许\c 后面跟数字，但前提是控制字符转义(\cX)在字符集合([ ])中。例如：

```
console.log(/[\c4]/.test("\u0014")); // true
console.log(/\c4/.test("\u0014"));   // false
console.log(/\c4/.test("\\c4"));    // true
```

第一个例子匹配 \u0014，因为\c4 在字符集合中，4 的码点是 52，而且 52%32 的结果是 20，如用十六进制表示，则是 0x14。第二个例子不匹配的原因是：\c4 不在字符集合中，所以 \c4 不是控制字符转义，代码把\、c、4 分别当作字符匹配，如第三个例子所示。

2. 允许无效序列

标准规范语法禁用的一些无效序列在规范附录 B 中是可用的，例如不带左中括号且未转义的右中括号( ])(带上左中括号后，就会形成一个字符集合[...])，以及一个未转义且未定义量词的左大括号({}。下面的代码在支持规范附录 B 语法的引擎上能正常工作，但在不支持的引擎上就会报错：

```
const mismatchedBracket = /]/;  // Should be /\]/
console.log(mismatchedBracket.test("testing ) one two three")); // true
console.log(mismatchedBracket.test("no brackets here"));        // false
const invalidQuanitfier = /{}/; // Should be /\{\}/
console.log(invalidQuanitfier.test("use curly braces ({})"));  // true
console.log(invalidQuanitfier.test("nothing curly here"));     // false
```

3. RegExp.prototype.compile

规范附录 B 为 RegExp 对象增加了 compile 方法。该方法将完全重新初始化调用它的 RegExp 对象，使其变为一个完全不同的正则表达式：

```
const rex = /^test/;
console.log(rex.test("testing")); // true
rex.compile(/îng/);
console.log(rex.test("testing")); // false
rex.compile("ing$");
console.log(rex.test("testing")); // true
```

compile 方法接受的参数与 RegExp 构造函数的基本相同，包括以一个 RegExp 实例(这种情况下会使用该实例的模式和标志)作为第一个参数，或者以字符串作为第一个参数，以标志作为第二个可选的参数。一个细微差别是：RegExp 构造函数允许你将一个 RegExp 对象用作第一个参数，并将新的标志以字符串形式用作第二个参数。而 RegExp.compile 则不允许这样做：如果第一个参数是 RegExp 实例，则不能指定新的标志。

规范附录 B 指出，如果使用 compile 方法，将发出信号，告诉 JavaScript 引擎该正则表达式打算被复用，这可能是性能优化的很好选择。然而，JavaScript 引擎通常在衡量现有代码性能的基础上进行优化，并积极地优化被频繁使用的代码，所以这个提示可能并没有什么价值。

17.11.3 额外的内置属性

规范附录 B 给内置对象定义了一些额外的属性。

1. 额外的对象属性

第 5 章介绍了规范附录 B 针对对象的扩展：__proto__。开发者既可通过 Object.prototype 定义的访问器属性使用它，又可通过额外的对象初始化语法使用它。

规范附录 B 也定义了 Object.prototype 上的一些其他属性，以便向后兼容那些依赖于 SpiderMonkey(Mozilla 的 JavaScript 引擎)在标准规范添加访问器属性之前就已添加的扩展代码：__defineGetter__、__defineSetter__、__lookupGetter__和__lookupSetter__。它们的作用确实如其名称所示——定义和查看属性的 getter 和 setter 函数：

```
"use strict";
const obj = {x: 10};
obj.__defineGetter__("xDoubled", function(){
    return this.x * 2;
});
console.log(obj.x);
// => 10
console.log(obj.xDoubled);
// => 20
try {
    obj.xDoubled = 27;
} catch (e){
    console.error(e.message);
    // => Cannot set property xDoubled of #<Object> which has only a getter
}
obj.__defineSetter__("xDoubled", function(value){
    this.x = value / 2;
});
obj.xDoubled = 84;
console.log(obj.x);
// 42

console.log(obj.__lookupGetter__("xDoubled").toString());
// =>
// "function(){
//    return this.x * 2;
// }"
console.log(obj.__lookupSetter__("xDoubled").toString());
// =>
// "function(value){
//    this.x = value / 2;
// }”
```

注意一件不明显的事情：“define”方法在你调用它们的对象上定义了访问器，但如果“lookup”方法在调用它们的对象上没找到相关访问器，则会沿着原型链进行查找。(这就像属性一样：设置一个属性意味着直接赋值给对象，但如果要获取一个属性，则需要沿着原型链查找。)如果“lookup”方法返回一个函数，该函数可能是对象自己的定义，也可能是原型上的，或者是原型的原型上的，等等。

你不会在新的代码中使用这些方法。相反，你会在第一次创建对象时使用标准的访问器属性(get foo()、set foo())，或者如果想在之后给对象添加一个访问器，则应该使用 Object.defineProperty 或者 Object.defineProperties。要获取访问器对应的函数，可使用 Object.getOwnPropertyDescriptor(如果想像“lookup”方法一样在原型链上查找，则可使用 Object.getPrototypeOf)。

2. 额外的字符串方法

规范附录 B 增加了几个字符串方法：substr 以及一些将字符串包裹在 HTML 标签内的方法。

和 substring 一样，substr 生成一个字符串子串，但它接受不同的参数：子串的起始索引和长度，而不是 substring 方法的起始索引和结束索引。它也允许起始索引是一个负数，表示从字符串末端的偏移量：

```
const str = "testing one two three";
console.log(str.substr(8, 3)); // "one"
console.log(str.substr(-5));   // "three"
```

把字符串包裹在 HTML 标签内的方法有 anchor、big、blink、bold、fixed、fontcolor、fontsize、italics、link、small、strike、sub 和 sup。它们只是把开始和结束标签放在字符串上：

```
console.log("testing".sub());"<sub>testing</sub>"
```

不要在新代码中使用它们(主要是因为这些 HTML 标签中的大部分已经废弃了)。

17.11.4 各种松散或晦涩的语法片段

规范附录 B 在非严格模式下允许一些不在标准规范内的语法。下面的内容在严格模式下都是无效的，均会产生语法错误。因此，强烈建议在所有新代码中使用严格模式(在模块和类结构中，默认的模式是严格模式)。同样，这里仅提供旧代码中可能出现的用法的相关信息。

使用规范附录 B 的语法，可在函数声明前放置一个标签(只要它不是一个生成器函数)：

```
label: function example(){}
```

这个标签似乎没有任何意义。但(与规范附录 B 的大多数“特性”一样)显然它在以前的引擎中是可用的，因此，为了支持过时的代码，引擎需要支持该语法。

同样，可把一个函数声明放在 if 语句(没有大括号代码块)或者 else 语句(也没有大括号代码块)中，如下所示：

```
if (Math.random()< 0.5)
        function example(){
                console.log("1");
        }
else
        function example(){
                console.log("2");
        }
example();
```

即使现在规范允许编程者在块中进行函数声明(如第 3 章所述)，在没有规范附录 B 语法的情况下，上面的示例也是无效的，因为函数声明并没有在块中。为了兼容旧代码，引擎仅允许在松散模式下使用这种语法。

松散模式下的语法还允许你在 catch 块内使用 var 重新声明 catch 绑定的异常：

```
try {
      // ...
} catch (e){
      var e;
      // ...
}
```

(var 也可用在 for 或 for-in 循环的初始化表达式中，但不能在 for-of 循环初始化表达式中。)在没有规范附录 B 语法的情况下，这将是语法错误。有了规范附录 B 的语法，它会在代码出现的函数(或全局)作用域内声明一个变量，但 catch 块内的 e 仍然是 catch 绑定的异常，对它赋值意味着把值赋给 catch 绑定的异常变量，而不是赋给这个声明变量：

```
"use strict";
function example(){
      e = 1;
      console.log(e);         // 1
      try {
            throw new Error("blah");
      } catch (e){
            var e;            // Would be a SyntaxError if not for Annex B syntax
            e = 42;
            console.log(e); // 42
      }
      console.log(e);       // 1
}
example();
```

不要在新代码中这样做。但互联网上可能存在的 1996 年的陈旧代码仍这样使用……

最终(这很奇怪)，你知道可以在 for-in 循环内进行变量的初始化吗？使用规范附录 B 的语法，你可以实现这一点：

```
const obj = {
      a: 1,
      b: 2
};
for (var name = 42 in obj){
      console.log(name);
}
// =>
// "a"
// "b"
```

这只适用于 var，不可用于 let 或 const，且在严格模式下无法使用。初始化表达式被求值并赋值给变量，然后立即被对象的第一个属性名覆盖，所以你在循环中永远看不见它。但有副作用的初始化表达式是可观察到的：

```
for (var name = console.log("hi")in {}){  // "hi"
}
let n = 1;
for (var name2 = n = 42 in {}){
}
console.log(n);                              // => 42
```

永远不要编写这样的代码，但如果在旧代码里看到这样的代码，你至少知道为什么它没有产生语法错误以及它的作用(例如，你可以安全地修复它)。

17.11.5 当 document.all 不存在……或存在

这个特性非常有意思。不妨花点时间先讲个故事。

在互联网发展的早期，document.all 是微软 IE 浏览器中的一个特性：它是文档中所有元素的集合

(包括元素的子集的属性)，你可以遍历该集合对象或通过元素的 id 或名称来查找元素。相比之下，Netscape Navigator(当时的另一个主流浏览器)使用的是刚刚起步的 DOM 标准(getElementById 等)。编写的代码必须选择使用哪一个标准，才能在这两个浏览器中运行。有时，开发者会编写下面的代码：

```
if (document.getElementById) { // or various variations
    // ...use getElementById and other DOM-isms...
} else {
    //  ...use document.all and other Microsoft-isms...
}
```

有时他们会反过来编写下面的代码，但这样会出现问题：

```
if (document.all){
    // ...use document.all and other Microsoft-isms...
} else {
   // ...use getElementById and other DOM-isms...
}
```

可以使用 if (typeof document.all !== "undefined")或者 if (document.all != undefined)来替代 if(document.all)，但意图都是一样的。

当然，事情在发展，虽然微软实现了 DOM 标准，但并不是所有的 Web 页面都更新了代码。(当时)较新的浏览器，如 Chrome，希望支持那些页面(即使它们是为 IE 编写的)，包括支持类似于 document.all 的微软特有的特性(以及全局 event 变量等)。

再过几年，任何检查 document.all(而不检查 getElementById)的页面都能基于 DOM 标准(而不是微软的标准)正常工作，浏览器制造商希望实现这一目标。当然，一种方法就是放弃 document.all。但浏览器制造商并不想完全放弃对 document.all 的支持，因为他们想要继续支持那些没有进行检查也能使用 document.all 的页面。这该怎么做呢？

这个解决方案既巧妙又令人吃惊：浏览器制造商让 document.all 成为唯一的“虚值”对象。具体而言，他们为 document.all 提供了一些非常有趣的特性：

- 当你把 document.all 类型转换为布尔值时，它被转换为 false，而不是 true。
- 当你对 document.all 应用 typeof 时，返回的结果是 undefined。
- 当你使用==将 document.all 与 null 或 undefined 进行比较时，结果为 true(当然，如使用!=，比较结果则为 false)。

这样，对于 if (document.all)和类似的检查而言，document.all 就好像不存在一样，但完全不进行检查的代码仍然可以运行，因为存在 document.all，而且(当前)仍然正常工作。

规范附录 B 为一个带有名为[[IsHTMLDDA]]的内槽的对象定义了这个功能。document.all 是唯一一个这样的对象，至少现在是这样。

17.12 尾调用优化

理论上，ES2015+要求 JavaScript 引擎实现尾调用优化(Tail Call Optimization，TCO)，这主要用于涉及递归的场景。事实上，仅有一个 JavaScript 引擎支持 TCO，其他 JavaScript 引擎近期似乎不会支持。稍后再讨论这个问题。

首先，简单介绍一下栈和栈帧。考虑如下代码：

```
"use strict";
function First(n){
```

```
        n = n - 1;
        return second(n);
    }
    function second(m){
        return m * 2;
    }
    const result = first(22);
    console.log(result); // 42
```

在没有 TCO 的情况下，当 JavaScript 引擎处理 first 的调用时，它会在栈中推入一个栈帧，其中包含要返回的地址、要传递给 first 的参数(22)，以及其他的一些元数据信息，然后跳转到 first 的代码开头。当 first 调用 second 时，引擎将另一个栈帧推入栈，其中包含返回地址等信息。当 second 返回时，它所对应的栈帧被推出。当 first 返回时，它所对应的栈帧被推出。参见图 17-1。

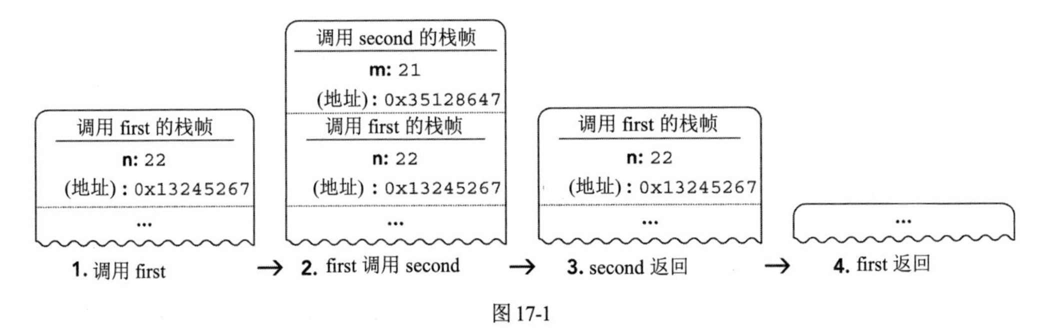

图 17-1

栈不是无限的，因此只能容纳这么多的栈帧，之后就没有空间了。你可能不小心编写过无休止地(直接或间接)调用自身的代码，看到过类似下面这样的堆栈溢出错误。

```
RangeError: Maximum call stack size exceeded
```

不过，如果查看一下 first 函数，就会发现，调用 second 的操作是在 first 函数返回前所进行的最后一个操作，而 first 函数返回了调用 second 的结果。这意味着，对 second 的调用是一个尾调用(在尾部调用)。

有了 TCO，在调用 second 前，引擎可把 first 的栈帧从栈中推出，它只需要给 second 的栈帧提供 first 本来要返回的地址。除了这个返回地址，first 的栈帧没什么用途，所以 TCO 可以去掉它。参见图 17-2。

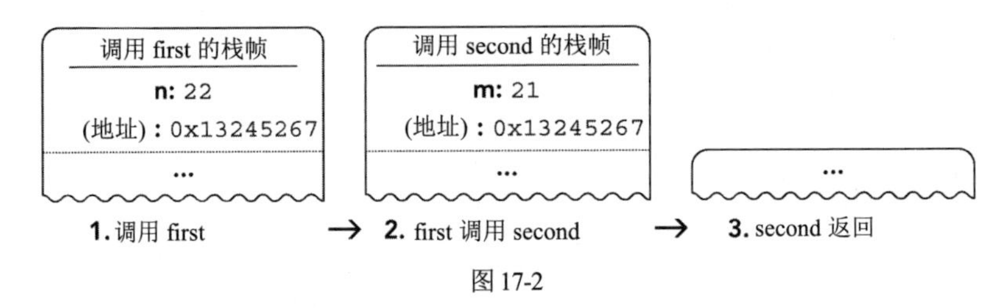

图 17-2

在这个具体的例子中，引擎在调用 second 前去掉了 first 的栈帧，但这样做其实并没有什么意义。不过，当你处理递归时，如果去掉这些栈帧，可产生很大的影响。例如，考虑下面这个经典的阶乘函数：

```
function fact(v){
```

```
        if (v <= 1n){
            return v;
        }
        return v * fact(v - 1n);
    }
    console.log(fact(5n)); // 120
```

(这段代码中使用了 BigInt，这样代码就不会被 Number 类型的容量所限制。)栈的大小限制了阶乘函数 fact 可计算的范围，因为如果该函数从一个足够大的数字开始(比如 100 000)，递归调用的所有栈帧都会溢出：

```
console.log(fact(100000n));
// => RangeError: Maximum call stack size exceeded
```

但遗憾的是，fact 对自己的调用并不在尾部。该调用距离尾部很近，但在调用 fact 后，代码将调用结果乘以 v 并返回计算结果。不过，可简单地对 fact 进行调整——可添加第二个参数并将乘法的地方挪位，这样它就可以利用 TCO 的优势了。

```
function fact(v, current = 1n){
    if (v <= 1n){
        return current;
    }
    return fact(v - 1n, v * current);
}
```

现在，fact 对自身的调用在尾部。通过 TCO，每当 fact 调用自身时，新的调用栈帧都会替换前一次的调用栈帧，就像前面 second 的栈帧替换 first 的栈帧一样，而不是把所有的栈帧都推入栈，直到算出最终结果，然后将栈帧全部推出。因此，栈不再限制 fact 可计算的阶乘的大小。

但如本节开头所述，目前只有一个主流的 JavaScript 引擎实现了 TCO：Safari 的 JavaScriptCore(以及 iOS[1]上的其他浏览器)。V8、SpiderMonkey 以及 Chakra 都不支持 TCO，而且至少 V8 和 SpiderMonkey 团队目前不计划支持 TCO(V8 曾短暂地支持过，但随着引擎的发展，TCO 被移除了)。主要的分歧点在于 TCO 对栈追踪(stack trace)的影响。回想一下本节开头的 first/second 示例。假设 second 抛出了异常。由于 TCO 的原因，first 的栈帧被 second 的栈帧替换了，栈追踪看起来就像是在 first 被调用的地方调用了 second，而不是从 first 内部调用。有很多方法可以解决这个问题，还有一些建议的替代方案，包括选择使用(而不是自动使用)TCO，但现在 TC 39 还没有达成共识来推进该方案，也许有一天会。

17.13 旧习换新

如果你喜欢，可使用所有这些特性扩展，因为它们提供了可优化代码用法的方式。

17.13.1 使用二进制字面量

旧习惯：在表示位标志和那些可能更适合用二进制表示的地方，使用十六进制数字。

1 在 iOS 上，Chrome 和 Firefox 等浏览器不能使用它们常用的 JavaScript 引擎，因为非苹果应用不能分配可执行内存，而 V8 和 SpiderMonkey 的 JIT 编译则需要。不过，V8 最近推出了一个“仅使用解释器”的版本，所以 Chrome 可能会在 iOS 上开始使用这个版本。

```
const flags = {
      something:       0x01,
      somethingElse:   0x02,
      anotherThing:    0x04,
      yetAnotherThing: 0x08
};
```

新习惯：在合理的地方，改用新的二进制整数字面量。

```
const flags = {
      something:          0b00000001,
      somethingElse:      0b00000010,
      anotherThing:       0b00000100,
      yetAnotherThing:    0b00001000
};
```

17.13.2 使用新的 Math 函数，而不是各类数学变通方法

旧习惯：使用各类数学变通方法，例如，模拟 32 位整数运算或者以 value = value < 0 ? Math.ceil(value): Math.floor(value)的方式进行截取。

新习惯：在适当的地方使用一些新的 Math 函数，如 Math.imul 或 Math.trunc。

17.13.3 使用空值合并提供默认值

旧习惯：在提供默认值时，使用逻辑或运算符(||)或者显式的 null/undefined 检查。

```
const delay = this.settings.delay || 300;
// or
const delay = this.settings.delay == null ? 300 : this.settings.delay;
```

新习惯：在适当的地方使用空值合并，这样，不是所有的虚值(例如 0)都会触发默认值。

```
const delay = this.settings.delay ?? 300;
```

17.13.4 使用可选链替代&&检查

旧习惯：当访问对象上可能存在也可能不存在嵌套属性时，使用逻辑与运算符(&&)或类似特性。

```
const element = document.getElementById("optional");
if (element){
   element.addEventListener("click", function(){
         // ...
   });
}
```

新习惯：在适当的地方使用可选链。

```
document.getElementById("optional")?.addEventListener("click", function(){
      // ...
});
```

17.13.5 省略“catch(e)”中的异常绑定

旧习惯：即使不用 e，也还是需要写 catch(e)(因为别无选择)。

```
try {
    theOperation();
} catch (e){
    doSomethingElse();
}
```

新习惯：使用新语法时可以不用写(e)部分(通过编译，或者仅在支持“省略 catch 绑定”语法的环境中使用)。

```
try {
    theOperation();
} catch {
    doSomethingElse();
}
```

17.13.6　使用取幂运算符(**)，而不是 Math.pow

旧习惯：使用 Math.pow 进行幂运算，如下例所示。

```
x = Math.pow(y, 32);
```

新习惯：考虑改用取幂运算符，因为 Math.pow 可能会被重写，而使用取幂运算符时并不需要查找 Math 标识符，也不需要查找 pow 属性。

```
x = y**32;
```

第18章 即将推出的类特性

本章内容

- 公有类字段
- 私有类字段、实例方法和访问器
- 静态类字段和私有静态方法

本章代码下载

可通过网址 https://thenewtoys.dev/bookcode 或 https://www.wiley.com/go/javascript-newtoys 下载本章的代码。

在本章中，你将了解即将出现在ES2021中的类(class)特性，这些特性足够稳定(或接近稳定)，目前可通过编译来使用(在某些情况下甚至不需要编译，如现代环境中)：类字段、私有字段和方法/访问器，以及静态字段和私有静态方法/访问器。

18.1 公有和私有的类字段、方法和访问器

ES2015的class语法还比较简单。相关的多个提案有可能在ES2021中被采纳，规范将添加更多有用的特性：

- 公有字段(属性)定义
- 私有字段
- 私有实例方法和访问器
- 公有静态字段
- 私有静态字段
- 私有静态方法

这些特性使已经很有用[1]的class语法变得更有用。过去的一些要求，如在闭包中隐藏东西，先定

1 如果你使用构造函数，这些特性会很有用。JavaScript还支持既不使用构造函数，也不使用class语法的编程范式。

义类再添加属性，使用 WeakMap 实现私有变量，采用一些笨拙的语法等，现在变得更简单了；这些特性还可能改善 JavaScript 引擎优化结果的方式。

这些优化分布在多个提案中，这些提案可能以不同的速度推进，但在 2020 年初，它们都已处于阶段 3 了。

- JavaScript 的类字段声明(通常被称为“类字段提案”)：https://github.com/tc39/proposal-class-fields。
- JavaScript 类的私有方法和 getter/setter：https://github.com/tc39/proposal-private-methods。
- 静态类特性：https://github.com/tc39/proposal-static-class-features/。

本节将介绍这些即将推出的特性。它们目前受转译器(transpiler)支持。这些处在阶段 3 的特性正在被 JavaScript 引擎实现(例如，私有和公有字段在 V8 中可用，在 Chrome74 及以上版本中不需要特性标记)。

18.1.1 公有字段(属性)定义

在 ES2015 的 class 语法中，只有构造函数、方法和访问器属性是声明式定义的。数据属性是通过赋值临时创建的，通常(但不总是)在构造函数中：

```
class Example {
     constructor(){
          this.answer = 42;
     }
}
```

类字段提案为 JavaScript 增加了公有字段定义(本质上是属性定义)。下面定义的类和前面示例中的完全相同：

```
class Example {
     answer = 42;
}
```

公有字段的定义只有一个属性名称，后面可以跟一个等号和一个初始化表达式，然后以分号(;)结束(后面有更多关于初始化表达式的内容)。注意，定义中的属性名称之前并没有 this.。

“公有字段”和“属性”

类字段提案为 JavaScript 增加了私有字段，而私有字段并不是属性(下一节即将介绍)，因此越来越多的人简单地将属性和私有字段称为字段，后来又将属性称为公有字段。公有字段仍然是属性，这只是它们的另一个名称。

如果要定义多个属性，则必须分别定义，不能像使用 var、let 或 const 时那样连续定义：

```
class Example {
     answer = 42, question = "...";
     //              ^--- SyntaxError: Unexpected token, expected ";"
}
```

而要单独编写每个定义：

```
class Example {
     answer = 42;
     question = "…"
;
```

```
}
```

一些属性的初始值不依赖于构造函数的参数值，对于这些属性而言，新的语法更加简洁。如果初始值确实依赖于构造函数的参数，那么添加定义的代码将会有些冗余(至少现在是这样)：

```
class Example {
    answer;

     constructor(answer){
           this.answer = answer;
     }
}
```

在这个例子中，就 new Example 在新创建的对象上创建的属性而言，位于类开头的公有字段的定义是多余的，不管怎么样，该对象都会有 answer 属性。但是 JavaScript 为什么仍要增加公有字段定义？原因如下：

- 把对象将会拥有的属性提前告诉 JavaScript 引擎，从而减少对象结构变化的次数(改变其属性集等)，提高引擎快速优化对象的能力。
- 提前定义对象结构的做法使代码阅读起来更清晰，并为描述属性的文档注释提供了一个方便的地方。请记住，相比于写代码，阅读代码的频率要高得多，所以，不妨为改善代码阅读体验而付出一点额外的努力，这往往是有用的。
- 对公有属性采用这种语法，使其与私有字段定义一致，下一节将详细介绍私有字段。
- 如果装饰器提案[1]继续推进，那么，通过这个语法，可把装饰器应用到属性中。

何时(以及是否)声明式定义公有属性(而不是通过赋值来定义)，将取决于开发者和开发者团队的风格。

对象的“结构”，以及结构的变化

JavaScript 对象的结构是它和它的原型的字段和属性的集合。现代 JavaScript 引擎对对象的优化非常积极，对象结构的优化是其中的重要部分。如能避免频繁地改变对象结构，可使引擎更有效率地完成工作。例如，看看下面这个类：

```
class Example {
   constructor(a) {
       this.a = a;
  }
  addB(b) {
      this.b = b;
  }
  addC(c) {
      this.c = c;
  }
}
```

新构造出来的 Example 实例只有一个属性：a。(注意，在 a 被赋值之前，该实例根本就没有属性，但很多情况下，如果赋值的语句在构造函数的开头，并且是无条件的，那么 JavaScript 引擎可避免重新优化。)但随后，该实例可能会添加属性 b、属性 c。这样的话，JavaScript 引擎必须每次都调整优化，以适应这种变化。但如果预先告诉引擎这个对象会有哪些属性(通过无条件地在构造函数的开头进行赋值，或用属性定义语法来定义)，引擎便能在一开始就考虑这些属性。

1 https://github.com/tc39/proposal-decorators。

如果属性定义中有初始化表达式，其代码运行时就像在构造函数中一样(但它不能访问构造函数的参数，如果有的话)。除此之外，这意味着，如果你在初始化表达式中使用 this，则 this 的值与构造函数中的相同：指向被实例化的对象。通过这种方式创建的实例属性是可配置、可写、可枚举的，就好像它们是在构造函数中通过赋值创建的一样。

如果属性没有初始化表达式，默认值则为 undefined：

```
class Example {
  field;
}
const e = new Example();
console.log("field" in e );       // true
console.log(typeof e.field);      // "undefined"
```

虽然类字段提案仅处于阶段 3，但本节所提到的基本特性长期以来一直依赖于编译。在 JavaScript 引擎支持该特性之前(V8 和 SpiderMonkey 已经支持，其他引擎很快就会支持)，你需要通过编译才能使用它，当然，根据你的目标环境，你可能需要通过编译来支持旧引擎一段时间。

初始化表达式中的箭头函数

初始化表达式运行起来就像在构造函数中一样，因此一些开发者已经习惯于使用一个指向箭头函数的属性，以便创建一个绑定到实例的函数。例如：

```
class Example {
    handler = event => {
        event.currentTarget.textContent = this.text;
    };

    constructor(text) {
        this.text = text;
    }

    attachTo(element) {
        element.addEventListener("click", this.handler);
    }
}
```

这是可行的，因为箭头函数封装了 this，箭头函数定义中的 this 指向了被实例化的对象(就好像初始化表达式在构造函数中一样)。

虽然这初看起来很方便，但存在一些争议。这种方式把 handler 方法放在了实例本身，而不是 Example.prototype 上，这意味着：

- 难以模拟测试。通常情况下，测试框架在原型层面上工作。
- 干扰了类的继承。假设你有 class BetterExample extends Example，并定义了一个新的或更好的 handler 函数，BetterExample 类不能通过 super 来访问 Example 上的 handler 方法。

另一种方式是把该方法放在原型上，这样，该方法可以被重用，(可能)被模拟测试，必要时还可被绑定到实例上。这种情况下，你可以在构造函数中，在 attachTo 方法中，或者……在属性定义中的属性初始化表达式中做到这一点！如下所示：

```
class Example {
    handler = this.handler.bind(this);

    constructor(text) {
        this.text = text;
```

```
        }

        handler(event) {
            event.currentTarget.textContent = this.text;
        }

        attachTo(element) {
            element.addEventListener("click", this.handler);
        }
    }
```

这会把原型的 handler 方法绑定到 this 上，并把结果指定为一个实例属性。初始化表达式在属性创建之前运行，因此初始化表达式中的 this.handler 指的是原型上的 handler 方法。

这种模式非常普遍，它是装饰器的用例之一(通常被称为 @bound 装饰器)。

公有字段的名称可被计算。为此，可以像在对象字面量中那样，使用括号括住定义属性名的表达式。当属性名是 Symbol 时，这尤其有用：

```
const sharedUsefulProperty = Symbol.for("usefulProperty");
class Example {
   [sharedUsefulProperty] = "example";

   show(){
        console.log(this[sharedUsefulProperty]);
   }
}

const ex = new Example();
ex.show(); // "example"
```

前面已介绍过，如果公有字段定义中有初始化表达式，那么它运行起来就像在构造函数中一样。具体来说，它们是按照源码顺序运行的，就好像它们被写在构造函数的开头(在基类中)或在调用 super()之后(在子类中——记住，新实例是由 super()调用创建的，所以在那之前 this 是无法访问的)。顺序运行意味着，后面的属性可依赖前面的属性，因为前面的属性将首先被创建和实例化。代码清单 18-1 展示了公有字段定义的顺序运行，如代码所示，实例化是在 super()调用之后完成的。

代码清单 18-1　公有属性定义的顺序运行——property-definition-order.js

```
function logAndReturn(str){
   console.log(str);
   return str;
}
class BaseExample {
   baseProp = logAndReturn("baseProp");
   constructor(){
       console.log("BaseExample");
   }
}
class SubExample extends BaseExample {
   subProp1 = logAndReturn("example");
   subProp2 = logAndReturn(this.subProp1.toUpperCase());
   constructor(){
       console.log("SubExample before super()");
```

```
    super();
        console.log("SubExample after super()");
        console.log(`this.subProp1 = ${this.subProp1}`);
        console.log(`this.subProp2 = ${this.subProp2}`);
    }
}
new SubExample();
```

当你运行代码清单 18-1 时，它的输出结果是：

```
SubExample before super()
baseProp
BaseExample
example
EXAMPLE
SubExample after super()
this.subProp1 = example
this.subProp2 = EXAMPLE
```

18.1.2 私有字段

类字段提案也为 class 语法增加了私有字段。私有字段与对象属性(公有字段)在多个方面存在区别。关键的区别是，顾名思义，只有类中的代码可访问类的私有字段。参见代码清单 18-2 的示例。请注意，你可能需要一个转译器(和适当的插件)来运行该示例，这取决于你何时阅读本节，因为彼时你所使用的浏览器的 JavaScript 引擎可能已经支持私有字段(Babel v7 的插件是@babel/plugin-proposal-class-properties)。

代码清单 18-2　简单的私有字段示例——private-fields.js

```
class Counter {
      #value;

      constructor(start = 0){
           this.#value = start;
      }

      increment(){
           return ++this.#value;
      }

      get value(){
          return this.#value;
      }
}
const c = new Counter();
console.log(c.value);  // 0
c.increment();
console.log(c.value);  // 1
// console.log(c.#value); // Would be a SyntaxError
```

代码清单 18-2 定义了一个 Counter 类，它有一个私有实例字段#value。类在调用 increment 方法时，会递增#value 的值，并从 value 访问器属性中返回#value 的值，但不允许类外面的代码直接访问或修改#value 的值。

上面的示例中有几个需要注意的地方：

- 定义私有字段的方式和定义公有字段的方式相同，只需要给它一个以哈希符号(#)开头的名称，即可将它标记为私有字段。这(#value 部分)被称为私有标识符。
- 要访问该字段，请在访问器表达式中使用其私有标识符(#value)：this.#value。
- Counter 类定义之外的代码不能访问该字段，这是一个语法错误，而不是运行时错误(大多数情况下都是如此，稍后会详细介绍)。也就是说，这是在代码解析时发生的主动报错，而不是之后在代码运行时发生的报错，因此，你可以及早发现它。

私有字段和对象属性存在以下关键区别：

- 只能通过私有字段定义创建私有字段，而不能通过赋值或者 defineProperty/defineProperties 临时创建。如试图使用未定义的私有字段，会导致语法错误。
- 代码中的私有标识符(示例中的#value)不是字段的实际名称(尽管它是你在代码中使用的名称)。相反，JavaScript 引擎为该字段分配了一个全局唯一的名称(被称为 Private Name)，开发者永远不会访问这个名称。私有标识符实际上是 class 定义作用域内的常量，它的值是 Private Name。访问字段(例如，this.#value)时，代码会在当前作用域中查找私有标识符#value 的值(即 Private Name)，并使用该值查找对象中的字段(稍后详细介绍这一点)。而对于属性名，你在代码中使用的名称就是该属性的实际名称。
- 私有字段与对象属性分开存储。私有字段存储在名为[[PrivateFieldValues]]的对象的内槽中，(在规范中)这是一个键/值对列表(当然，JavaScript 引擎可自由优化，因为你永远不会直接访问这个列表)。这里的键是 Private Name，而不是私有标识符。稍后详细介绍其原因。
- 不能从对象中删除私有字段。如果试图在私有字段上使用 delete 操作符，则会导致语法错误(要知道，delete 操作符删除的是属性，而私有字段不是属性)，并且私有字段没有和 delete 操作符等价的操作。另外，开发者必须使用字段定义来定义私有字段，这一事实意味着类中可用的私有字段是固定的，它永远不会改变(这使得它具有高度的可优化性)。
- 不能通过反射访问私有字段。它们不是属性，所以像 Object.getOwnPropertyNames 或 Reflect.ownKeys 这样的面向属性的方法都不适用于它们，而且在 Object 或 Reflect 上也不存在访问它们的新方法。
- 不能用中括号表示法访问私有字段(例如，this["#value"]不起作用)。事实上，根本没有访问它们的动态机制。必须使用字面量表示法书写其名称。(后续提案可能会改变这一点。)
- 在子类中不可访问私有字段。如果类 A 定义了私有字段，那么只有类 A 中的代码能访问它。如果类 B 是 A 的子类(class B extends A)，则 B 中的代码不能访问 A 的私有字段。因为私有标识符是 class 作用域的一部分，结果自然如此：它不在子类的作用域内，所以你无法在子类中使用它(关于嵌套类，此处有一个细微的差别，稍后将详细解释)。
- 从这一点来说，如果类 A 和类 B 都有带着同一私有标识符(#value 或其他)的私有字段，那是完全可以的。这些字段是完全独立的，因为每个字段都有自己的 Private Name，私有标识符是通过类的作用域解析出 Private Name 的。类 A 代码中的#value 指的是类 A 的私有字段，类 B 代码中的#value 指的是类 B 的私有字段。

下面来看一下私有标识符是如何解析为 Private Name 的。你可能还记得第 2 章中存储变量(和常量)的环境对象(environment object)。私有标识符存储在一个名为私有名称环境(Private Name Environment，PNE)的类似对象中。关于私有标识符、私有名称环境、Private Name 和类实例之间的关系，请参见图 18-1。

因为私有标识符是词法作用域的(标识符到 Private Name 的解析是基于作用域的)，如果你有一个嵌套类(在类中嵌套另一个类)，那么内部类可访问外部类的私有字段。参见代码清单 18-3。

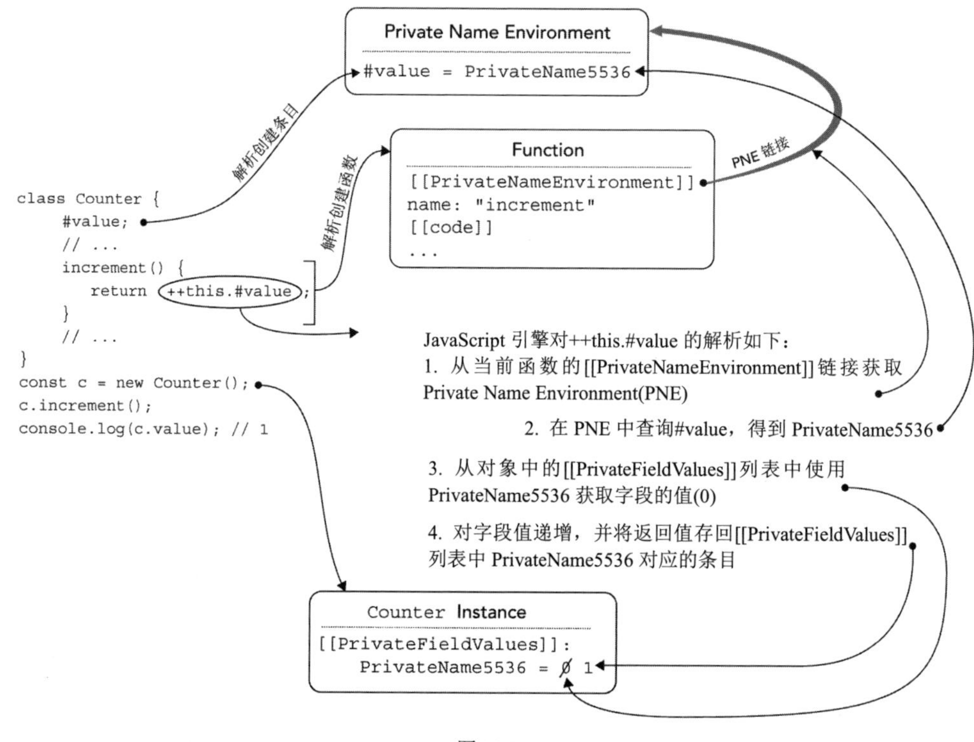

图 18-1

代码清单 18-3 嵌套类中的私有字段——private-fields-in-nested-classes.js

```
class Outer {
   #outerField;
   constructor(value) {
      this.#outerField = value;
   }
   static createInner() {
      return class Inner {
         #innerField;
         constructor(value) {
            this.#innerField = value;
         }
         access(o) {
            console.log(`this.#innerField = ${this.#innerField}`);
            // Works, because #outerField is in scope:
            console.log(`o.#outerField = ${o.#outerField}`);
         }
      };
   }
}
const Inner = Outer.createInner();
const o = new Outer(1);
const i = new Inner(2);
```

```
i.access(o);
// =>
// this.#innerField = 2
// o.#outerField = 1
```

Inner 中的代码可访问 Outer 中的私有字段，因为 Inner 是在 Outer 中定义的。也就是说，正常的作用域规则适用于私有标识符(#outerField)。

这种基于作用域的私有标识符的解析可确保它们与定义它们的类紧密相连。即使多次运行同一个 class 定义，并产生同一个类的两个副本，一个副本中的私有字段也不能被另一个副本访问，因为一个类的作用域中的私有标识符与另一个类的作用域中的同一私有标识符有不同的 Private Name 值。这种情况就类似于你有一个函数，该函数返回一个封装(close over)了变量或常量的函数：

```
let nextId = 0;
function outer(){
    const id = ++nextId;
    return function inner(){
        return id;
    };
}
const f1 = outer();
const f2 = outer();
```

这里创建的两个 inner 函数(f1 和 f2)都封装了一个名为 id 的常量，但这些常量是互相独立的，并且有不同的值。对于类中的私有标识符，情况也完全相同。

可多次运行 class 定义的一种方式是：在多个领域(例如，同时在主窗口和 iframe)中加载同一个类，然后在两者之间交换数据。但是，一个领域中也可以有这个类的多个副本，多次运行 class 的定义即可(就像前面的示例中多次运行 inner 函数定义一样)。参见代码清单 18-4。

代码清单 18-4　类副本中的私有字段——private-fields-in-class-copies.js

```
function makeCounterClass(){
   return class Counter {
       #value;

       constructor(start = 0){
           this.#value = start;
       }

       increment(){
           return ++this.#value;
       }
       get value(){
           return this.#value;
       }

       static show(counter){
           console.log(`counter.#value = ${counter.#value}`);
       }
   };
}

const Counter1 = makeCounterClass();
const Counter2 = makeCounterClass();
```

```
const c = new Counter1();
c.increment();
Counter1.show(c);    // "counter.#value = 1"
Counter2.show(c);    // TypeError: Cannot read private member #value from an
                     // object whose class did not declare it
```

(具体的错误因 JavaScript 引擎或所用的转译器而异。另一种错误是："TypeError: attempted to get private field on non-instance.")

Counter1 和 Counter2 是同一个类的两个独立副本，所以 Counter1 中的#value 和 Counter2 中的#value 不同。它们有不同的 Private Name 值，所以 Counter1 中的代码不能访问 Counter2 创建的实例中的#value 字段，反之亦然。这意味着如果使用如下两种方式访问私有字段，将会失败：

(1) 如果私有标识符在使用它的作用域内未被定义，这是一个早期的语法错误。

(2) 如果私有标识符在使用它的作用域内已被定义，但它的 Private Name 值被用在了没有该 Private Name 值的私有字段的对象上。

Counter1 和 Counter2 属于第二种情况。代码清单 18-2 中注释掉的代码(试图使用根本不在其作用域内的#value)则属于第一种情况。

以上就是在类中使用私有字段时需要知道的内容。如果你想深入了解"两步"机制(将私有标识符解析为 Private Name，然后使用 Private Name 来查找字段)，请查看代码清单 18-5：它展示了代码清单 18-4 中的代码，但是使用了等价于规范中描述的抽象操作的方式来模拟私有字段。(这种模拟纯粹是为了帮助你理解私有字段的工作方式，它不是 polyfill 或类似于 polyfill 的东西。)

代码清单 18-5　使用模拟的类副本中的私有字段——private-fields-in-class-copies-emulated.js

```
// ==== Start: Code to emulate specification operations ====

// The names of the operations (NewPrivateName, PrivateFieldFind,
// PrivateFieldGet, and PrivateFieldFind) and their parameters
// (description, P, O, value) are from the spec.

// Creates a new Private Name with the given description.
// Private Names aren't described as objects in the spec, but it's
// convenient to use an object in this emulation.
function NewPrivateName(description) {
   return {description};
}

// Finds the given private field in the given object.
// P = the private name, O = the object.
function PrivateFieldFind(P, O) {
   const privateFieldValues = O["[[PrivateFieldValues]]"];
   const field = privateFieldValues.find(entry => entry["[[PrivateName]]"] === P);
   return field;
}

// Adds a new private field to an object (only possible during initial
// construction). P = the private name, O = the object, value = the value.
function PrivateFieldAdd(P, O, value) {
   if (PrivateFieldFind(P, O)) {
      throw new TypeError(`Field ${P.description} already defined for object`);
   }
```

```
    const field = {
        "[[PrivateName]]": P,
        "[[PrivateFieldValue]]": value
    };
    O["[[PrivateFieldValues]]"].push(field);
    return value;
}

// Gets the value of the given private field of the given object.
// P = the private name, O = the object.
function PrivateFieldGet(P, O) {
    const field = PrivateFieldFind(P, O);
    if (!field) {
        throw new TypeError(
            `Cannot read private member ${P.description} from an object ` +
            `whose class did not declare it`
        );
    }
    return field["[[PrivateFieldValue]]"];
}

// Sets the value of the given private field of the given object.
// P = the private name, O = the object, value = the value.
function PrivateFieldSet(P, O, value) {
    const field = PrivateFieldFind(P, O);
    if (!field) {
        throw new TypeError(
            `Cannot write private member ${P.description} to an object ` +
            `whose class did not declare it`
        );
    }
    field["[[PrivateFieldValue]]"] = value;
    return value;
}

// ==== END: Code to emulate specification operations ====

// Here's the code from private-fields-in-class-copies.js, updated to use the
// "spec" code above to emulate the private fields, to show approximately how
// they work under the covers.
function makeCounterClass() {
    // These next two lines emulate what the JavaScript engine does when it
    // starts processing the `class` definition:
    // 1. Creating the private name environment and linking it to the `class`
    //    definition (in this code, the "link" is that code in the class closes
    //    over the `privateNameEnvironment` constant).
    // 2. Doing the once-per-class part of the `#value;` definition: Creating
    //    the Private Name for the private name identifier and storing it in the
    //    private name environment.
    const privateNameEnvironment = new Map();
    privateNameEnvironment.set("#value", NewPrivateName("#value"));
    return class Counter {
        // Original code: #value;

        constructor(start = 0) {
            // Emulates the part of object construction that creates the
```

```
            // [[PrivateFieldValues]] internal slot.
            this["[[PrivateFieldValues]]"] = [];

            // Emulates the per-object part of the `#value;` definition
            PrivateFieldAdd(privateNameEnvironment.get("#value"), this, undefined);

            // Original code: this.#value = start;
            PrivateFieldSet(privateNameEnvironment.get("#value"), this, start);
        }

        increment() {
            // Original code: return ++this.#value;
            const privateName = privateNameEnvironment.get("#value");
            const temp = PrivateFieldGet(privateName, this);
            return PrivateFieldSet(privateName, this, temp + 1);
        }

        get value() {
            // Original code: return this.#value;
            return PrivateFieldGet(privateNameEnvironment.get("#value"), this);
        }

        static show(counter) {
           // Original code: console.log(`counter.#value = ${counter.#value}`);
           const value =
              PrivateFieldGet(privateNameEnvironment.get("#value"), counter);
           console.log(`counter.#value = ${value}`);
        }
    };
}

const Counter1 = makeCounterClass();
const Counter2 = makeCounterClass();

const c = new Counter1();
c.increment();
Counter1.show(c); // "counter.#value = 1"
Counter2.show(c); // TypeError: attempted to get private field on non-instance
```

18.1.3 私有实例方法和访问器

“JavaScript 类的私有方法和 getter/setter”提案建立在类字段提案的私有机制上，(顾名思义)通过私有方法和访问器来增强类的语法。

1. 私有方法

只需要在方法名称前面加一个#，就可定义一个私有方法。参见代码清单 18-6。

代码清单 18-6 私有方法——private-methods.js

```
class Example {
            #value;
            #x;
            #y;
```

```
        constructor(x, y){
              this.#x = x;
              this.#y = y;
              this.#calculate();
        }

        #calculate(){
              // Imagine an expensive operation here...
              this.#value = this.#x * this.#y;
        }

        get x(){
             return this.#x;
        }
        set x(x){
             this.#x = x;
             this.#calculate();
        }

        get y(){
             return this.#y;
        }
        set y(y){
             this.#y = y;
             this.#calculate();
        }

        get value(){
             return this.#value;
        }
   }

   const ex = new Example(21, 2);
   console.log(`ex.value = ${ex.value}`); // 42
   // This would be a syntax error:
   //ex.#calculate();
```

同私有字段一样，私有方法必须在类的结构中定义。不能像对待公有原型方法那样，在定义完类之后，再添加方法(例如，通过 MyClass.prototype.newMethod = function()...)。同私有字段一样，私有方法的标识符(#calculate)也是词法作用域的。

但与私有字段不同的是，私有方法并不存储在实例(对象)本身，它们在对象(类的实例)之间是被共享的。这意味着前面示例中的#calculate 不能等同于定义一个私有字段并为其分配一个函数的操作。#calculate 会为每个实例创建一个新的函数，而不是跨实例共享函数。

你可能会认为私有方法应放在类的原型对象(MyClass.prototype)上，但这并不是在实例间共享它们的方式。在我撰写本书至提案被采纳的这段时期内，跨实例共享私有方法的准确机制可能会略有变化，所以这里不再深入讨论。如果你感到好奇，请查看下面的“私有方法如何与对象关联”部分。关键的结论是：它们与类的实例相关联，但在实例间共享。

私有方法如何与对象关联

同私有字段一样，私有方法的私有标识符也是词法作用域的，它的值是一个 Private Name。但 Private Name 并不像私有字段那样只是列表中的键，相反，Private Name 直接保存方法。所以，JavaScript 引擎在私有名称环境中通过私有标识符来获取 Private Name，并从 Private Name 中直接得到私有方法。如果引擎只做了这些，那么你可以从任何对象中获取私有方法，执行 x.#privateMethod，其中 x 可以为任意值，甚至可以不是类的实例，因为私有方法是#privateMethod 解析的 Private Name 的一部分。这可能会让人感到困惑，同时会限制 JavaScript 未来的发展，所以规范中有一项明确的检查来确保你要获取的方法所在的实例实际上包含该方法：每个私有方法有一个内部字段(名为[[Brand]])，该字段用于标识它所属的类，并且那些实例有一个[[PrivateBrands]]列表，以标识这些私有方法所属的类。在允许代码从实例中获取私有方法之前，JavaScript 引擎会确保该方法的[[Brand]]在实例的[[PrivateBrands]] 列表中。当然，这是一种规范机制，只要外部结果符合规范定义，引擎就可自由优化。

这一机制在提案被采纳前可能会发生变化，因为存在好几种可得到同一最终结果的方法。但私有方法在实例之间是共享的，这一事实不会改变。

无论 this 的值是什么，都可用它来调用私有方法，就像调用其他方法一样。this 不必指向私有方法所属类的实例。例如，可将私有方法用作 DOM 事件处理程序。

```
class Example {
    constructor(element){
      element.addEventListener("click", this.#clickHandler);
      }

      #clickHandler(event){
        // Because of how it was hooked up, `this` here is the DOM element
        // this method was attached to as an event handler
        console.log(`Clicked, element's contents are: ${this.textContent}`);
    }
}
```

也就是说，编程者通常希望将方法绑定到类的实例，以便访问实例的属性、字段和其他方法(如果不想将方法绑定到实例上，可定义静态私有方法，本章稍后将介绍)。对于公有方法，你可能已使用前面介绍的这种模式来实现实例绑定：

```
class Example {
    clickHandler = this.clickHandler.bind(this);

    constructor(element){
        element.addEventListener("click", this.clickHandler);
    }

    clickHandler(event){
        // …
    }
}
```

或者，可在构造函数中执行此操作：

```
class Example {
    constructor(element){
        this.clickHandler = this.clickHandler.bind(this);
        element.addEventListener("click", this.clickHandler);
```

```
        }

        clickHandler(event){
            // …
        }
    }
```

在这两种情况下，代码都是从实例中读取 clickHandler(从实例的原型中获取，因为实例目前还没有自己的属性)，为其创建一个绑定函数，并将该绑定函数分配给实例属性。

不能用同名的私有方法来进行实例绑定(不能有同名的私有字段和私有方法，如后面“类中的私有标识符必须是唯一的”部分所述，也不能把私有方法当作字段或属性来赋值)；但是可定义一个单独的私有字段，给它分配绑定函数，并使用它：

```
class Example {
    #boundClickHandler = this.#clickHandler.bind(this);

    constructor(element){
        element.addEventListenenr("click", this.#boundClickHandler);
    }
    #clickHandler(event){
        // …
    }
}
```

同样，也可在构造函数中执行此操作，不过仍需要私有字段定义，所以，不妨像上一个示例那样在字段定义上设置初始化表达式，这种做法是合理的：

```
class Example {
    #boundClickHandler;

    constructor(element){
        this.#boundClickHandler = this.#clickHandler.bind(this);
        element.addEventListener("click", this.#boundClickHandler);
    }
    #clickHandler(event){
        // …
    }
}
```

如果你打算像上面的示例那样只使用绑定函数一次(只在调用 addEventListener 时使用 bind)，就没有必要在字段定义(或构造函数)中进行绑定；但如果你打算多次使用绑定函数，那么，不妨绑定一次并重复使用绑定函数。

类中的私有标识符必须是唯一的

私有方法和私有字段不能有相同的标识符。也就是说，下面的代码是无效的：

```
// INCORRECT
class Example {
  #a;

  #a() { // SyntaxError: Duplicate private element
    // ...
  }
}
```

虽然有些语言允许你这样写，但如果你真这样写，代码会令人困惑；JavaScript 不允许这样写。事实上，本章介绍的所有私有特性都遵循这一规则：不能在同一个类中用相同的私有标识符表示两个不同的类元素(例如，一个是私有类字段和一个私有方法)。本质上，这是因为所有的私有标识符都共享同一个私有名称环境。

2. 私有访问器

私有访问器的工作机制和私有方法类似。编程者需要用私有标识符来给它们命名，并且只有类中的代码可以访问它们。

```
class Example {
   #cappedValue;

   constructor(value) {
       // Saving the value via the accessor's setter
       this.#value = value;
   }

   get #value() {
       return this.#cappedValue;
   }
   set #value(value) {
       this.#cappedValue = value.toUpperCase();
   }

   show() {
       console.log(`this.#value = ${this.#value}`);
   }

   update(value) {
       this.#value = value;
   }
}

const ex = new Example("a");
ex.show(); // "this.#value = A"
ex.update("b")
ex.show(); // "this.#value = B"
// ex.#value = "c"; // Would be a SyntaxError, `#value` is private
```

私有访问器可用于调试、监控变化等。像私有方法一样(通过相同的机制)，访问器函数在实例间是共享的。

18.1.4 公有静态字段、私有静态字段和私有静态方法

ES2015 的 class 语法只有一个静态(static)特性：公有静态方法(该方法关联在类的构造函数上，而不是实例的原型上)。“静态类特性”提案建立在类字段和私有方法提案的基础上，通过静态字段、私有静态字段和私有静态方法来完善该特性。

1. 公有静态字段

公有静态字段在类构造函数上创建属性。这种需求并不罕见，但在 ES2015 的 class 语法中，你必须在定义完类之后再添加属性。例如，如果你正在写一个类，并想重复使用它的几个“标准”实例，就可在定义完类后，将这些实例分配给类的属性。

```
class Thingy {
      constructor(label){
            this.label = label;
      }
}
Thingy.standardThingy = new Thingy("A standard Thingy");
Thingy.anotherStandardThingy = new Thingy("Another standard Thingy");

console.log(Thingy.standardThingy.label);          // "A standard Thingy"
console.log(Thingy.anotherStandardThingy.label);  // "Another standard Thingy"
```

利用“静态类特性”提案中的新语法，可用 static 关键字在类定义中声明这些字段：

```
class Thingy {
   static standardThingy = new Thingy("A standard Thingy");
   static anotherStandardThingy = new Thingy("Another standard Thingy");

   constructor(label){
      this.label = label;
   }
}
console.log(Thingy.standardThingy.label);          // "A standard Thingy"
console.log(Thingy.anotherStandardThingy.label); // "Another standard Thingy"
```

公有字段按照源码顺序初始化，以便后面字段的初始化表达式引用前面的字段。

```
class Thingy {
   static standardThingy = new Thingy("A standard Thingy");
   static anotherStandardThingy = new Thingy(
      Thingy.standardThingy.label.replace("A","Another")
    );

   constructor(label){
      this.label = label;
   }
}
console.log(Thingy.standardThingy.label);          // "A standard Thingy"
console.log(Thingy.anotherStandardThingy.label);  // "Another standard Thingy"
```

但是，前面字段的初始化表达式不能引用后面的字段，如果这样做，它会得到一个 undefined 值，因为该属性(还)不存在。

运用新语法，静态字段的初始化表达式能够访问类的私有特性。如果定义完类后再将其添加到类的构造函数中，则无法访问类的私有特性，因为这段代码不在私有名称环境关联的类作用域中。

2. 私有静态字段

令人震惊的是，定义私有静态字段的方法和定义公有静态字段的方法一样，但是要用私有标识符来为私有静态字段命名。例如，如果要实现一个基于构造函数接收的参数来复用实例的类，可用私有静态字段缓存已知实例：

```
class Example {
    static #cache = new WeakMap();

    constructor(thingy){
        const cache = Example.#cache;
        const previous = cache.get(thingy);
        if (previous){
            return previous;
        }
        cache.set(thingy, this);
    }
}

const obj1 = {};
const e1 = new Example(obj1);
const e1again = new Example(obj1);
console.log(e1 === e1again); // true, the same instance was returned
const obj2 = {};
const e2 = new Example(obj2);
console.log(e1 === e2);      // false, a new instance was created
```

3. 私有静态方法

最后，对于不需要作用于 this 的私有工具方法，还可定义与类的构造函数(而不是实例)相关的私有静态方法：

```
class Example {
    static #log(...msgs){
        console.log(`${new Date().toISOString()}:`, ...msgs);
    }
    constructor(a){
        Example.#log("Initializing instance, a =", a);
    }
}

const e = new Example("one");
// => "2018-12-20T14:03:12.302Z: Initializing instance, a = one"
```

就像对待 ES2015 的公有静态方法一样，你需要通过构造函数访问私有静态方法(即 Example.#log，而不只是#log)，因为它们与类的构造函数相关(可能后续会有一个提案，通过该提案，可直接调用 class 作用域独立的工具函数[1]来增强私有方法)。

18.2 旧习换新

下面列出了一些旧习惯，可考虑利用这些特性，将旧习换成新习惯。

18.2.1 使用属性定义，而不是在构造函数中创建属性(在适当的情况下)

旧习惯：总是在构造函数中创建属性，因为别无选择。

```
class Example {
```

1 https://github.com/tc39/proposal-static-class-features/blob/master/FOLLOWONS.md#lexical-declarations-in-class-bodies。

```
        constructor(){
            this.created = new Date();
        }
    }
```

新习惯：定义你的类属性，以尽量减少对类结构的改变并保持简洁，以便在必要时对其应用装饰器。

```
class Example {
    created = new Date();
}
```

18.2.2 使用私有类字段，而不是前缀(在适当的情况下)

旧习惯：使用前缀的伪私有字段。

```
let nextExampleId = 1;
class Example {
    constructor(){
        this._id = ++nextExampleId;
    }
    get id(){
        return this._id;
    }
}
```

新习惯：使用真正的私有字段。

```
let nextExampleId = 1;
class Example {
    #id = ++nextExampleId;
    get id(){
        return this.#id;
    }
}
```

18.2.3 使用私有方法(而不是类外的函数)进行私有操作

旧习惯：使用在类外定义的函数来保护隐私，即使你必须把实例传给它们。

```
// (The wrapper function isn't needed if this is module code; module
// privacy is usually sufficient)
const Example = ()=> {
    // (Pretend it uses lots of stuff from Example, not just two things)
    function expensivePrivateCalculation(ex){
        return ex._a + ex._b;
    }
    return class Example {
        constructor(a, b){
            this._a = a;
            this._b = b;
            this._c = null;
        }
        get a(){
            return this._a;
        }
```

```
            set a(value){
                this._a = value;
                this._c = null;
            }
            get b(){
                return this._b;
            }
            set b(value){
                this._b = value;
                this._c = null;
            }
            get c(){
                if (this._c === null){
                    this._c = expensivePrivateCalculation(this);
                }
                return this._c;
            }
        };
    })();
    const ex = new Example(1, 2);
    console.log(ex.c); // 3
```

新习惯：改用私有方法(这个例子也可使用私有字段，但为了避免混淆，我在这里没有使用它们)。

```
class Example {
    constructor(a, b){
        this._a = a;
        this._b = b;
        this._c = null;
    }
    // (Pretend it uses lots of stuff from `this`, not just two things)
    #expensivePrivateCalculation(){
        return this._a + this._b;
    }
    get a(){
        return this._a;
    }
    set a(value){
        this._a = value;
        this._c = null;
    }
    get b(){
        return this._b;
    }
    set b(value){
        this._b = value;
        this._c = null;
    }
    get c(){
        if (this._c === null){
            this._c = this.#expensivePrivateCalculation();
        }
        return this._c;
    }
}
const ex = new Example(1, 2);
console.log(ex.c); // 3
```

也就是说，你可能还想继续使用私有字段：

```
class Example {
    #a;
    #b;
    #c = null;

    constructor(a, b){
        this.#a = a;
        this.#b = b;
    }
    // (Pretend it uses lots of stuff from `this`, not just two things)
    #expensivePrivateCalculation(){
        return this.#a + this.#b;
    }
    get a(){
        return this.#a;
    }
    set a(value){
        this.#a = value;
        this.#c = null;
    }
    get b(){
        return this.#b;
    }
    set b(value){
        this.#b = value;
        this.#c = null;
    }
    get c(){
        if (this.#c === null){
            this.#c = this.#expensivePrivateCalculation();
        }
        return this.#c;
    }
}
const ex = new Example(1, 2);
console.log(ex.c); // 3
```

第19章 展望未来

本章内容

- 顶层 await
- WeakRef 和清理回调
- 正则表达式匹配索引
- String.prototype.replaceAll
- Atomics.asyncWait
- 其他语法微调
- 废弃旧的正则表达式特性
- 感谢阅读

本章代码下载

可通过网址 https://thenewtoys.dev/bookcode 或 https://www.wiley.com/go/javascript-newtoys 下载本章的代码。

第 18 章介绍了即将推出的类特性，本章接着介绍即将推出的其他特性(在本书成书过程中处于阶段 3 的特性)。不过这些特性还处于不断变化之中。可使用本书第 1 章中介绍的资源(当然包括本书的网站 https://thenewtoys.dev)来持续关注最新的动态。

这些变化的和新增的特性所涉及的范围包括较小但实用的语法调整(如数字分隔符)，以及重要特性的增加，如顶层 await。

本章将涵盖处于阶段 3 的大部分特性，不过其他章节已经介绍了其中部分特性。

- 第 8 章介绍了几个即将推出的 Promise 实用特性。
- 第 13 章介绍了 import.meta。
- 第 18 章刚刚介绍了公有和私有类字段、私有方法，以及访问器(包括静态的)。

本章没有介绍装饰器(Decorator)[1]，一些读者可能会感到惊讶。装饰器在提案流程中已经有一段时

1 https://github.com/tc39/proposal-decorators。

间了，同时开发者们已经通过编译器和 TypeScript 广泛使用该提案的一个版本。但该提案仍处于阶段 2，并经历了三次重大修订。第三次修订的初始版本(“静态装饰器”)在得到进一步推进之前仍有可能发生大的变化，因此比较遗憾，本章决定不介绍尚未确定的装饰器提案。

阶段 3 的提案可能会发生变化

注意，处于阶段 3 的特性在完成之前可能会发生变化，而且在极少数情况下可能永远不会被完成。本章将介绍 2020 年初时的提案，但是之后它们可能会发生变化。请参考每个提案的 GitHub 仓库(和 https://thenewtoys.dev)来获取最新信息。

19.1 顶层 await

顶层 await 提案[1]在 2020 年初处于阶段 3，该提案可让模块在顶层使用 await。下面介绍相关用法。

19.1.1 概述和用例

如第 9 章所述，在 async 函数中，可使用 await 等待 Promise 变为已敲定状态，然后继续执行后续的函数逻辑。顶层 await 提案将这个特性扩展到了模块中，允许模块的顶层代码等待 Promise 变为已敲定状态，然后继续执行后续的逻辑。

下面简要回顾一下 async 函数中 await 的工作原理。考虑下面的 fetchJSON 函数：

```
async[2] function fetchJSON(url, options){
    const response = await fetch(url, options);
    if (!response.ok){
        throw new Error("HTTP error " + response.status);
    }
    return response.json();
}
```

在调用 fetchJSON 时，该函数中的代码乃至调用 fetch 的代码，都是同步执行的，fetch 返回一个 Promise。fetchJSON 等待 Promise 处理完成，await 表达式会暂停函数的执行，而 fetchJSON 会返回一个新的 Promise。一旦 fetch 返回的 Promise 变为已敲定状态，fetchJSON 中的逻辑就会继续执行，最终敲定它返回的 Promise。

模块中顶层 await 的工作原理也是如此：当模块主体代码运行时，它会一直执行，直至遇到 await 关键字。然后，模块代码的执行被暂停，等 await 关键字后面的 Promise 变为已敲定状态后再继续执行。大体上，模块将返回其导出值的 Promise，而不是直接返回其值，就像 async 函数返回其返回值的 Promise，而不是直接返回其值。

任何想要使用 fetchJSON 返回的数据的代码都必须等待 fetchJSON 的 Promise 变为已敲定状态。从概念上讲，这也正是模块中顶层 await 所发生的情况：任何想要使用模块导出的内容的代码都必须等待模块的 Promise 变为已敲定状态。在模块中，等待模块 Promise 状态改变的不是你的代码(反正不直接是)，而是宿主环境中的模块加载器(例如，浏览器或 Node.js)。模块加载器会等待模块的 Promise 变为已敲定状态后，再完成其他依赖它的模块的加载。

何时需要顶层 await 呢？

1 https://github.com/tc39/proposal-top-level-await。
2 译者注：原著的 fetchJSON 函数有错，前面少了 async。

通常，如果模块的导出必须在模块异步加载的内容变得可用之后才能用，则需要使用顶层await。下面介绍几个具体的例子。

如果模块导入动态加载的模块(通过“调用”import()加载的模块，详见第13章，并且编程者需要导入的内容才能使用模块的导出，则可能需要等待import()返回的Promise变为已敲定状态。提案提供了一个很好的关于这个场景的例子：基于当前浏览器语言加载本地化信息。下面来看看这个例子(稍做修改)：

```
const strings = await import(`./i18n/${navigator.language}.js`);
```

假设这个例子出现在一个模块中，该模块导出了一个翻译函数，而该函数需要同步使用strings中的数据来工作。函数在获取字符串之前不可用，所以在获取字符串之前该模块不应完全加载。

不过，模块等待的Promise不一定是import()的，可以是任意的Promise。例如，在Node.js模块中，从数据库获取字符串：

```
const strings = await getStringsFromDatabase(languageToUse);
```

另一个用例是：通过import()和await在主模块不可用时使用备选模块。继续上面的例子，如果navigator.language的本地化文件不可用，那么导入字符串的模块可降级到一个默认的语言：

```
const strings = await
   import(`./i18n/${navigator.language}.js`)
   .catch(()=> import(`./i18n/${defaultLanguage}.js`));
```

或者：

```
let strings;
try {
   strings = await import(`./i18n/${navigator.language}.js`);
} catch {
   strings = await import(`./i18n/${defaultLanguage}.js`);
}
```

如在模块顶层中使用await，将产生两个重要的影响：

- 它会推迟所有依赖它的模块的执行，直到它所等待的Promise都变成了已敲定状态。
- 如果它所等待的Promise变为已拒绝状态，而你的代码又没有处理这个异常，这就像模块顶层代码中出现的未捕获的同步错误一样——模块加载失败，任何依赖它的模块的加载也会失败。

记住，由于这些原因，只有当模块的导出在模块所等待的Promise改变状态之前不能被使用时，才能使用顶层await。

19.1.2 示例

下面看一个顶层await的例子。代码清单19-1展示了一个入口模块(main.js)，它导入了mod1(mod1.js，参见代码清单19-2)、mod2(mod2.js，参见代码清单19-3)和mod3(mod3.js，参见代码清单19-4)。mod2使用了顶层await。

代码清单19-1 顶层await示例——main.js

```
import { one } from "./mod1.js";
import { two } from "./mod2.js";
import { three } from "./mod3.js";
```

```
console.log("main evaluation - begin");

console.log(one, two, three);

console.log("main evaluation - end");
```

代码清单 19-2　顶层 await 示例——mod1.js

```
console.log("mod1 evaluation - begin");
export const one = "one";
console.log("mod1 evaluation - end");
```

代码清单 19-3　顶层 await 示例——mod2.js

```
console.log("mod2 evaluation - begin");

// Artificial delay function
function delay(ms, value){
   return new Promise(resolve => setTimeout(()=> {
       resolve(value);
   }, ms));
}
// export const two = "two";                  // Not using top-level `await`
export const two = await delay(10, "two"); // Using top-level `await`

console.log("mod2 evaluation - end");
```

代码清单 19-4　顶层 await 示例——mod3.js

```
console.log("mod3 evaluation - begin");
export const three = "three";
console.log("mod3 evaluation - end");
```

在我刚开始撰写本章时，Node.js 和所有浏览器都还不支持顶层 await，所以，如要运行以上示例，就必须自行安装 V8 引擎(参见下面的“安装 V8”部分)。但就在本书即将出版时，Node.js v14 发布了，有了它，编程者可通过--harmony-top-level-await 标志启用顶层 await，所以你可以使用它(当你读到本章时，甚至可能不再需要使用标志)。不过，不妨了解一下如何直接安装和使用 V8，这有时还是很有用的，所以如果你有兴趣，请看下面的“安装 V8”部分。

安装 V8

如果你想尝试一个前沿的特性，而又找不到一个支持它的浏览器或 Node.js 的版本，同时知道 V8 支持这个特性，那么你可以安装 V8 并直接使用它。安装 V8 的一个简单方法是使用“JavaScript(引擎)Version Updater”工具(jsvu)。可参考项目页面上的说明来安装 jsvu。截至 2020 年初，其安装步骤如下：

(1) 打开一个 shell(命令提示符/终端窗口)。

(2) 使用 npm install jsvu -g 来安装 jsvu。

(3) 更新 PATH，使其包含 jsvu 为 JavaScript 引擎放置可执行文件的目录。

- 在 Windows 系统中：目录是%USERPROFILE%\.jsvu。使用 Windows 的 UI 来更新 PATH，

使其包含该目录。在Windows10，可点击搜索图标，输入environment，然后从本地搜索结果中选择Edit the system environment variables。在所出现的System Properties对话框中，单击Environment Variables…按钮。在System variables对话框中，双击PATH。单击New按钮，向列表中添加一个新的条目：%USERPROFILE%\.jsvu。

● 在*nix系统中：目录是${HOME}/.jsvu。在shell的初始化脚本(例如，~/.bashrc)中添加以下内容，以将其添加到你的PATH中：

```
export PATH="${HOME}/.jsvu:${PATH}"
```

(4) 如果你已经打开了一个shell，请关闭它并打开一个新的，以便使用新的PATH。

至此，你可以通过jsvu安装V8了：

(1) 在shell中，运行jsvu --engines=v8。

(2) 由于这是第一次运行，该命令会让你确认操作系统，只需要按下回车键(假设它能正确地自动检测到你的系统)。

(3) 如果你使用的是Windows：一旦V8安装完毕，.jsvu目录下就会出现一个v8.cmd文件。可通过输入dir %USERPROFILE%\.jsvu\v8.cmd来进行验证，命令执行结果应该列出v8.cmd。但从2020年初开始，jsvu出现了一个针对Windows的问题，这个问题使它无法创建v8.cmd文件。如果.jsvu目录下没有v8.cmd文件，可从本章的下载文件中复制或使用以下内容来创建文件：

```
    @echo off
    "%USERPROFILE%\.jsvu\engines\v8\v8"
--snapshot_blob="%USERPROFILE%\.jsvu\engines\v8\snapshot_blob.bin" %*
```

(4) 注意，以上内容其实只有两行。以"%USERPROFILE%"开头的第二行相当长，页面中的文本自动换行。

运行示例中的main.js文件。如果直接使用V8(见“安装V8”部分)，运行：

```
v8 --module --harmony-top-level-await main.js
```

如果你使用的是Node.js v14或更高的版本，请确保package.json文件中包含"type":"module"，正如前面第13章中介绍的(在本章下载文件中有)，然后运行：

```
node main.js
```

或者如果运行的版本需要标志，则执行下面的代码：

```
node --harmony-top-level-await main.js
```

如果你使用的浏览器支持顶层await(可能需要通过标志开启，也可能不需要)，则通过script type="module"标签在HTML文件中引入main.js并执行。

控制台的输出如下：

```
mod1 evaluation - begin
mod1 evaluation - end
mod2 evaluation - begin
mod3 evaluation - begin
mod3 evaluation - end
mod2 evaluation - end
main evaluation - begin
one two three
```

```
main evaluation - end
```

宿主环境中的模块加载器获取并解析这些模块，将它们实例化(参见第 13 章)后建立依赖树，然后开始执行。如果这些模块没有一个使用 await，而且依赖树只有 main.js 导入的这三个模块，这些模块会按照它们被导入 main.js 的顺序执行。但从上面的输出可以看到，mod2(在 mod1 结束之后)开始执行，但 mod3 在 mod2 结束之前执行。具体情况如下所示。

- 模块加载器执行 mod1(main.js 导入的第一个模块)中的顶层代码；因为它没有使用 await，所以模块从开始一直执行到结束：

```
mod1 evaluation - begin
mod1 evaluation - end
```

- 加载器开始执行 mod2 的顶层代码：

```
mod2 evaluation - begin
```

- 当代码执行到 await 时，执行被暂停，等待 Promise 状态改变。
- 同时，由于 mod3 不依赖于 mod2，加载器开始执行 mod3；因为 mod3 中没有 await，所以模块从开始一直执行到结束：

```
mod3 evaluation - begin
mod3 evaluation - end
```

- mod2 等待的 Promise 变为已敲定状态后，mod2 的代码继续执行；因为这个是唯一的 await，所以代码一直执行到模块结束：

```
mod2 evaluation - end
```

- 由于所有的依赖都已执行完毕，加载器使用从模块中导入的内容执行 main.js：

```
main evaluation - begin
one two three
main evaluation - end
```

接下来看一下 mod2 不使用顶层 await 时会发生什么。在编辑器中打开 mod2.js，找到下面这两行代码：

```
// export const two = "two";                  // Not using top-level `await`
export const two = await delay(10, "two");   // Using top-level `await`
```

将注释标记从第一行的开头移到第二行的开头，得到以下内容：

```
export const two = "two";                       // Not using top-level `await`
// export const two = await delay(10, "two");  // Using top-level `await`
```

现在模块没有使用顶层 await。再次运行 main.js。这次控制台的输出如下：

```
mod1 evaluation - begin
mod1 evaluation - end
mod2 evaluation - begin
mod2 evaluation - end
mod3 evaluation - begin
mod3 evaluation - end
main evaluation - begin
one two three
```

```
main evaluation - end
```

请注意，在 mod3 开始执行前，mod2 从开始一直执行到结束，因为 mod2 不再等待 Promise。

在原先的代码中，注意 mod2 是如何导出一个 const 变量的，该变量从 mod2 正在等待的 Promise 获取其值：

```
export const two = await delay(10, "two"); // Using top-level `await`
```

在上面的示例中，它用一条带有导出声明的语句完成了所有工作，但不一定要像这样将代码放在一起。例如，在使用动态 import()时，Promise 以加载模块的命名空间对象变为已成功状态。假设你的模块需要使用动态模块的 example 函数，同时需要重新导出动态模块的 value 导出。可像下面这样做：

```
const { example, value } = await import("./dynamic.js");
export { value };
example("some", "arguments");
```

当然，可以只用命名空间对象，不过通常情况下，最好取出需要的部分来启用 tree shaking(详见第 13 章)：

```
const dynamic = await import("./dynamic.js");
export const { value } = dynamic;
dynamic.example("some", "arguments");
```

19.1.3 错误处理

在前面的“概述和用例”部分，你可能会疑惑：为什么代码没有处理所有 Promise 的异常？例如，其中有一个“降级”示例是这样的：

```
let strings;
try {
   strings = await import(`./i18n/${navigator.language}.js`);
} catch {
   strings = await import(`./i18n/${defaultLanguage}.js`);
}
```

以上示例代码处理了来自第一个 import()的 Promise 的异常，但没有处理来自第二个 import()的 Promise 的异常。这似乎是一个危险信号，回想一下第 8 章中 Promise 的基本规则：

要么处理错误，要么将 Promise 链传给对应的调用者。

以上示例是否违反了这一规则?

并没有，但我们有理由怀疑它违反了规则。试想一下，async 函数中的类似代码没有违反规则，原因在于：如果正在等待的 Promise 变为已拒绝状态，则模块的 Promise 也会变为已拒绝状态，并且模块的 Promise 会被返回给“调用者”(上例中的模块加载器)，因此这里隐式遵循了“将 Promise 链传递给对应的调用者”规则。async 函数总是返回一个 Promise，而函数中任何未捕获的错误都会让该 Promise 变为已拒绝状态；同样，异步模块也总是返回一个 Promise(给模块加载器)，而任何未捕获的错误都会让该 Promise 变为已拒绝状态。模块加载器通过宿主定义的机制来报告错误 (通常是某种控制台消息)，并将模块标记为失败(这使得所有依赖它的模块无法加载)。

在前面的例子中，如果 navigator.language 模块和 defaultLanguage 模块都没有加载呢？模块加载器将无法加载代码所在的模块(以及任何依赖它的模块)，并在控制台(或其他类似的地方)报错。

就像对待 async 函数一样，不必显式地将 Promise 链传给调用者。这是隐式的。

19.2 WeakRef 和清理回调

本节将介绍 WeakRef 提案[1]，它在 JavaScript 中引入了弱引用和清理回调(也被称为 finalizer)。截至 2020 年初，它处于阶段 3，并且 JavaScript 引擎正积极地添加该特性。

(简短的题外话：如果你阅读了提案中的开发者文档或基于提案的其他文档，可能会注意到，本节中的示例等内容与开发者文档中的示例之间有很强的相似性。那是因为我参与了该提案的部分工作：我为它编写了开发者文档。)

WeakRef 和清理回调是高级特性

正如提案中所说，开发者需要仔细考虑如何正确使用 WeakRef 和清理回调，如果可以，最好避免使用。垃圾收集的机制非常复杂，并且似乎会在奇怪的时间发生。务必谨慎使用！

19.2.1 WeakRef

通常情况下，当你有一个对象的引用时，该对象将被保留在内存中，直到你释放对它的引用(如果它没有被其他地方所引用)。无论是直接引用还是通过某个或多个中间对象间接引用，情况都是如此。这是通常情况下的对象引用，也叫强引用(strong reference)。

使用 WeakRef，你可以对对象有一个弱引用(weak reference)。当 JavaScript 引擎的垃圾收集器决定回收对象的内存，弱引用不会阻止对象被当作垃圾收集(也称为回收)。

使用 WeakRef 构造函数创建一个 WeakRef，传入你想要弱引用的对象(被称为 WeakRef 的目标对象，也叫所指对象 referent)：

```
const ref = new WeakRef({"some": "object"});
```

如果需要使用目标对象，可使用 WeakRef 的 deref(“dereference”)方法从 WeakRef 中获得强引用：

```
let obj = ref.deref();
if (obj){
   // ...use `obj`...
}
```

(当 obj 不在作用域内时，或者当你将它赋值为 undefined 或 null 等时，强引用将被释放。)

deref 方法返回 WeakRef 持有的目标对象，如果目标对象已经被回收，则返回 undefined。

如果垃圾收集器决定回收内存时有可能回收某个对象，为什么还要创建该对象的引用？其中一个主要用例是缓存。假设页面/应用程序中有一些数据资源，从存储中获取资源的成本很高(并且不会被宿主环境缓存)，同时它所需要的具体资源在页面/应用程序的生命周期内是不同的。第一次获取资源时，可使用弱引用将它保存在缓存中，这样，如果页面以后再次需要它，而资源在此期间没有被回收，就可避免获取资源的高成本(真实场景中的缓存可能会对最常用或最近使用的条目使用强引用，而对其他条目使用弱引用)。

另一个用例是，结合 WeakRef 和清理回调来检测资源泄露，下一节将介绍该用例。

下面是一个使用 WeakRef 的基本示例，参见代码清单 19-5。示例创建了一个占用 1 亿字节的 ArrayBuffer，并保持对它的弱引用。然后定期创建其他 ArrayBuffer 实例，并保持对它们的强引用，同时检查被弱引用的 ArrayBuffer(通过 WeakRef 持有的)是否已被回收。最终，JavaScript 引擎的垃圾收集器可能会决定回收仅被弱引用的大体积的初始 ArrayBuffer。

---

1 https://github.com/tc39/proposal-weakrefs。

代码清单 19-5 WeakRef 示例——weakref-example.js

```
const firstSize = 100000000;
console.log(`main: Allocating ${firstSize} bytes of data to hold weakly...`);
let data = new ArrayBuffer(firstSize);
let ref = new WeakRef(data);
data = null; // Releases the strong reference, leaving us with only the weak ref
let moreData = [];
let counter = 0;
let size = 50000;

setTimeout(tick, 10);

function tick(){
    ++counter;
    if (size < 100000000){
       size *= 10;
    }
    console.log();
    console.log(`tick(${counter}): Allocating ${size} bytes more data...`);
    moreData.push(new ArrayBuffer(size));
    console.log(`tick(${counter}): Getting the weakly held data...`);
    const data = ref.deref();
    if (data){
       console.log(`tick(${counter}): weakly held data still in memory.`);
       // This `if` is just a sanity check to avoid looping forever if the weakly
       // held data is never reclaimed.
       if (counter < 100){
           setTimeout(tick, 10);
       } else {
           console.log(`tick(${counter}): Giving up`);
         }
       } else {
           console.log(`tick(${counter}): weakly held data was garbage collected.`);
       }
  }
```

Node.js v14 可通过标记开启对 WeakRef 的支持(当你读到这里时，可能已经不需要标记了)，而且从 2020 年初开始，Firefox 的 nightly 版本也支持 WeakRef。在 Node.js v14 中，可使用下面的代码执行上面的例子：

```
node --harmony-weak-refs weakref-example.js
```

或者，如果你已经单独安装了 V8(见本章前面“顶层 await”中的“安装 V8”部分)，可在 V8 中执行上面的例子：

```
v8 --harmony-weak-refs weakref-example.js
```

输出结果将因系统而异，但整体会类似下面这样：

```
main: Allocating 100000000 bytes of data to hold weakly...

tick(1): Allocating 500000 bytes more data...
tick(1): Getting the weakly held data...
tick(1): weakly held data still in memory.
```

```
tick(2): Allocating 500000 bytes more data...
tick(2): Getting the weakly held data...
tick(2): weakly held data still in memory.

tick(3): Allocating 500000 bytes more data...
tick(3): Getting the weakly held data...
tick(3): weakly held data still in memory.

tick(4): Allocating 500000 bytes more data...
tick(4): Getting the weakly held data...
tick(4): weakly held data still in memory.

tick(5): Allocating 500000 bytes more data...
tick(5): Getting the weakly held data...
tick(5): weakly held data was garbage collected.
```

在以上输出中可以看到，在对 tick 的第四次和第五次调用之间，V8 回收了弱引用的 ArrayBuffer。(实际执行的时间会有比较大的变化，可能比这个例子运行的时间长得多。)

下面是关于 WeakRef 的一些总结性说明：

- 如果你的代码刚刚为目标对象创建了 WeakRef，或者从 WeakRef 的 deref 方法获取了目标对象，那么在当前的 JavaScript 任务[1](包括在脚本任务末尾运行的任何 Promise reaction 任务)结束之前，引擎不会回收该目标对象。也就是说，你只能“看到”对象在事件循环的间隙被回收。这主要是为了避免在代码中显示给定 JavaScript 引擎的垃圾收集器行为——因为如果不这样的话，人们就会根据这个行为来编写代码，而当垃圾收集器的行为改变时，将会造成不可预知的后果。(垃圾回收是一个棘手的问题；JavaScript 引擎实现者依然在不断地改进和完善它的工作方式。)你可能会问：前面的示例为什么使用了 setTimeout？那是因为 WeakRef 的这一方面的原因。如果示例只在一个循环中调用 tick，那么弱引用的 ArrayBuffer 将永远不会被回收。
- 如果多个 WeakRef 有相同的目标对象，那么它们的目标对象是一样的。对其中一个 WeakRef 调用 deref 的结果将与对另一个 WeakRef 调用 deref 的结果相同(在同一个任务中)，你不会从其中一个得到目标对象，而从另一个得到 undefined。
- 如果 WeakRef 的目标对象也在 FinalizationRegistry 中(稍后将介绍)，则 WeakRef 的目标对象将会在与注册表关联的任意清理回调被调用之前或同时被清除。
- 你不能更改 WeakRef 的目标对象，它将始终是第一次指定的目标对象，或者如果目标对象已被回收，则目标为 undefined。
- WeakRef 可能永远不会从 deref 返回 undefined，即使没有任何变量强引用目标对象，也是如此，因为垃圾收集器可能永远不会回收该对象。

19.2.2 清理回调

WeakRef 提案还提供了清理回调(cleanup callback)，即 finalizer。

清理回调是垃圾收集器在回收对象时可能会调用的函数。与其他一些语言中的 finalizer、解构函数(destructor)等不同，在 JavaScript 中，清理回调并不接收正在或已被回收的对象的引用。事实上，

---

1 第 8 章介绍过，任务是一个工作单元，线程会从头运行到尾而不运行其他任何东西，目前有脚本任务(脚本的执行、定时器回调和事件回调)和 Promise 任务(成功处理程序、拒绝处理程序和 finally 处理程序的回调)。

就你的代码而言，在清理回调函数被调用之前，该对象已经被回收了(而且很可能它实际上已经被回收了，但这取决于垃圾收集器的具体实现)。这样的设计避免了其他环境中出现的一些问题，即当一个无法访问的对象(代码中无法访问)变得可访问时(因为finalizer收到了对该对象的引用并将其存储在某处)所带来的复杂情况。JavaScript的方案(不把清理回调提供给对象)使清理回调的逻辑变得更简单，同时使引擎的实现变得更灵活。

清理回调有什么作用呢？

一个用例是：将它用于释放与回收对象相关联的其他对象。例如，如果用WeakRef对对象弱引用，那么在对象被回收后，缓存中仍然有该对象的条目——至少包含键和WeakRef，也许还包含其他一些信息。当与之关联的目标对象被回收时，可使用一个清理回调来释放该缓存条目。不过，这个用例并不局限于WeakRef；当其他对象被回收时，也可能会出现不再需要的对象，例如，在对应的JavaScript对象被当作垃圾回收后，Wasm对象可以被释放；再如worker之间的代理，假设你在一个线程(一般是在主线程)中有一个访问worker线程对象的代理，如果该代理被当作垃圾回收，worker对象就可以被释放。

另一个用例是：检测和报告资源泄露。假设你有一个表示打开文件或数据库连接等的类。使用该类的开发者应在完成操作后调用其close方法来释放文件描述符或关闭数据库连接等。如果不调用close而直接释放对象，该类将不会释放文件描述符或底层数据库连接。在长期运行的程序中，当进程用完文件描述符或数据库中来自同一客户端的并发连接达到极限时，最终可能会引发问题。你可以借助清理回调向开发者提供警告信息：他们没有调用close。清理回调也能够释放文件描述符或数据库连接，但它的主要目的是向开发者报错，以便他们调用close来纠正其代码。

我们稍后会再次讨论这两个用例，并会讲解为什么在第二个用例中不直接使用清理回调来释放外部资源。现在，先来看看如何使用清理回调。

为了在对象被回收时请求清理回调，你需要通过FinalizationRegistry构造函数创建一个清理器注册表，并传入想要调用的函数：

```
const registry = new FinalizationRegistry(heldValue => {
    // ....do your cleanup here...
});
```

然后，通过调用register方法注册需要清理回调的对象。注册对象时，可传入该对象和它的持有值(本示例中的"some value")，如下所示：

```
registry.register(theObject, "some value");
```

register方法接受三个参数。

- target：需要清理回调的对象。注册表不对该对象有强引用，因为这会阻止对象被当作垃圾回收。
- heldValue：注册表持有的值，目的是在目标对象被回收时将该值提供给清理回调。该值可以是一个基本数据类型或对象，如果不传入任何值，该值则为undefined。
- unregisterToken：(前面的例子中没有展示。)一个可选的对象，当你不再需要清理回调时，可使用它取消目标对象的注册。稍后会详细介绍。

一旦注册了目标对象，如果它被回收，则代码可能会在未来的某个时刻以你之前设置的heldValue调用清理回调。这里可以进行清理操作，可能会使用来自heldValue的信息。heldValue(也被称为memo)可以是任意类型的值，包括基本数据类型或对象，甚至是undefined。如果heldValue是一个对象，则注册表对它是强引用(以便之后将heldValue传递给清理回调)，这意味着除非目标对象被回收(这将在注册表中删除它的条目)或者你取消了目标对象的注册，否则heldValue不会被回收。

如果想要在晚一些的时候取消一个对象的注册，可向 register 方法传递第三个参数，即前面提到的 unregisterToken。开发者一般都将目标对象自身用作 unregisterToken。当你不再需要对象的清理回调时，可使用 unregisterToken 调用 unregister 方法。下面展示了一个将目标对象自身用作 unregisterToken 的例子：

```
registry.register(theObject, "some value", theObject);
// ...some time later, if you don't care about `theObject` anymore...
registry.unregister(theObject);
```

不过，unregisterToken 并非必须是目标对象，还可以是其他不同的值：

```
registry.register(theObject, "some value", tokenObject);
// ...some time later, if you don't care about `theObject` anymore...
registry.unregister(tokenObject);
```

注册表只对 unregisterToken 保持弱引用，这主要是因为 unregisterToken 有可能是目标对象自身。下面请看提案中的一个例子(略有修改)—— 一个模拟的 FileStream 类：

```
class FileStream {
    static #cleanUp(fileName){
        console.error(`File leaked: ${fileName}!`);
    }

    static #finalizationGroup = new FinalizationRegistry(FileStream.#cleanUp);

    #file;

    constructor(fileName){
        const file = this.#file = File.open(fileName);
        FileStream.#finalizationGroup.register(this, fileName, this);
        // ...eagerly trigger async read of file contents...
    }

    close(){
        FileStream.#finalizationGroup.unregister(this);
        File.close(this.#file);
        // ...other cleanup...
    }

    async *[Symbol.iterator](){
        // ...yield data from file...
    }
}
```

以上代码展示了此例所用的全部方法：创建清理器注册表(FinalizationRegistry)，向其中添加对象，响应清理回调，以及在显式关闭对象时从注册表中取消对象注册。

上述内容即前面介绍的第二种使用场景的示例。如果使用 FileStream 类的开发者不调用 close，则底层的 File 对象永远不会关闭，这可能会导致文件描述符泄露。所以清理回调输出了文件名，以警告开发者，文件没有被关闭，以便开发者修复其代码。

至此，你可能会想："为什么不一直使用清理回调来释放这些资源？为何要使用一个 close 方法？"

答案是：因为你可能永远不会收到清理回调，即使收到了，时间也可能比预期的晚得多。前面曾提到："……垃圾收集器在回收对象时可能会调用的函数……"不是"……垃圾收集器在回收对象时将会调用的函数……”。开发者无法保证垃圾收集器会在给定的实现中调用清理回调。在提案中：

提案允许一致性的实现以任何理由或无理由跳过调用清理器回调的操作。

这意味着开发者不能使用清理回调来管理外部资源。就第二个用例(以及 FileStream 的示例)而言，文件或数据库 API 需要 close 方法，同时开发者需要调用它。在 FileStream API 中使用清理回调的原因是：如果开发者在有清理回调的平台上工作并释放了对象，而且没有调用 close 方法，则 FileStream API 可警告他们，此处没有调用 close。他们的代码未来也可能会在不调用清理回调的平台上运行。

不过，好消息是，主流的 JavaScript 引擎在通常情况下会调用清理回调。但是，在一些情况下，也可能不会调用：

- JavaScript 环境被销毁(例如，关闭浏览器的窗口或选项卡)。在大多数情况下，这将不再需要代码进行清理。
- 回调关联的 FinalizationRegistry 对象被代码释放(不再有对它的引用)。如果代码已经释放了对注册表的引用，那就没必要将其保留在内存中并执行回调了。如果你想要清理回调，则不要释放注册表。

但是，如果清理回调不会发生，那么使用 WeakRef 的缓存怎么办？如果不能依靠清理回调来删除已回收对象的条目，是否可通过某种增量扫描来查看哪些条目的 deref 返回 undefined？

提案的发起者给出的指导意见是：不要这样做。这将在代码中引入不必要的复杂性，而收益却相对较小(释放一点内存)，而且对于一个活跃的缓存来说，你很可能会相应地发现并替换这些条目(当这些条目的资源被再次请求时)。

下面是清理回调的实际示例。参见代码清单 19-6。

代码清单 19-6 清理回调示例——cleanup-callback-example.js

```
let stop = false;
const registry = new FinalizationRegistry(heldValue => {
    console.log(`Object for '${heldValue}' has been reclaimed`);
    stop = true;
});
const firstSize = 100000000;
console.log(`main: Allocating ${firstSize} bytes of data to hold weakly...`);
let data = new ArrayBuffer(firstSize);
registry.register(data, "data", data);
data = null; // Releases the reference
let moreData = [];
let counter = 0;
let size = 50000;

setTimeout(tick, 10);

function tick(){
    if (stop){
        return;
    }
    ++counter;
    if (size < 100000000){
        size *= 10;
    }
    console.log();
    console.log(`tick(${counter}): Allocating ${size} bytes more data...`);
    moreData.push(new ArrayBuffer(size));
```

```
        // This `if` is just a sanity check to avoid looping forever if the weakly held
        // data is never reclaimed or the host never calls the cleanup callback.
        if (counter < 100){
            setTimeout(tick, 10);
        }
    }
```

Node.js v14 和 V8 都可通过一个标记来支持 WeakRef，但这取决于你安装的版本，它们可能是旧的语义，而不是新的语义，提案在后期出现了小的更改。可以像下面这样来运行示例：

```
# V8:
v8 --harmony-weak-refs cleanup-callback-example.js
# Node:
node --harmony-weak-refs cleanup-callback-example.js
```

如果代码报告的错误显示 FinalizationRegistry 未定义，或者清理回调被调用时显示"Object for '[object FinalizationRegistry Cleanup Iterator]' has been reclaimed"，而不是"Object for 'data' has been reclaimed"，请执行 cleanup-callback-example-older-semantics.js 中的代码。

当你执行代码时，输出的结果如下所示：

```
main: Allocating 100000000 bytes of data to hold weakly...

tick(1): Allocating 500000 bytes more data...

tick(2): Allocating 5000000 bytes more data...

tick(3): Allocating 50000000 bytes more data...

tick(4): Allocating 500000000 bytes more data...
Finalizer called
Object for 'data' has been reclaimed
```

以上输出表明，对象在第 4 次定时器调用后被当作垃圾回收了。

最后，FinalizationRegistry 对象中有一个可选方法——cleanupSome。可调用该方法来触发注册表中某些对象的回调，这些对象已被回收但其清理回调还未被调用，触发数量由具体实现指定。

```
registry.cleanupSome?.();
```

通常情况下，开发者不需要调用此函数。可让 JavaScript 引擎的垃圾收集器来进行适当的清理。这个函数旨在支持不在事件循环内的长时间运行的代码。相比于一般的 JavaScript 代码，该函数更容易出现在 WebAssembly 中。

可给 cleanupSome 传入一个回调(不同于在注册表对象上注册的回调)来重写相应的清理回调：

```
registry.cleanupSome?.(heldValue => {
    // ...
});
```

即使代码中存在未调用的清理回调，cleanupSome 触发的数量也是由具体的实现决定的。具体的实现可能一个都不触发，也可能执行所有未调用的清理回调，或者触发一部分回调。

注意，上面的示例使用了第 17 章中介绍的可选链语法，因此，如果一个实现没有定义 cleanupSome，代码则会跳过调用，而不会报错。

19.3　正则表达式匹配索引

RegExp.prototype.exec 返回的匹配结果数组中包含 index 属性，该属性给出了匹配的内容在字符串中的索引，但没有说明捕获组的位置。正则表达式匹配索引提案[1]通过添加 indices 属性改变了这一点。indices 属性是由多个[start, end]数组组成的数组。第一个条目是整体匹配的，随后的条目是捕获组的。

下面是一个例子：

```
const rex = /(\w+)(\d+)/;
const str = "==> Testing 123";
const match = rex.exec(str);
for (const [start, end] of match.indices){
    console.log(`[${start}, ${end}]: "${str.substring(start, end)}"`);
}
```

上面的正则表达式搜索一串“单词”字符，该字符后面跟着一个空格和一串数字。单词和数字都被捕获。在支持匹配索引的实现中运行该示例，输出如下：

```
[4, 15]: "Testing 123"
[4, 11]: "Testing"
[12, 15]: "123"
```

新特性也支持命名捕获组。如第 15 章所述，如果表达式中有命名捕获组，那么 match 数组将有一个名为 groups 的对象属性，其中包含命名捕获组的内容。这个提案通过在 match.indices.groups 上提供命名捕获组内容的索引来完成相同的事情：

```
const rex = /(?<word>\w+)(?<num>\d+)/;
const str = "==> Testing 123";
const match = rex.exec(str);
for (const key of Object.keys(match.groups)){
    const [start, end] = match.indices.groups[key];
    console.log(
        `Group "${key}" - [${start}, ${end}]: "${str.substring(start, end)}"`
    );
}
```

以上示例为上一个示例中的两个捕获组设置了名称，并使用 match.groups 和 match.indices.groups 获取有关这些命名捕获组的信息。输出结果如下：

```
Group "word" - [4, 11]: "Testing"
Group "num" - [12, 15]: "123"
```

有了命名捕获组和索引数组，匹配数组已成为一个非常丰富的对象。下面展示了前面示例中完整的匹配数组(包括非数组属性)的伪 JSON 格式(“伪”是因为它使用中括号表示数组，但也有用于数组中额外的非数组属性的键/值对)：

```
[
    "Testing 123",
    "Testing",
    "123",
    index: 4,
```

1 https://github.com/tc39/proposal-regexp-match-indices。

```
    input: "==> Testing 123",
    "groups": {
        word: "Testing",
        num: "123"
    },
    "indices": [
        [4, 15],
        [4, 11],
        [12, 15],
        "groups": {
            "word": [4, 11],
            "num": [12, 15]
        }
    ]
]
```

19.4 String.prototype.replaceAll

多年来，刚接触 JavaScript 中 String.prototype.replace 方法的人一直在犯同样的错误：他们没有意识到，如果传入字符串或非全局正则表达式，该方法只会替换首次匹配的内容。例如：

```
console.log("a a a".replace("a", "b")); // "b a a", not "b b b"
```

如要替换所有匹配的内容，则必须传入带有全局标志的正则表达式：

```
console.log("a a a".replace(/a/g, "b")); // "b b b"
```

当需要更改的文本是你输入的文本时，这还不算太糟糕，但如果该文本是来自用户输入或类似的文本，则必须转义正则表达式中具有特殊含义的字符(没有内置函数可完成转义操作，尽管几年前有人曾试图添加一个)。

replaceAll 提案[1]通过替换所有匹配的内容，使之变得更加简单：

```
console.log("a a a".replaceAll("a", "b")); // "b b b"
```

replaceAll 方法的行为与 replace 相同，但有以下两点区别：

- 如果将一个字符串当作搜索参数传入，它将替换所有匹配的内容，而不只是第一个——这就是 replaceAll 的关键意义所在！
- 如果传入没有全局标志的正则表达式，代码则会抛出错误。假如没有全局标志，是否意味着“不要全部替换”，还是意味着忽略这个标志？为了避免混淆，该提案选择抛出错误。

如果将带有全局标志的正则表达式传递给 replaceAll 和 replace 方法，它们的表现则完全相同。

19.5 Atomics 的 asyncWait 方法

第 16 章介绍了共享内存和 Atomics 对象，包括它的 wait 方法。简单回顾一下，可使用 Atomics.wait 在共享内存中的某个位置同步等待，直到被另一个线程“通知”(通过 Atomics.notify)。可在 worker 线程中使用 Atomics.wait，但通常不能在主线程(例如，浏览器主线程或 Node.js 的主线程)中使用，因为这些线程必须是非阻塞的。

---

1 https://github.com/tc39/proposal-string-replaceall。

处于阶段3的Atomics.asyncWait提案[1] 通过使用Promise，可在不阻塞的情况下在共享内存中的某个位置等待通知。当你调用Atomics.asyncWait时，该方法不会像Atomics.wait那样返回字符串，而是返回一个Promise，该Promise以一个字符串变为已成功状态，该字符串与Atomics.wait返回的字符串相同。

- "ok"：线程被“暂停”并随后恢复(而不是超时)。
- "timed-out"：线程被“暂停”，并且到超时后才恢复。
- "not-equal"：线程没有被“暂停”，数组中的值不等于给定的值。

上面列表中的“暂停”使用了引号，这是因为主线程不会像worker线程那样真被Atomics.wait暂停，只是Promise在这段时间内尚未敲定状态。

asyncWait返回的Promise永远不会变为已拒绝状态，它总是会以上面列出的三种字符串中的一种变为已成功状态。

例如，如果有一个名为sharedArray的sharedArrayBuffer，主线程可像下面这样在index索引处等待通知：

```
Atomics.asyncWait(sharedArray, index, 42, 30000)
.then(result => {
    // ...here, `result` will be "ok", "timed-out", or "not-equal"...
});
```

如果JavaScript引擎执行检查时sharedArray[index]的值不是42，那么Promise的成功回调函数将接收字符串"not-equal"。否则，引擎会“暂停”，等待通知。如果在超时(示例中是30 000毫秒)之前没收到通知，Promise的成功回调函数将接收字符串"timed-out"。如果收到了通知，则以字符串"ok"作为Promise的成功回调函数的参数。

与共享内存和线程的情况一样，这是一个危险的领域。有关风险和陷阱的详情，请参见第16章。

19.6 其他语法微调

本节将介绍其他提案正在进行的一些细微的语法调整。

19.6.1 数字分隔符

有时，数字字面量可能会有点难以阅读：

```
const x = 10000000;
```

快速判断一下，这是10万？100万？1000万？1亿？

在书写供人阅读的数字时，我们倾向于以某种方式对数字进行分组。例如，在一些文化中，使用逗号将上面的数字分成三组：10,000,000。

数字分隔符提案[2](目前处于阶段3)允许在数字字面量中以下画线作为分隔符：

```
const x = 10_000_000;
```

这使我们更容易看出这个数字是1000万。

可在十进制字面量(包括整数部分和小数部分)、二进制字面量、十六进制字面量和现代八进制字

1 https://github.com/tc39/proposal-atomics-wait-async。

2 https://github.com/tc39/proposal-numeric-separator。

面量中使用数字分隔符。

可把分隔符放在你想放的任何地方，但以下情况除外。

- 紧跟在数字进制前缀后面。
  - 无效：0x_AAAA_BBBB
  - 有效：0xAAAA_BBBB
- 紧挨着小数点。
  - 无效：12_345_.733_444
  - 无效：12_345._733_444
  - 有效：12_345.733_444
- 在数字的末尾，最后一位数字之后。
  - 无效：12_345_
  - 有效：12_345
- 在另一个分隔符旁边。
  - 无效：10__123_456
  - 有效：10_123_456

此外，数字不能以下画线开头，例如：_1234。这是一个标识符，而不是一个数字。

19.6.2 支持 hashbang

命令行界面宿主环境(如 Node.js)通常允许 JavaScript 文件以 hashbang 开头，如下所示：

```
#!/home/tjc/bin/node/bin/node
console.log("Hello from Node.js command line script");
```

严格来说，根据规范，这是无效的语法。因此，规范正在更新[1]以支持这样的写法(目前在阶段 3)。

19.7 废弃旧的正则表达式特性

一个处于阶段 3 的提案[2]正在将一些长期支持的、不在规范中的正则表达式“特性”标准化。例如，捕获组不仅可用于 exec 返回的匹配对象，而且可用作 RegExp 函数自身(不是 RegExp 实例，而是函数)的属性：$1 表示第一个捕获组，$2 表示第二个，以此类推，一直到$9。

```
const s = "Testing a-1 b-2 c-3";
const rex = /(\w)-(\d)/g;
while (rex.exec(s)){
      // NOT RECOMMENDED!
      console.log(`"${RegExp.$1}": "${RegExp.$2}"`);
}
// => "a": "1"
// => "b": "2"
// => "c": "3"
```

该提案可能还会调整另一个旧特性，但截至 2020 年初，情况还不确定。

不要再使用 RegExp 上的这些静态属性。它们之所以被标准化，是因为要确保不同实现的行为一

1 https://github.com/tc39/proposal-hashbang。

2 https://github.com/tc39/proposal-regexp-legacy-features。

致，尤其在“可删除”这一点上：提案使开发者可通过 delete 操作符删除这些属性。试想，如果代码中使用了捕获组，则代码库中任何位置的代码都可通过 RegExp.$1 等静态属性获得上次匹配的结果。该提案重新定义了这些属性，以便注重安全的代码在完成匹配后删除它们。

提案还确保这些旧特性不会提供给 RegExp 的子类，因为 RegExp 的子类可能会调整这些旧特性的功能，而不考虑影响。

19.8 感谢阅读

本章中涉及的大多数提案都是之前无法实现的，所以没有什么新习惯可言，不过，要在你认为合适的地方使用这些新特性，同时要注意相关的警告。

因此，与其说旧习换新，我会说：感谢阅读本书！希望本书对你有用。正如第 1 章和本书的网站 https://thenewtoys.dev 中所介绍的，不要忘记关注即将推出的新特性。祝你编码愉快！

附录

出色的特性及对应的章(向 J.K. Rowling 致歉)

按字母顺序排列的特性

Unicode code point escapes (RegExp)(正则表达式的 Unicode 码点转义)：第 15 章
Unicode property escapes (RegExp)(正则表达式的 Unicode 属性转义)：第 15 章
WeakMap：第 12 章
WeakRef：第 19 章
WeakSet：第 12 章
well-known Symbols(内置的 Symbol 值)：第 5 章
workers as modules(将 worker 加载为模块)：第 13 章
y flag (RegExp)(正则表达式的 y 标志)：第 15 章
yield：第 6 章

新的基础知识

#：见 private fields (classes)(类的私有字段)、private methods and accessors (classes)(类的私有方法和访问器)、private static methods and accessors (classes) (类的私有静态方法和访问器)
arrow functions(箭头函数)：第 3 章
async 函数：第 9 章
asynchronous generators(异步生成器)：第 9 章
asynchronous iterators(异步迭代器)：第 9 章
Atomics object(Atomics 对象)：第 16 章
Atomics.asyncWait：第 19 章
await at top level(顶层 await)：第 19 章
BigInt：第 17 章
block scope(块级作用域)：第 2 章
cleanup callbacks(清理回调)：第 19 章
const：第 2 章
DataView：第 11 章
default export(默认导出)：第 13 章
default import(默认导入)：第 13 章
default parameter values(默认参数值)：第 3 章
dynamic import(动态导入)：第 13 章
fields (classes)(字段(类))：第 18 章
FinalizationRegistry(清理器注册表)：第 19 章
finalizers：见 cleanup callbacks(清理回调)
generator functions(生成器函数)：第 6 章
generators(生成器)：第 6 章
global variables—new type(新的全局变量)：第 2 章
iterables(可迭代对象)：第 6 章
iterators(迭代器)：第 6 章
let：第 2 章

新的语法、关键字、运算符、循环等

新的字面量形式

标准库的扩展和更新

Array.prototype.flat：第 11 章
Array.prototype.flatMap：第 11 章
Array.prototype.includes：第 11 章
Array.prototype.keys：第 11 章
Array.prototype.values：第 11 章
ArrayBuffer：第 11 章
Atomics object(Atomics 对象)：第 16 章
Atomics.asyncWait：第 19 章
DataView：第 11 章
Date.prototype.toString调整：第 17 章
FinalizationRegistry：第 19 章
flags property (RegExp)(正则表达式的 flags 属性)：第 15 章
function name property(函数的 name 属性)：第 3 章
Function.prototype.toString 调整：第 17 章
globalThis：第 17 章
lookbehind assertions (RegExp)(正则表达式的反向预查)：第 15 章
legacy deprecated RegExp features documented(废弃旧的正则表达式特性)：第 19 章
Map：第 12 章
match indices (RegExp)(正则表达式匹配索引)：第 19 章
Math.acosh：第 17 章
Math.asinh：第 17 章
Math.atanh：第 17 章
Math.cbrt：第 17 章
Math.clz32：第 17 章
Math.cosh：第 17 章
Math.expm1：第 17 章
Math.fround：第 17 章
Math.hypot：第 17 章
Math.imul：第 17 章
Math.log10：第 17 章
Math.log1p：第 17 章
Math.log2：第 17 章
Math.sign：第 17 章
Math.sinh：第 17 章
Math.tanh：第 17 章
Math.trunc：第 17 章
named capture groups (RegExp)(正则表达式的命名捕获组)：第 15 章
Number.EPSILON：第 17 章
Number.isFinite：第 17 章
Number.isInteger：第 17 章

String.prototype.padEnd：第 10 章
String.prototype.padStart：第 10 章
String.prototype.repeat：第 10 章
String.prototype.replace 更新：第 10 章
String.prototype.replaceAll：第 19 章
String.prototype.search 更新：第 10 章
String.prototype.split 更新：第 10 章
String.prototype.startsWith：第 10 章
String.prototype.substr (规范附录 B)：第 17 章
String.prototype.trimEnd：第 10 章
String.prototype.trimLeft (规范附录 B)：第 10 章
String.prototype.trimRight (规范附录 B)：第 10 章
String.prototype.trimStart：第 10 章
String.raw：第 10 章
Symbol：第 5 章
Symbol description property(Symbol 的 description 属性)：第 17 章
Symbol.asyncIterator：第 9 章
Symbol.hasInstance：第 17 章
Symbol.isConcatSpreadable：第 17 章
Symbol.iterator：第 6 章
Symbol.match：第 10 章
Symbol.replace：第 10 章
Symbol.search：第 10 章
Symbol.species：第 4 章
Symbol.split：第 10 章
Symbol.toPrimitive：第 5 章
Symbol.toStringTag：第 5 章
Symbol.unscopables：第 17 章
typed arrays(类型化数组)：第 11 章
u flag (RegExp)(正则表达式的 u 标志)：第 15 章
Unicode code point escapes (RegExp)(正则表达式的 Unicode 码点转义)：第 15 章
Unicode property escapes (RegExp)(正则表达式的 Unicode 属性转义)：第 15 章
WeakMap：第 12 章
WeakRef：第 19 章
WeakSet：第 12 章
well-known Symbols(内置的 Symbol 值)：第 5 章
y flag (RegExp)(正则表达式的 y 标志)：第 15 章

其他特性

__defineGetter__ (规范附录 B)：第 17 章

__defineSetter__ (规范附录 B)：第 17 章

__lookupGetter__ (规范附录 B)：第 17 章

__lookupSetter__ (规范附录 B)：第 17 章

__proto__ (规范附录 B)：第 5 章

array iteration(数组迭代)：第 6 章

document.all 行为(规范附录 B)：第 17 章

function declarations in blocks(块级作用域内的函数声明)：第 3 章

hashbang 支持：第 19 章

HTML-like comments (Annex B)(类似 HTML 的注释(规范附录 B))：第 17 章

JSON：Unicode escapes for unpaired surrogates(未配对代理对的 Unicode 转义)：第 17 章

JSON：Unicode line breaks(Unicode 行终止符)：第 17 章

RegExp tweaks(Annex B)(正则表达式微调(规范附录 B))：第 17 章

string iteration(字符串迭代)：第 10 章

tail call optimization(尾递归优化)：第 17 章

workers as modules(将 worker 加载为模块)：第 13 章